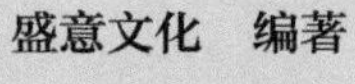

盛意文化　编著

游戏UI设计之道

電子工業出版社
Publishing House of Electronics Industry
北京·BEIJING

内 容 简 介

本书是一本使用Photoshop进行游戏UI设计制作的案例教程，语言浅显易懂，配合丰富精美的游戏UI设计案例，讲解了有关游戏UI设计的相关知识和使用Photoshop进行游戏UI设计制作的方法和技巧。使读者在掌握游戏UI设计各方面知识的同时，能够在游戏UI设计制作的基础上做到活学活用。

本书共分为6章，全面介绍了游戏UI设计中的理论设计知识以及具体案例的制作方法，第1章为关于游戏UI设计，第2章为游戏UI设计基本元素，第3章为网页游戏UI设计，第4章为iOS系统游戏UI设计，第5章为Android系统游戏UI设计，第6章为网络游戏UI设计。

本书配套的光盘中提供了本书所有案例的源文件及素材，方便读者借鉴和使用。

本书适合有一定Photoshop软件操作基础的设计初学者及设计爱好者阅读，也可以为一些设计制作人员及相关专业的学习者提供参考。

图书在版编目（CIP）数据

游戏UI设计之道 / 盛意文化编著. -- 2版. -- 北京: 电子工业出版社, 2019.1

ISBN 978-7-121-35426-7

Ⅰ. ①游… Ⅱ. ①盛… Ⅲ. ①游戏程序－程序设计 Ⅳ. ①TP317.6

中国版本图书馆CIP数据核字(2018)第255420号

责任编辑：田　蕾

印　　刷：北京虎彩文化传播有限公司

装　　订：北京虎彩文化传播有限公司

出版发行：电子工业出版社

北京市海淀区万寿路173信箱　邮编：100036

开　　本：720×1000　1/16　印张：20.75　字数：535.2千字

版　　次：2015年11月第1版

2019年1月第2版

印　　次：2022年8月第4次印刷

定　　价：99.00元（含光盘 1 张）

凡所购买电子工业出版社图书有缺损问题，请向购买书店调换。若书店售缺，请与本社发行部联系，联系及邮购电话：（010）88254888，88258888。

质量投诉请发邮件至 zlts@phei.com.cn，盗版侵权举报请发邮件至dbqq@phei.com.cn。

服务热线：（010）88254161～88254167转1897。

前　言

UI设计是现代社会，尤其是在科技时代势必流行的产物，很多行业，特别是游戏UI设计早已经红透半边天，更多用户关心的主要问题是能否比较容易和舒适地玩游戏。人们的着眼点在于游戏的趣味性和美观性，而有趣性与美观性主要取决于游戏UI的优劣。

作为目前流行的UI设计软件——Photoshop，凭借其强大的功能和易学易用的特性深受广大设计师的喜爱。本书以游戏UI设计的理念为出发点，配以专业的图形处理软件Photoshop做讲解，重点向读者介绍了Photoshop在游戏UI设计方面的理论知识和相关应用。通过大量游戏UI设计案例的制作和分析，让读者掌握实实在在的设计思想。

本书章节安排

本书内容浅显易懂，从游戏UI的设计思想出发，向读者传达一种新的设计理念，将专业的理论知识讲解与精美案例制作完美地结合，循序渐进地讲解游戏UI设计中的有关知识，在讲解的同时为配合游戏UI设计案例的制作，让读者在学习欣赏的过程中丰富自己的设计创意并提高动手制作的能力。本书内容章节安排如下：

第1章，关于游戏UI设计，介绍了关于游戏UI设计的基础知识，包括什么是游戏UI、游戏UI设计的重要性、游戏UI的设计流程、游戏UI的设计原则，以及游戏界面设计的几种形式，使读者对游戏UI设计有更加深入的认识和理解。

第2章，游戏UI设计基本元素，主要介绍了游戏界面中各种设计要素的相关知识和设计表现方法，包括图标、文字、按钮、进度条、选项面板及游戏背景等，并通过对游戏界面中各种不同类型的设计要素的制作讲解，使读者快速掌握各种游戏界面设计要素的设计和表现方法。

第3章，网页游戏UI设计，主要讲解了网页游戏界面设计的相关知识和特点，包括设计原则与设计目标等，也普及了网页游戏界面人性化的知识信息，通过对不同游戏界面制作过程的讲解提高读者对游戏UI设计的认识。

第4章，iOS系统游戏UI设计，主要讲解了iOS系统游戏UI设计流程与特点，以及有关iOS系统游戏界面的常识性信息，通过对几款iOS系统游戏界面的设计制作讲解，使读者掌握iOS系统游戏界面设计的常规思路及过程。

第5章，Android系统游戏UI设计，主要介绍了Android系统游戏界面的设计规则及要求，也向读者介绍了手机游戏界面设计中的色彩表现和设计方法，通过对多种不同手机游戏界面的设计讲解，让读者明了Android系统游戏在UI设计中所遵循的设计原则和要求。

第6章，网络游戏UI设计，主要介绍了网络游戏UI设计的特点和要求，并且还简单介绍了游戏类别与UI设计的关系，通过对多种典型的网络游戏界面的设计制作讲解，使读者掌握网络游戏界面的设计方法，并认识到网络游戏界面的多种设计风格。

本书特点

全书内容丰富、条理清晰，通过6章的内容，为读者全面、系统地介绍了各种游戏UI的设计知识，以及使用Photoshop进行游戏UI设计的方法和技巧，采用理论知识和案例相结合的方法，使知识融会贯通。

- 语言通俗易懂，精美案例图文同步，涉及大量游戏UI设计的丰富知识讲解，帮助读者深入了解游戏UI设计。
- 实例涉及面广，几乎涵盖了游戏UI设计涉及的各个领域，每个领域下通过大量的设计讲解和案例制作帮助读者掌握领域中的专业知识点。
- 注重设计知识点和案例制作技巧的归纳总结，知识点和案例的讲解过程中穿插了大量的软件操作技巧提示等，使读者更好地对知识点进行归纳吸收。
- 每一个案例的制作过程，都配有相关视频教程和素材，步骤详细，使读者轻松掌握。

本书读者对象

本书适合有一定Photoshop软件操作基础的设计初学者及设计爱好者阅读，也可以为一些设计制作人员及相关专业的学习者提供参考。本书配套的光盘中提供了本书所有案例的源文件及素材，方便读者借鉴和使用。

本书由盛意文化编著，参与编著的人员有张晓景、姜玉声、鲁莎莎、吴潆超、田晓玉、佘秀芳、王俊平、陈利欢、冯彤、刘明秀、谢晓丽、孙慧、陈燕、高金山。由于时间仓促，编者水平有限，书中难免有错误和疏漏之处，希望广大读者朋友批评、指正。

编　者

目 录

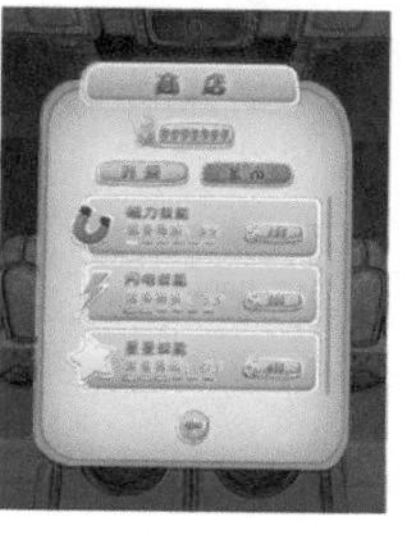

CHAPTER 3

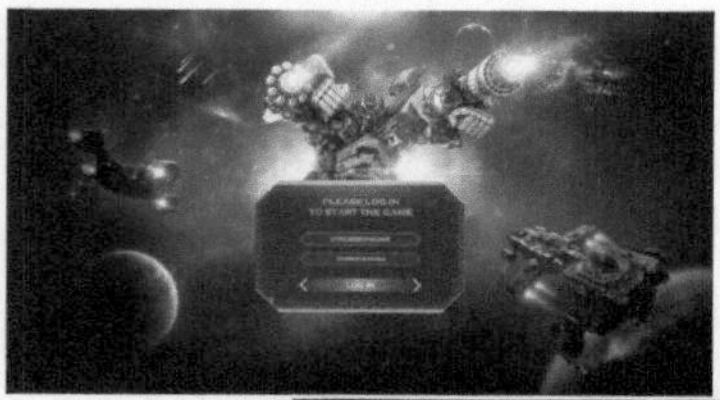

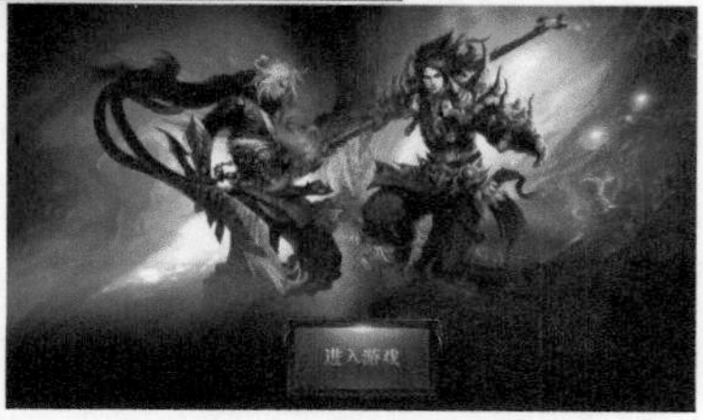

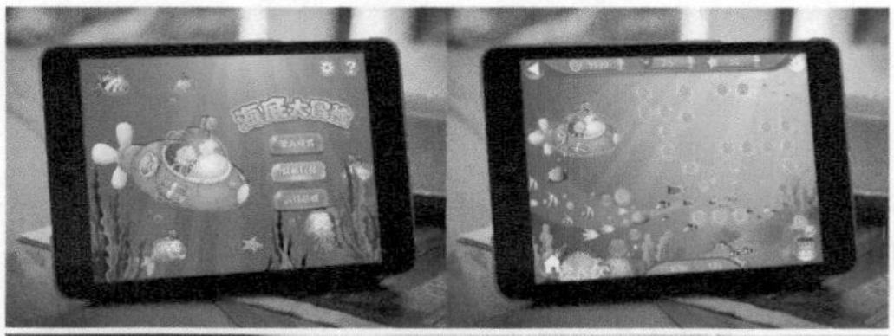

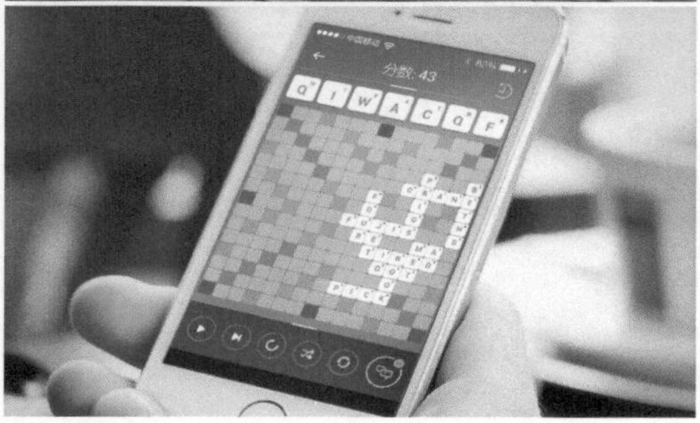

CHAPTER 4

CHAPTER 5

Android系统游戏UI设计 193

CHAPTER 6

CHAPTER 1

关于游戏UI设计

本章要点：

玩家在游戏中最重要的行为就是对游戏中人机界面的操作，好的游戏UI界面对于一款游戏的可玩性具有决定性的作用。而游戏UI界面的设计工作也涉及游戏策划、游戏程序员及游戏UI设计师等几乎所有工种。随着社会的发展，各种类型的游戏层出不穷，如何使游戏脱颖而出，游戏UI设计起着至关重要的作用。在本章中将向读者介绍有关游戏UI设计的相关基础知识，使读者对游戏UI设计有更深入的了解和认识。

知识点：

- 了解UI设计和GUI设计
- 理解游戏UI与UI的区别
- 了解什么是游戏UI设计及游戏UI设计的重要性
- 了解游戏UI设计的准备工作
- 了解游戏UI设计的大致流程
- 理解游戏UI设计原则
- 了解游戏界面设计的3种形式

1.1 UI设计与GUI设计

UI（用户界面）是广义概念，包含软、硬件设计，囊括UE（用户体验）、GUI（用户图形界面）及ID（交互设计）。UE（用户体验）关注的是用户的行为习惯和心理感受，就是琢磨人怎么使用软件或硬件才觉得顺畅。GUI（用户图形界面）就是界面设计，只负责应用的视觉界面，目前国内大部分的UI设计师其实做的就是GUI。ID（交互设计）简单来讲是指人和应用之间的互动过程，一般由交互工程师来做。

1.1.1 什么是UI设计

UI设计是指对应用的人机交互、操作逻辑、界面美观的整体设计。好的UI设计不仅是让应用变得有个性，有别于其他产品，还要让用户便捷、高效、舒适、愉悦地使用。

在人们的交互中，有一个层面叫界面。从心理学的角度来讲，我们可以把它分为两个层次：感觉（视觉、触觉、听觉）和情感。人们在使用某产品时，第一时间直观感受到的是屏幕上的界面，它传递给人们在使用产品前的第一印象。一个友好、美观的界面能给人带来愉悦的感受，增加用户的产品黏度，为产品增加附加值。通常，很多人会觉得界面设计仅仅是视觉层面的东西，这是错误的理解。设计师需要定位用户群体、使用环境、使用方法，最后根据这些数据进行科学的设计。

判断一款界面设计得好与坏，不是由领导和项目成员决定的，最有发言权的是用户，而且不是一个用户说了算，是一个特定的群体。所以UI设计要时刻与用户研究紧密结合，时刻考虑用户会怎么想，这样才能设计出让用户满意的产品。如图1-1所示为出色的游戏UI设计。

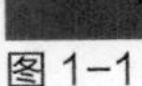
图 1-1

1.1.2 什么是GUI设计

GUI英文全称为Graphical User Interface，中文称为图形用户界面，是指使用图形方式显示的计算机用户操作界面。GUI设计的广泛应用是当今计算机发展的重大成就之一，它极大地方便了非专业用户的使用。人们从此不需要死记硬背大量的命令，取而代之的是可以通过窗口、菜单、按键等方式来方便地进行操作。

图形用户界面是一种人与计算机通信的界面显示格式，允许用户使用鼠标等输入设备操纵屏幕上的图标或菜单选项，以选择命令、调用文件、启动程序或执行其他一些日常任务。与通过键盘输入文本或字符命令来完成例行任务的字符界面相比，图形用户界面有许多优点。图形用户界面由窗口、下拉菜单、对话框及其相应的控制机制构成，在各种新式应用程序中都是标准化的，即相同的操作总是以同样的方式来完成，在图形用户界面，用户看到的和操作的都是图形对象，应用的是计算机图形学的技术。

UI设计包括可用性分析、GUI设计及用户测试等。GUI设计是UI的一种表达方式，是以可见的图形方式展现给用户的。用户体验是用户在与产品的交互过程中所获得的感受，同GUI相比它是不可见的。GUI与UE是UI设计过程中最为重要的组成部分，它们是相互影响、紧密联系的。在UI设计过程中，GUI设计的目的就是为了提高和改善人机交互的过程，使用户操作更为直接和方便。如果整个人机交互过程可以理解为一个系统的话，那么用户体验就是一个系统反馈，有了这个反馈，系统就可以不断修正自身误差，以达到最佳的输出状态。如图1-2所示为出色的游戏GUI设计。

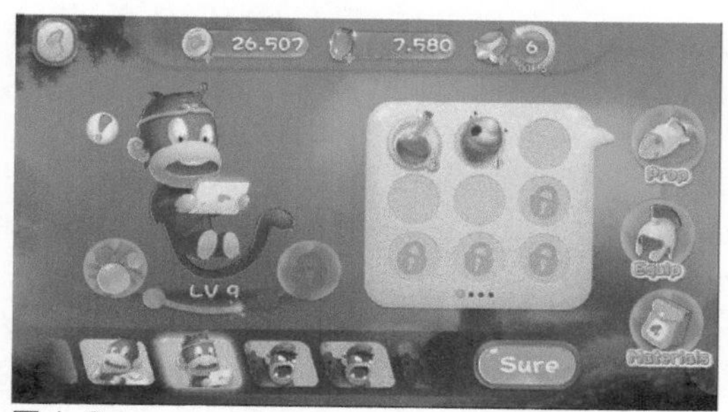

图 1-2

1.1.3 关于用户体验

近几年来，计算机技术发展日新月异。用户体验设计越来越被众多游戏设计开发企业所重视，这也使得所设计的游戏与玩家的行为特点越来越匹配。

用户体验（User Experience，UE）是一种纯主观的在用户使用一个产品（服务）的过程中建立起来的心理感受。因为它是纯主观的，带有不确定因素。因为每个个体在使用同一个产品的时候都有自身的感受，这个差异化也决定了这种体验没法一一再现。但是设计师可以根据某个特定的使用群体做一个概括性的总结分析。

用户体验主要是来自用户和人机界面的交互过程。它是伴随着计算机兴起来的。在早期的产品开发中，用户体验通常不被企业看中，他们觉得用户体验只是产品制造中一个很小的环节，而作为用户体验的表现层（GUI）也只是被看作是产品的外包装，往往等到产品核心功能设计达到尾声的时候才让UI设计师介入。这样使得用户体验设计被框死在现有的功能之中，产品得不到应有的改善。如果发现了很大的体验问题，产品核心功能面临再次修改或强制性地推向市场，这样无疑让企业承受了很大的风险。

当前很多公司越来越注重以用户为中心的产品观念。用户体验的概念从开发的最早期就已进入，并贯穿始终，其目的主要有以下几点：

- 对用户体验有正确的预估。
- 认识用户的真实期望和目的。
- 在功能核心还能够以低廉的成本加以修改的时候对设计进行修正。
- 保证功能核心与人机界面之间的协调工作，减少错误。

1.1.4 认知心理学与UI设计的关系

认知心理学是关于认知的。人类认识客观事物主要通过感觉、直觉、思维想象等来进行，凡是研究人的认知心理过程的都属于认知心理学范畴。

认知心理学家关心的是作为人类行为基础的心理机制，其核心是输入和输出之间发生的内部心理过程。知觉是由看和听构建的，人被特定的图像和声音刺激后产生某种特征，并以抽象的方式被编码，把输入和记忆中的信息进行对比得出对刺激的解释，这一过程就是认知。心理学家们经常使用类比、模拟、验证的方法去研究计算机的使用人群。要让计算机的行为符合人类行为，开发人员就得想办法让程序和逻辑符合人类的认知。

通常在设计UI的过程中，会把UI与认知心理学结合起来进行思考。基于用户行为基础做设计，在用户预期和UI设计实现之间实现兼容，这样才能保证所设计的UI不是“残品”，而是美观、易用、友好的。

1.1.5 游戏UI与UI设计的区别

UI设计承载的是其内容，而游戏UI设计承载的是其内容与玩法，性质上都是引导用户或玩家进行更流畅的操作。游戏UI设计与其他类型的UI设计有许多相似的地方，但由于游戏本身的特点也决定了游戏UI设计与其他类型UI设计的不同。

1. 视觉风格不同

其他类型UI设计的视觉风格可以独立于其内容，而游戏UI必须结合游戏本身的风格进行设计，所以在视觉层面上其他类型的UI设计自由度相对比较高一些，如图1-3所示为应用程序UI设计。游戏UI设计需要在已有游戏美术范围内做设计，相对于其他类型的UI，在设计上会困难点、复杂点，同时对设计者的设计能力和美术理解力要求也更高一些，如图1-4所示为游戏UI设计。

图 1-3

图 1-4

2. 表现形式不同

UI设计仅仅只是考虑视觉层面的效果，更多的还需要兼顾到逻辑层面的交互与功能。与其他类型的UI相比，游戏UI需要多考虑玩法的表现，不仅仅是需要一个美观、表意明确的游戏界面，还必须考虑到表现形式与游戏玩法的相互结合。以摄像头为例，应用程序UI首先要考虑的是它的功能，无非就是拍照、滤镜、摄像，而游戏UI里就会衍生出无限的玩法，比如大头贴、打飞碟等一大堆基于摄像头感应交互的游戏，而这些游戏看似都是以摄像头为基础的游戏互动，但是稍微变换一下或者添加一个玩法，这个游戏的性质就会不一样，而游戏UI就需要考虑到这种无限的变化性。如图1-5所示为游戏UI的表现形式。

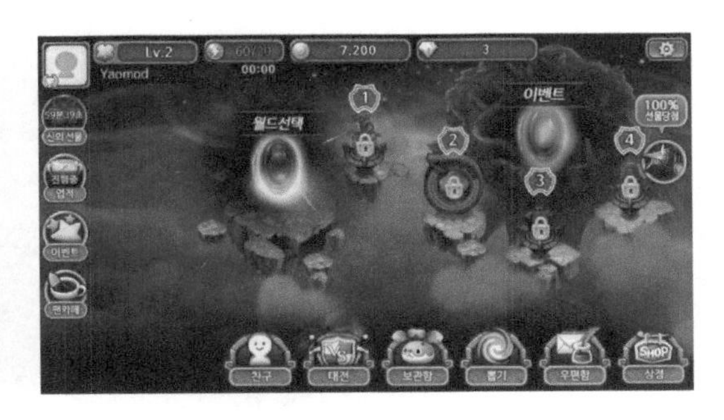

图 1-5

3. 复杂程度不同

因为游戏本身逻辑的复杂性，一般大型游戏的界面数量都会多达上百个，因此在视觉、逻辑和数量上都比其他类型UI的设计要复杂得多，是UI设计领域中一个非常重要的一部分。如图1-6所示为复杂的网络游戏UI设计。

图 1-6

1.2 理解游戏UI设计

游戏UI就是游戏的用户界面，包括游戏中和游戏前两个部分的界面。游戏UI设计师相对而言更受重视一些，程序员一般都会尊重设计师的想法。这是因为一般软件用户更注重功能实现得快捷与否。而游戏玩家除此以外，还更多地希望能够获得感官上的享受，因此对视觉和创意的要求比一般软件用户更为挑剔。

1.2.1 什么是游戏UI设计

在计算机科学领域，界面是人与机器交流的一个“层面”，通过这一层面，人可以对计算机发出指令，并且计算机可以将指令的接收、执行结果通过界面即时反馈给使用者，如此循环往复，便形成了人与机器的交互过程，这个承载信息接收与反馈的层面就是人机界面。

同样，在游戏领域中，玩家与游戏的沟通也是通过界面这一媒介实现的。游戏界面作为人机界面的一种，是玩家与游戏进行沟通的桥梁。玩家通过游戏界面对游戏中各个环节、功能进行选择，实现游戏视觉和功能的切换，并对游戏角色和进程进行控制，游戏界面则及时反馈玩家在游戏中的状态。游戏界面的存在不仅联系了游戏与游戏参与者，同时也将游戏者之间以一种特殊的方式联系起来。如图1-7所示为精美的游戏UI设计。

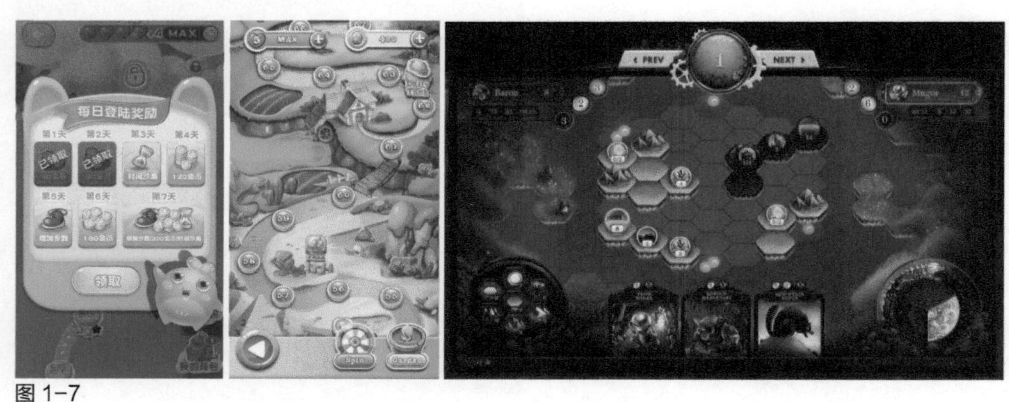

图 1-7

1.2.2 游戏UI设计的重要性

游戏界面存在的主要意义就是为了实现游戏参与者与游戏之间的交流，这里的交流包括玩家对游戏的控制，以及游戏给玩家提供的信息反馈，简而言之，游戏界面的首要目的是实现控制与反馈。

玩家沉浸在游戏世界时，游戏必须及时告诉玩家游戏世界中正在发生的事情、玩家将面临的情况、得分情况、是否已经完成游戏目标等。所以，游戏界面的信息反馈目的之一是让玩家了解游戏进程，以便调整游戏策略。其次，一个成功的游戏界面会利用反馈功能帮助玩家快速了解游戏规则、剧情、环境及操作方式等，如图1-8所示为游戏界面中的信息反馈。可以说没有反馈和控制功能界面，就没有游戏，界面的交互是游戏区别于电影或其他媒体的最大特征。

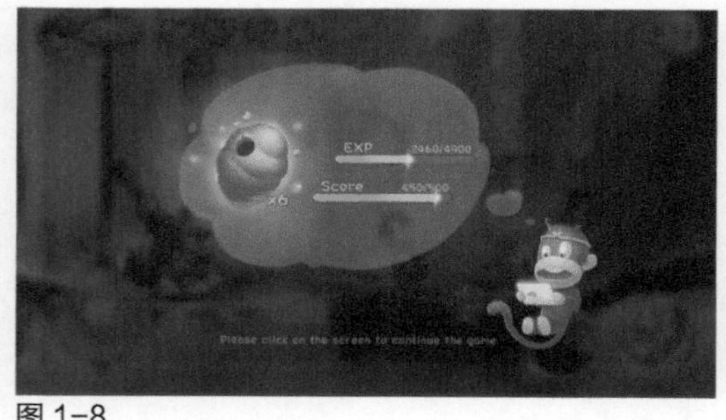

图 1-8

每款游戏在设计开发过程中，烘托强烈的游戏氛围、创造游戏的沉浸感都被作为游戏的重要目标，游戏设计者希望游戏玩家能够在游戏开始的那一刻就完全被游戏世界吸引，全身心投入游戏中甚至达到忘我的境界。游戏界面的次要目的是通过色彩、图形、声音等元素的应用，使容易打破玩家在游戏中完整体验的界面尽可能地隐于游戏世界中，辅助整个游戏，烘托游戏所要传达的情感，让游戏玩家在不知不觉中更加自然地操控游戏世界中的各种元素。如图1-9所示为游戏氛围出色的游戏UI设计。

图 1-9

可以说，游戏界面的首要目标是完成游戏界面的功能属性，而游戏界面的次要目标则追求界面的情感属性。游戏界面只是解决玩家与游戏之间交互的一种手段，其最终目的是解决和满足玩家的游戏体验需求。

1.3 游戏UI设计的准备工作

游戏UI承载的不仅仅是单纯的内容（例如游戏地图、任务等），它还需要传递游戏的基因、世界观。在开始对游戏UI进行设计之前，首先需要了解该款游戏的世界观，以及该款游戏UI的设计风格，这样设计出来的游戏UI才能够与该款游戏相契合。

1.3.1 了解游戏的世界观

判断一款游戏UI好与坏不仅要依据表现上的视觉，而且要根据游戏UI元素与游戏世界观是否贴切来判断。

什么是游戏的世界观呢？游戏的世界观告诉我们这个游戏是什么样式、游戏矛盾是什么，以及发生的背景是什么。在一个游戏中几乎所有的元素都是世界观的组成部分。

世界观在游戏中是普遍存在的，没有不存在世界观的游戏，只有和游戏世界观不匹配的元素。设计师在设计游戏之初都会为游戏搭建一些规则，添加一些元素。有些游戏的世界观表现得比较完整，如《魔兽世界》，也有一些表现得比较隐晦，如《俄罗斯方块》，如图1-10所示。

图 1-10

在对游戏UI进行设计之前，必须要做好功课，认真了解所需要设计的游戏的世界观。只有了解了故事发生的背景、故事的剧情和矛盾，才能有效地寻找相关的素材，提炼相关的视觉元素，为我们的游戏UI设计服务。例如，需要设计一款维京时代的航海类游戏UI，如果连“维京”是什么都不知道，怎么能设计出友好的游戏UI让玩家享受呢？这个时候首先就需要了解维京是什么、维京人是做什么的、故事发生的年代、那个年代的物质生活条件怎么样，以及科学技术的发展怎么样等。使玩家了解到维京人是北欧海盗，维京时代在8世纪到11世纪由天主教会统治，海盗用的是帆船，弯曲船是用一块完整的木头精雕细刻而成的，海盗们用的是冷兵器。这样我们提炼设计元素的时候就有目的和方向了。如图1-11所示为以航海为背景的游戏UI设计，如图1-12所示为以三国为背景的游戏UI设计。

图 1-11

图 1-12

1.3.2 确定游戏UI的设计风格

游戏UI的设计风格并不是由UI设计师决定的，它取决于这个游戏的原画设定。UI设计师基本上是按照已有的游戏原画风格去设计游戏UI的。多变的风格要求游戏UI设计师需要有扎实的设计能力和灵活的应变能力。

从游戏风格角度可以将游戏分为4种类型。

1. 超写实风格

超写实风格的游戏画面真实感很强，游戏场景细节表现很细腻，为了防止过多的视觉信息干扰，通常会把游戏界面设计得简洁通透，几乎让玩家感受不到游戏界面的存在，仿佛置身于游戏场景之中。如图1-13所示为超写实风格的游戏UI设计。

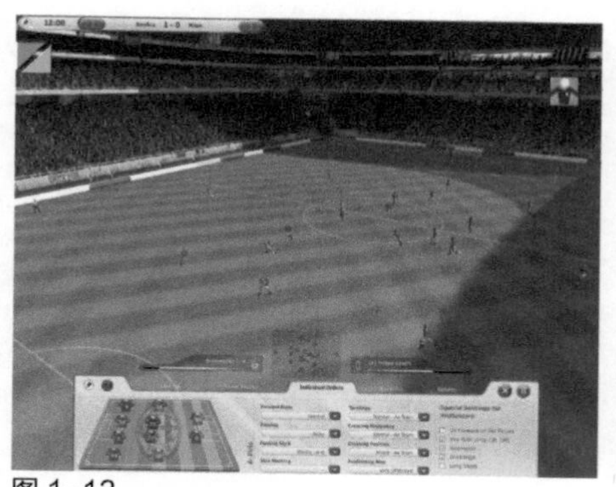

图 1–13

2. 涂鸦风格

此类游戏画面以涂鸦的感觉为主，画面轻松而自然，让玩家在游戏中回味童年。这类游戏的UI设计，通常采取看似笨拙的涂鸦风格与游戏的内容保持一致。如图1-14所示为涂鸦风格的游戏UI设计。

图 1–14

3. 暗黑风格

西方魔幻类游戏，画面色调较暗，局部有绚丽的光线，给玩家一个真实的魔幻世界。这类游戏UI通常用大花纹装饰、厚重的金属框体、破旧的木板和羊皮纸作为设计元素，增加游戏的带入感。如图1-15所示为暗黑风格的游戏UI设计。

图 1–15

4. 卡通风格

此类游戏画面轻松活泼，常常使用比较鲜艳亮丽的色彩进行搭配。在符合轻松活泼的气氛下，这种风格的游戏UI设计的形式和颜色相对比较自由，设计师可以更自由地进行发挥。如图1-16所示为卡通风格的游戏UI设计。

图 1-16

1.3.3 游戏UI设计的流程

一个游戏UI界面的设计大体可以分为需求阶段、分析设计、调研验证、方案改进和用户验证反馈5个阶段。

1. 需求阶段

游戏UI设计依然属于工业设计的范畴，因此也离不开3W的考虑（Who、Where、Why），也就是使用者、使用环境、使用方式的需求分析。所以在设计一个游戏产品的UI部分之前同样应该明确什么人用（用户的年龄、性别、爱好、收入和教育程度等）、什么地方用（办公室、家庭、公共场所）、如何用（鼠标键盘、手柄、屏幕触控）。上面的任何一个元素改变了，结果都会有相应的改变。举一个简单的例子，当设计一套PC平台的Q版网络游戏界面和一套游戏机平台的动作游戏界面时，由于针对的受众不同，操作习惯与操作方式会有所差别，所以在设计风格上也要体现出相应的变化。

除此之外，在需求阶段同类竞争产品也是必须要了解的。同类产品比我们的产品提前问世，我们要比它做得更好才有存在的价值。那么单纯从UI设计的美学角度考虑说哪个好哪个不好是没有一个很客观的评价标准的，只能说哪个更合适。更适合最终用户也就是玩家的产品就是最好的产品。

2. 分析设计阶段

通过分析上面的需求后进入设计阶段，也就是方案形成阶段。可以设计出几套不同风格的界面用于备选。首先制作一个体现用户定位的词坐标，例如以18岁左右的男性玩家为游戏的主要用户，对于这类用户进行分析得到的词汇有：刺激、精美、娱乐、趣味、交流、时尚、酷、个性、品质、放松等。分析这些词汇的时候会发现有些词是绝对必须体现的，例如品质、精美、趣味、交流。但有些词是相互矛盾的，必须放弃一些，例如时尚、放松与酷、个性化等。所以可画出一个坐标，上面是必须体现的品质：精美、趣味、时尚、交流。左边是贴近用户心理的词汇：时尚、放松、人性化，右边是体现用户外在形象的词汇：酷、个性、工业化。然后开始收集相应的素材，放在坐标的不同点上，这样根据不同坐标的风格，设计出数套不同风格的游戏UI界面。如图1-17所示为网络休闲游戏《QQ堂》的游戏UI界面，其主要用户是女性玩家。

图 1-17

3. 调研验证阶段

几套风格必须保证在同等的设计制作水平上，不能明显看出差异，这样才能得到用户客观的反馈。

调研验证阶段开始前，我们应该对测试的细节进行清楚的分析描述。

例如，

数据收集方式：厅堂测试/模拟家居/办公室。

测试时间：______年__月__日。

测试区域：北京、上海、广州。

测试对象：某游戏界定市场用户。

主要特征为：

- 对计算机的硬件配置及相关的性能指标比较了解，计算机应用水平较高。
- 计算机使用经历一年以上。
- 玩家购买游戏时品牌和游戏类型的主要决定因素。
- 年龄：____ ~ ____岁。
- 年龄在____岁以上的被访者文化程度为大专及以上。
- 个人月收入____以上或家庭月收入____元及以上。
- 样品：____套游戏界面。
- 样本量：____个，实际完成____个。

调研阶段需要从以下几个问题出发：

- 用户对各套方案的第一印象。
- 用户对各套方案的综合印象。
- 用户对各套方案的单独评价。
- 选出最喜欢的。
- 选出其次喜欢的。
- 对各方案的色彩、文字、图形等分别打分。
- 结论出来以后请所有用户说出最受欢迎方案的优、缺点。

所有这些都需要使用图形表达出来，这样更直观、科学。

4. 方案改进阶段

经过用户调研，得到目标用户最喜欢的方案，而且了解到用户为什么喜欢，以及还有什么遗憾等，这样就可以进行下一步修改了。这时可以把精力投入到一个方案上，将该UI设计方案做到细致精美。

5. 用户验证反馈阶段

改正以后的方案就可以推向市场了，但是设计并没有结束，设计者还需要用户反馈，好的设计师应该在产品上市以后多与用户接触，了解用户真正使用时的感想，为以后的升级版本积累经验资料。

经过上面设计过程的描述，可以清楚地发现，游戏界面UI设计是一个非常科学的推导公式，有设计师对艺术的理解感悟，但绝对不是仅仅表现设计师个人的绘画，所以要一再强调这个工作过程是设计的过程。

以上是整个游戏界面UI设计需要经过的主要流程，但在实际操作中设计师可能还是会面临很多如时间与质量的问题，所以这里并不强调一定要严格地按照这个公式来设计和制作游戏界面。

如图1-18所示为网络游戏《剑侠情缘online》的游戏界面，在该游戏的整个开发过程中，游戏界面的设计尝试了几种不同的风格，从最初华丽炫目的界面设计方案到最后朴实简洁的完成品，可以看到游戏UI设计师的整个创作过程是在不断地进行思维演变的，同时积极地与玩家互动，将玩家反馈的意见加以整理与提取，才把最适合玩家的方案呈现在用户面前。

图 1-18

1.4 游戏UI设计原则

任何设计都是没有固定的规则可遵循的，不过设计师们在长期进行游戏UI设计的过程中，通过研究与经验的积累探寻出了一些适用于游戏UI设计的原则，以下几条原则是设计师们在进行设计时应该遵循的。

1. 设计要简洁

游戏UI设计要尽量简洁，目的是便于游戏玩家使用，减少在操作上出现错误。这种简洁性的设计和人机工程学非常相似，也可以说就是同一个方向，都是为了方便人的行为而产生的。在现阶段已经普遍应用于我们生活中的各个领域，并且在未来还会继续拓展。如图1-19所示为简洁的游戏UI设计。

图 1-19

2. 为玩家着想

游戏UI设计的语言要能够代表游戏玩家说话而不是设计者。这里所说的代表，就是把大部分玩家的想法以实体化的方式表现出来，主要通过造型、色彩、布局等几个方面的表达，不同的变化会产生不同的心理感受，例如尖锐、红色、交错带来了血腥、暴力、激动、刺激、张扬等情绪，适合打击感和比较暴力的游戏，而平滑、黑色、屈曲带来了诡异、怪诞、恐怖的气息，又如分散、粉红、嫩绿、圆钝，则带给我们可爱、迷你、浪漫的感觉，如此多的搭配会系统地引导玩家的游戏体验，为玩家的各种新奇想法助力。如图1-20所示为不同色彩的游戏界面设计，它们会带给玩家不同的心理感受。

图 1-20

3. 统一性

游戏UI设计的风格、结构必须要与游戏的主题和内容相一致，优秀的游戏界面设计都具备这个特点。这一点看上去简单，实际还是比较复杂的，想要统一，并不是一件简单的事情。以颜色为例，就算我只用几个颜色搭配设计界面，也不容易使之统一，因为颜色的比例会对画面产生不同的影响。所以我们会对统一性做出多种统一方式，例如固定一个色版，包括色相、纯度、明度都要确定，另外就是比例、主次等。统一界面除了色彩还有控件，这也是一个可以重复利用和统一的最好方式，边框、底纹、标记、按钮、图标等，都是用一致的纹样、结构、设计。最后就是必须统一文字，在界面上文字是必不可少的，每个游戏只能使用1～2种文字，文字也是游戏中出现频率较高的元素，过多就不够统一。如图1-21所示为风格、色彩和文字相统一的游戏界面设计。

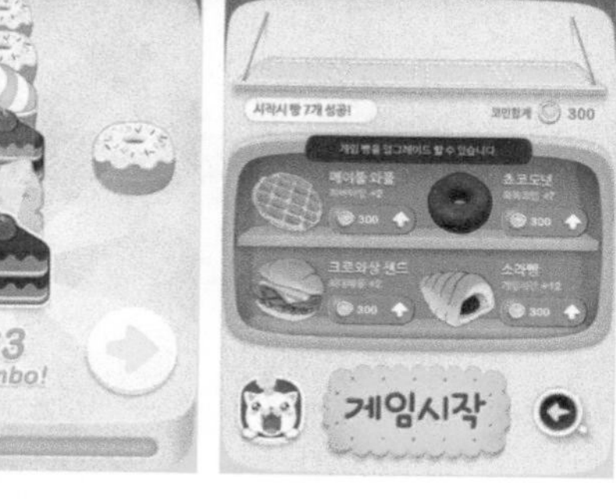

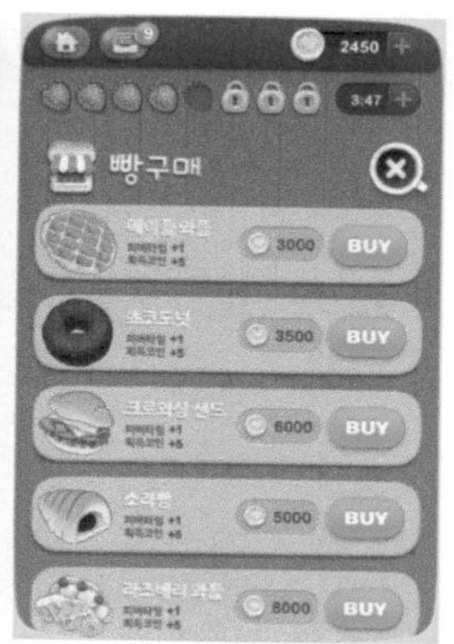

图 1-21

4. 清晰性

视觉效果的清晰有助于游戏玩家对游戏的理解，方便游戏玩家对功能的使用。对于移动设备上的游戏来说，为了达到更高的效率和清晰度，需要不同的界面美术资源，以达到目的，这也是目前无法解决的硬件与软件间的问题。如图1-22所示为视觉效果清晰的游戏界面设计。

图 1–22

5. 习惯与认知

游戏界面设计在操作上的难易程度尽量不要超出大部分游戏玩家的认知范围，并且要考虑大部分游戏玩家在与游戏互动时的习惯。这个部分就要提到游戏人群了，不同的人群拥有不同的年龄特点和时代背景，所接触的游戏也大不相同，这就要求游戏设计师提前定位目标人群，把他们可能玩过的游戏做统一整理，分析并制定符合他们习惯的界面认知系统。如图1-23所示为符合人们习惯认知的游戏界面设计。

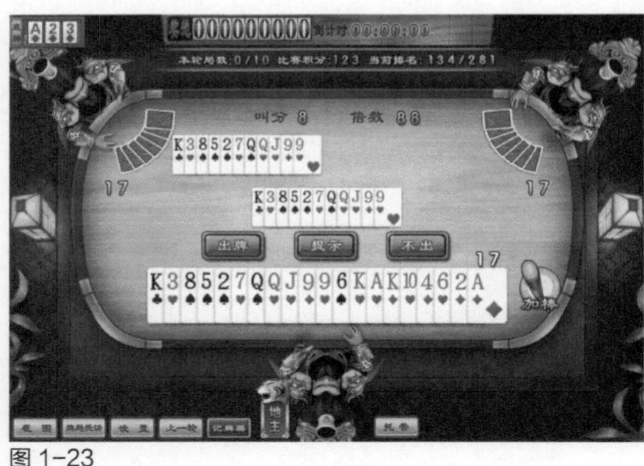

图 1–23

6. 自由度

游戏玩家在与游戏进行互动时的方式具有多重性，自由度很高，例如操作的工具不单单局限于鼠标和键盘，也可以是游戏手柄、体感游戏设备。这一点对于高端玩家来说，是非常重要的，因为这群人不会停留在基础的玩法之上，他们会利用游戏中各种细微的空间，来表现出自身的不同和优势，所以游戏UI设计师需要在界面上为这类人群提供自由度较高的设计。如图1-24所示为体感游戏和手柄游戏的界面设计。

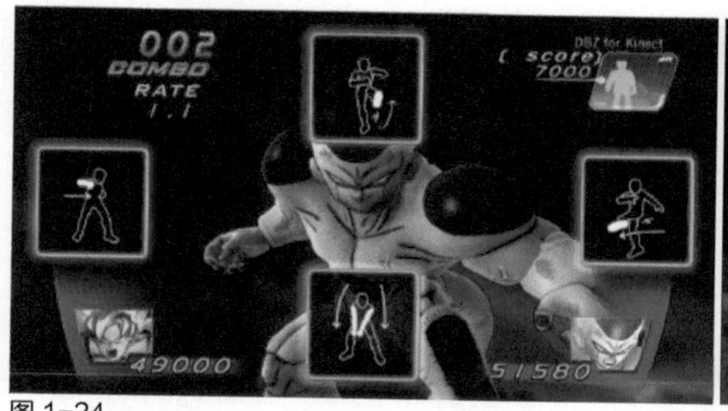

图 1-24

1.5 游戏界面设计的3种形式

通过游戏界面的合理设计传递给用户一种情感，是界面设计的艺术核心思想所在。玩家在与游戏进行交互时，使玩家在情感上产生共鸣，利用情感进行表达，能够真正地反映玩家与游戏之间的情感关系。游戏界面设计按照形式主要可以分为3类，一是以功能实现为基础的界面设计，二是以情感表达为重点的界面设计，三是以环境因素为前提的界面设计。

1. 以功能性和使用性为核心

游戏界面设计具有界面设计最基本的性能，即功能性与使用性。通过游戏界面的合理设计，充分体现游戏的功能性，将产品信息传递给游戏玩家，因为游戏玩家是功能性界面存在的意义，但由于游戏玩家的文化层次具有差异性，因此界面在设计上更应该以客观地体现作品信息为前提。如图1-25所示为以功能性和使用性为核心的游戏界面设计。

图 1-25

2. 以情感表达为核心

通过对游戏界面的合理设计，使游戏玩家与游戏之间产生一种情感互动，是界面设计的核心精神所在。游戏玩家在操作游戏时，通过游戏界面进行交互，利用情感表达，将游戏玩家与游戏之间的虚拟关系变得真实。情感在传递的过程中是确定性与不确定性的结合体，所以游戏玩家在玩游戏时的情感体验是设计师们进行设计时更为强调的内容。如图1-26所示为以情感表达为核心的游戏界面设计。

图 1-26

3. 以营造环境为前提

作品的设计离不开环境，环境氛围的营造本身就是一种情感信息的表达，对游戏想传递给玩家的信息有着特殊的意义。例如游戏的历史背景、科技元素、文化底蕴等方面都属于环境信息，所以想更好地表达游戏带给玩家的体验感营造界面的环境是必需的。如图1-27所示为以营造环境为前提的游戏界面设计。

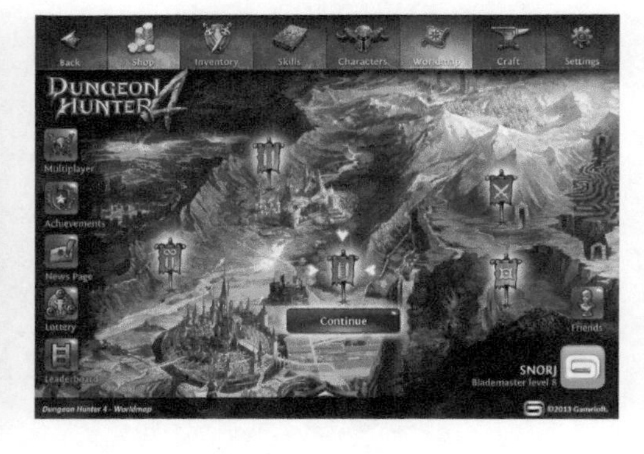

图 1-27

▶▶1.6 本章小结

游戏行业是近几年才新兴起的行为，是文化创意产业的一部分。游戏的存在价值在于娱乐大众，它的出现调剂了人们的生活。同时，大众对游戏的品质及要求也变得更加挑剔。本章向读者详细介绍了有关游戏UI设计的基础知识，使读者对游戏UI设计有了更深入的了解。通常本章的学习，读者需要掌握游戏UI设计的原则和表现方法，并能够在实际的游戏UI设计中合理地应用。

CHAPTER 2

游戏UI设计基本元素

本章要点：

游戏界面是游戏中为用户设计的用于提供游戏信息控制与反馈的层面。游戏界面通常包括游戏中的场景、按钮、图标、菜单、面板、标签等元素。硬件设备便捷、自然的操作方式与游戏界面明晰、直观的视觉体验，以及信息反馈共同构成了理想的游戏运行。在本章中将向读者介绍游戏UI设计中的各种基本视觉元素的设计方法和技巧。

知识点：

- 了解游戏UI设计中的基本视觉元素
- 理解图形元素在游戏界面中的功能和作用
- 理解文字元素在游戏界面中的作用和视觉表现方式
- 理解游戏界面中各种动态控制元素的设计和表现方法
- 理解视听元素和配色在游戏界面设计中的重要性
- 掌握各种游戏UI设计元素的表现方法

▶▶ 2.1　游戏UI设计中的基本视觉元素

游戏UI设计是指对游戏的人机交互、操作逻辑、界面美观的整体设计。一些比较出色的游戏UI设计不仅让游戏独具特色，还可以让游戏操作变得简单、易学，大大增加了游戏的上手度。由于大部分游戏本身都是通过图形与用户进行人机交互的，所以一个漂亮的游戏UI的风格、合理的界面操作流程都可以给用户留下非常好的第一印象。这些因素对于游戏产品争取、引导用户有着决定性的作用。

1. 色彩元素

人们对于视觉传达的第一印象往往是通过色彩得到的，色彩与公众的生理和心理反应密切相关。因此，从某种意义上说，色彩是游戏UI设计中最重要的元素。不同的色彩会给人带来不同的心理暗示，影响玩家对游戏的注意力。

在游戏UI设计中，色彩的搭配是灵活多变的，主要由游戏的主题所决定。色彩有着更丰富的表现力，它带给玩家对游戏的第一感觉，引导玩家体会色彩的用意，色彩成为游戏界面中传递信息、表达情感的重要角色。在游戏界面中色彩依附于图形，增强了图形的表达能力。如图**2-1**所示为游戏UI中色彩搭配的合理示例。

图 2-1

2. 图形元素

图形是游戏UI设计中重要的视觉传达要素，它直观、形象、生活感强、富有美感。图形元素在游戏UI设计中的主要功能是充分表述游戏主题、渲染游戏氛围、吸引玩家的注意。在日常生活中，人们对图片的感受非常敏感，可以直观地传达信息，有强烈的视觉吸引力。

图形作为一种视觉形态，本身就具有表达语言信息的特征，例如，三角形是锐角形态，给人好斗、顽强的感觉；六角形既不是圆形，也不是方形，给人平稳和灵活的感觉；圆形线条圆滑，给人平静的感觉；而正方形具有四平八稳的形态，表现出庄重、静止的特点。在游戏UI设计中合理地运用图形，既可以完整地诠释游戏，又可以给玩家一种视觉享受。如图2-2所示为运用图形元素的游戏UI。

图 2-2

3. 文字元素

文字是信息传递的基本符号，在游戏UI设计中占有非常重要的地位，文字被广泛地应用在游戏LOGO、标题、广告语、信息提示、正文中，在强化玩家对游戏的视觉印象和引导玩家顺利地进行游戏操作方面能起到事半功倍的作用。

在游戏UI设计中，一定要合理、适当地应用文字元素，例如游戏LOGO和标题文字可以运用图形化的设计风格，使文字效果与整个游戏风格相统一，成为游戏界面中能够引人注目的焦点所在，而类似于帮助或提示信息类的文字，则可以采用图形与文字相结合的表现方式，运用清晰的字体表现内容，从而使玩家能够清晰、准确地理解。如图2-3所示为文字元素在游戏UI中的应用。

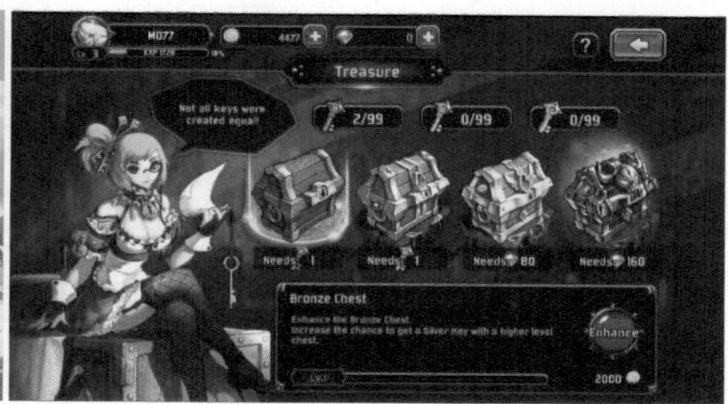

图 2–3

2.2 图形元素设计

在游戏界面中，图形元素主要是由发挥装饰性功能的图案、图像及发挥信息传达功能的图标组成的。图形是游戏界面中最直观、占据空间最多的设计元素，图形元素使用得是否得当直接关系到游戏界面的成败。

1. 图形元素的功能

图形元素是以“看”而非“读”为主的元素形式，因此，图形元素的视觉装饰性功能是其主要的功能。比起文字的功能，图形存在更宽泛的信息传递意义。文字的表达是线性的，而图形的表达更加直观，有文字所无法达到的表达意义的功能。

通常情况下，游戏界面中的图形风格是游戏主题内容的延伸，并在表现风格、色调上尽可能与游戏世界构成关联性，这样做的目的主要为了不破坏游戏世界给玩家的整体感觉，不会让玩家因为界面风格的突然改变而产生歧义，并增强游戏世界渲染的氛围，如图2-4所示。

图 2–4

2. 图形元素的作用

界面中恰当的图形应用可以激发玩家的游戏体验，并能够增强游戏信息传递的效果，甚至可以让玩家在感觉不到这一层面的前提下顺利地完成游戏任务。这在近几年以第一人称为主的射击类和竞速类游戏中的抬头显示界面和仪表盘界面中体现得最为明显。为了给玩家置身其中的游戏感觉，这两类游戏的界面在图形设计上通常会模拟真实世界中的机械仪表盘，在游戏世界中再现虚拟现实功能。如图2-5所示为图形元素在游戏界面中的应用。

图 2-5

3. 图标设计的重要性

图标在游戏界面中应用非常频繁，也是游戏界面中图形的一种重要表现形式。

很多游戏公司发布一款新的游戏通常面向全球范围，不得不考虑游戏在不同国家使用不同的语言版本，并且由于各国语言文字书写的巨大差异，同样的意思对于不同语言文字来说占用的空间是不同的，设计者在设计文字界面时要预留足够的空间，这给设计师带来了不小的难度。这时如果能将文字转换为图标，就会省去不少麻烦。特别是在策略类游戏中，因为功能非常繁多，如果全部以文字进行说明，则会使玩家看到满屏幕的文字导致游戏无法进行，而将对应的功能配以相应的图标，情况就会好很多。例如，货币图标、军队图标、各种物资的图标等，因为日常事物的结构形态在全球范围内几乎相同，不论语言多么无法沟通，图形总能让人快速理解所要表达的意思。如图2-6所示为游戏界面中的图标设计。

图 2-6

同时，这些图标也降低了玩家的记忆负担，不需要记住每个功能的名称，只需要看到图标就可以明白该功能的作用。这就要求同一游戏界面或场景中的图标风格一致，图标的设计要简洁清晰，尽量减少图形的细节设计，太多的细节会造成读图的困难，也会让各个图标之间产生混淆。也许玩家在刚开始接触一款游戏时需要了解部分图标的含义，但总好过学习一门新的语言。如图2-7所示为精美的游戏图标设计。

图 2–7

【自测1】设计游戏图标

视频：光盘\视频\第2章\游戏图标.swf　　源文件：光盘\源文件\第2章\游戏图标.psd

- 案例分析

案例特点：本案例设计一款游戏图标，通过对基本图形的形状进行调整，将图形调整为不规则的图形效果，从而构成可爱的卡通游戏图标。

制作思路与要点：在游戏界面中图标是非常常见的图形元素，并且游戏图标的表现需要与游戏界面的整体风格相统一。在本案例中绘制基本的形状图形，为所绘制的基本形状图形添加锚点，通过对锚点的调整，形成不规则的图形效果。再通过图层样式和绘制高光、阴影图形的方式，体现出游戏图标的立体感，使得该游戏图标表现出可爱的卡通效果，与游戏的整体风格相统一。

- 色彩分析

本案例的游戏图标使用黄橙色和白色进行搭配，这两种颜色的配合再加上绿色的标题给人眼前一亮的感觉，使图标和图形的整体色调统一。

浅黄色	浅绿色	黄橙色

- 制作步骤

步骤 01 执行“文件>打开”命令，打开素材图像“光盘\源文件\第2章\素材\101.jpg”，如图2-8所示。新建“图层1”，为该图层填充黑色，设置该图层的“不透明度”为60%，效果如图2-9所示。

图 2-8

图 2-9

步骤02 新建名称为“背景”的图层组，使用“圆角矩形工具”，在选项栏上设置“工具模式”为“形状”、“填充”为RGB（214,167,112）、“半径”为30像素，在画布中绘制圆角矩形，如图2-10所示。使用“添加锚点工具”，在刚绘制的圆角矩形路径上单击添加锚点，如图2-11所示。

图 2-10

图 2-11

提示

使用“添加锚点工具”，将光标放置于路径上，当光标变为 形状时，单击即可添加一个锚点，如果单击并拖动鼠标，则可以添加一个平滑锚点。

步骤03 使用“直接选择工具”，选中正下方的锚点，对该锚点进行调整，如图2-12所示。使用相同的制作方法，分别对其他相应的锚点进行调整，得到需要的图形，效果如图2-13所示。

图 2-12

图 2-13

提示

使用“直接选择工具”选择路径上的锚点，被选中的锚点显示为实心点，未被选中的锚点显示为空心点。在使用“直接选择工具”选择锚点时，如果按住Shift键的同时单击锚点，可以同时选中多个锚点。

步骤 04 为该图层添加“内阴影”图层样式，对相关选项进行设置，如图2-14所示。继续添加“内发光”图层样式，对相关选项进行设置，如图2-15所示。

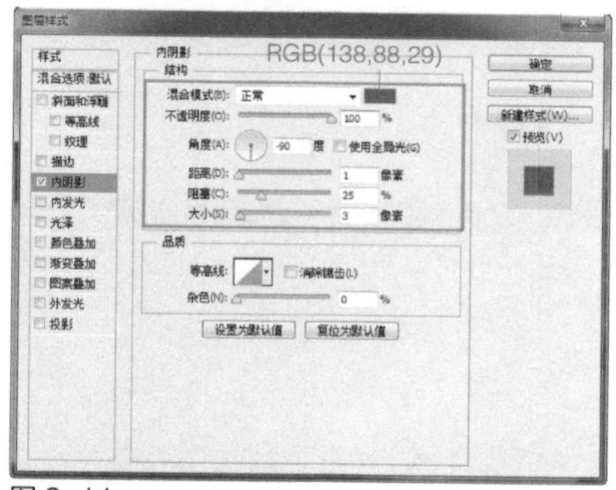

图 2-14

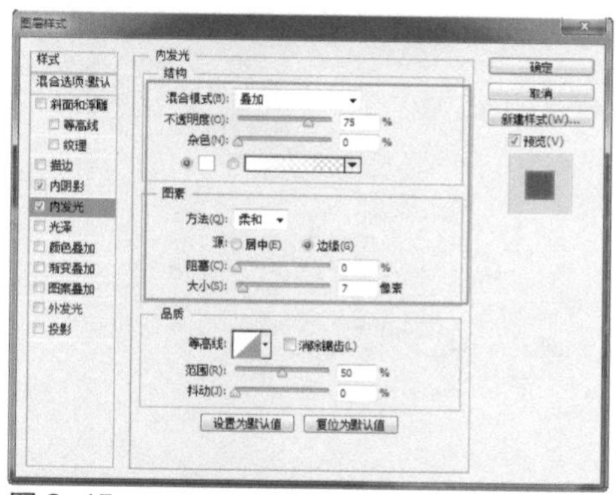

图 2-15

步骤 05 单击“确定”按钮，完成“图层样式”对话框中各选项的设置，效果如图2-16所示。复制“圆角矩形1”图层，得到“圆角矩形1拷贝”图层，清除该图层的图层样式，修改复制得到图形的填充颜色为RGB（248,232,176），效果如图2-17所示。

图 2-16

图 2-17

提示

在图层上单击鼠标右键，在弹出的菜单中选择“清除图层样式”命令，可以一次性清除该图层所应用的多个图层样式。如果需要修改形状图形的填充颜色，可以双击该形状图层的缩览图，在弹出的“拾色器”对话框中设置填充颜色即可。

步骤 06 执行“编辑>变换>缩放”命令，将图形等比例缩小，如图2-18所示。为该图层添加“内阴影”图层样式，对相关选项进行设置，如图2-19所示。

图 2-18

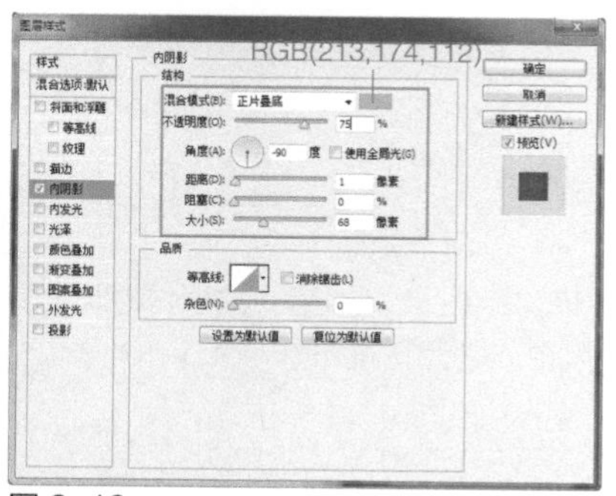

图 2-19

步骤 07 继续添加“投影”图层样式，对相关选项进行设置，如图2-20所示。单击“确定”按钮，完成“图层样式”对话框中各选项的设置，效果如图2-21所示。

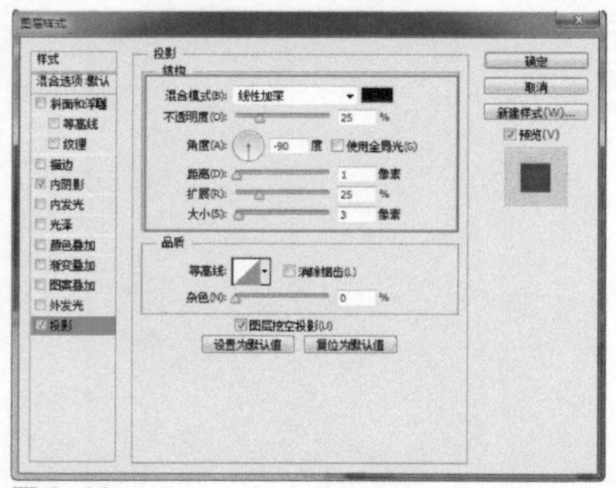
图 2–20

图 2–21

步骤 08 使用相同的制作方法，完成相似图形的绘制，如图2-22所示。使用“横排文字工具”，在“字符”面板中设置相关选项，在画布中输入相应的文字，如图2-23所示。

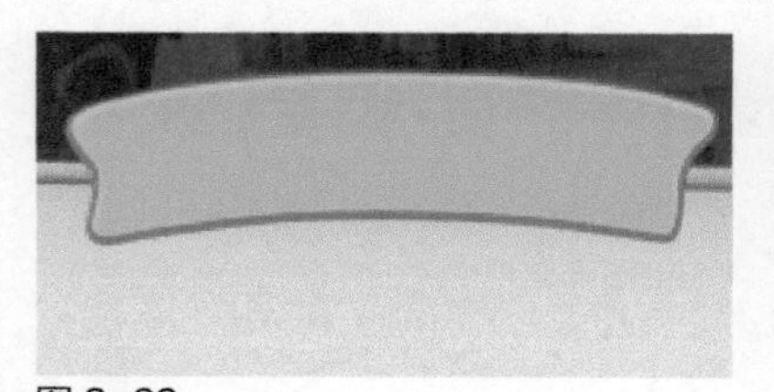
图 2–22

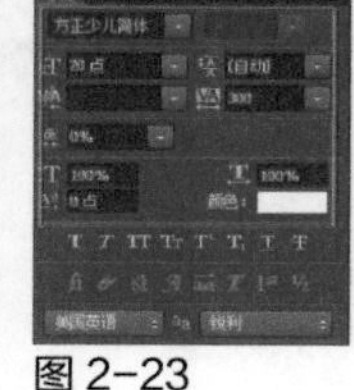

图 2–23

步骤 09 为该图层添加“投影”图层样式，对相关选项进行设置，如图2-24所示。单击“确定”按钮，完成“图层样式”对话框中各选项的设置，效果如图2-25所示。

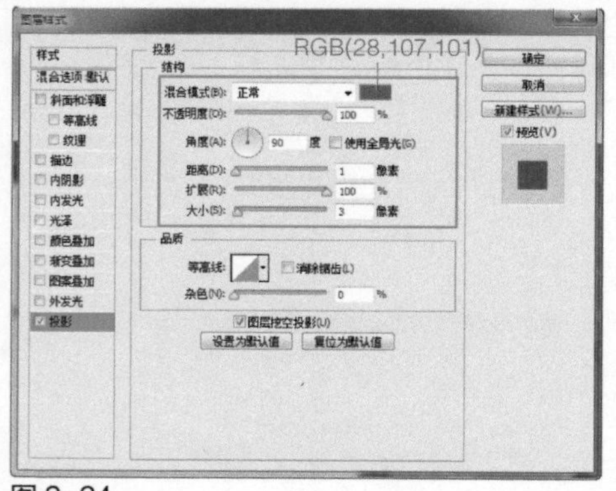

图 2–24

图 2–25

步骤 10 选中该文字图层，执行“类型>文字变形”命令，弹出“变形文字”对话框，具体设置如图2-26所示。单击“确定”按钮，对文字进行变形处理，效果如图2-27所示。

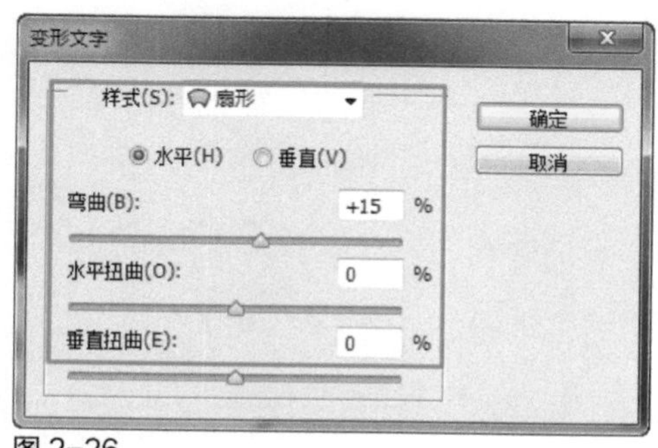

图 2-26

图 2-27

提示

通过创建变形文字可以将原本呆板生硬的文字变得富有生机和活力，从而更加具有观赏性。在“变形文字”对话框中的“样式”下拉列表中预设了15种文字变形样式，可以选择合适的变形样式，并结合对话框中其他选项的设置，创建出独特的变形文字效果。

步骤 11 新建名称为“按钮”的图层组，使用“椭圆工具”，在画布中绘制一个白色的正圆形，如图2-28所示。使用“添加锚点工具”，在刚绘制的椭圆路径上单击添加锚点，如图2-29所示。

图 2-28

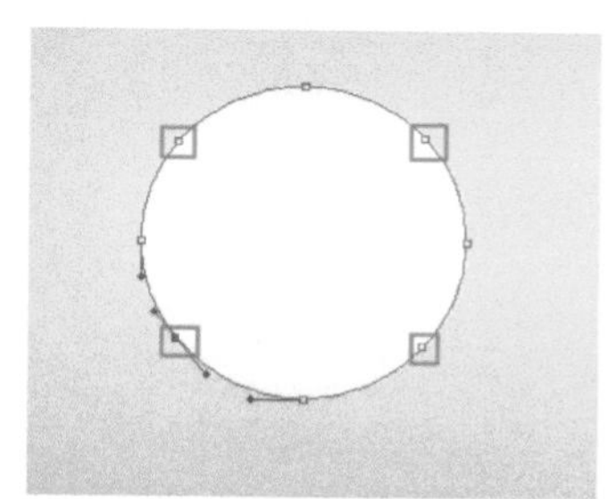
图 2-29

提示

使用“椭圆工具”在画布中绘制椭圆形时，如果按住Shift键的同时拖动鼠标，则可以绘制正圆形；拖动鼠标绘制椭圆形时，在释放鼠标之前，按住Alt键，则将以单击点为中心向四周绘制椭圆形；拖动鼠标绘制椭圆形时，在释放鼠标之前，按住Alt+Shift组合键，将以单击点为中心向四周绘制正圆形。

步骤 12 使用“直接选择工具”，选中正上方的锚点，对该锚点进行调整，如图2-30所示。使用相同的制作方法，分别对其他相应的锚点进行调整，得到需要的图形，效果如图2-31所示。

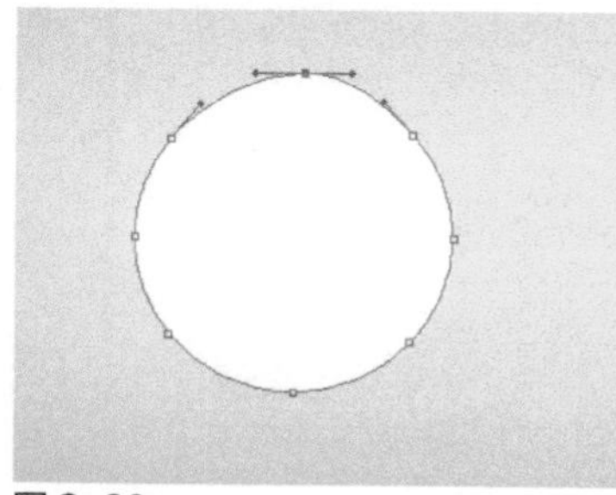
图 2-30

图 2-31

步骤 13 为该图层添加“投影”图层样式，对相关选项进行设置，如图2-32所示。单击“确定”按钮，完成“图层样式”对话框中各选项的设置，效果如图2-33所示。

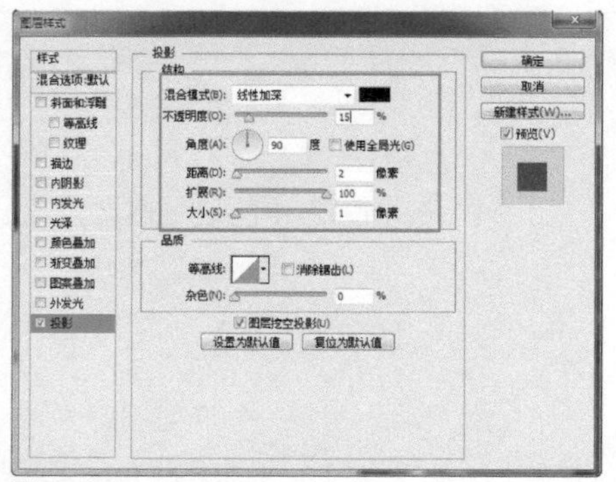

图 2-32

图 2-33

步骤 14 使用“椭圆工具”，在选项栏上设置“填充”为RGB（254,189,39），在画布中绘制一个正圆形，如图2-34所示。为该图层添加“内阴影”图层样式，对相关选项进行设置，如图2-35所示。

图 2-34

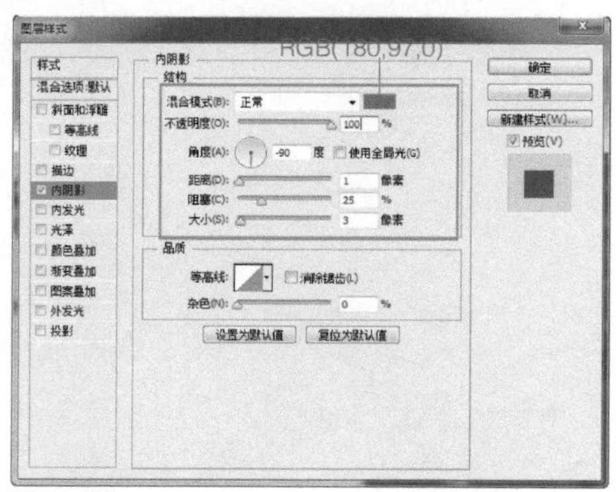

图 2-35

步骤 15 继续添加“渐变叠加”图层样式，对相关选项进行设置，如图2-36所示。继续添加“投影”图层样式，对相关选项进行设置，如图2-37所示。

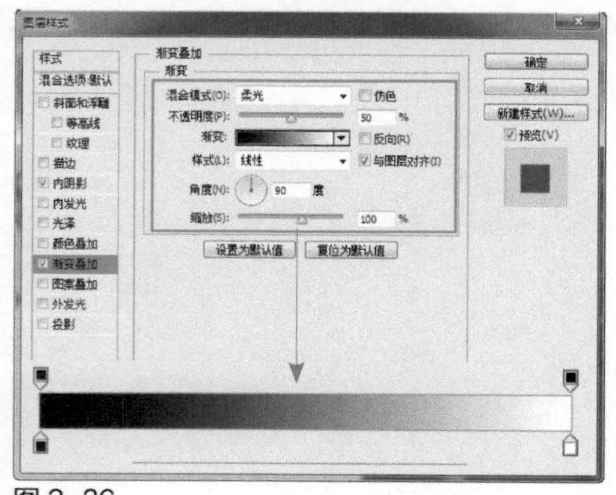

图 2-36

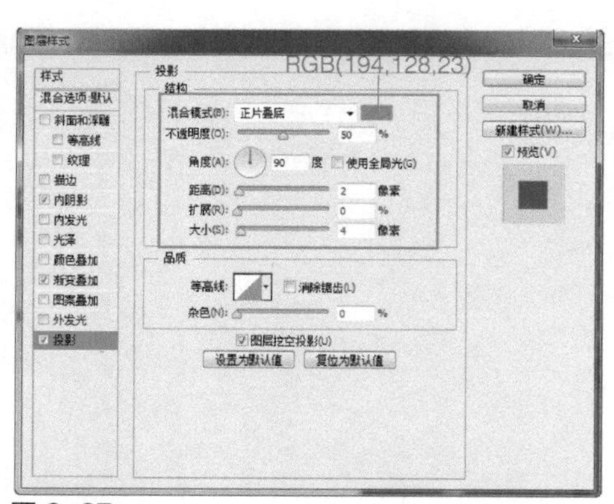

图 2-37

步骤 16 单击“确定”按钮，完成“图层样式”对话框中各选项的设置，效果如图2-38所示。使用“钢笔工具”，在选项栏上设置“工具模式”为“形状”、“填充”为RGB（194,128,23），在画布中绘制形状图形，如图2-39所示。

图 2-38

图 2-39

步骤 17 为该图层创建剪贴蒙版，设该置图层的“混合模式”为“正片叠底”、“填充”为25%，效果如图2-40所示。使用相同的制作方法，完成相似图形的绘制，如图2-41所示。

图 2-40

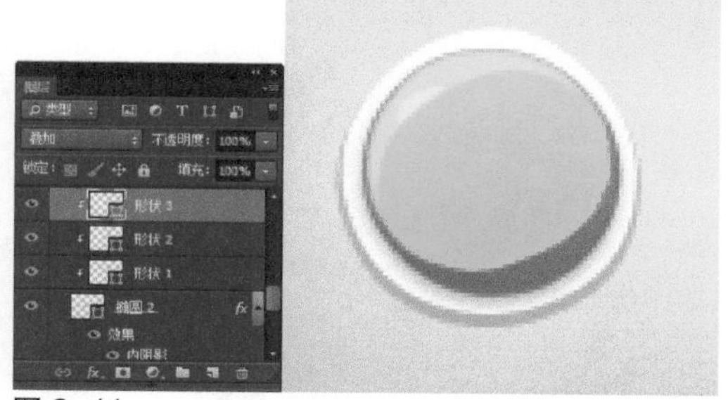

图 2-41

步骤 18 使用“自定形状工具”，在选项栏上的“形状”下拉面板中选择合适的形状，在画布中绘制白色的形状图形，如图2-42所示。使用“直接选择工具”，对刚才绘制的形状图形进行调整，效果如图2-43所示。

图 2-42

图 2-43

步骤 19 为该图层添加“投影”图层样式，对相关选项进行设置，如图2-44所示。单击“确定”按钮，完成“图层样式”对话框中各选项的设置，效果如图2-45所示。

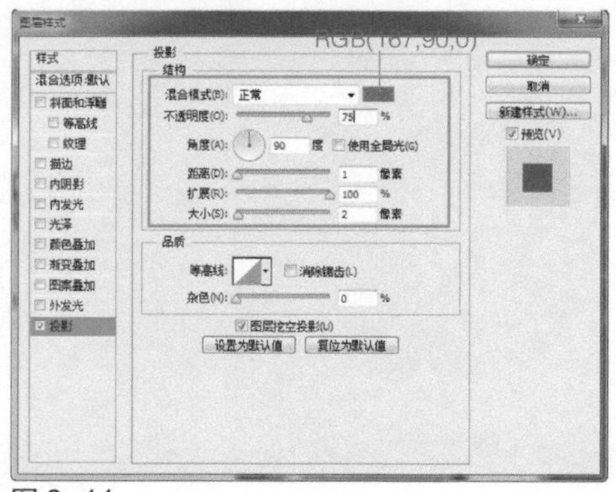

图 2-44

图 2-45

步骤 20 使用相同的制作方法，完成相似图形的绘制，如图2-46所示。完成该游戏图标的设计制作，最终效果如图2-47所示。

图 2-46

图 2-47

【自测2】设计游戏启动图标

视频：光盘\视频\第2章\游戏启动图标.swf 源文件：光盘\源文件\第2章\游戏启动图标.psd

- 案例分析

案例特点：游戏启动图标要尽可能体现出游戏的特点。本案例设计的游戏启动图标，使用了拟物化的设计方法，充分体现出了游戏的特点，使用户看到图标就知道该游戏是什么类型，非常直观。

制作思路与要点：该游戏启动图标使用拟物化的设计方式，首先绘制出图标的轮廓外框，并通过“添加杂色”滤镜和木纹的素材图像处理，使得图标的表现效果更加具有质感，表现出真实的纹理效果。接着绘制图标

中相应的图形，并通过图层样式使图形产生强烈的立体感和质感，充分表现出真实感。

- 色彩分析

该游戏启动图标充分运用现实生活中相同物体的色彩作为配色依据，使用绿色和咖啡色相搭配，表现出与真实的球桌统一的视觉色彩效果，能够给人们很好的辨识度，也能够与人们印象中的形象相统一。

- 制作步骤

步骤01 打开素材图像“光盘\源文件\第2章\素材\201.jpg”，如图2-48所示。使用“圆角矩形工具”，在选项栏上设置“工具模式”为“形状”、“半径”为30像素，在画布中绘制白色的圆角矩形，效果如图2-49所示。

图 2-48

图 2-49

步骤02 为该图层添加“渐变叠加”图层样式，对相关选项进行设置，如图2-50所示。继续添加“投影”图层样式，对相关选项进行设置，如图2-51所示。

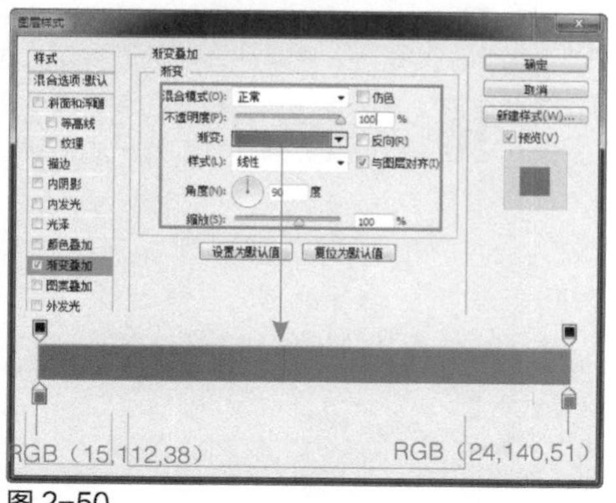

图 2-50

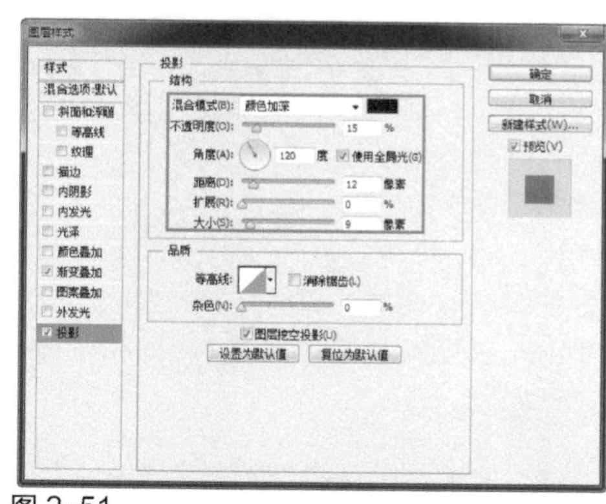
图 2-51

步骤03 单击“确定”按钮，完成“图层样式”对话框中各选项的设置，效果如图2-52所示。使用“圆角矩形工具”，设置“填充”为RGB（4,181,32）、“半径”为30像素，在画布中绘制圆角矩形，如图2-53所示。

图 2-52

图 2-53

步骤 04 执行“滤镜>杂色>添加杂色”命令，弹出“添加杂色”对话框，对相关选项进行设置，单击“确定”按钮，效果如图2-54所示。设置该图层的“混合模式”为“颜色加深”、“不透明度”为44%，效果如图2-55所示。

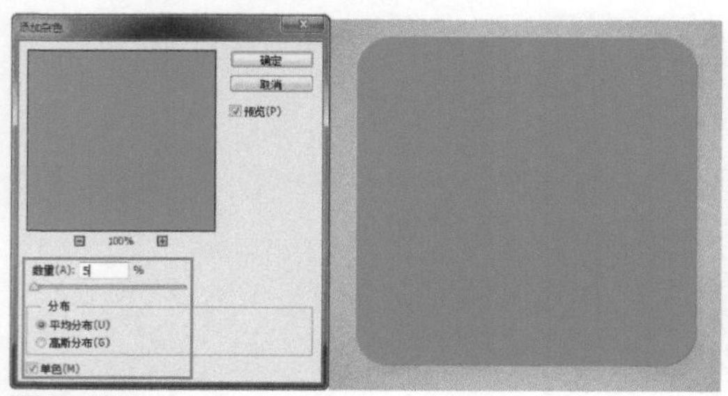

图 2-54

图 2-55

提示

“添加杂色”滤镜可以将随机像素应用于图像。在“添加杂色”对话框中，“数量”选项用于设置杂色的数量；“分布”选项用于设置杂色的分布方式，如果选择“平均分布”单选按钮，则会使用随机数值分布杂色的颜色值，以获得细微效果，如果选择“高斯分布”单选按钮，则将沿一条钟形曲线分布的方式来添加杂点，杂点效果较为强烈；选中“单色”复选框，则滤镜将只应用图像中的色调元素，而不改变颜色。

步骤 05 新建名称为“外框”的图层组，使用“圆角矩形工具”，在画布中绘制黑色的圆角矩形，如图2-56所示。使用“矩形工具”，设置“路径操作”为“减去顶层形状”，在刚绘制的圆角矩形上减去相应的矩形，得到需要的图形，效果如图2-57所示。

图 2-56

图 2-57

提示

设置“路径操作”为“减去顶层形状”后，可以在已经绘制的路径或形状图形中减去当前绘制的路径或形状图形。

步骤 06 为该图层添加“描边”图层样式，对相关选项进行设置，如图2-58所示。继续添加“内阴影”图层样式，对相关选项进行设置，如图2-59所示。

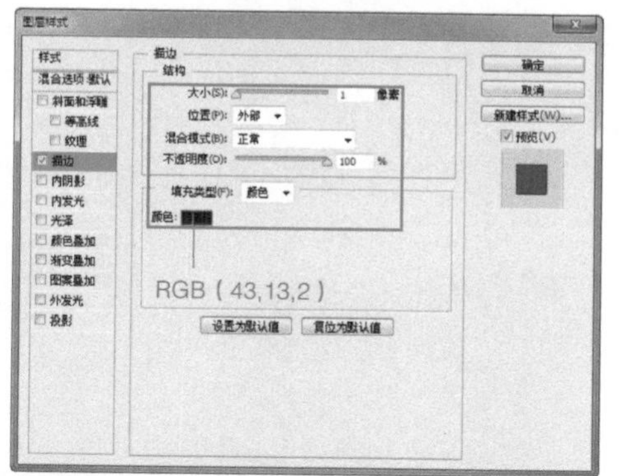

图 2-58

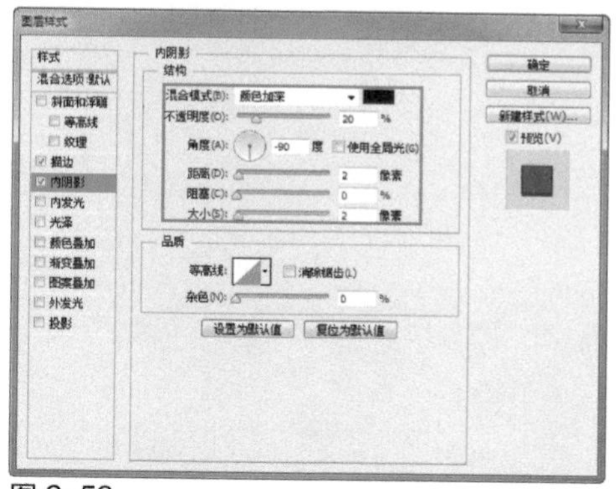

图 2-59

步骤 07 继续为该图层添加“内发光”图层样式，对相关选项进行设置，如图2-60所示。继续添加“渐变叠加”图层样式，对相关选项进行设置，如图2-61所示。

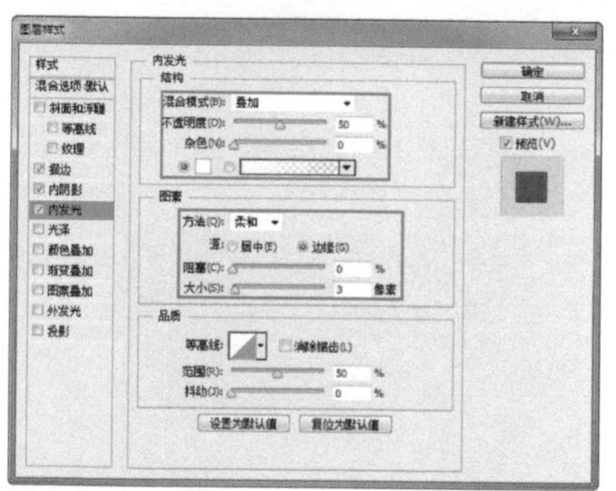

图 2-60

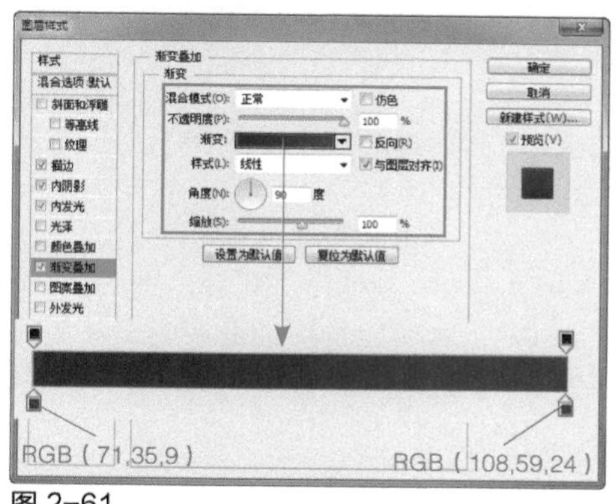

图 2-61

步骤 08 继续为该图层添加“投影”图层样式，对相关选项进行设置，如图2-62所示。单击“确定”按钮，完成“图层样式”对话框中各选项的设置，效果如图2-63所示。

步骤 09 打开素材图像“光盘\源文件\第2章\素材\202.jpg”，将其拖入到设计文档中，如图2-64所示。设置该图层的“混合模式”为“颜色加深”、“不透明度”为50%，效果如图2-65所示。

提示

设置图层的“混合模式”为“颜色加深”，能够通过减小亮度使像素变暗，与“正片叠底”图层混合模式效果相似，但却可以保留下方图像更多的颜色信息。

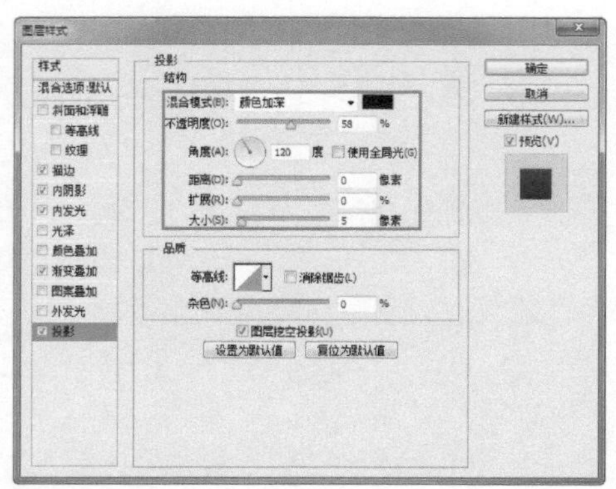

图 2-62

图 2-63

图 2-64

图 2-65

步骤 10 使用相同的制作方法，可以完成相似图形效果的制作，如图2-66所示。新建名称为“内框”的图层组，使用“矩形工具”，在画布中绘制一个白色的矩形，如图2-67所示。

图 2-66

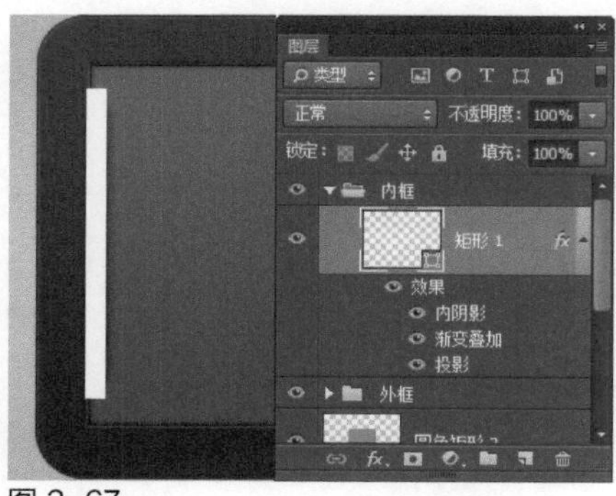

图 2-67

步骤 11 使用“直接选择工具”，对矩形路径上的锚点进行调整，改变矩形形状，效果如图2-68所示。为该图层添加“内阴影”图层样式，对相关选项进行设置，如图2-69所示。

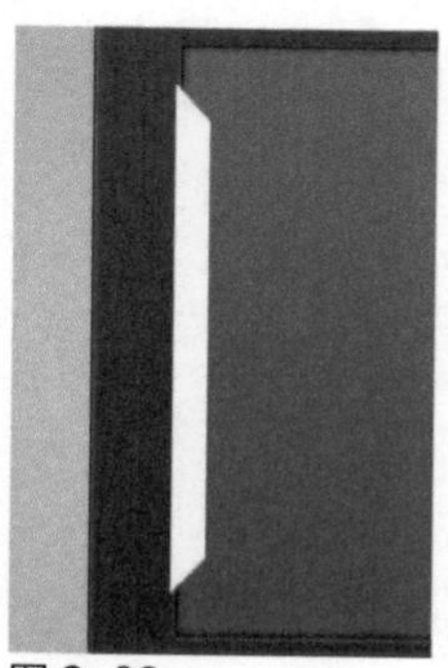

图 2-68

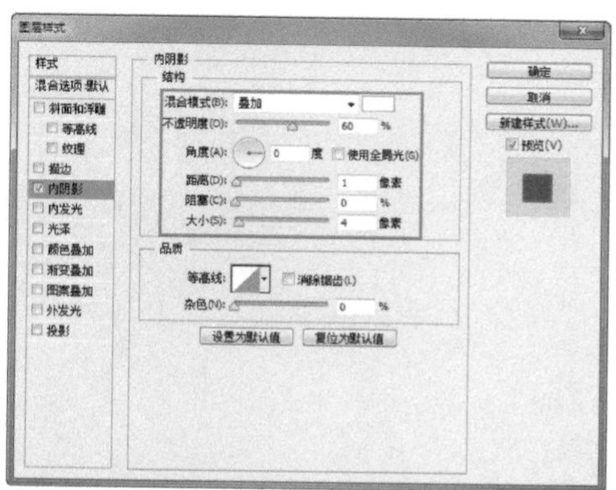

图 2-69

步骤 12 继续添加“渐变叠加”图层样式，对相关选项进行设置，如图2-70所示。继续添加“投影”图层样式，对相关选项进行设置，如图2-71所示。

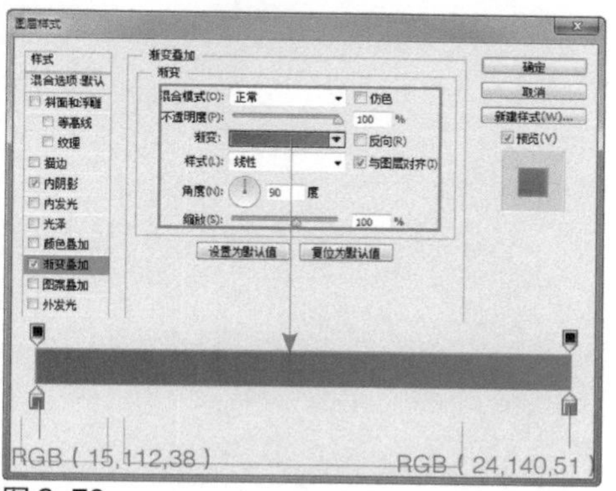

图 2-70

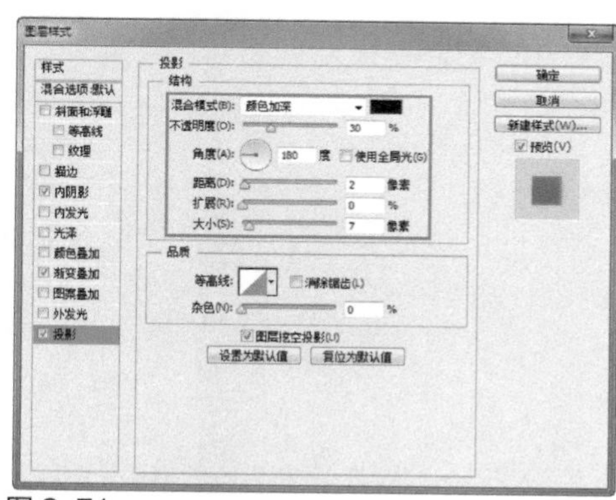

图 2-71

步骤 13 单击“确定”按钮，完成“图层样式”对话框中各选项的设置，效果如图2-72所示。使用相同的制作方法，可以绘制出相似的图形效果，如图2-73所示。

图 2-72

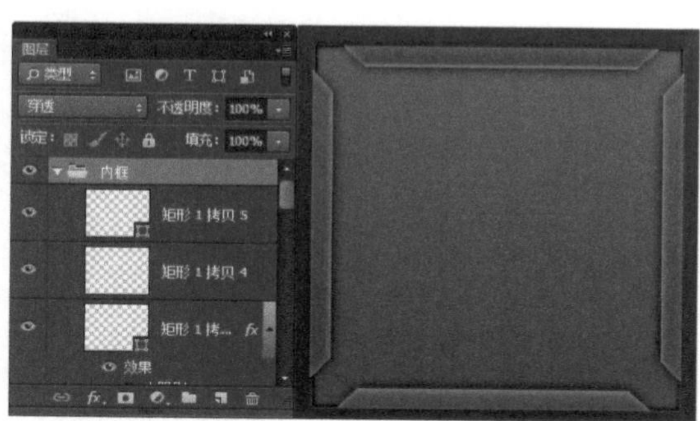

图 2-73

步骤 14 将“内框”图层组移至“外框”图层组下方，新建名称为“洞”的图层组，使用“直线工具”，在画布中绘制一条黑色直线，如图2-74所示。为该图层添加“投影”图层样式，对相关选项进行设置，如图2-75所示。

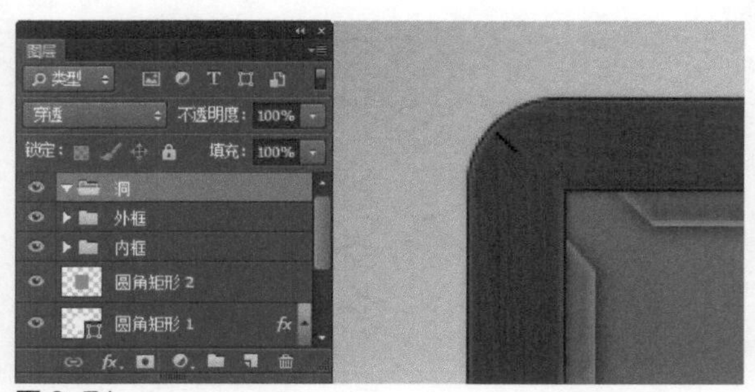

图 2–74

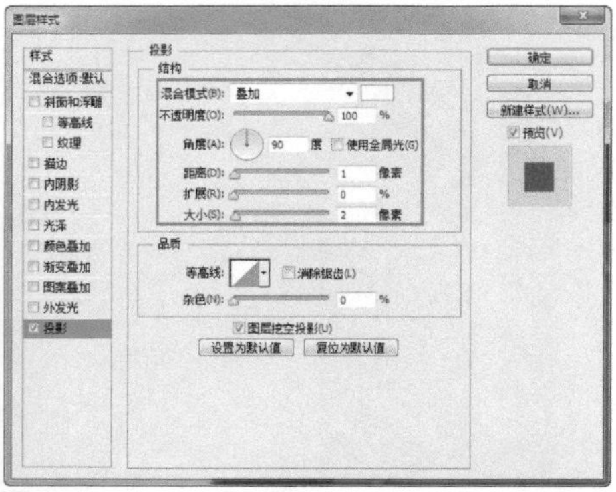

图 2–75

提示

使用“直线工具”在画布中绘制直线或线段时，如果按住Shift键的同时拖动鼠标，则可以绘制水平、垂直或以45° 角为增量的直线。

步骤 15 单击“确定”按钮，完成“投影”图层样式的设置，效果如图2-76所示。使用“椭圆工具”，在画布中绘制一个黑色的正圆形，如图2-77所示。

图 2–76

图 2–77

步骤 16 为该图层添加“内阴影”图层样式，对相关选项进行设置，如图2-78所示。继续添加“投影”图层样式，对相关选项进行设置，如图2-79所示。

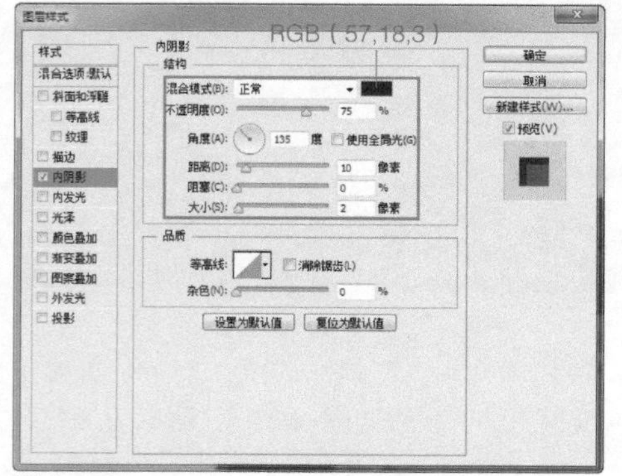

图 2–78

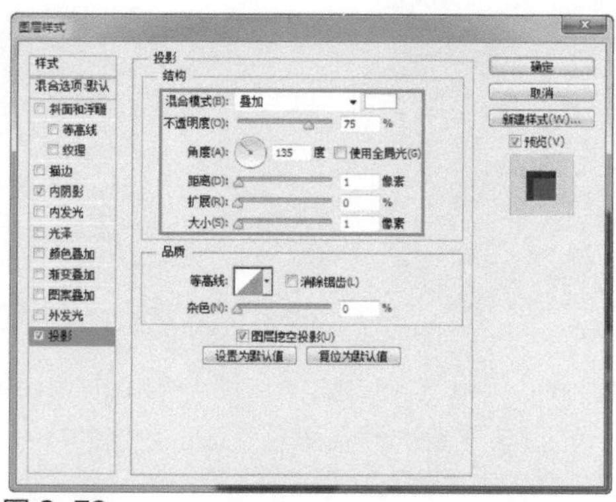

图 2–79

步骤 17 单击“确定”按钮，完成“图层样式”对话框中各选项的设置，效果如图2-80所示。使用“椭圆工具”，在画布中绘制一个黑色的正圆形，效果如图2-81所示。

图 2-80

图 2-81

步骤 18 使用“椭圆工具”，在选项栏上设置“路径操作”为“减去顶层形状”，在刚绘制的正圆形上减去相应的图形，使用“矩形工具”，同样减去相应的图形，得到需要的图形，如图2-82所示。为该图层添加相应的图层样式，图形效果如图2-83所示。

图 2-82

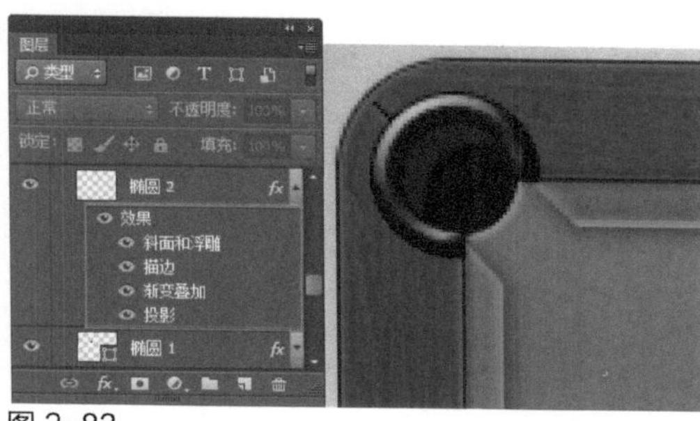

图 2-83

步骤 19 使用相同的制作方法，可以完成相似图形效果的制作，如图2-84所示。新建名称为“球”的图层组，使用“椭圆工具”，在画布中绘制一个黑色的正圆形，如图2-85所示。

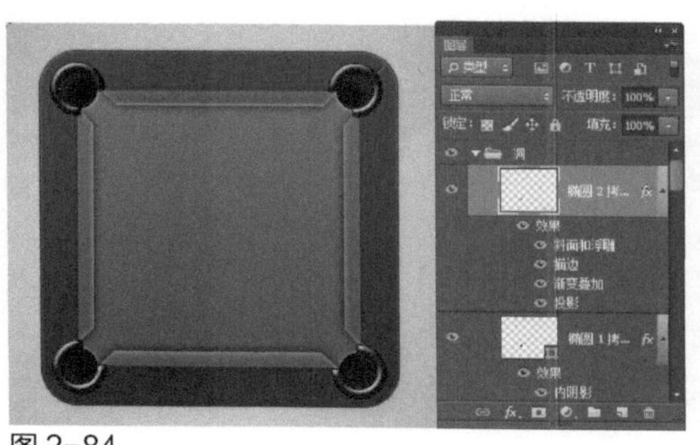
图 2-84

图 2-85

步骤 20 为该图层添加“光泽”图层样式，对相关选项进行设置，如图2-86所示。继续添加“渐变叠加”图层样式，对相关选项进行设置，如图2-87所示。

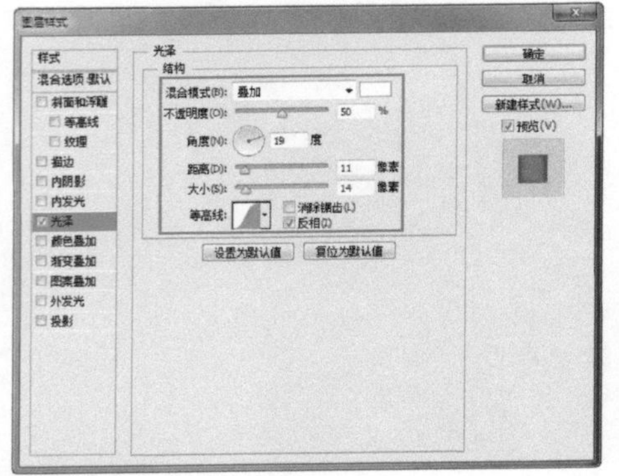

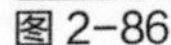

图 2-86

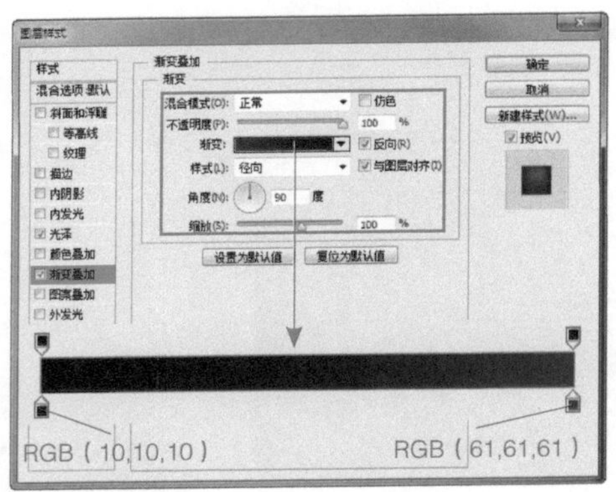

图 2-87

步骤 21 继续添加“投影”图层样式，对相关选项进行设置，如图2-88所示。单击“确定”按钮，完成“图层样式”对话框中各选项的设置，效果如图2-89所示。

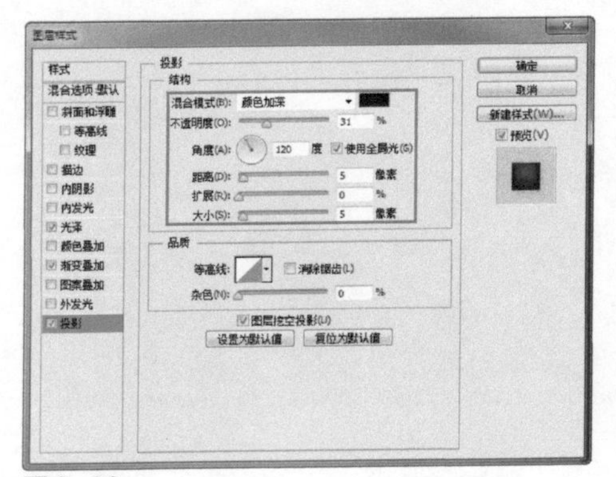

图 2-88

图 2-89

步骤 22 使用相同的制作方法，可以绘制出相似的图形，效果如图2-90所示。使用“横排文字工具”，在“字符”面板中设置相关选项，在画布中输入文字，如图2-91所示。

图 2-90

图 2-91

步骤 23 新建图层，使用“椭圆选框工具”，在画布中绘制椭圆选区，羽化选区，为选区填充白色，效果如图2-92所示。取消选区，使用相同的制作方法，可以绘制出相似的图形效果，如图2-93所示。

图 2-92

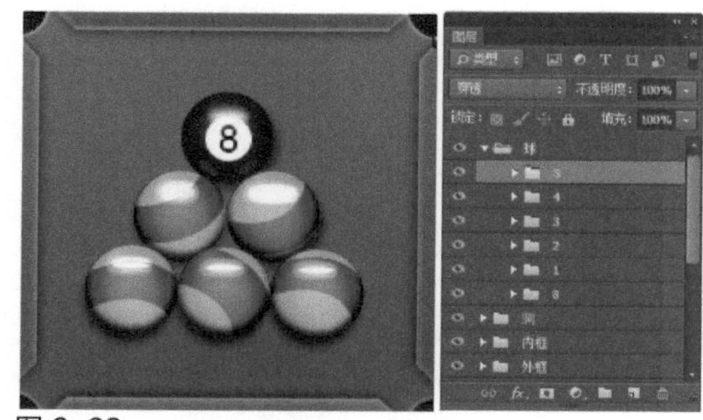

图 2-93

步骤 24 新建名称为“杆”图层组，使用“矩形工具”，在画布中绘制一个黑色矩形，如图2-94所示。执行“编辑>变换路径>扭曲”命令，对矩形进行扭曲操作，如图2-95所示。

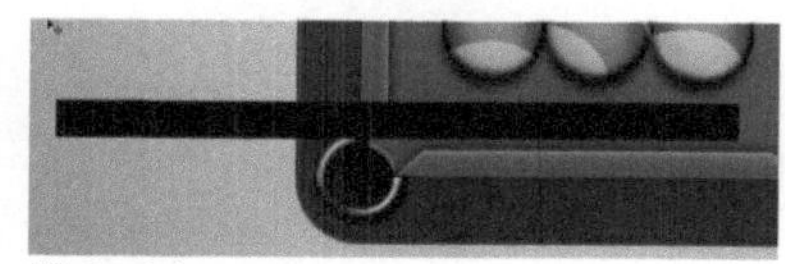

图 2-94

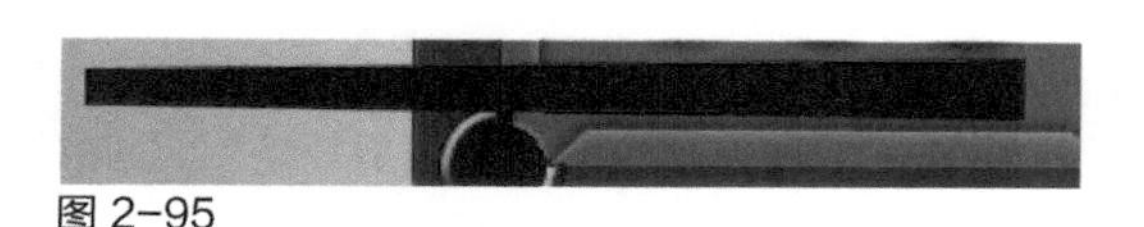

图 2-95

步骤 25 执行“编辑>变换路径>旋转”命令，对图形进行旋转操作，如图2-96所示。为该图层添加“渐变叠加”图层样式，并设置相关选项，如图2-97所示。

图 2-96

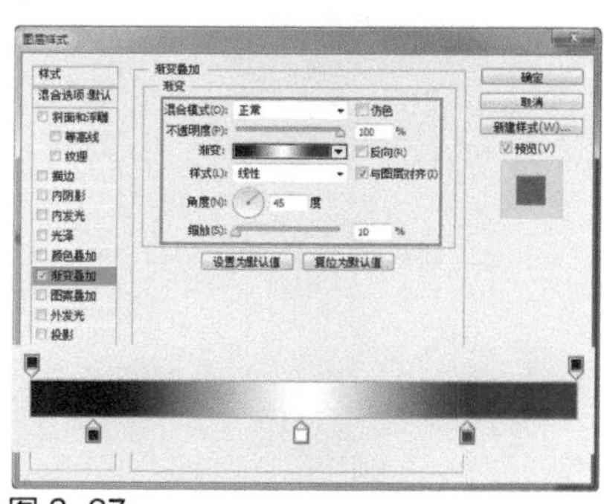

图 2-97

步骤 26 继续添加“投影”图层样式，对相关选项进行设置，如图2-98所示。单击“确定”按钮，完成“图层样式”对话框中各选项的设置，效果如图2-99所示。

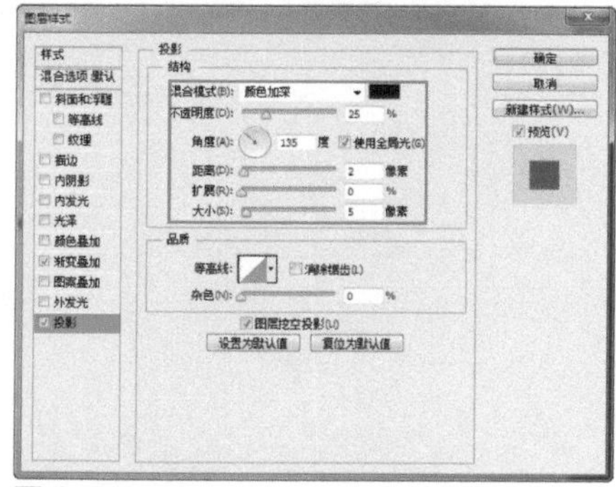

图 2-98

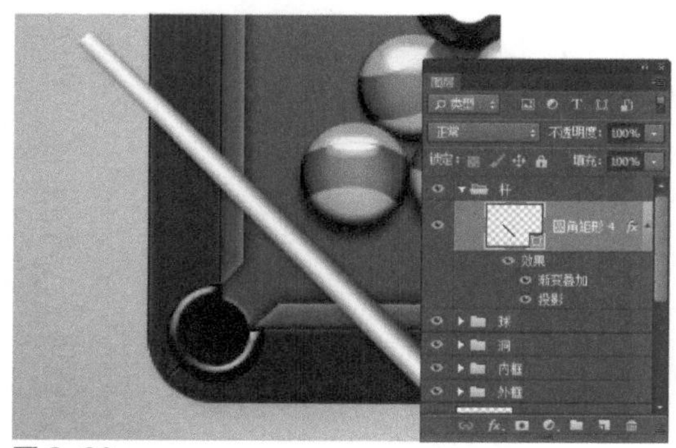

图 2-99

步骤27 使用相同的制作方法，可以完成相似图形效果的制作，如图2-100所示。打开素材图像“光盘\源文件\第2章\素材\203.png”，将其拖入到设计文档中，如图2-101所示。

图 2-100

图 2-101

步骤28 设置该图层的“混合模式”为“颜色加深”、“不透明度”为50%，效果如图2-102所示。使用相同的制作方法，可以完成相似图形效果的制作，如图2-103所示。

图 2-102

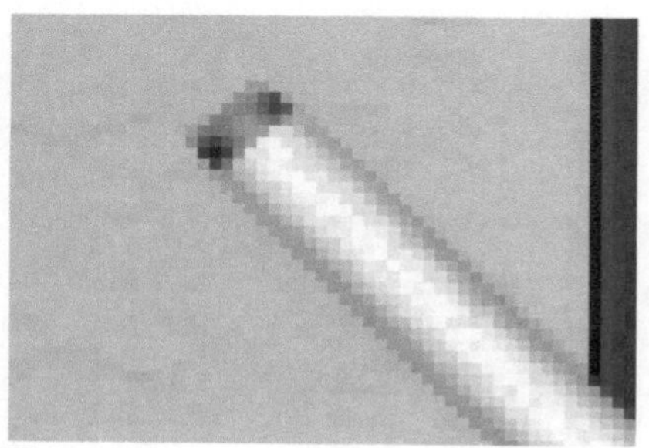
图 2-103

步骤29 完成该游戏启动图标的设计制作，最终效果如图2-104所示。

图 2-104

2.3 文字元素设计

在信息的传播过程中，文字作为信息传递的基本元素仅次于口语，成为比图形更直接、更清晰，表达更准确的传播工具，也与图形元素并列成为游戏UI设计元素中不可缺少的部分。

1. 文字在游戏界面中的作用

文字的出现弥补了图形在信息传递过程中的模糊性，有着其他设计元素无法替代的功能。在游戏界面中，文字的作用主要集中于两个方面：一是作为文字最原始的功能性元素，进行信息和情感的传递，如图2-105所示；二是作为视觉图形元素减弱信息传递功能，增强文字字形的审美价值，如图2-106所示。

图 2–105

图 2–106

2. 文字是信息传递的媒介

作为信息传递的媒介，文字在游戏界面中主要发挥了解释说明的功能，例如玩家在面对一款新的游戏时，在游戏规则说明性界面中，文字可以清晰地表达出游戏的玩法。当然，很多游戏规则说明界面中使用了文字与图形相结合的方式，增添了说明的生动性，如图2-107所示。

图 2–107

使用简单的图形对复杂的游戏进行解释说明是很困难的，此时文字便发挥了巨大的作用。但需要注意的是，没有哪个游戏玩家喜欢在游戏世界中阅读大量的文字，因此游戏界面中的文字内容必须适量，在必要的时候出现，并以最简洁的语句表达最清晰的意思。字体的大小、间距应该保持文字的易读性，否则玩家将会直接忽视跳过这些文字信息而继续游戏，如图2-108所示。

除了解释说明的功能，文字还作为提示媒介，很多游戏中会在图标或角色上设置鼠标悬停界面，界面中的文字则是对图形或角色功能的提示，这种方式使大量的文字信息隐藏于游戏界面中，只在玩家需要时进行显示，减少了文字过多给玩家带来厌烦感，如图2-109所示。

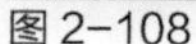
图 2–108

图 2–109

3. 文字作为视觉图形元素

文字作为视觉图形元素在游戏界面中还具有审美与情感传递的功能。文字是在原始图形的基础上演变而来的，是一种抽象的符号、静态的语言，其本身就具有图形之美。将文字作为视觉图形元素进行处理时，文字的易读性和清晰性并不重要，文字会作为图形或背景起到渲染游戏气氛的作用。文字的这一功能通常体现在根据游戏的主题内容进行设计的游戏标题上，传递给玩家符合游戏体验的情感。例如，在一些竞速或格斗类游戏界面中，字体常被设计成带有强烈撕裂效果的样式。如图2-110所示为文字作为视觉图形元素的表现。

图 2–110

【自测3】设计游戏文字

视频：光盘\视频\第2章\游戏文字.swf　　源文件：光盘\源文件\第2章\游戏文字.psd

- 案例分析

案例特点：游戏主题文字需要能够体现游戏的特点，本案例的游戏文字使用的是可爱的卡通字体，并通过添加图层样式体现出了游戏文字的立体感和层次感。

制作思路与要点：本案例的游戏文字效果相对比较简单，主要是通过一种特殊的卡通字体输入文字，将文字图层复制3次，分别为各层文字添加相应的图层样式，从而表

现出文字的层次感，体现出游戏文字的卡通和可爱的感觉，让人感觉轻松、愉悦。

- 色彩分析

使用蓝色作为游戏文字的背景颜色，在对游戏文字进行设计时，使用同色系的不同明度和纯度的渐变蓝色来为文字配色，使得游戏文字的效果与背景颜色相统一；通过高明度的黄色和绿色等颜色构成按钮图标，活跃整体的氛围。

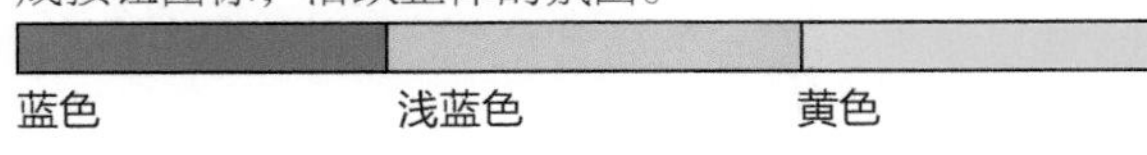

蓝色　浅蓝色　黄色

- 制作步骤

步骤01 执行“文件>新建”命令，弹出“新建”对话框，新建一个空白文档，如图2-111所示。使用“渐变工具”，在选项栏上单击渐变预览条，弹出“渐变编辑器”对话框，设置渐变颜色，如图2-112所示。

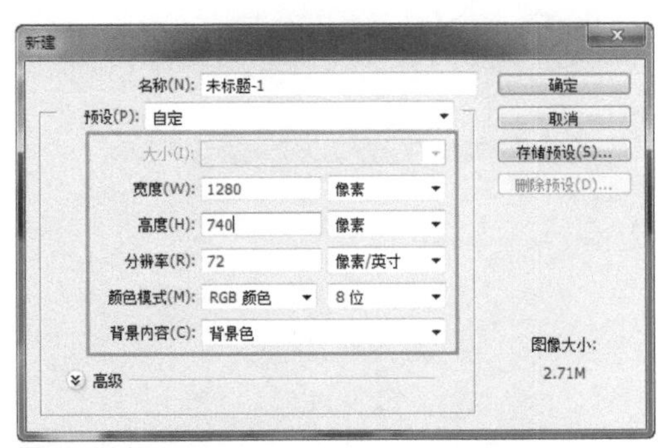

图 2-111

图 2-112

步骤02 单击“确定”按钮，完成渐变颜色的设置，在画布中填充线性渐变，效果如图2-113所示。新建名称为“字体”的图层组，使用“横排文字工具”，在“字符”面板上进行相关设置，并在画布中输入文字，如图2-114所示。

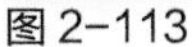

图 2-113

图 2-114

步骤03 为该图层添加“斜面和浮雕”图层样式，对相关选项进行设置，如图2-115所示。继续添加“描边”图层样式，对相关选项进行设置，如图2-116所示。

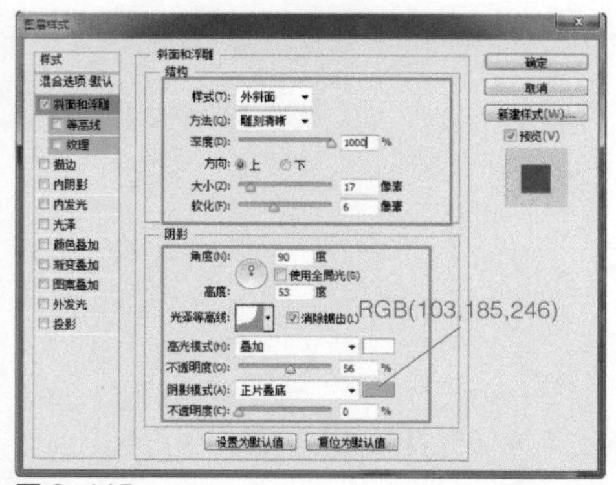

图 2-115

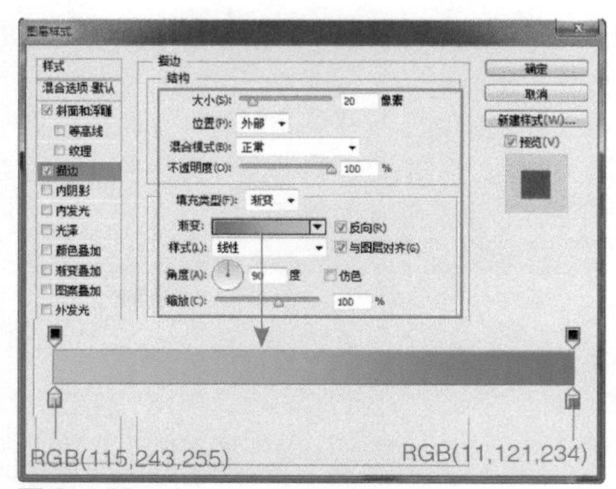

图 2-116

步骤 04 单击“确定”按钮，完成“图层样式”对话框中各选项的设置，效果如图2-117所示。复制“欢乐”图层，得到“欢乐 拷贝”图层，清除该图层的图层样式，为该图层添加“斜面和浮雕”图层样式，对相关选项进行设置，如图2-118所示。

图 2-117

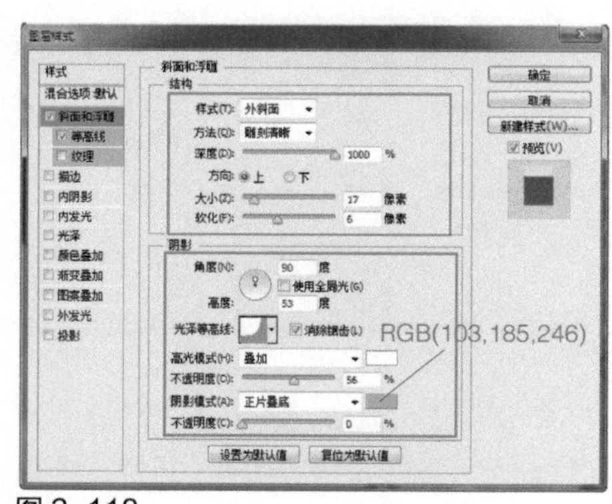

图 2-118

步骤 05 继续添加“描边”图层样式，对相关选项进行设置，如图2-119所示。继续添加“内阴影”图层样式，对相关选项进行设置，如图2-120所示。

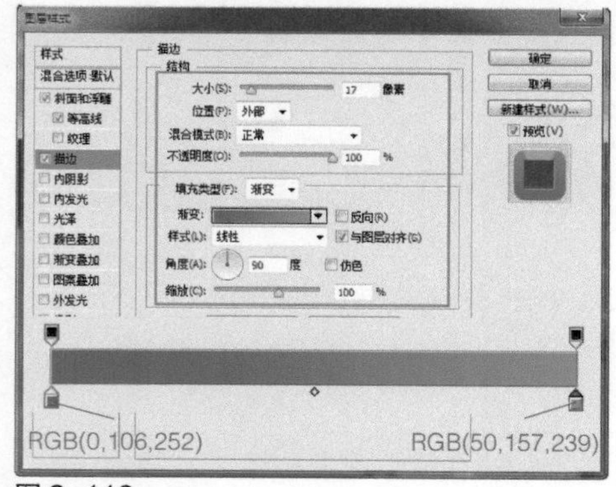

图 2-119

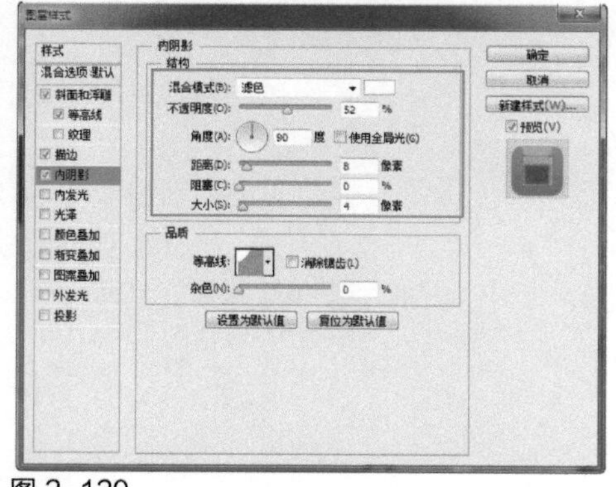

图 2-120

步骤 06 单击“确定”按钮，完成“图层样式”对话框中各选项的设置，效果如图2-121所示。复制

“欢乐 拷贝”图层，得到“欢乐 拷贝2”图层，清除该图层的图层样式，为该图层添加“斜面和浮雕”图层样式，对相关选项进行设置，如图2-122所示。

图 2-121

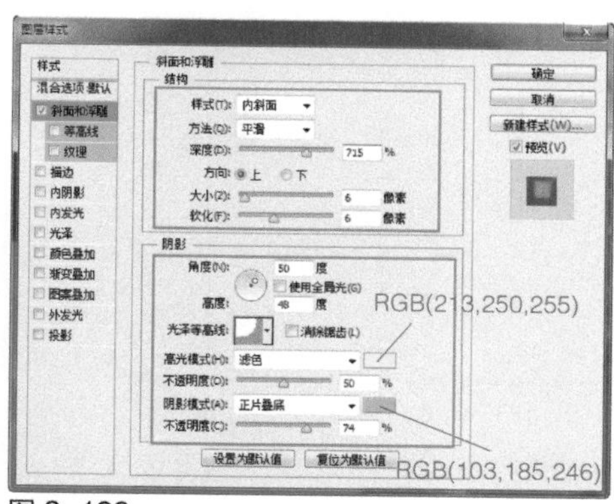

图 2-122

提示

选择需要添加图层样式的图层，执行“图层>图层样式”命令，通过选择“图层样式”子菜单中相应的命令可以为图层添加图层样式；或者单击“图层”面板下方的“添加图层样式”按钮，在弹出的菜单中也可以选择相应的样式；在需要添加图层样式的图层名称外侧区域双击，也可以弹出“图层样式”对话框，为该图层添加相应的图层样式。

步骤 07 继续添加“描边”图层样式，对相关选项进行设置，如图2-123所示。继续添加“内阴影”图层样式，对相关选项进行设置，如图2-124所示。

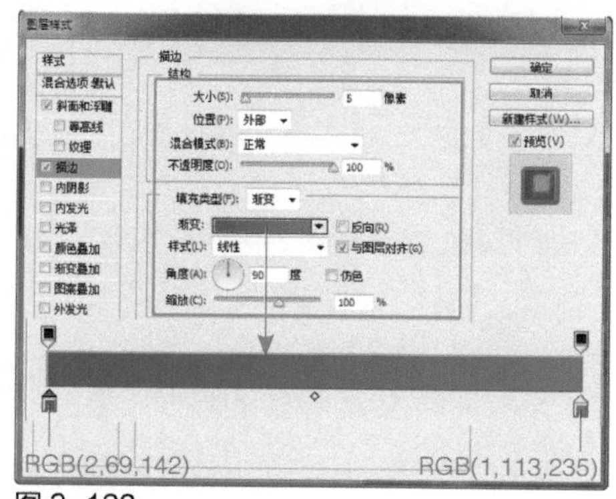

图 2-123

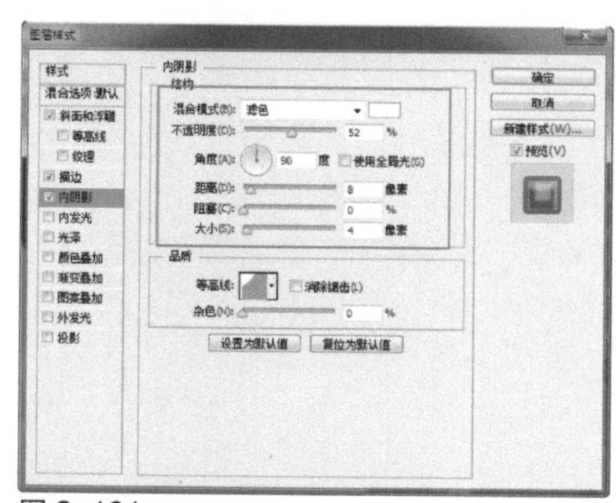

图 2-124

步骤 08 继续添加“内阴影”图层样式，对相关选项进行设置，如图2-125所示。单击“确定”按钮，完成“图层样式”对话框中各选项的设置，效果如图2-126所示。

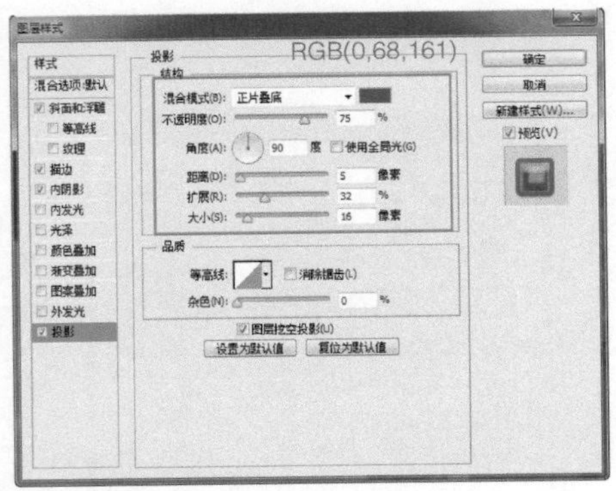

图 2-125

图 2-126

步骤 09 使用相同的制作方法，完成其他文字的制作，如图2-127所示。使用“圆角矩形工具”，在选项栏上设置“填充”为RGB（34,158,255）、“半径”为40像素，在画布中绘制圆角矩形，如图2-128所示。

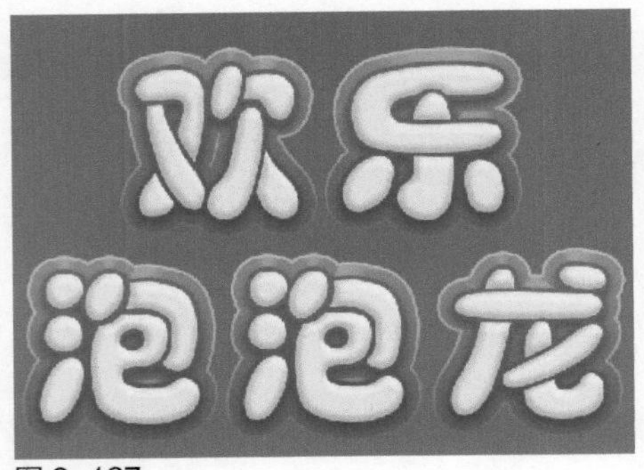

图 2-127

图 2-128

步骤 10 为该图层添加“描边”图层样式，对相关选项进行设置，如图2-129所示。继续添加“内阴影”图层样式，对相关选项进行设置，如图2-130所示。

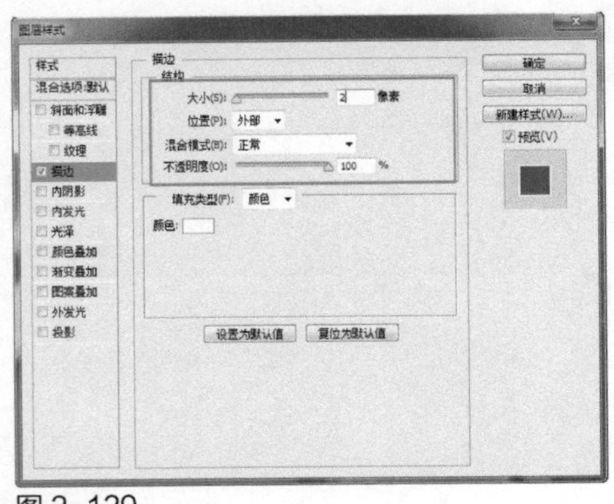

图 2-129

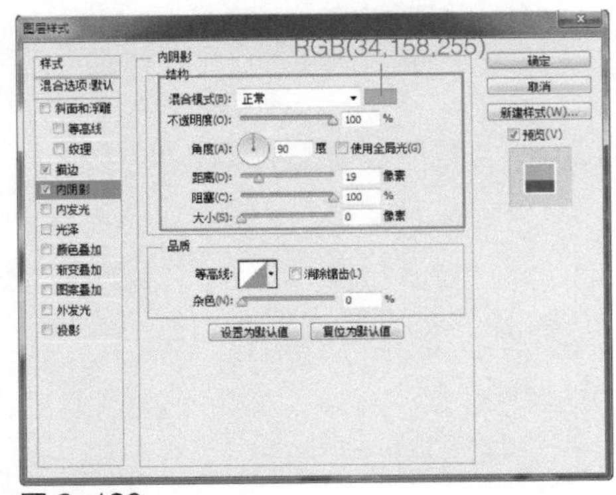

图 2-130

步骤 11 单击“确定”按钮，完成“图层样式”对话框中各选项的设置，效果如图2-131所示。使用“横排文字工具”，在“字符”面板上进行相关设置，并在画布中输入文字，如图2-132所示。

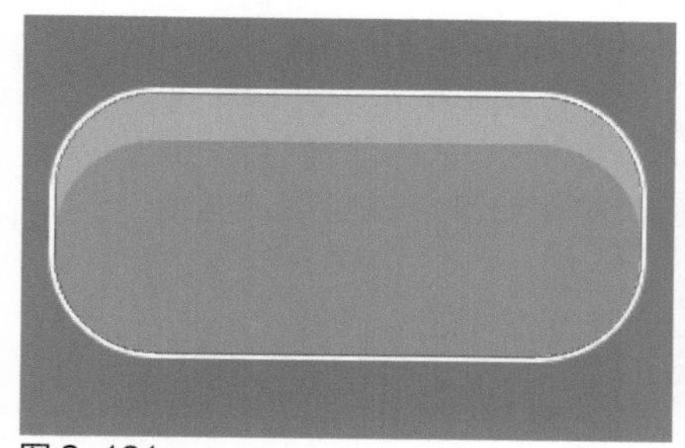

图 2-131

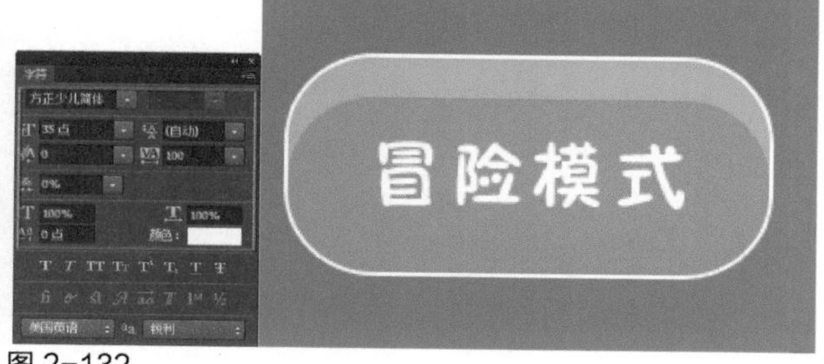

图 2-132

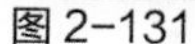
步骤12 为该文字图层添加“描边”图层样式，对相关选项进行设置，如图2-133所示。单击“确定”按钮，完成“图层样式”对话框中各选项的设置，效果如图2-134所示。

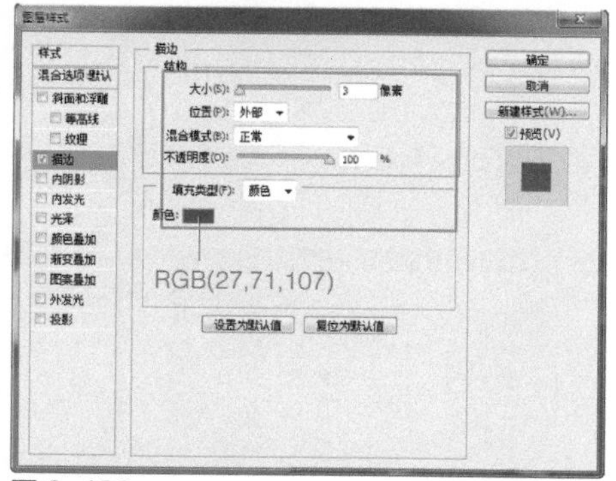

图 2-133

图 2-134

步骤13 使用“自定形状工具”，在选项栏上的“形状”下拉面板中选择合适的形状，在画布中绘制五角星形，如图2-135所示。为该图层添加“描边”图层样式，对相关选项进行设置，如图2-136所示。

图 2-135

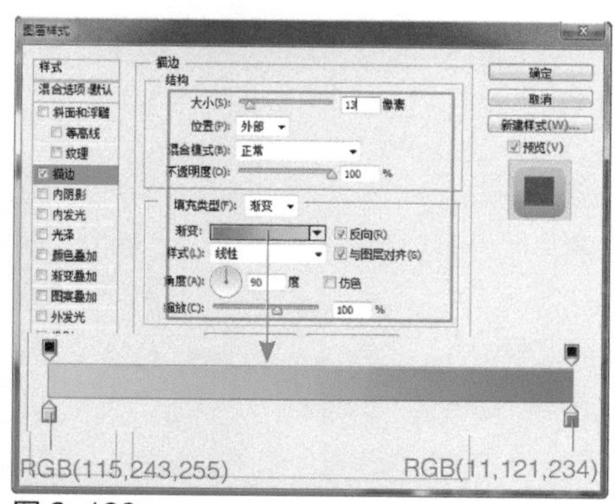

图 2-136

提示

除了可以使用系统提供的形状，在Photoshop中还可以将自己绘制的路径图形创建为自定义形状。只需要将自己绘制的图形选中，执行“编辑>定义自定形状”命令，即可将其保存为自定义形状。

步骤 14 单击“确定”按钮，完成“图层样式”对话框中各选项的设置，效果如图2-137所示。复制“形状1”图层，得到“形状1拷贝”图层，清除该图层的图层样式，为该图层添加“斜面和浮雕”图层样式，对相关选项进行设置，如图2-138所示。

图 2-137

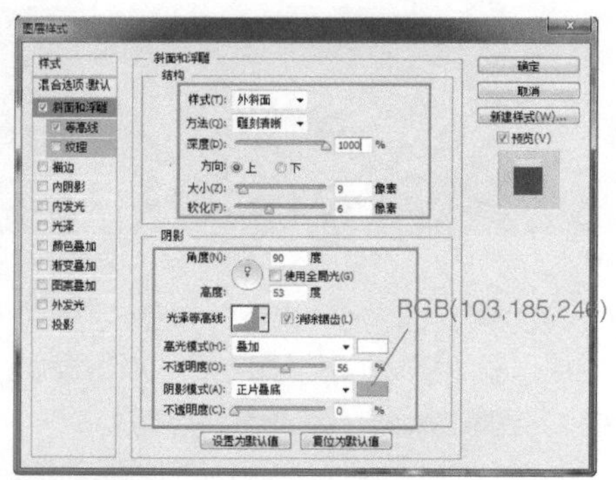

图 2-138

步骤 15 继续添加“描边”图层样式，对相关选项进行设置，如图2-139所示。继续添加“内阴影”图层样式，对相关选项进行设置，如图2-140所示。

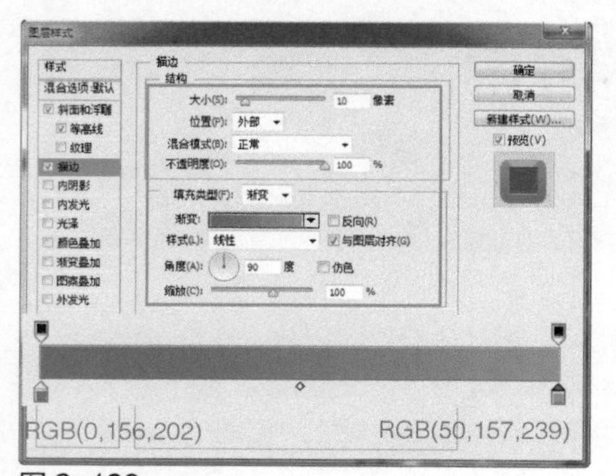

图 2-139

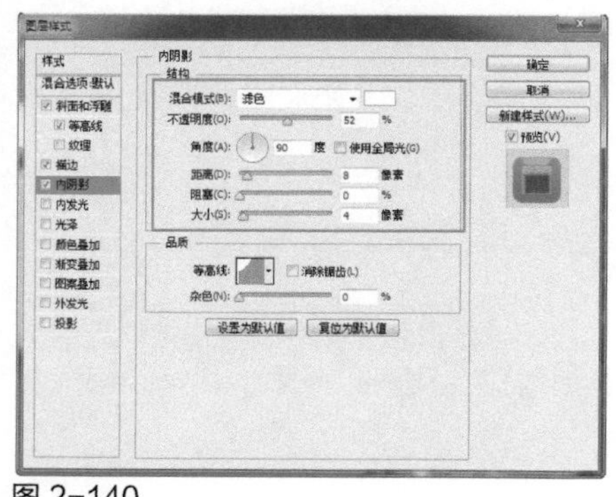

图 2-140

步骤 16 单击“确定”按钮，完成“图层样式”对话框中各选项的设置，效果如图2-141所示。复制“形状1拷贝”图层，得到“形状1拷贝2”图层，清除该图层的图层样式，为该图层添加“斜面和浮雕”图层样式，对相关选项进行设置，如图2-142所示。

图 2-141

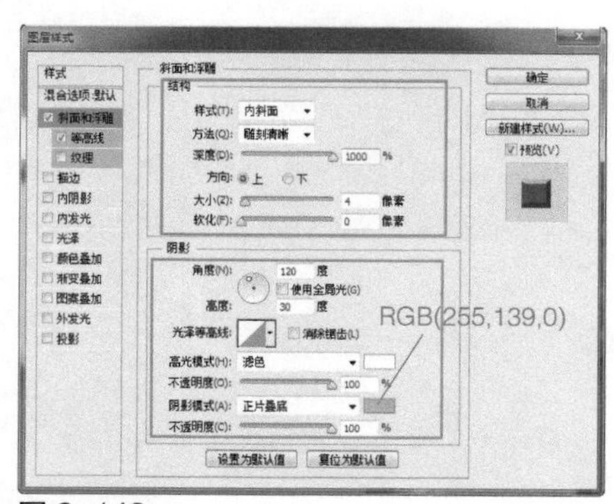

图 2-142

步骤 17 继续添加“渐变叠加”图层样式，对相关选项进行设置，如图2-143所示。单击“确定”按钮，完成“图层样式”对话框中各选项的设置，效果如图2-144所示。

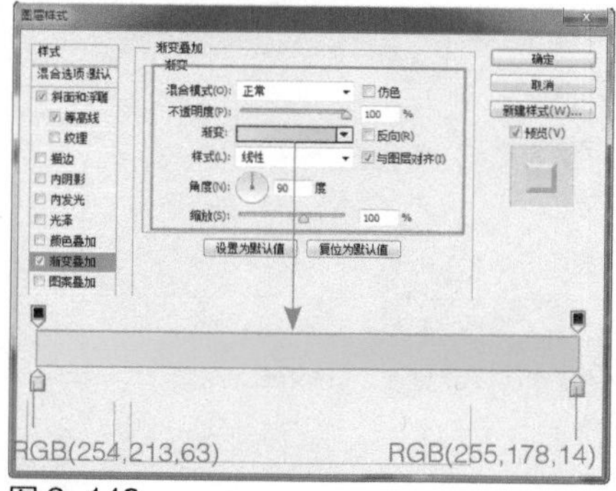

图 2-143

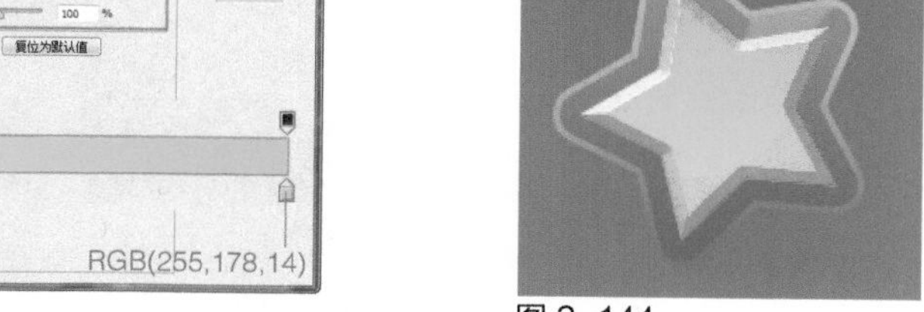
图 2-144

步骤 18 使用相同的制作方法，完成相似图形的绘制，如图2-145所示。在“背景”图层上方新建“图层1”，使用“画笔工具”，设置“前景色”为白色，选择合适的笔触与大小，在选项栏上设置“不透明度”为83%，在画布中绘制图形，设置该图层的“混合模式”为“叠加”，效果如图2-146所示。

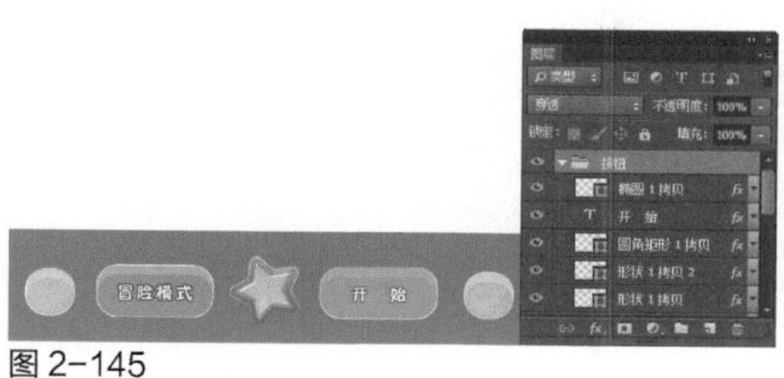

图 2-145

图 2-146

提示

设置图层的“混合模式”为“叠加”后，可以改变图像的色调，但图像的高光和暗调将会被保留。

步骤 19 新建“图层2”，使用“椭圆选框工具”，在画布中绘制椭圆选区，如图2-147所示。为选区填充白色，取消选区，执行“滤镜>模糊>高斯模糊”命令，弹出“高斯模糊”对话框，具体设置如图2-148所示。

图 2-147

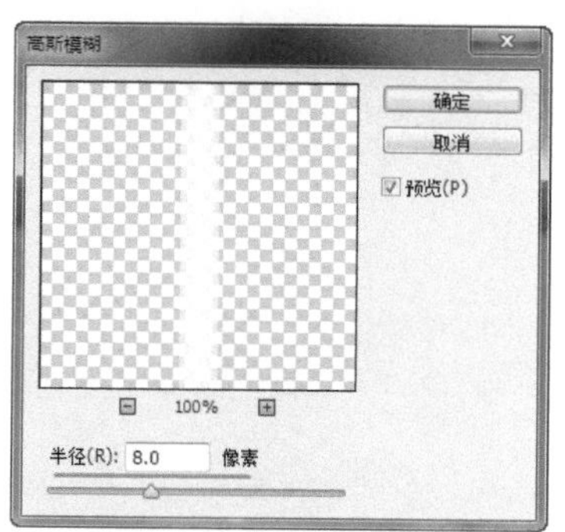

图 2-148

步骤 20 单击“确定”按钮，关闭“高斯模糊”对话框，效果如图2-149所示。复制“图层2”图层，得到“图层2拷贝”图层，执行“编辑>变换>旋转”命令，在选项栏上设置“旋转”为30°，如图2-150所示。

图 2-149

图 2-150

步骤 21 按住Shfit+Alt+Ctrl组合键不放，多次按T键，对图形进行多次旋转复制操作，如图2-151所示。同时选中“图层2”至“图层2拷贝5”图层，执行“图层>合并图层”命令，设置该图层的“混合模式”为“叠加”、“不透明度”为25%，效果如图2-152所示。

图 2-151

图 2-152

步骤 22 为该图层添加图层蒙版，使用“画笔工具”，设置“前景色”为黑色，选择合适的笔触与大小进行涂抹，如图2-153所示。完成设计的制作，最终效果如图2-154所示。

图 2-153

图 2-154

2.4 动态控制元素设计

在游戏界面中有许多动态控制元素，通过对这些元素的操作可以控制游戏的进程，常见的游戏控制元素包括按钮、列表菜单、文本输入控件、滚动条等。

2.4.1 按钮元素

按钮是软件界面中使用最多的交互设计元素，不仅在游戏界面中，在计算机系统界面、其他软件界面中按钮也非常多见，可以说游戏中按钮的设置与应用大都借鉴于计算机系统界面。在游戏界面中，按钮一般分为选择按钮和事件激发按钮。不同的按钮选择方式适用于不同的信息传递。

1. 单选按钮

单选按钮通常只提供唯一的选项，例如“开”和“关”、“是”与“否”等选项，单选按钮应该在动态效果上给予玩家相应的提示。例如在未单击之前显示为空心圆，而单击之后则变为实心圆，并可以伴随适当的音效，让玩家清楚地知道他的操作已得到响应。如图**2-155**所示为游戏界面中单选按钮的设计效果。

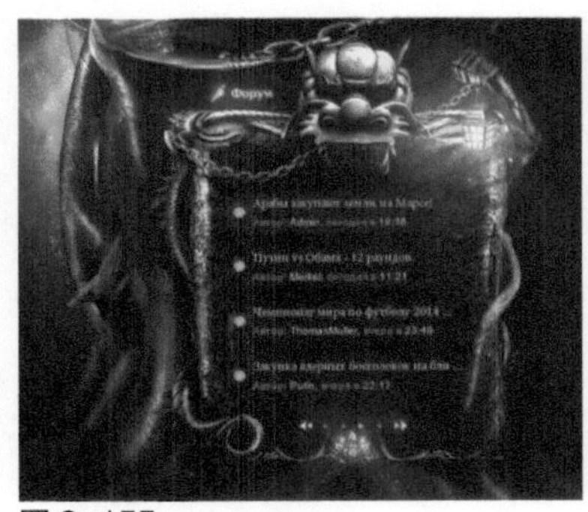

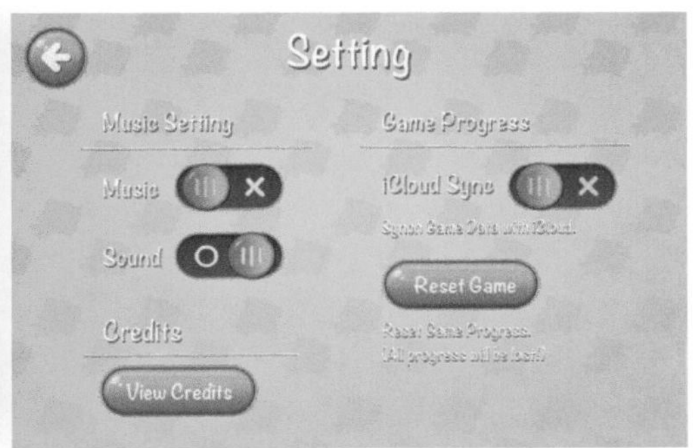

图 2−155

2. 滑块按钮

另外一种按钮样式是滑块，这种按钮方式一般出现在有范围的选项中，例如1 ~ 100的数值范围或是由低到高的抽象范围，因为这样的选项不可能为玩家提供每一个数值的选项，因此滑块是最适合的按钮方式，通常在游戏设置界面中的声音大小、画质高低等会使用滑块按钮，并在按钮上方显示目前所选数值的悬停界面。如图2-156所示为游戏界面中的滑块按钮设计效果。

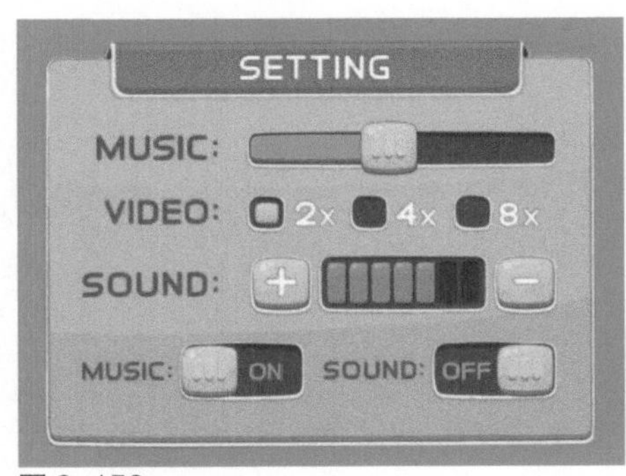

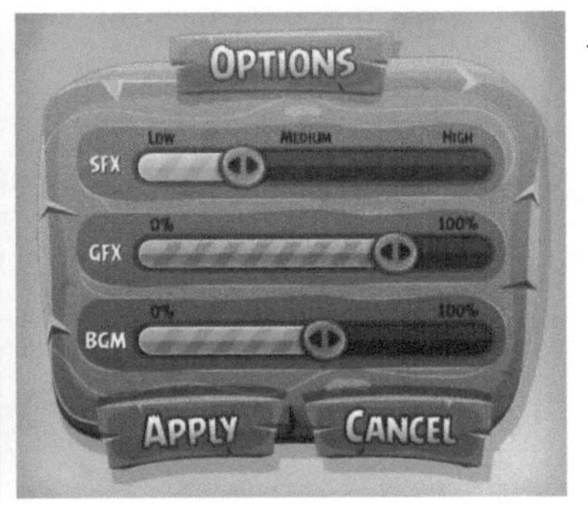

图 2−156

3. 关卡按钮

在有关卡设置的游戏中，按钮也作为一种对玩家的动态提示，对于玩家尚未激活的关卡，其关卡按钮一般显示灰色或在其按钮上用锁形图案以示有待解锁；对于尚未通关的关卡按钮将呈现出与完全通关关卡不同的色彩或图形。这一动态效果也适用于游戏道具的激活状态。如图**2-157**所示为游戏界面中的关卡按钮设计效果。

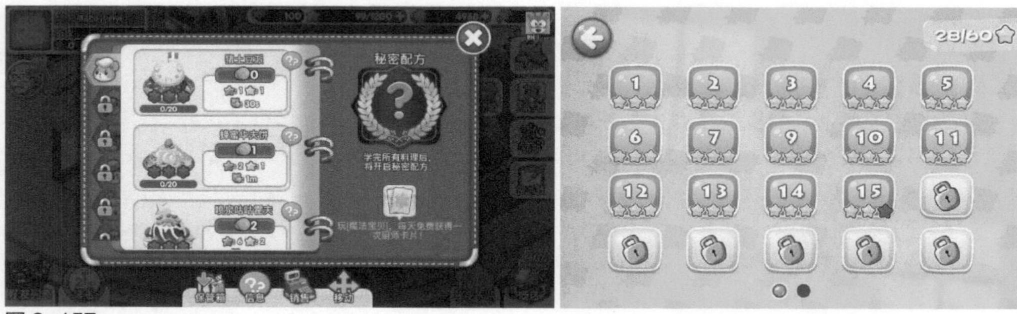
图 2-157

【自测4】设计游戏按钮

视频：光盘\视频\第2章\游戏按钮.swf　源文件：光盘\源文件\第2章\游戏按钮.psd

● 案例分析

案例特点：本案例设计一款游戏按钮，通过高光和阴影的质感表现，突出按钮的视觉效果，这也是按钮常用的表现方式。

制作思路与要点：该游戏按钮以圆角矩形构成其基本轮廓形状，添加相应的图层样式，表现出高光和阴影的效果，再通过在该图形上绘制相应的高光图形的方式填充按钮的高光效果，在设计制作过程中注意学习层次感和高光质感的表现方式。

● 色彩分析

该游戏按钮使用红色作为主体色彩，与游戏背景形成对比，突出显示该游戏按钮，在该游戏按钮上使用白色的文字并绘制半透明的白色高光图形，使得该游戏按钮的表现层次突出、质感鲜明。

红色　白色　深红色

● 制作步骤

步骤 01 打开素材图像“光盘\源文件\第2章\素材\401.jpg”，如图2-158所示。新建名称为“按钮”的图层组，使用“圆角矩形工具”，在选项栏上设置“填充”为RGB（152,26,11）、“半径”为30像素，在画布中绘制圆角矩形，如图2-159所示。

图 2-158

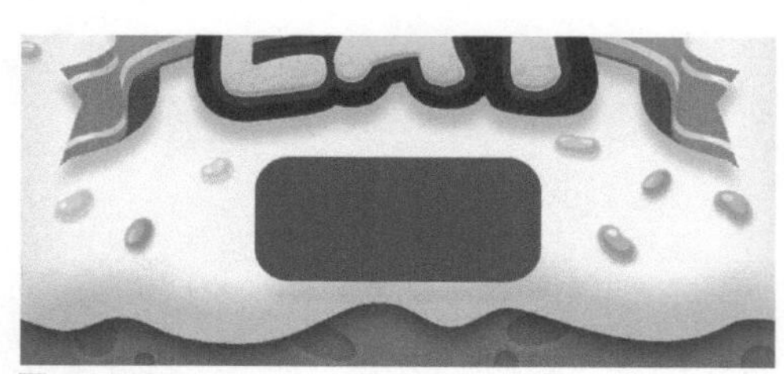
图 2-159

步骤 02 复制该图层，将复制得到的图形向上移动4个像素，为该图层添加“内发光”图层样式，对相关选项进行设置，如图2-160所示。继续添加“渐变叠加”图层样式，对相关选项进行设置，如图2-161所示。

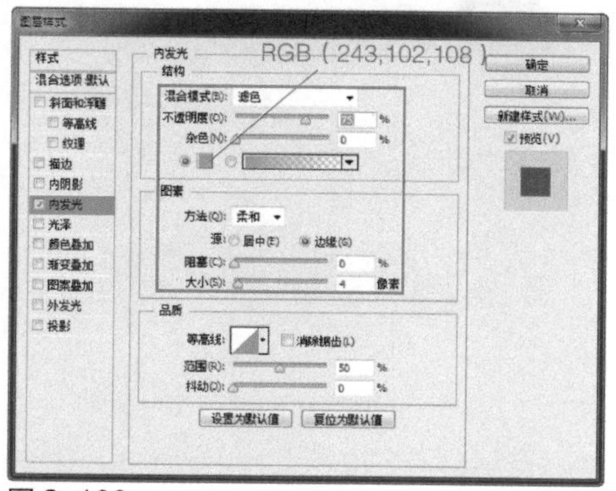

图 2–160

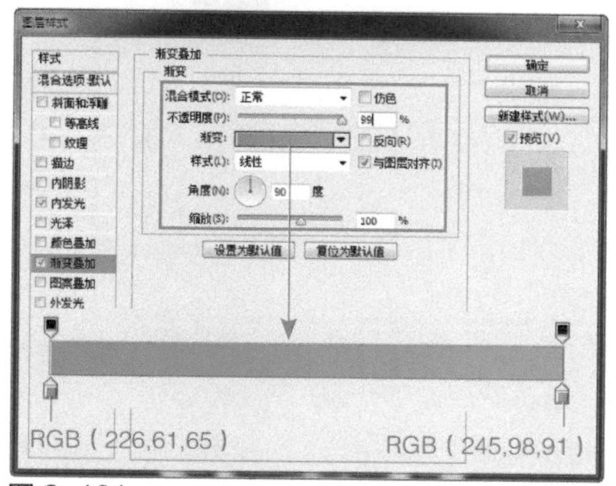

图 2–161

步骤 03 单击“确定”按钮，完成“图层样式”对话框中各选项的设置，效果如图2-162所示。使用相同的制作方法，可以完成相似图形效果的绘制，效果如图2-163所示。

图 2–162

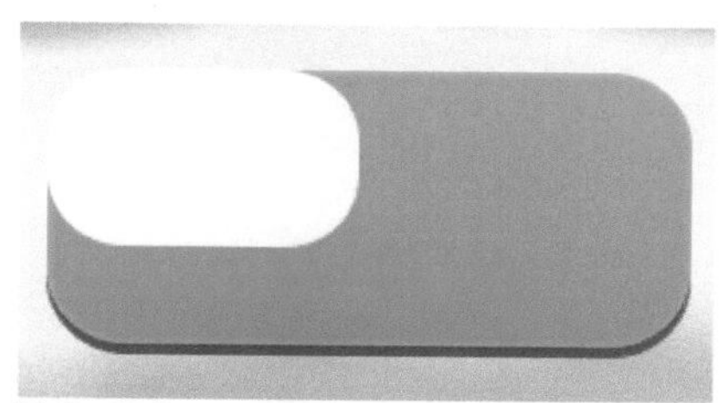
图 2–163

提示

使用“圆角矩形工具”在画布中绘制圆角矩形时，需要在选项栏上设置“半径”选项，该选项用于控制所绘制的圆角矩形的圆角半径大小，该值越大，圆角越大。

步骤 04 为该图层添加图层蒙版，使用“渐变工具”，在蒙版中填充黑白线性渐变，效果如图2-164所示。使用“圆角矩形工具”，设置“半径”为30像素，在画布中绘制一个白色圆角矩形，并设置该图层的“不透明度”为10%，效果如图2-165所示。

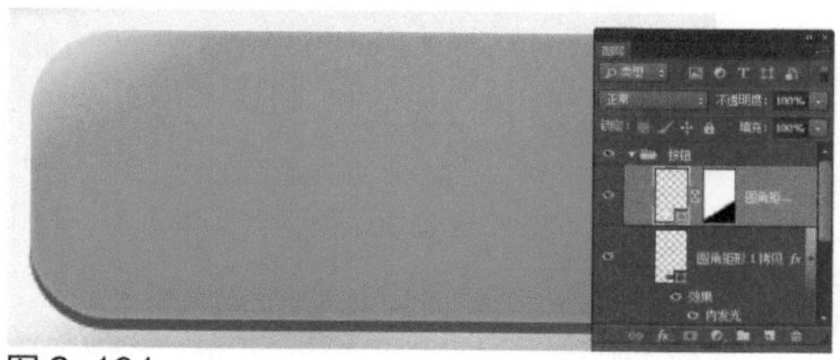
图 2–164

图 2–165

步骤 05 为“按钮”图层组添加“投影”图层样式，对相关选项进行设置，如图2-166所示。单击“确定”按钮，完成“图层样式”对话框中各选项的设置，效果如图2-167所示。

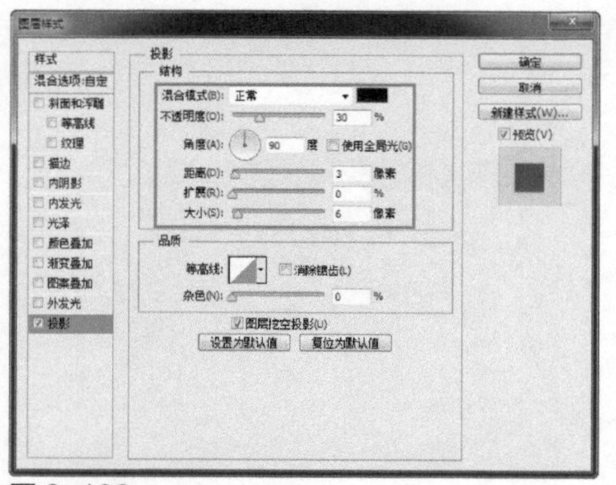

图 2-166

图 2-167

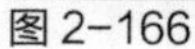

步骤06 新建名称为“水珠”的图层组，使用“自定形状工具”，在选项栏上的“形状”下拉面板中选择相应的形状图形，在画布中绘制形状图形，如图2-168所示。执行“编辑>变换>旋转”命令，对该图形进行旋转操作，效果如图2-169所示。

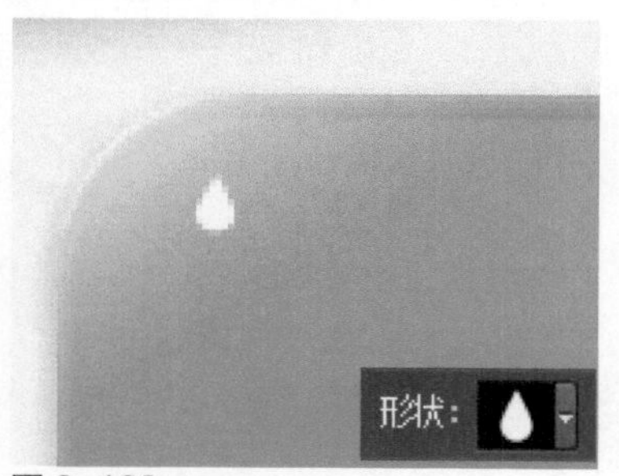

图 2-168

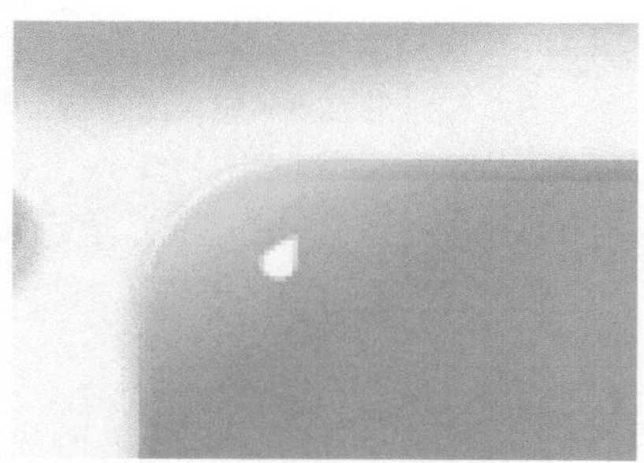

图 2-169

步骤07 为该图层添加“投影”图层样式，对相关选项进行设置，如图2-170所示。单击“确定”按钮，完成“图层样式”对话框中各选项的设置，效果如图2-171所示。

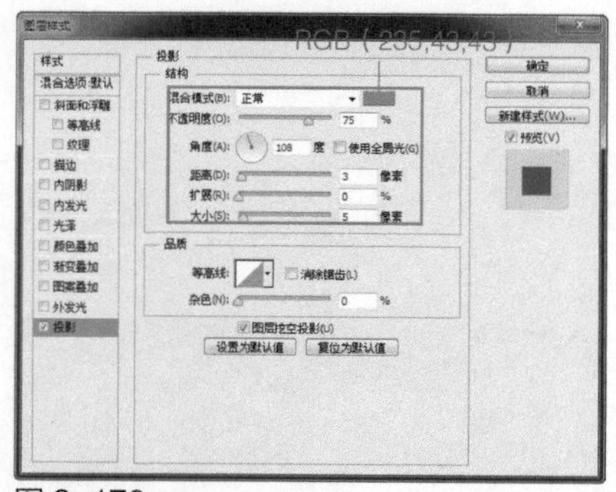

图 2-170

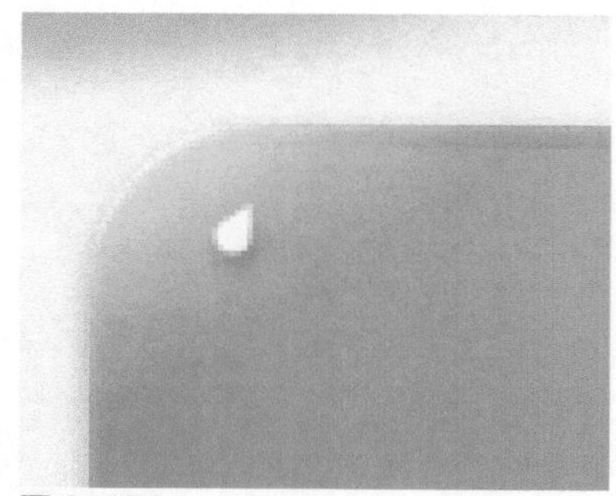

图 2-171

步骤08 为该图层添加图层蒙版，使用“渐变工具”，在蒙版中填充黑白线性渐变，效果如图2-172所示。使用相同的制作方法，可以完成相似图形效果的绘制，效果如图2-173所示。

图 2-172

图 2-173

步骤 09 复制“圆角矩形1”图层，得到“圆角矩形1拷贝2”图层，将该图层调整至所有图层上方，为该图层添加“渐变叠加”图层样式，对相关选项进行设置，如图2-174所示。单击“确定”按钮，设置该图层的“填充”为0%，效果如图2-175所示。

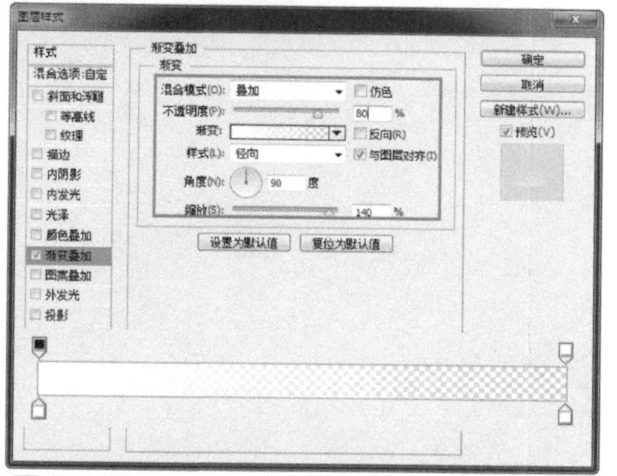

图 2-174

图 2-175

提示

设置图层的“不透明度”选项，可以调整图层、图层像素与形状的不透明度，包括该图层的图层样式。设置图层的“填充”选项，则只会影响图层中绘制的像素和形状的不透明度，而不会对图层样式产生影响。

步骤 10 使用相同的制作方法，可以完成相似图形效果的绘制，效果如图2-176所示。使用“横排文字工具”，在“字符”面板中设置相关选项，在画布中输入文字，如图2-177所示。

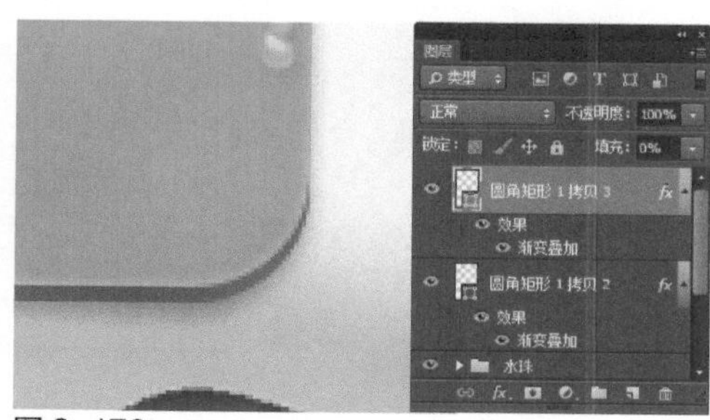

图 2-176

图 2-177

步骤 11 为该文字图层添加“内阴影”图层样式，对相关选项进行设置，如图2-178所示。继续添加“投影”图层样式，对相关选项进行设置，如图2-179所示。

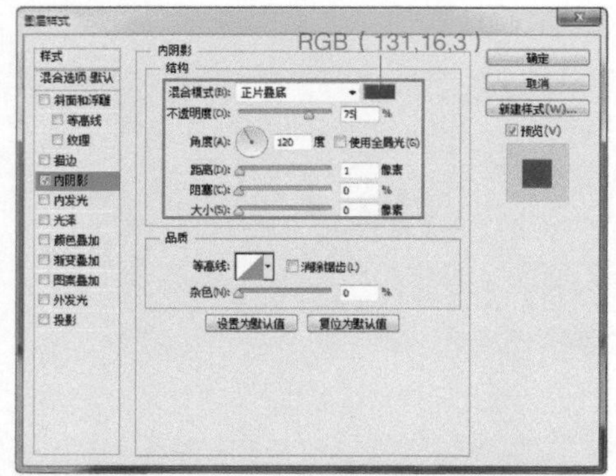

图 2-178

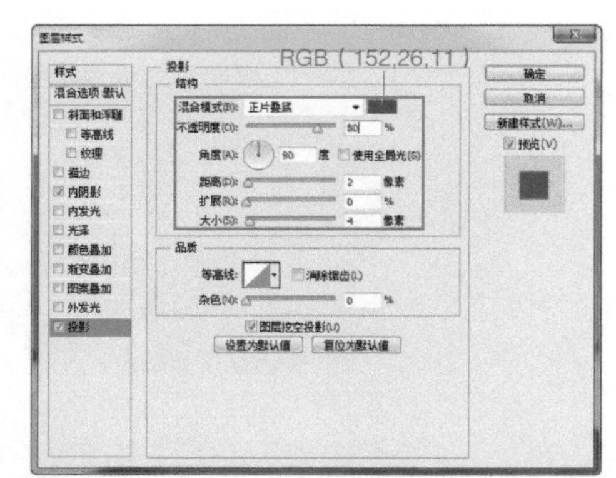

图 2-179

步骤 12 单击“确定”按钮，完成“图层样式”对话框中各选项的设置，效果如图2-180所示。完成该游戏按钮的设计制作，最终效果如图2-181所示。

图 2-180

图 2-181

2.4.2 进度条元素

进度条是游戏界面中常见的元素，用户在启动游戏时，需要一定的时间，为了避免用户在等待的过程中退出，通常辅以进度条告知用户大概还有多久，但等待总是让人不耐烦的，所以设计师就需要通过更加人性化的方式来表现游戏的加载进度，通常将进度条设计成各种极具创意与美观的形态，让玩家更乐意欣赏进度条的滚动。

在对游戏进度条进行设计时，需要注意风格应与该款游戏相统一，可以在游戏进度条的设计中加入游戏中的相关元素，例如卡通形象等，这样可以使所设计的进度条与游戏界面和谐、统一，并且更加形象。如图2-182所示为游戏界面中的进度条元素设计效果。

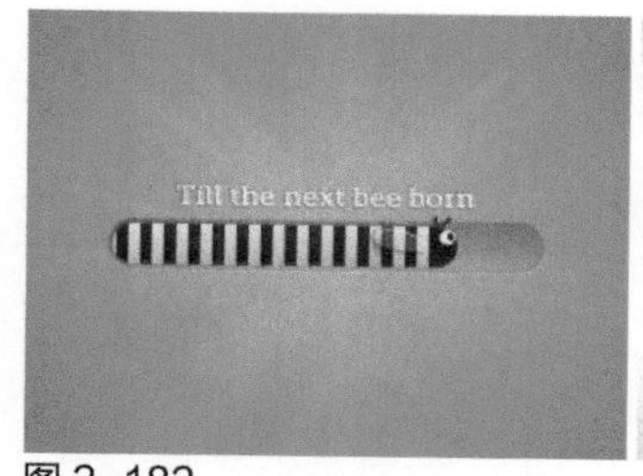

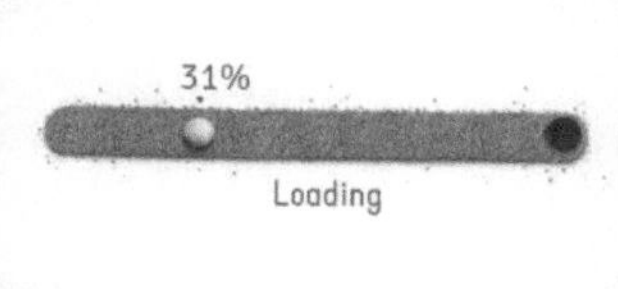

图 2-182

【自测5】设计游戏加载进度条

视频：光盘\视频\第2章\游戏加载进度条.swf　源文件：光盘\源文件\第2章\游戏加载进度条.psd

- 案例分析

案例特点：本实例设计一款游戏加载进度条，采用常见的圆角矩形的方式体现该进度条，通过渐变色填充表现出进度条的质感效果。

制作思路与要点：在设计游戏加载进度条时重点需要清晰地表现出加载的进度。在本案例的设计过程中，通过渐变颜色填充的圆角矩形表现进度条的轮廓，同样使用圆角矩形制作进度过程显示图形，并且叠加倾斜的矩形，表现出进度的效果，丰富进度条的显示。在图形的绘制过程中，使用渐变颜色叠加和高光图形表现出进度条的质感效果。

- 色彩分析

该游戏进度条以紫色的渐变颜色作为背景颜色，搭配纯度较高的蓝色渐变的进度图形，与该软件界面的背景颜色相统一，使界面更加清晰、自然，并且在进度图形上绘制白色的半透明高光图形，使游戏加载进度条更具有层次感。

紫色　蓝色　蓝色

- 制作步骤

步骤01 打开素材图像“光盘\源文件\第2章\素材\501.jpg”，如图2-183所示。使用“圆角矩形工具”，在选项栏上设置“半径”为30像素，在画布中绘制一个圆角矩形，如图2-184所示。

图 2-183

图 2-184

步骤 02 为该图层添加“渐变叠加”图层样式，对相关选项进行设置，如图2-185所示。单击“确定”按钮，完成“图层样式”对话框中各选项的设置，设置该图层的“不透明度”为80%，效果如图2-186所示。

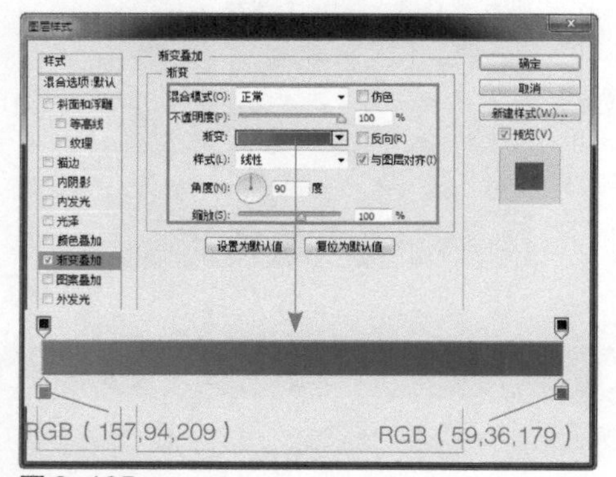

图 2-185

图 2-186

步骤 03 使用相同的制作方法，可以绘制出相似的圆角矩形，效果如图2-187所示。为该图层添加“描边”图层样式，对相关选项进行设置，如图2-188所示。

图 2-187

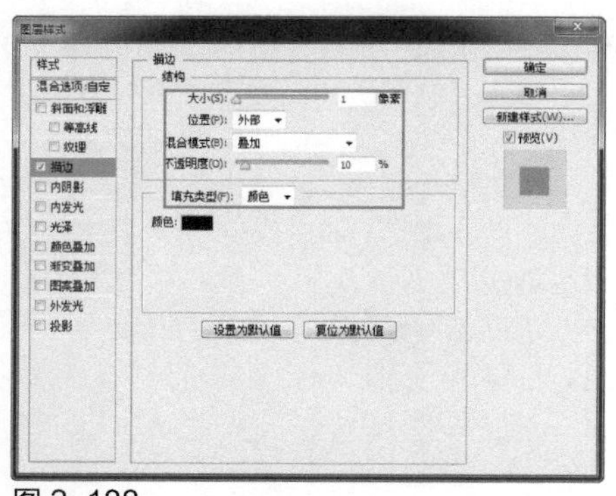
图 2-188

步骤 04 继续添加“渐变叠加”图层样式，对相关选项进行设置，如图2-189所示。单击“确定”按钮，完成“图层样式”对话框中各选项的设置，设置该图层的“混合模式”为“正片叠底”、“不透明度”为50%，效果如图2-190所示。

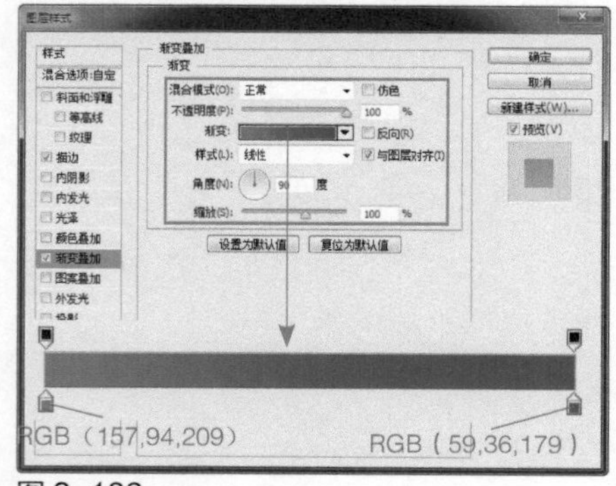

图 2-189

图 2-190

步骤 05 使用“圆角矩形工具”，设置“填充”为RGB（139,62,194），在画布中绘制一个圆角矩形，设置该图层的“混合模式”为“正片叠底”、“不透明度”为50%，效果如图2-191所示。使用相同的制作方法，可以绘制出相似的图形效果，如图2-192所示。

图 2-191

图 2-192

提示

设置图层的“混合模式”为“正片叠底”，则当前图层中与下方图层白色混合区域保持不变，其余的颜色则直接添加到下面的图像中，混合结果通常会使图像变暗。

步骤 06 使用“矩形工具”，设置“填充”为RGB（10,107,245），在画布中绘制一个矩形，如图2-193所示。执行“编辑>变换>斜切”命令，对图形进行斜切操作，效果如图2-194所示。

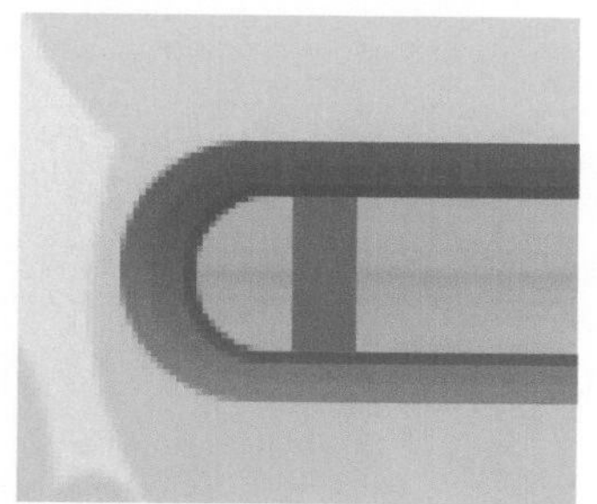
图 2-193

图 2-194

步骤 07 设置该图层的“混合模式”为“正片叠底”、“不透明度”为38%，效果如图2-195所示。使用“路径选择工具”，选中刚绘制的矩形，按住Alt键，拖动复制该形状图形，如图2-196所示。

图 2-195

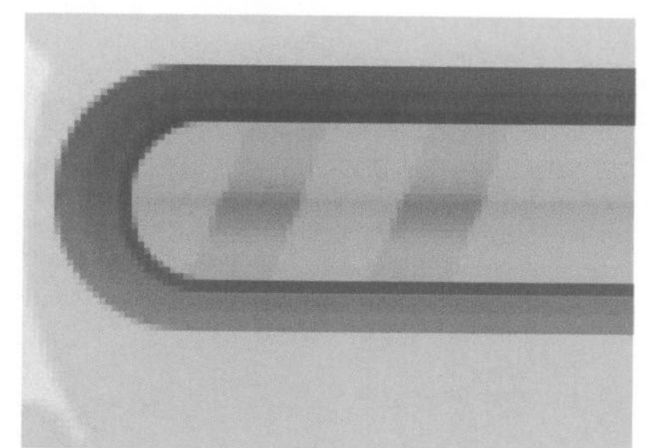
图 2-196

提示

使用“路径选择工具”选取路径和形状图形，不需要在路径线上单击，只需要移动鼠标指针在路径内的任意区域单击即可，该工具主要是方便选择和移动整个路径和形状图形。而“直接选择工具”则必须移动鼠标指针在路径线上单击，才可以选中路径，并且不会自动选中路径中的各个锚点。

步骤08 使用相同的制作方法，可以多次复制该矩形，并将复制得到的图形进行排列，效果如图2-197所示。使用“圆角矩形工具”，在画布中绘制白色的圆角矩形，如图2-198所示。

图 2-197　　图 2-198

步骤09 使用“钢笔工具”，设置“路径操作”为“减去顶层形状”，在刚绘制的圆角矩形上减去相应的图形，得到需要的图形，如图2-199所示。设置该图层的“不透明度”为30%，效果如图2-200所示。

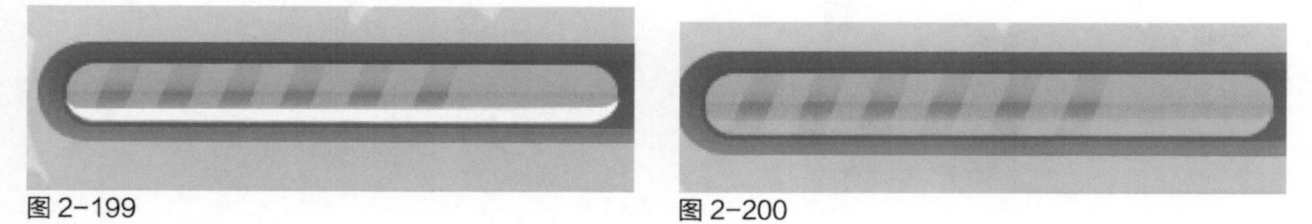

图 2-199　　图 2-200

步骤10 使用相同的制作方法，可以完成相似图形效果的绘制，如图2-201所示。完成该游戏进度条的设计制作，最终效果如图2-202所示。

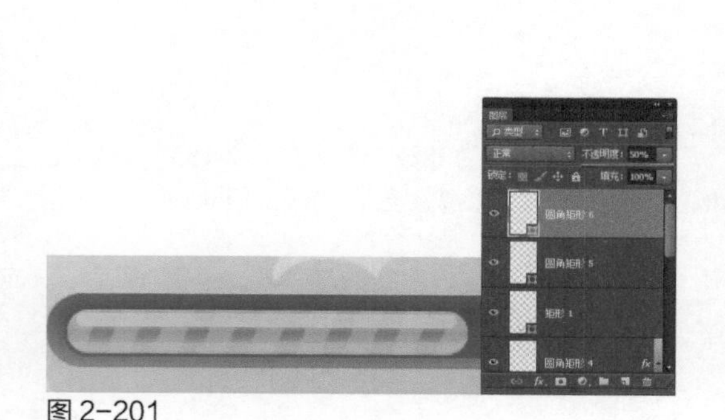

图 2-201　　图 2-202

2.4.3　滚动条元素

滚动条出现在屏幕空间有限且列表信息较多的情况下，虽然这样可以无限为玩家提供大量的信息选择，但是却会使玩家多一步操作，玩家必须滚动列表寻找自己想要的选项，选项的增多无疑会给玩家带来寻找上的方便。因此，在游戏界面的设计过程中，可以在必要的情况下使用滚动条设计。但需要注意的是，通常仅为相应的信息内容设计垂直滚动条，而不会设计横向滚动条，因为横向滚动条不便于用户的操作。如图2-203所示为游戏界面中的滚动条元素设计效果。

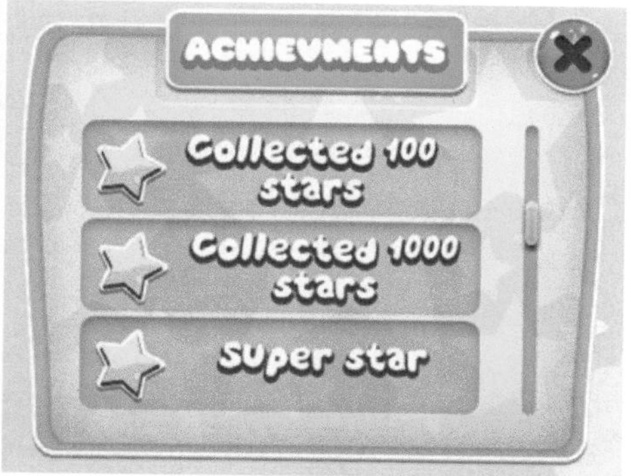

图 2-203

2.4.4 列表选项元素

在游戏界面中，列表选项多数是以图形的方式表现的，例如游戏中的道具选择、角色选择、场景选择等，并且选项的数量多于3个少于8个。这种选项形式在近几年抢占主流市场的移动平台游戏上应用较多，移动平台大多数为多点触控界面，用户通过各种手势对平台界面进行操作，这为游戏的控制提供了更便捷的方式。列表菜单的应用既允许用户单手操作，也允许用户使用滑动手势。

在这种选择方式的设计上，我们不难发现，因为所有的选项不会同时出现在屏幕上，而是根据玩家选择交替出现。一般同时出现在屏幕上的选项数量都是奇数，例如3个或5个。这样设计的目的是在视觉上为玩家提供一种平衡感，让玩家有一个视觉中心点，而作为处于中心位置的选项通常比两边的选项在尺寸上要大一些，便于玩家选择。如图2-204所示为游戏界面中的列表菜单元素设计效果。

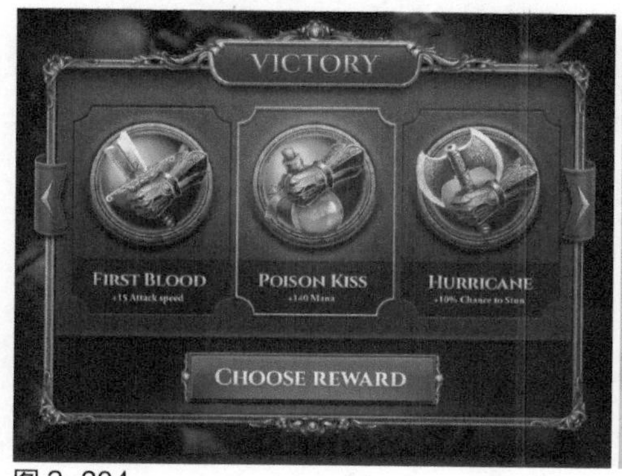

图 2-204

【自测6】设计游戏选项面板

视频：光盘\视频\第2章\游戏选项面板.swf　　源文件：光盘\源文件\第2章\游戏选项面板.psd

- 案例分析

案例特点：游戏选项面板需要与游戏整体的风格相一致。在本案例的游戏选项面板中，运用不规则的图形设计，并通过渐变颜色等图层样式效果的应用，使界面中的选项具有很强的层次感和视觉效果。

制作思路与要点：通过绘制圆角矩形并对圆角矩形进行调整绘制出选项面板的轮廓，并通过为两个图层分别填充不同的渐变颜色的方法，使界面产生层次感。在面板顶部同样使用不规则的形状表现该选项面板的标题。在面板中间使用圆角矩形与图标相配合的方式表现该选项面板中的各选项，在面板的右侧放置该面板选项的滚动条，整个界面的层次分明，选项明确。通过不规则图形的设计，体现出该款游戏的可爱和卡通感。

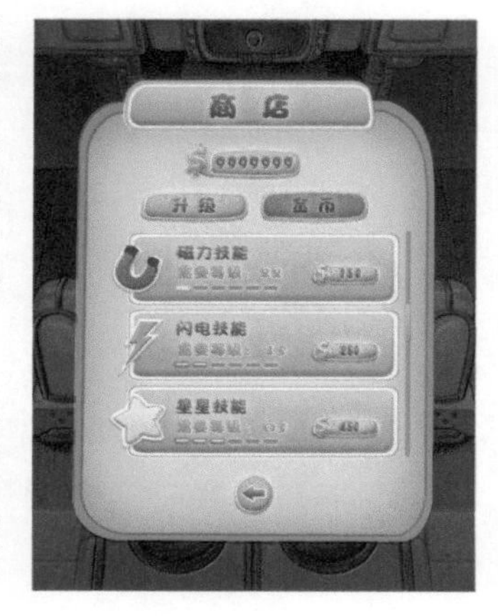

- **色彩分析**

该游戏选项面板使用浅蓝色的渐变颜色作为面板的主体背景颜色；在面板中搭配粉色的标题背景颜色和选项背景颜色，产生明显的冷暖对比，使面板中的选项更加清晰；运用黄橙色和红色的文字，使面板整体色调鲜明，给人一种愉悦感。

浅蓝色　粉色　黄橙色

- **制作步骤**

步骤01 执行“文件>打开”命令，打开素材图像“光盘\源文件\第2章\素材\601.jpg”，如图2-205所示。新建“图层1”，为该图层填充黑色，设置该图层的“不透明度”为60%，效果如图2-206所示。

图 2-205

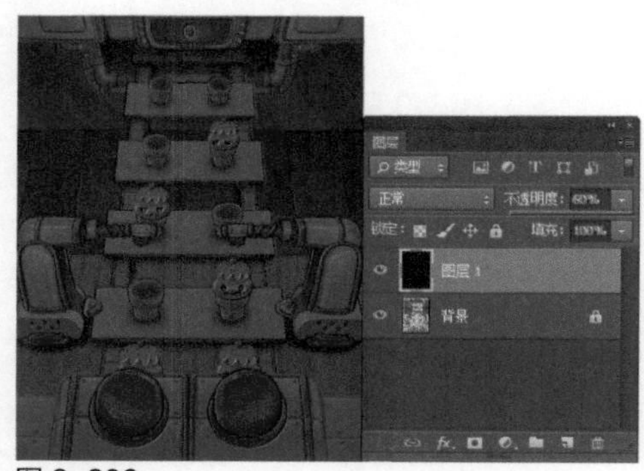

图 2-206

步骤02 新建名称为“背景”的图层组，使用“圆角矩形工具”，在选项栏上设置“填充”为RGB（25,150,222）、“半径”为50像素，在画布中绘制圆角矩形，如图2-207所示。使用“直接选择工具”，选中右上方的锚点，对锚点进行调整，如图2-208所示。

图 2-207

图 2-208

步骤03 使用相同的制作方法，分别对其他相应的锚点进行调整，得到需要的图形，效果如图2-209所示。为该图层添加“投影”图层样式，对相关选项进行设置，如图2-210所示。

图 2-209

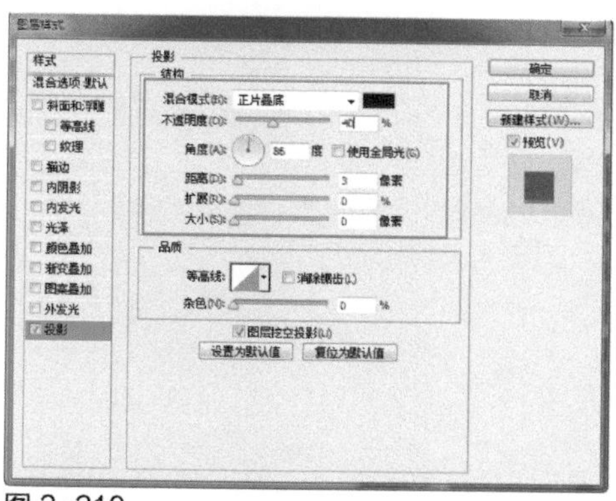

图 2-210

步骤04 单击“确定”按钮，完成“图层样式”对话框中各选项的设置，效果如图2-211所示。复制“圆角矩形1”图层，得到“圆角矩形1拷贝”图层，清除该图层的图层样式，修改复制得到图形的填充颜色为RGB（186,237,246），效果如图2-212所示。

图 2-211

图 2-212

步骤05 执行“编辑>变换>缩放”命令，将图形等比例缩小，如图2-213所示。为该图层添加“描边”图层样式，对相关选项进行设置，如图2-214所示。

图 2-213

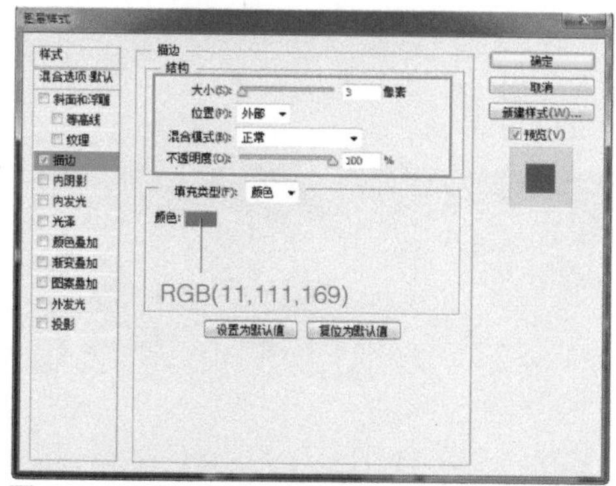

图 2-214

提示

执行“编辑>变换>缩放”命令，或者按Ctrl+T快捷键，显示出图像变换框，按住Shift键拖动变换框，可以对图像进行等比例缩放操作。

步骤 06 继续添加“内阴影”图层样式，对相关选项进行设置，如图2-215所示。继续添加“外发光”图层样式，对相关选项进行设置，如图2-216所示。

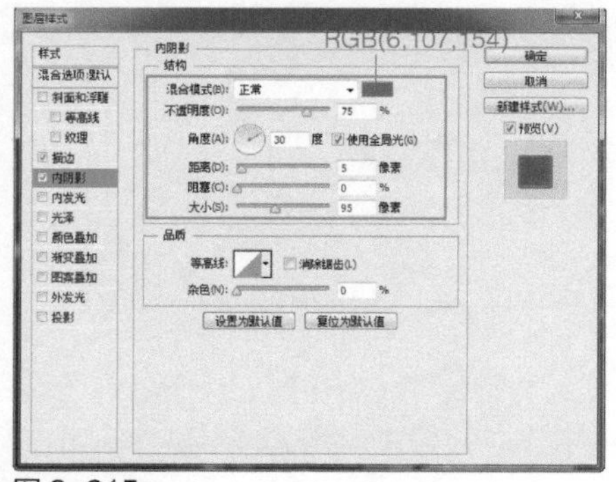

图 2-215

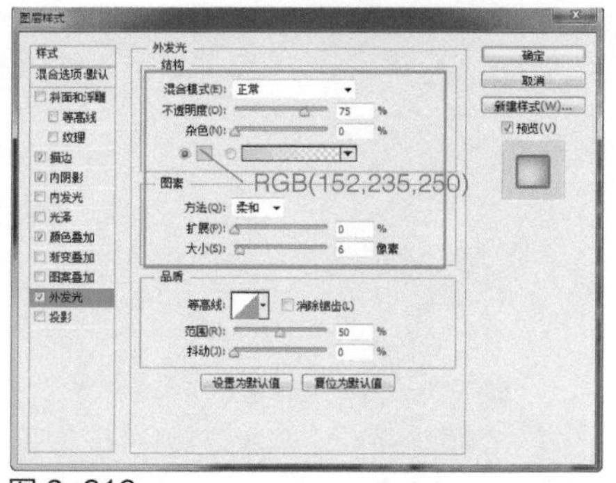

图 2-216

步骤 07 单击“确定”按钮，完成“图层样式”对话框中各选项的设置，效果如图2-217所示。新建名称为“标题”的图层组，使用相同的制作方法，完成相似图形的绘制，如图2-218所示。

图 2-217

图 2-218

步骤 08 使用“横排文字工具”，在“字符”面板中设置相关选项，在画布中输入文字，如图2-219所示。为该图层添加“斜面和浮雕”图层样式，对相关选项进行设置，如图2-220所示。

图 2-219

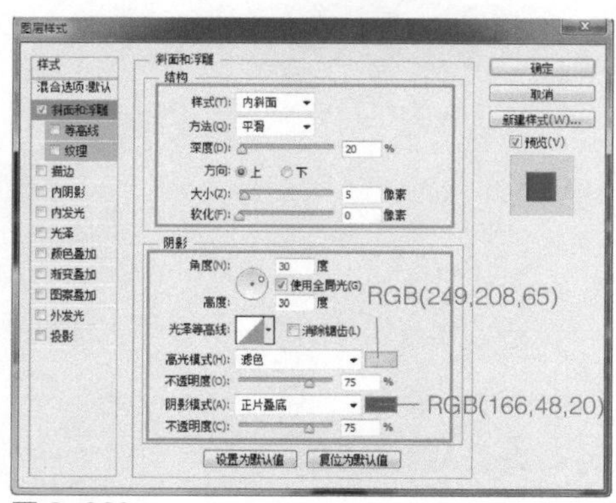

图 2-220

提示

在对游戏UI元素进行设计的过程中，可以根据游戏的风格选择合适的字体，例如此处的游戏UI元素是一种可爱的卡通风格，所以这里选择一种卡通字体来进行设计，与游戏的风格相统一。但是需要注意的是，界面中的一些说明性文字内容，还是需要使用常规的字体来设计，因为说明性的文字内容，重点是使用户能够更加方便地阅读。

步骤 09 继续添加“描边”图层样式，对相关选项进行设置，如图2-221所示。继续添加“渐变叠加”图层样式，对相关选项进行设置，如图2-222所示。

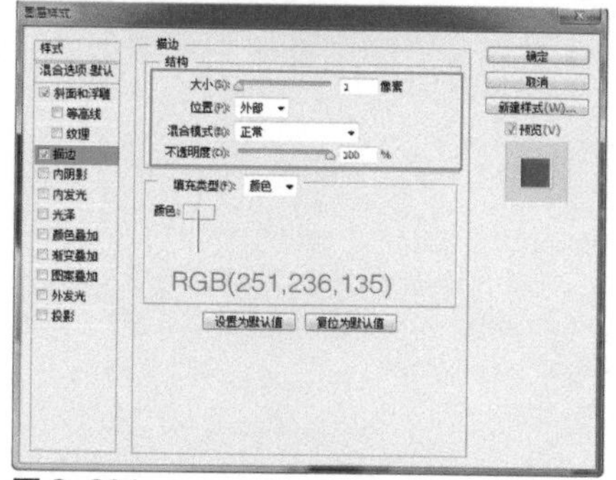

图 2-221

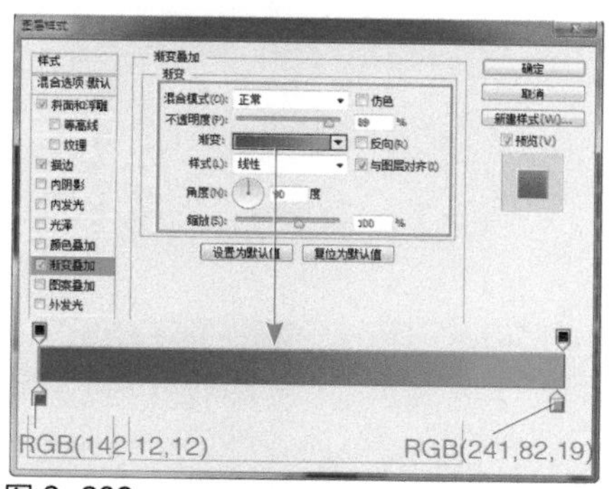

图 2-222

步骤 10 继续添加“外发光”图层样式，对相关选项进行设置，如图2-223所示。单击“确定”按钮，完成“图层样式”对话框中各选项的设置，效果如图2-224所示。

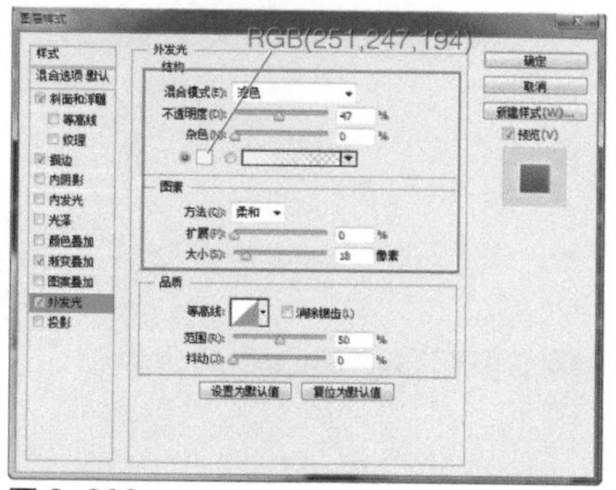

图 2-223

图 2-224

步骤 11 新建名称为“按钮”的图层组，使用相同的制作方法，完成相似图形的绘制，如图2-225所示。新建名称为“磁力技能”的图层组，使用“圆角矩形工具”，在选项栏上设置“半径”为10像素，在画布中绘制白色的圆角矩形，如图2-226所示。

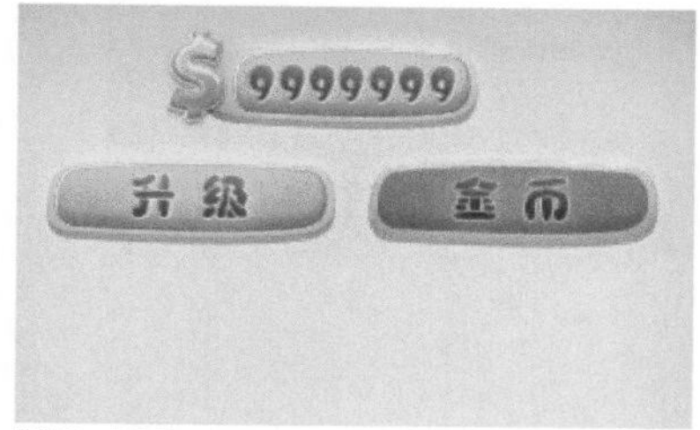

图 2-225

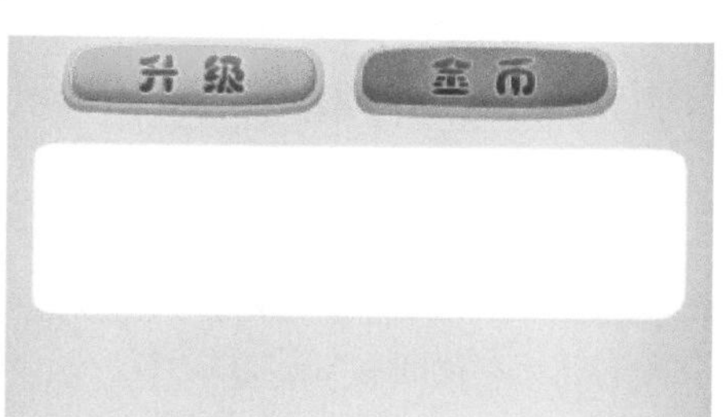

图 2-226

步骤 12 为该图层添加“描边”图层样式，对相关选项进行设置，如图2-227所示。继续添加“内阴影”图层样式，对相关选项进行设置，如图2-228所示。

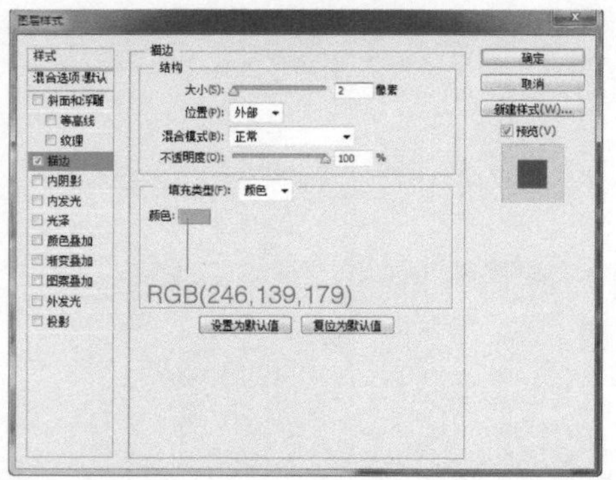

图 2-227

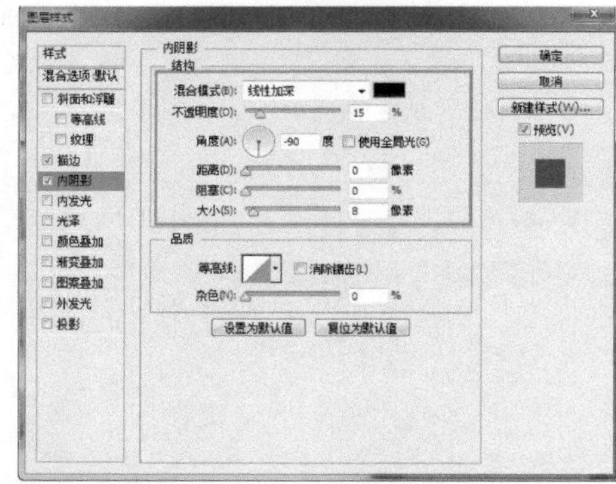
图 2-228

步骤 13 单击“确定”按钮，完成“图层样式”对话框中各选项的设置，效果如图2-229所示。复制“圆角矩形4”图层，得到“圆角矩形4拷贝”图层，清除该图层的图层样式，修改复制得到的图形的填充颜色为任意颜色，执行“编辑>变换>缩放”命令，将图形等比例缩小，效果如图2-230所示。

图 2-229

图 2-230

步骤 14 为该图层添加“内阴影”图层样式，对相关选项进行设置，如图2-231所示。继续添加“渐变叠加”图层样式，对相关选项进行设置，如图2-232所示。

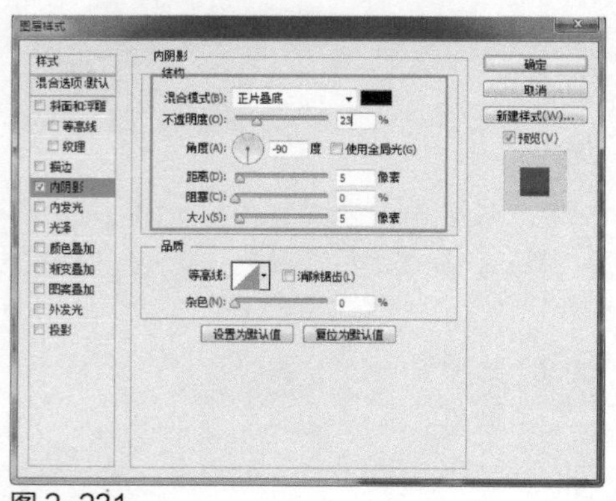
图 2-231

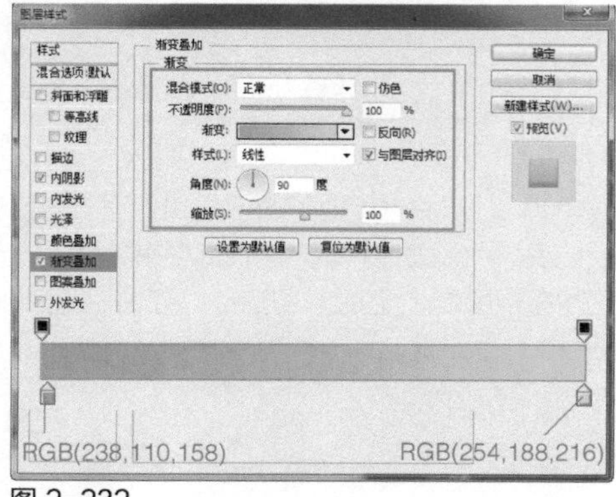

图 2-232

步骤 15 继续添加“外发光”图层样式，对相关选项进行设置，如图2-233所示。单击“确定”按钮，完成“图层样式”对话框中各选项的设置，效果如图2-234所示。

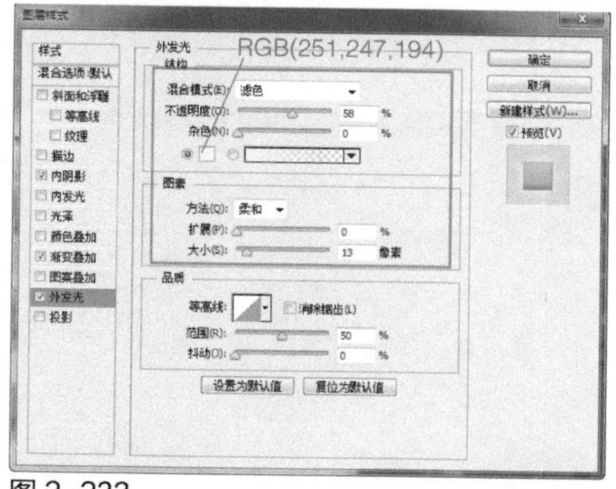

图 2-233

图 2-234

步骤16 使用“钢笔工具”，在选项栏上设置“工具模式”为“形状”，在画布中绘制白色的形状图形，如图2-235所示。为该图层添加“投影”图层样式，对相关选项进行设置，如图2-236所示。

图 2-235

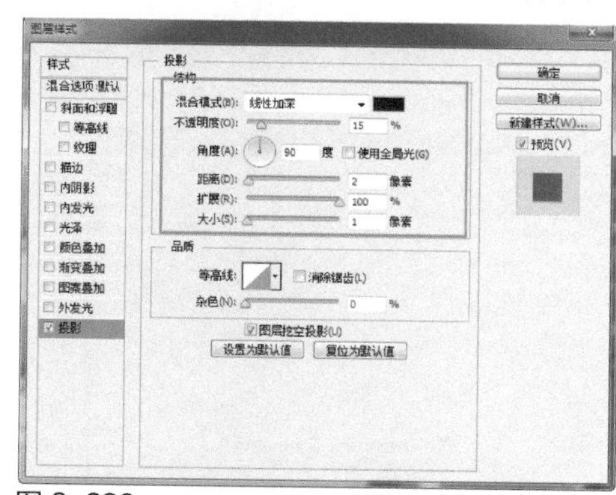

图 2-236

提示

“钢笔工具”是Photoshop中最为强大的绘图工具之一，它主要有两个用途：一是绘制矢量图形，二是用于选取对象。在作为选取工具使用时，“钢笔工具”绘制的轮廓光滑、准确，将路径转换为选区就可以准确地选择对象。

步骤17 单击“确定”按钮，完成“图层样式”对话框中各选项的设置，效果如图2-237所示。复制“形状1”图层，得到“形状1拷贝”图层，清除该图层的图层样式，修改复制得到的图形的填充颜色为RGB（209,50,49），执行“编辑>变换>缩放”命令，将图形等比例缩小，效果如图2-238所示。

图 2-237

图 2-238

步骤 18 为该图层添加“内阴影”图层样式，对相关选项进行设置，如图2-239所示。继续添加“渐变叠加”图层样式，对相关选项进行设置，如图2-240所示。

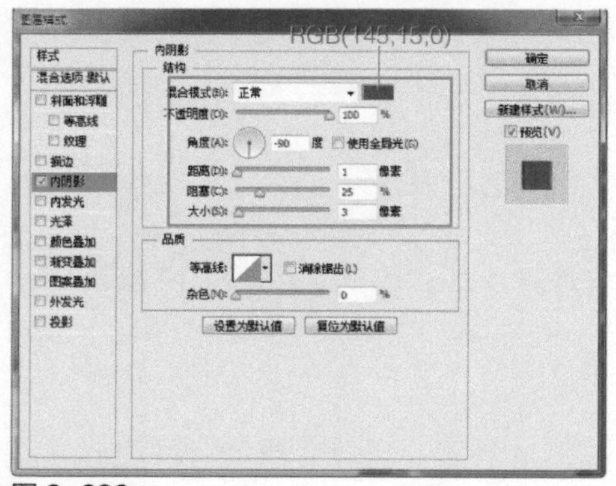

图 2-239

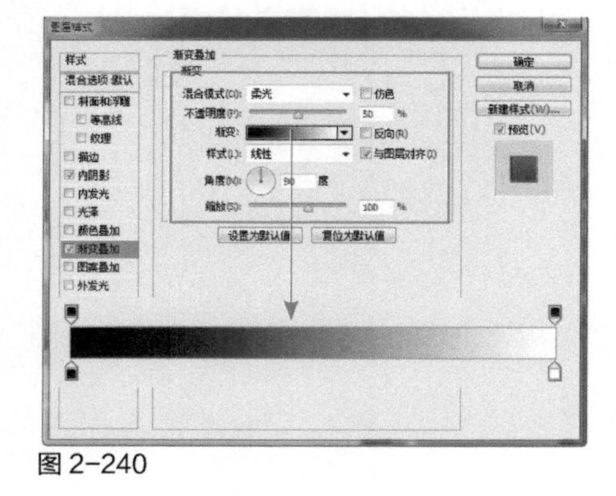
图 2-240

步骤 19 继续添加“投影”图层样式，对相关选项进行设置，如图2-241所示。单击“确定”按钮，完成“图层样式”对话框中各选项的设置，效果如图2-242所示。

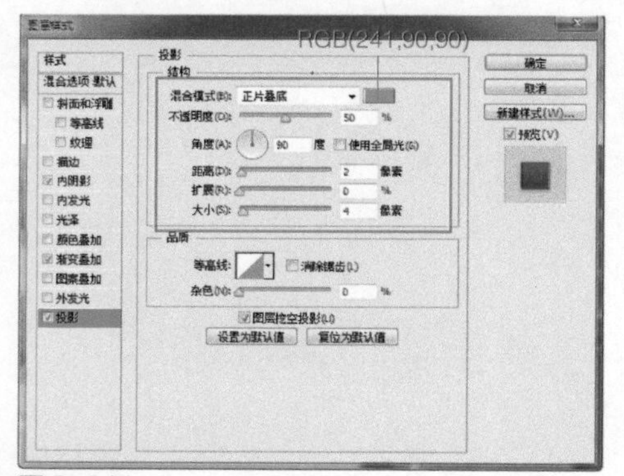

图 2-241

图 2-242

步骤 20 复制“形状1拷贝”图层，得到“形状1拷贝2”图层，清除该图层的图层样式，修改复制得到的图形的填充颜色为RGB（71,71,71），效果如图2-243所示。为该图层添加图层蒙版，使用“画笔工具”，设置“前景色”为黑色，选择合适的笔触与大小，在图层蒙版中进行涂抹，效果如图2-244所示。

图 2-243

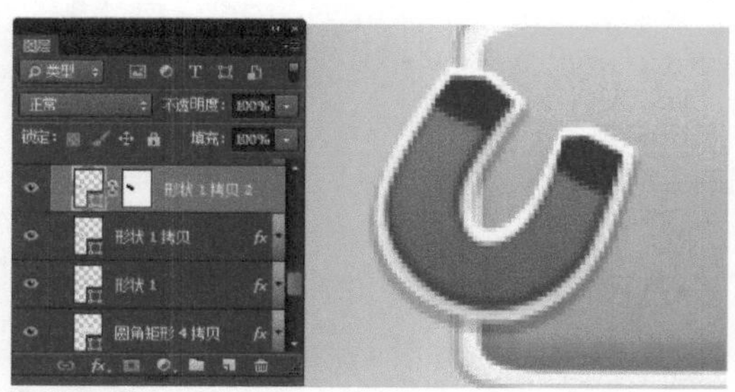
图 2-244

步骤 21 使用“横排文字工具”，在“字符”面板中设置相关选项，在画布中输入文字，如图2-245所示。为该图层添加“斜面和浮雕”图层样式，对相关选项进行设置，如图2-246所示。

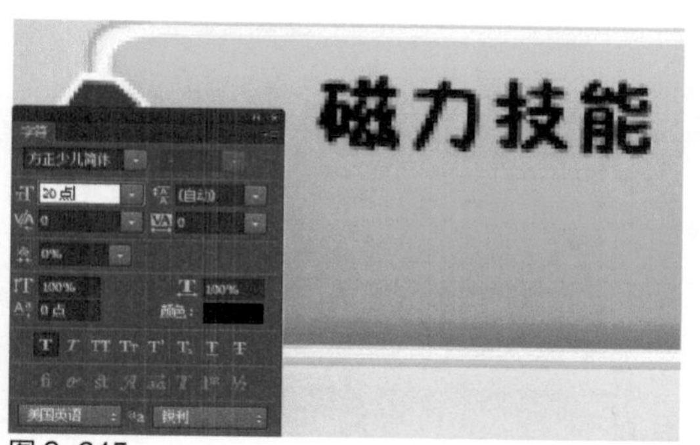

图 2-245

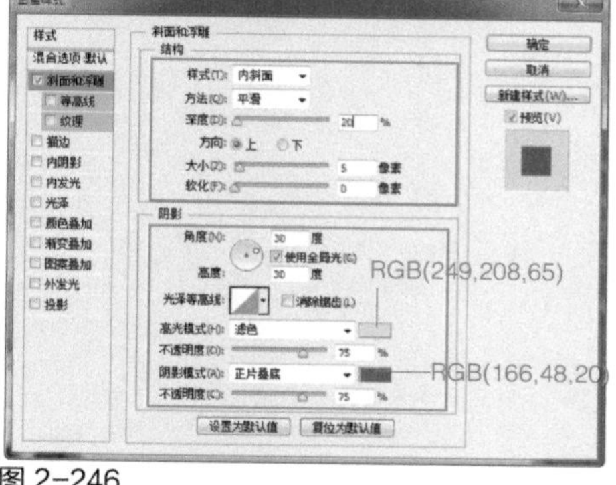

图 2-246

步骤 22 继续添加“描边”图层样式，对相关选项进行设置，如图2-247所示。继续添加“渐变叠加”图层样式，对相关选项进行设置，如图2-248所示。

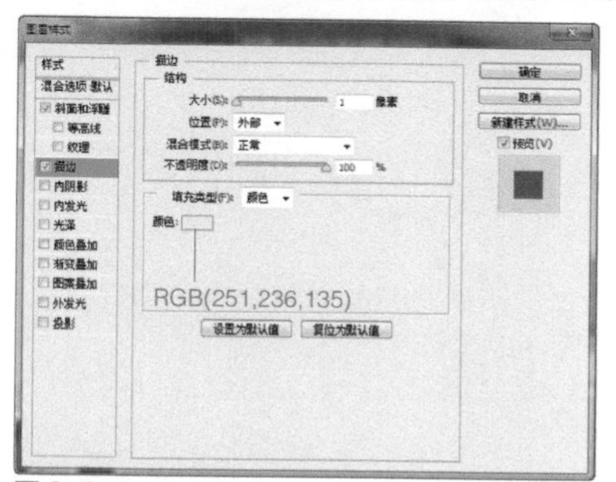

图 2-247

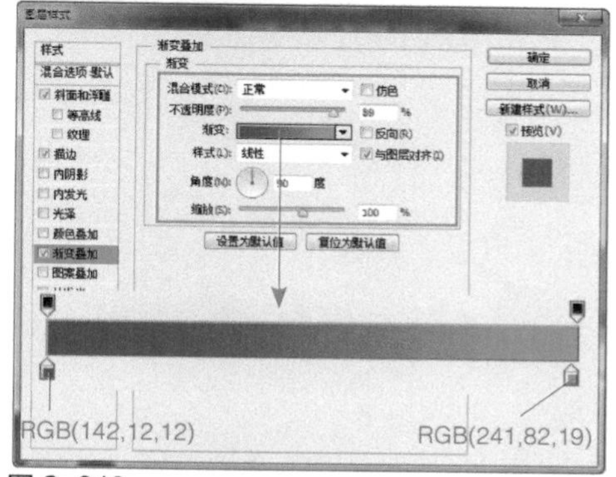

图 2-248

步骤 23 继续添加“外发光”图层样式，对相关选项进行设置，如图2-249所示。单击“确定”按钮，完成“图层样式”对话框中各选项的设置，效果如图2-250所示。

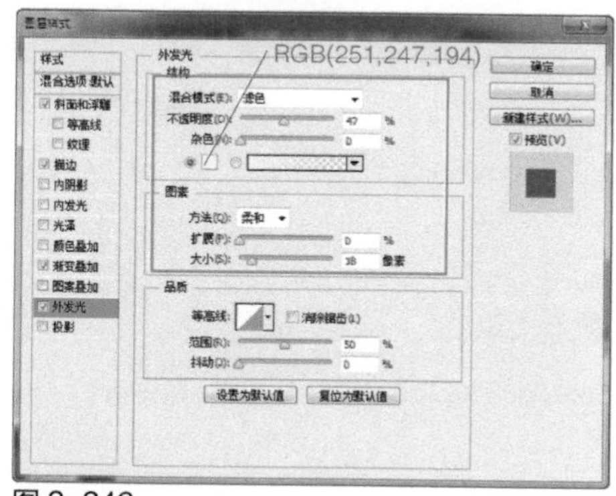

图 2-249

图 2-250

步骤 24 使用相同的制作方法，完成相似文字效果的制作，如图2-251所示。使用“圆角矩形工具”，在选项栏上设置“填充”为RGB（255,236,68）、“半径”为10像素，在画布中绘制圆角矩形，如图2-252所示。

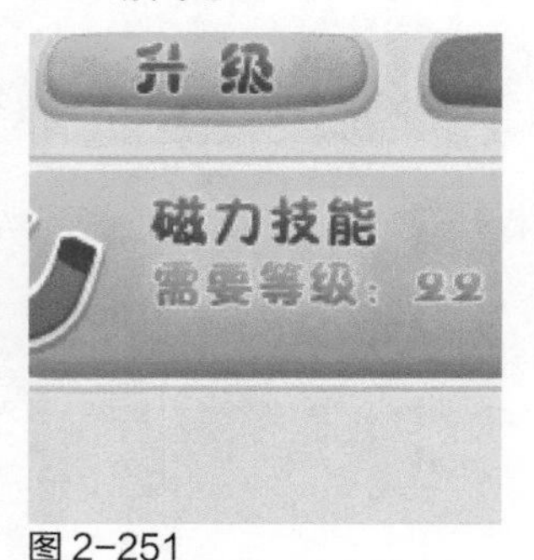

图 2-251

图 2-252

步骤 25 为该图层添加“描边”图层样式，对相关选项进行设置，如图2-253所示。继续添加“内阴影”图层样式，对相关选项进行设置，如图2-254所示。

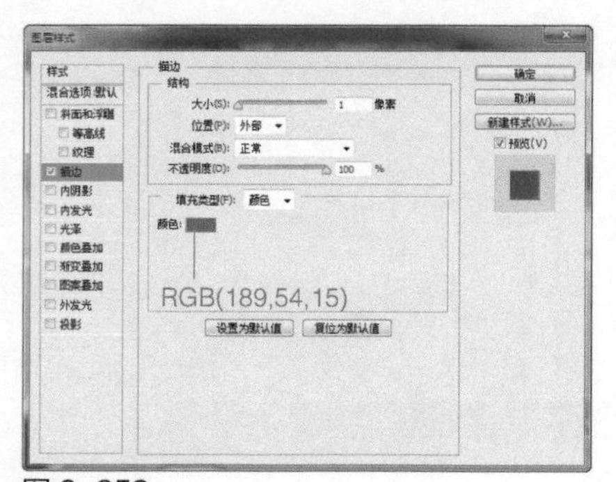

图 2-253

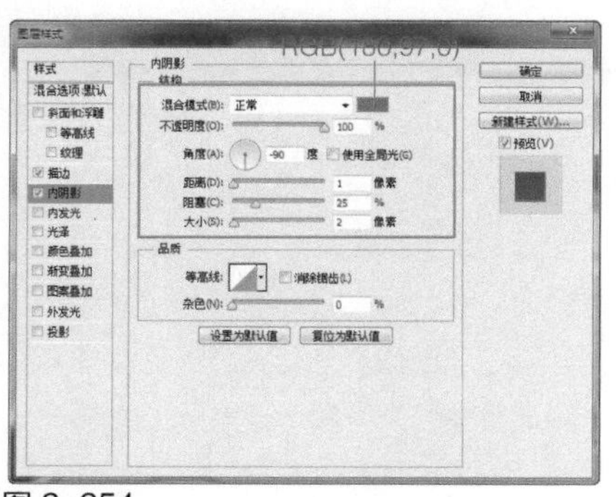

图 2-254

步骤 26 继续添加“内发光”图层样式，对相关选项进行设置，如图2-255所示。继续添加“渐变叠加”图层样式，对相关选项进行设置，如图2-256所示。

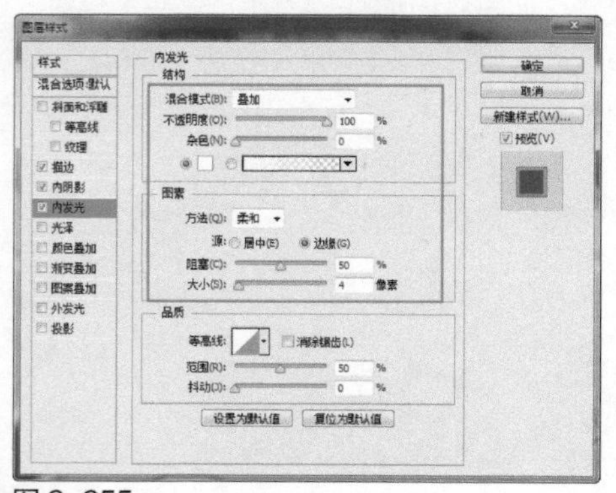

图 2-255

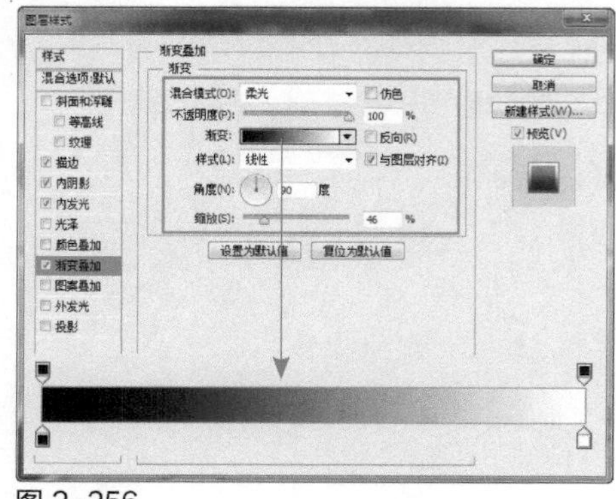

图 2-256

步骤 27 单击“确定”按钮，完成“图层样式”对话框中各选项的设置，效果如图2-257所示。使用相同的制作方法，完成相似图形的绘制，如图2-258所示。

步骤21 使用“横排文字工具”，在“字符”面板中设置相关选项，在画布中输入文字，如图2-245所示。为该图层添加“斜面和浮雕”图层样式，对相关选项进行设置，如图2-246所示。

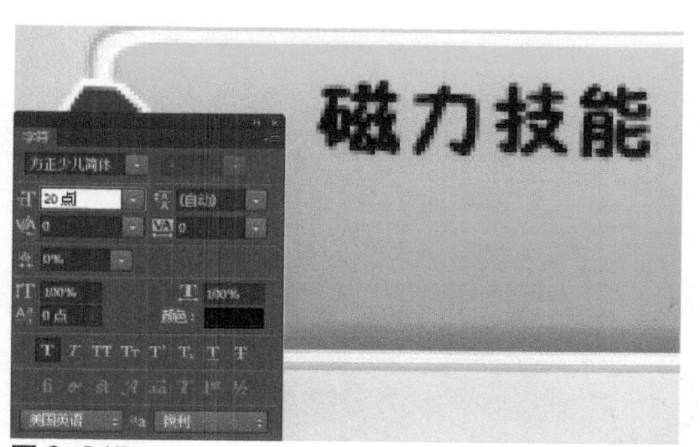

图 2-245

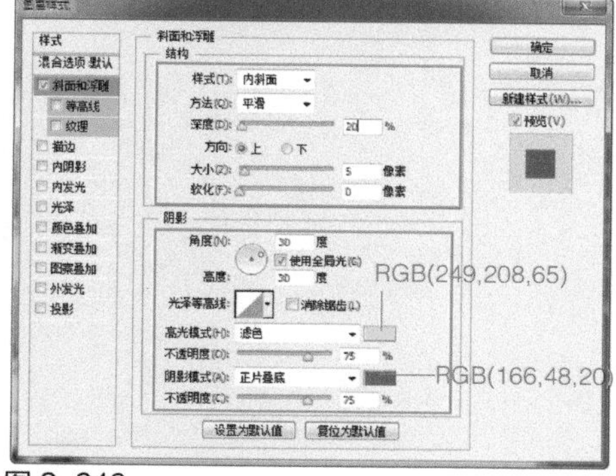

图 2-246

步骤22 继续添加“描边”图层样式，对相关选项进行设置，如图2-247所示。继续添加“渐变叠加”图层样式，对相关选项进行设置，如图2-248所示。

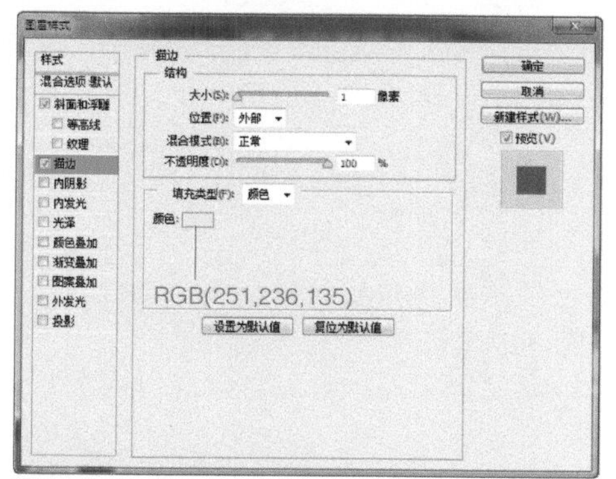

图 2-247

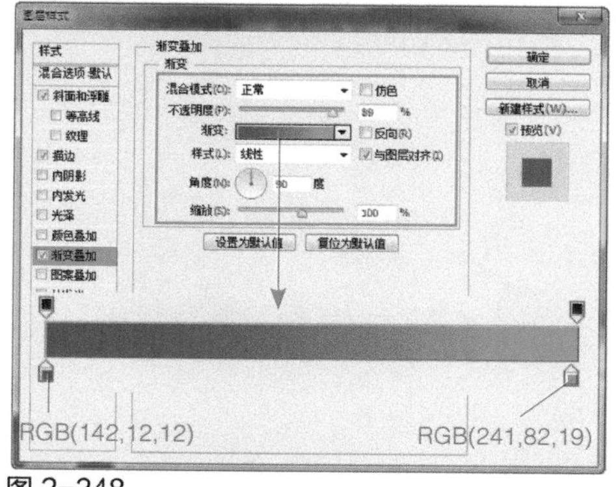

图 2-248

步骤23 继续添加“外发光”图层样式，对相关选项进行设置，如图2-249所示。单击“确定”按钮，完成“图层样式”对话框中各选项的设置，效果如图2-250所示。

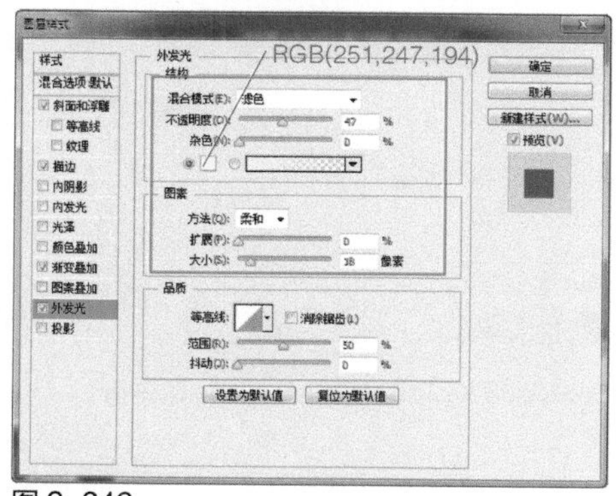

图 2-249

图 2-250

步骤 24 使用相同的制作方法，完成相似文字效果的制作，如图2-251所示。使用“圆角矩形工具”，在选项栏上设置“填充”为RGB（255,236,68）、“半径”为10像素，在画布中绘制圆角矩形，如图2-252所示。

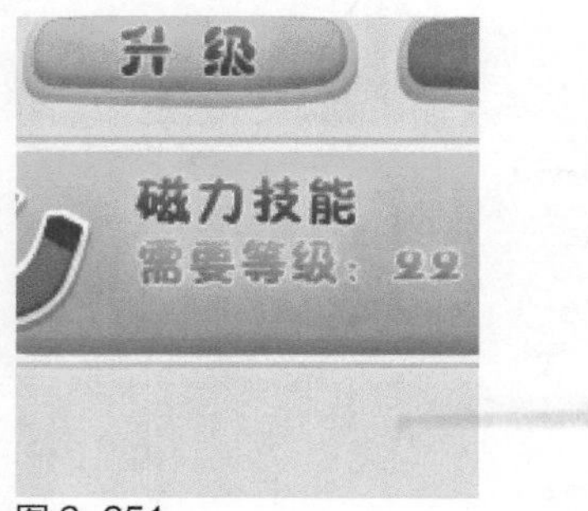

图 2-251

图 2-252

步骤 25 为该图层添加“描边”图层样式，对相关选项进行设置，如图2-253所示。继续添加“内阴影”图层样式，对相关选项进行设置，如图2-254所示。

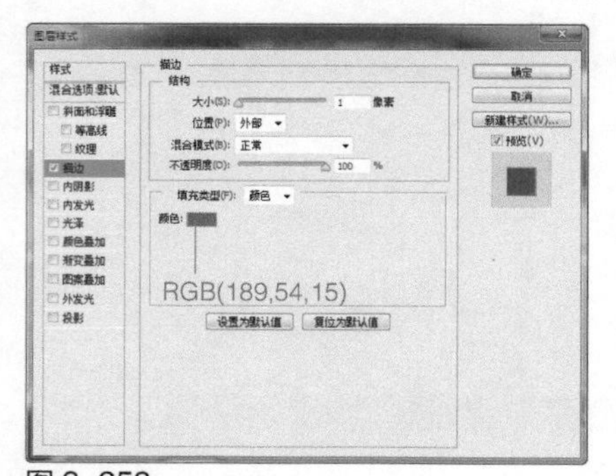

图 2-253

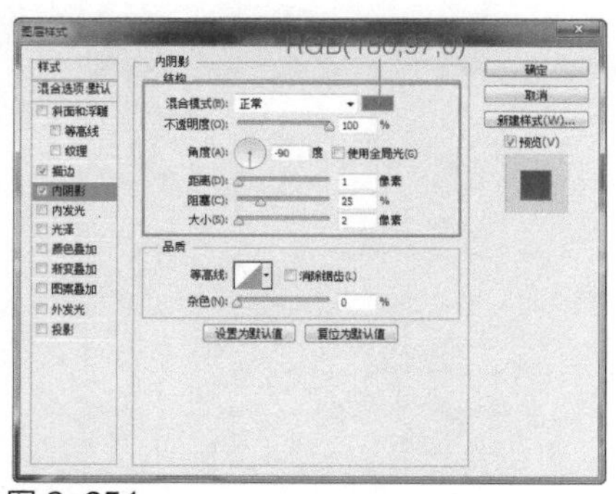
图 2-254

步骤 26 继续添加“内发光”图层样式，对相关选项进行设置，如图2-255所示。继续添加“渐变叠加”图层样式，对相关选项进行设置，如图2-256所示。

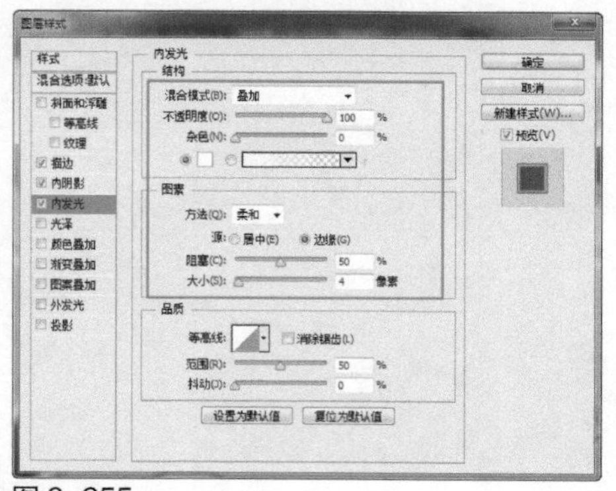
图 2-255

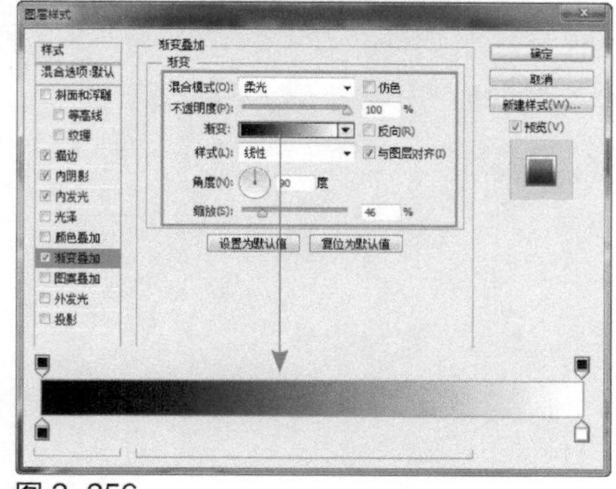
图 2-256

步骤 27 单击“确定”按钮，完成“图层样式”对话框中各选项的设置，效果如图2-257所示。使用相同的制作方法，完成相似图形的绘制，如图2-258所示。

图 2-257

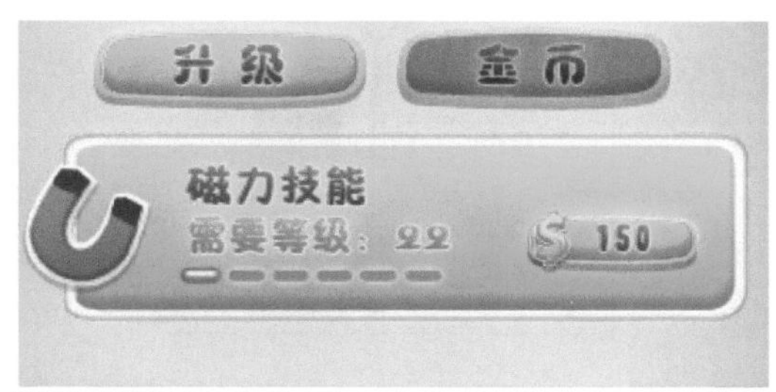

图 2-258

步骤28 使用相同的制作方法，完成相似图形和文字的制作，如图2-259所示。新建名称为“滚动条”的图层组，使用“圆角矩形工具”，在选项栏上设置“填充”为RGB（47,165,189）、“半径”为10像素，在画布中绘制圆角矩形，如图2-260所示。

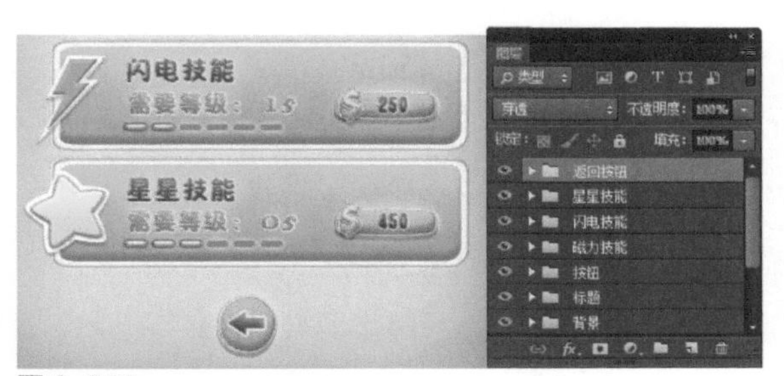

图 2-259

图 2-260

步骤29 为该图层添加“内发光”图层样式，对相关选项进行设置，如图2-261所示。单击“确定”按钮，完成“图层样式”对话框中各选项的设置，效果如图2-262所示。

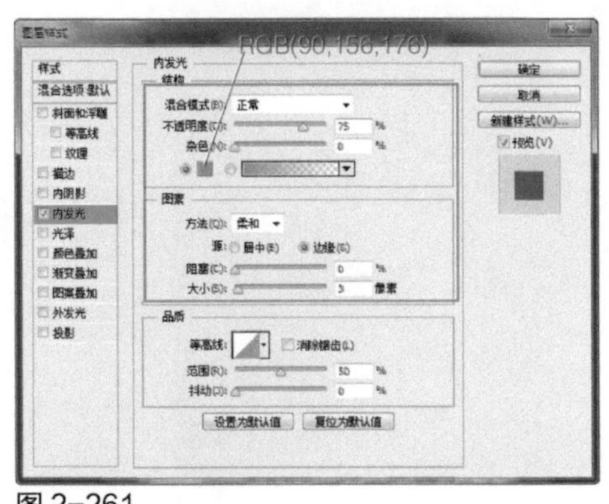

图 2-261

图 2-262

步骤30 复制“圆角矩形6”图层，得到“圆角矩形6拷贝”图层，清除该图层的图层样式，修改复制得到的图形的填充颜色为黑色，执行“编辑>变换>缩放”命令，将图形等比例缩小并调整位置，如图2-263所示。为该图层添加“渐变叠加”图层样式，对相关选项进行设置，如图2-264所示。

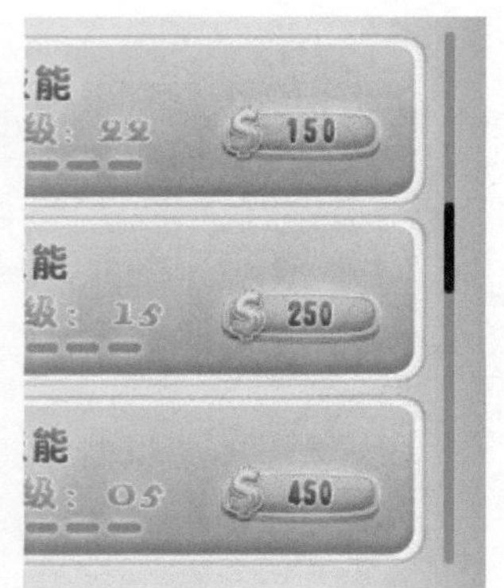

图 2-263

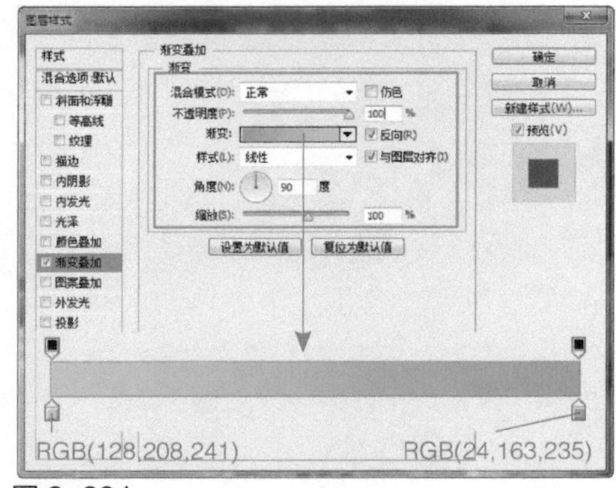

图 2-264

步骤 31 继续添加“投影”图层样式，对相关选项进行设置，如图2-265所示。单击“确定”按钮，完成“图层样式”对话框中各选项的设置，效果如图2-266所示。

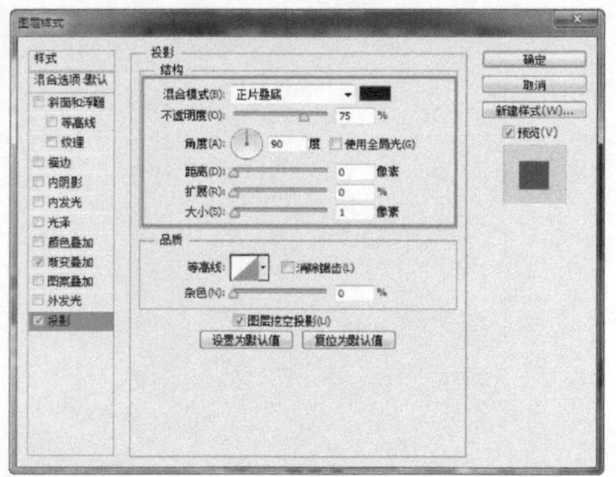

图 2-265

图 2-266

步骤 32 完成该游戏选项面板的设计制作，最终效果如图2-267所示。

图 2-267

2.4.5 文本输入元素

文本输入元素除了在游戏的开始界面出现，在游戏过程中的界面也经常使用，特别是在大型网络游戏中。开始界面的文本输入通常是输入玩家角色的名称，或者玩家自己的名称。这样做的目的其一是允许玩家定义自己的游戏角色特征；其二是在很多追求分数记录的游戏中，玩家可以在未来的高分排行榜上看到自己的名字，也为玩家创造一种成就感。

游戏中的文本输入界面对需要即时沟通团队信息、游戏策略等情况的团队玩家来说要重要一些。当然一些网络游戏直接为玩家开通了玩家语音通道，省去了玩家打字的麻烦。但多数节奏较为缓慢的网络游戏依然为玩家保留了文本交流界面，允许玩家讨论交流。如图2-268所示为游戏界面中的文本输入元素设计效果。

图 2–268

2.5 其他元素设计

视觉形象是人类感知世界、传递信息的主要方式。虽然在人类文明的发展过程中，文字、图形等视觉符号的传播方式随着传播媒介的发展变化几经变异，但视觉形象在人类认知世界过程中的地位从未动摇。

2.5.1 视听元素的重要性

人们对于视觉形象的感知与欣赏能力的提高，对视觉审美提出了更高的要求，听觉感知元素与视觉形象的结合为人们带来了更广泛的视听体验，媒体的集成性将视听元素统一转换为数字语言，使得数字媒介本身的表现力更加丰富、更加人性化。

游戏界面的视听效果会直接影响玩家与游戏世界交互的感受。因玩家置身于游戏世界中，所以，游戏界面与游戏世界的各种元素联系越紧密、越自然，就会越让玩家愉悦着迷；如果游戏界面生硬，缺乏自然感，不但会使玩家与游戏世界的距离疏远，而且会破坏游戏的整体氛围。如图2-269所示为游戏界面中视听元素的应用。

图 2–269

2.5.2 声音元素的作用

音效是每个游戏不可缺少的部分，游戏设计者会根据游戏本身的特点、故事情节、游戏体验等为其创作独创的音乐与音效。在音效上，游戏开发者也追求极度逼真夸张的效果，以期达到视听的完美结合。音效作为一种“隐形”的界面形式，它对玩家产生的作用主要表现在4个方面。

1. 消除歧义

通过不同的音效，可以让玩家区分游戏中的操作或游戏世界中所发生事情的成功与失败。这一点视觉回馈便不如声音那样明显，即使没有任何文字、图形的提示，玩家也会马上意识到并进行查看。

2. 及时提供反馈

在紧张的游戏过程中，视觉的信息反馈有时会因为太隐蔽而被玩家忽视，或者出现得太直接而导致玩家从紧张的游戏世界中分神。声音并不是游戏玩法的核心部分，因此在提示的音效响起时，反而让玩家感觉很贴切、自然，同时也能够从音效中判断将要发生的事情，并没有任何视觉元素打断游戏的进度。

3. 强化视觉效果

结合视觉效果，声音可以反馈游戏中新发生的事件。

4. 增强游戏氛围

这是声音元素最基本的作用，它可以结合整个游戏界面的视觉效果，帮助玩家尽快沉浸在游戏世界中，让整个游戏世界更加声情并茂。

2.5.3 合理配色的重要性

人们的日常生活中每时每刻都充斥着各种各样的色彩。玩家在第一眼看到一款游戏时，就会首先根据色彩判断这款游戏所渲染的氛围。这也是设计师在设计游戏界面时需要非常注意的部分，因为一旦玩家第一感觉失败，将会使玩家对游戏产生歧义。如图2-270所示为游戏界面中色彩元素的应用。

图 2-270

色彩除了调节游戏带给玩家的情感体验，还作为对玩家的一种信息反馈提示。暖色常常会引起玩家的压力和警觉，反之，冷色可以让玩家知道情况在掌控之中。例如，当红色信息出现时，常常意味着某种功能失效或者角色接近死亡，而绿色则表明某种功能处于可用状态或角色处于健康状态。

贯穿整个游戏的所有界面应该有不同的色彩变化，以提醒玩家注意，如果用一种颜色应用于所有的界面情况中，玩家就会忽略界面所要发出的信息，那么色彩对玩家的影响力就会大大减弱。所以在游戏界面中色调的一致固然重要，但冷暖色调的对比也是一种行之有效的信息提示方式。

【自测7】设计游戏背景

视频：光盘\视频\第2章\游戏背景.swf　源文件：光盘\源文件\第2章\游戏背景.psd

- **案例分析**

案例特点：本案例设计一款游戏背景，通过径向渐变颜色填充和放射状光束效果的制作，突出背景上的图形对象，使背景产生纵深感。

制作思路与要点：为背景填充径向渐变，绘制光束图形，为该图形填充渐变颜色。通过对光束图形的旋转复制制作出发散的一圈光束效果，从而突出显示背景上的内容；通过绘制星形和光点图形，丰富游戏背景的效果；最后绘制顶部的状态栏和文字效果。整个游戏背景看似简单，却能够给人很强的纵深感和层次感，发散的背景光束效果也是在游戏背景中常用的一种表现效果。

- **色彩分析**

为背景填充从纯度较高的蓝色到纯度较低的深蓝色的径向渐变，使背景更加具有立体纵深感，搭配明度和纯度较高的黄色和白色图形，与背景的蓝色形成对比，效果更加突出，整体让人感觉层次丰富、效果突出。

深蓝色　黄色　橙色

- **制作步骤**

步骤01 执行“文件>新建”命令，弹出“新建”对话框，新建一个空白文档，如图2-271所示。使用“矩形工具”，在画布中绘制一个白色矩形，如图2-272所示。

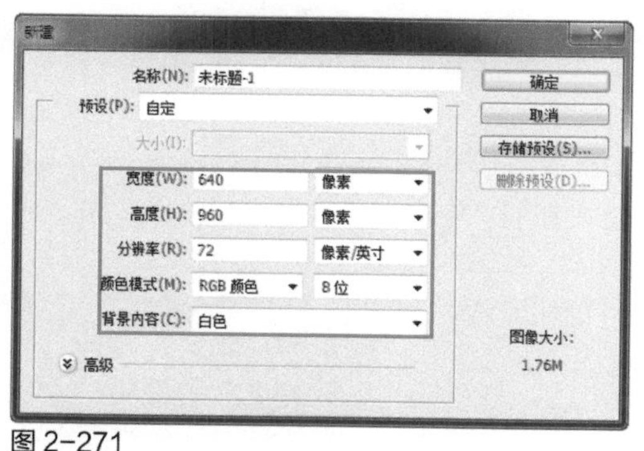

图 2-271

图 2-272

步骤02 为该图层添加“渐变叠加”图层样式，对相关选项进行设置，如图2-273所示。单击“确定”按钮，完成“图层样式”对话框中各选项的设置，效果如图2-274所示。

步骤03 新建名称为“光束”的图层组，使用“矩形工具”，在画布中绘制一个白色矩形，执行“编辑>变换>扭曲”命令，对矩形进行扭曲操作，效果如图2-275所示。为该图层添加“渐变叠加”图层样式，并设置相关选项，如图2-276所示。

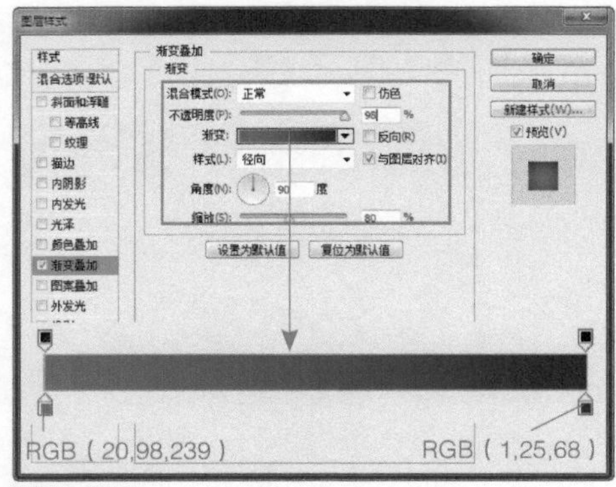

图 2-273

图 2-274

图 2-275

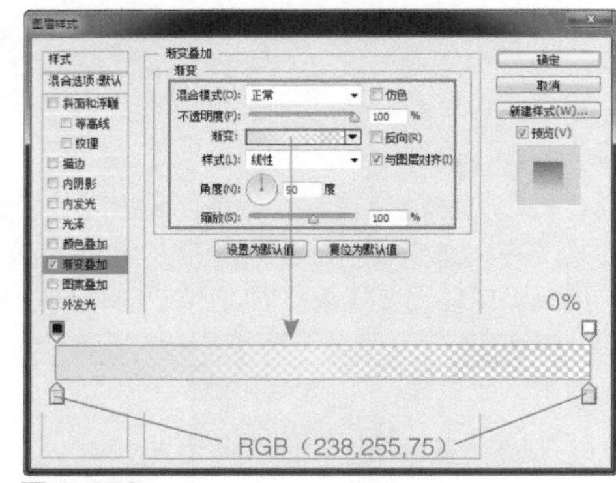

图 2-276

提示

在Photoshop中，图层样式是一项非常灵活的功能，根据设计过程中的实际需要，可以对图层样式效果参数进行修改、隐藏及删除，并且这些操作都不会对图层中的图像造成任何破坏。如果需要修改所添加的图层样式，只需要双击该图层下方的图层样式名称，即可在弹出的“图层样式”对话框中对该图层样式设置选项进行修改。

步骤 04 单击“确定”按钮，完成“图层样式”对话框中各选项的设置，设置该图层的“不透明度”为80%、“填充”为0%，效果如图2-277所示。为该图层添加图层蒙版，使用“渐变工具”，在蒙版中填充黑白线性渐变，如图2-278所示。

图 2-277

图 2-278

步骤 05 使用相同的制作方法，可以完成相似图形效果的绘制，效果如图2-279所示。打开素材图像“光盘\源文件\第2章\素材\701.png”，将其拖入到设计文档中，如图2-280所示。

图 2-279

图 2-280

步骤 06 为该图层添加“外发光”图层样式，对相关选项进行设置，如图2-281所示。设置完成后，单击“确定”按钮，效果如图2-282所示。

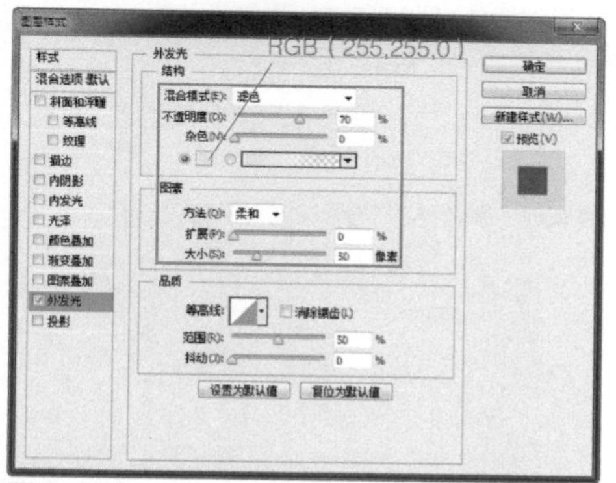

图 2-281

图 2-282

步骤 07 新建名称为“星星”的图层组，使用“自定形状工具”，设置“填充”为RGB（239,226,38），在选项栏上的“形状”下拉面板中选择相应的形状，在画布上绘制形状图形，如图2-283所示。多次复制“形状1”图层，分别将复制得到图形调整到合适的大小、位置，并进行填充，效果如图2-284所示。

图 2-283

图 2-284

步骤 08 新建图层，使用“画笔工具”，设置“前景色”为RGB（250,235,10），选择合适的笔触，在画布中绘制出光点的效果，如图2-285所示。使用“矩形工具”，在画布中绘制一个白色的矩形，如图2-286所示。

图 2-285

图 2-286

提示

使用“画笔工具”，按键盘上的[或]键，可以减小或增加画笔的直径；按Shift+[或Shift+]组合键，可以减少或增加具有柔边、实边的圆或画笔的硬度；按主键盘区域和小键盘区域上的数字键可以调整“画笔工具”的不透明度；按住Shift+主键盘区域的数字键可以调整“画笔工具”的流量。

步骤 09 使用“钢笔工具”，设置“路径操作”为“减去顶层形状”，在刚绘制的矩形上减去相应的图形，得到需要的图形，如图2-287所示。为该图层添加“渐变叠加”图层样式，对相关选项进行设置，如图2-288所示。

图 2-287

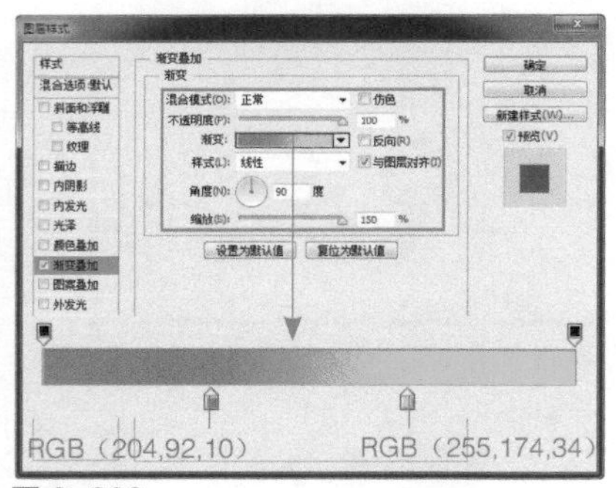

图 2-288

步骤 10 继续添加“投影”图层样式，对相关选项进行设置，如图2-289所示。单击“确定”按钮，完成“图层样式”对话框中各选项的设置，效果如图2-290所示。

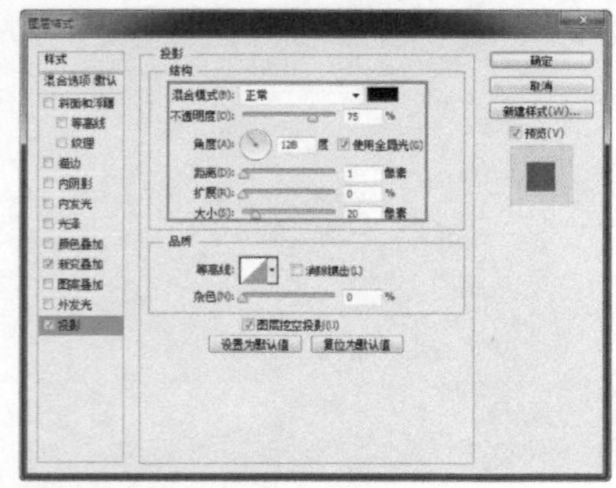
图 2-289

图 2-290

步骤 11 新建图层，使用“钢笔工具”，在画布中绘制一个白色的形状图形，设置该图层的“不透明度”为20%，效果如图2-291所示。新建名称为“精力值”的图层组，使用“圆角矩形工具”，设置“填充”为RGB（6,23,144）、“半径”为30像素，在画布中绘制圆角矩形，如图2-292所示。

图 2-291

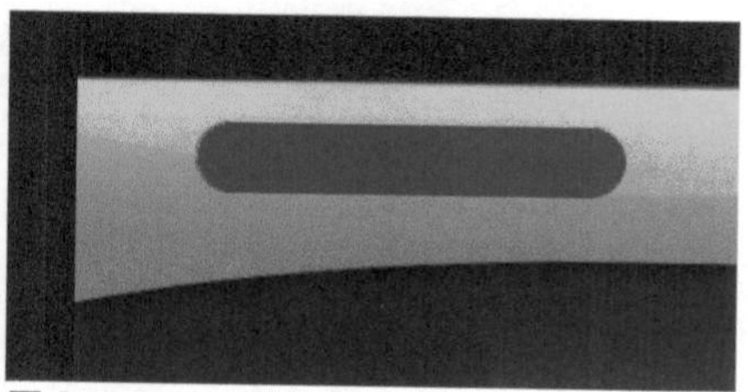
图 2-292

步骤 12 使用相同的制作方法，可以完成相似图形效果的绘制，如图2-293所示。使用“椭圆工具”，设置“填充”为RGB（8,24,141）、“描边”为RGB（39,58,199）、“描边宽度”为2点，在画布中绘制一个正圆形，如图2-294所示。

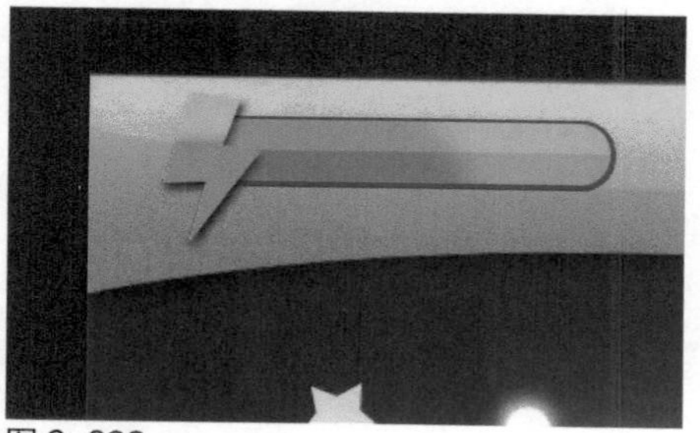
图 2-293

图 2-294

步骤 13 为该图层添加“描边”图层样式，对相关选项进行设置，如图2-295所示。单击“确定”按钮，完成“图层样式”对话框中各选项的设置，效果如图2-296所示。

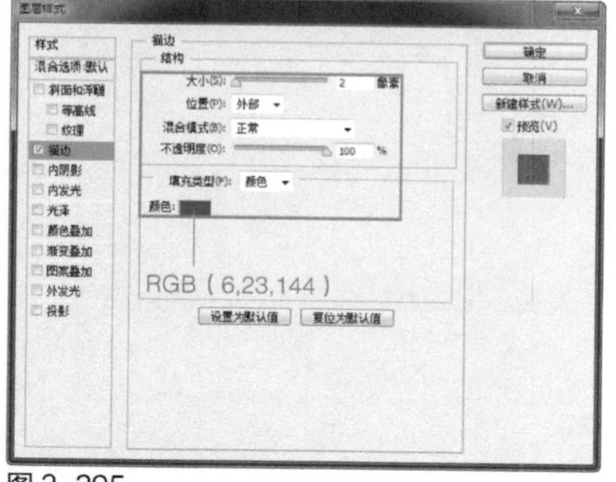

图 2-295

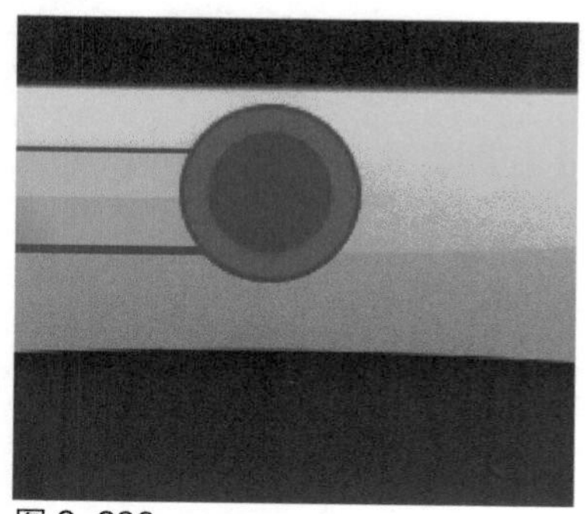
图 2-296

步骤 14 使用“矩形工具”，设置“填充”为RGB（213,244,252），在画布中绘制一个矩形，如图2-297所示。复制“矩形6”图层，执行“编辑>变换>旋转”命令，对复制得到图形进行旋转操作，效果如图2-298所示。

图 2-297

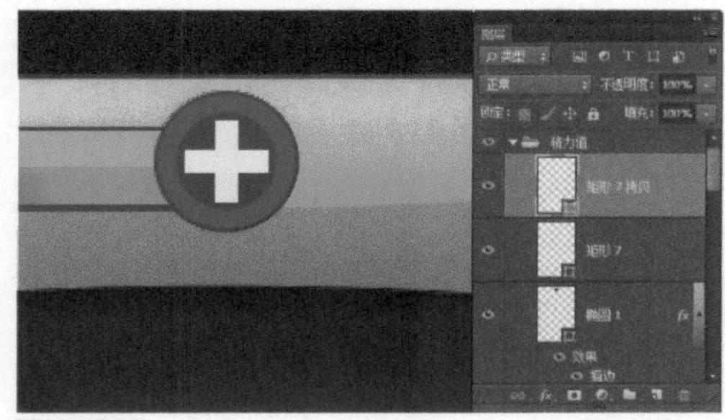

图 2-298

步骤 15 新建名称为“金币”图层组，使用相同的制作方法，可以完成相似图形的绘制，效果如图2-299所示。使用“横排文字工具”，在“字符”面板中设置相关选项，在画布中输入文字，如图2-300所示。

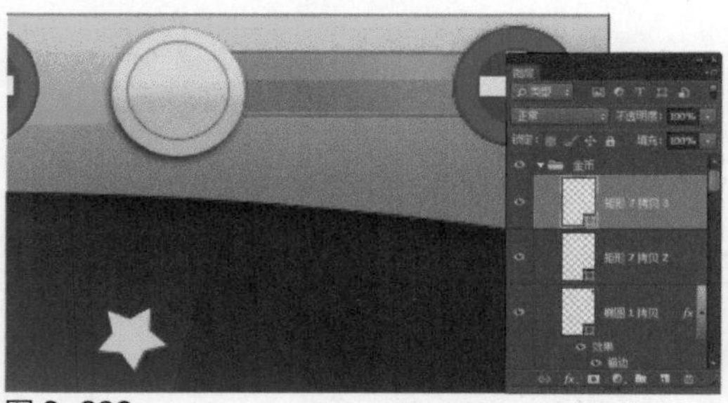

图 2-299

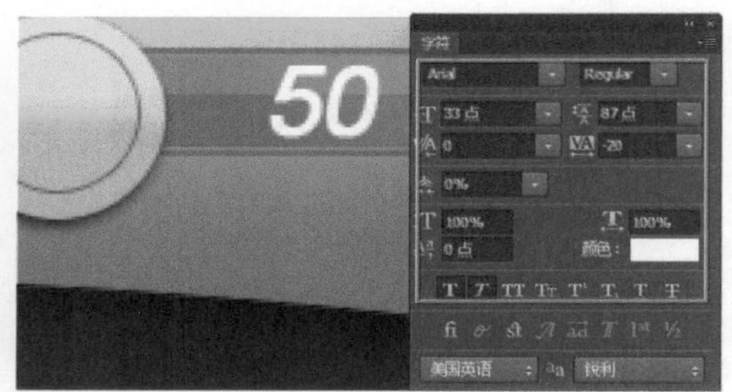

图 2-300

步骤 16 使用“矩形工具”，在画布中绘制一个白色矩形，如图2-301所示。为该图层添加“渐变叠加”图层样式，对相关选项进行设置，如图2-302所示。

图 2-301

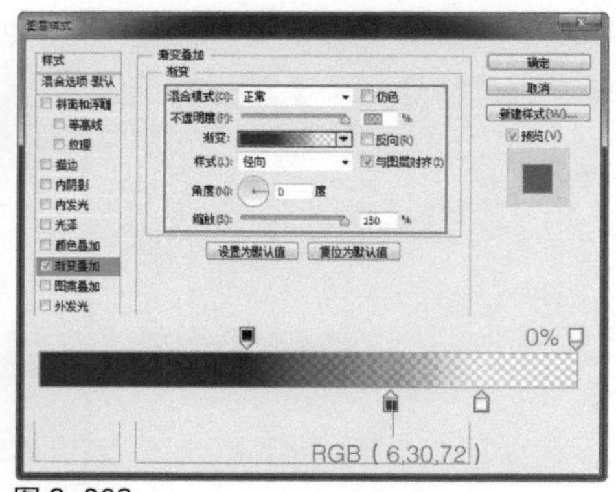

图 2-302

步骤 17 单击“确定”按钮，完成“图层样式”对话框中各选项的设置，效果如图2-303所示。为该图层添加图层蒙版，使用“渐变工具”，在“渐变编辑器”对话框中设置渐变颜色，在蒙版中填充线性渐变，如图2-304所示。

图 2-303

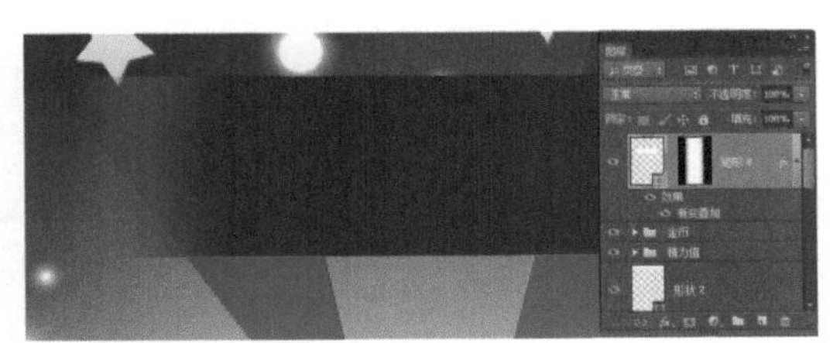

图 2-304

步骤 18 使用“横排文字工具”，在“字符”面板中设置相关选项，在画布中输入文字，如图2-305所示。为该文字图层添加“投影”图层样式，对相关选项进行设置，如图2-306所示。

图 2-305

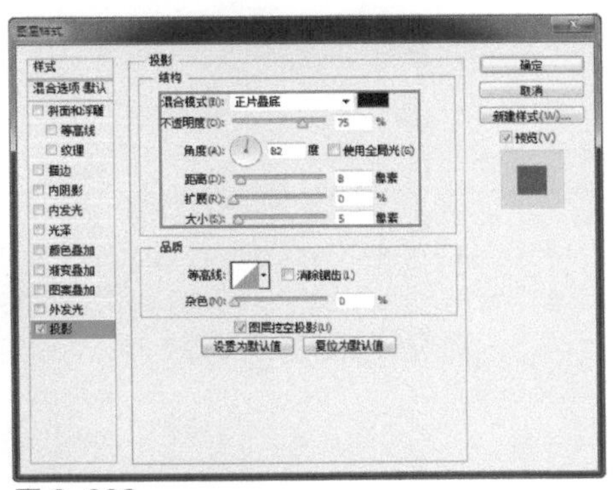

图 2-306

步骤 19 单击“确定”按钮，完成“图层样式”对话框中各选项的设置，效果如图2-307所示。完成该游戏背景的设计制作，最终效果如图2-308所示。

图 2-307

图 2-308

2.6 专家支招

一款成功的游戏，并不是越复杂越好，简单的小游戏要比大作更有优势。在游戏的UI设计上，设计师要想做得很出彩，游戏中各个要素的设计和功能键的摆放也是有讲究的。如何让用户体验更舒适，同样也很重要。在了解了游戏界面中各种要素的设计方法和要点以后，在设计过程中还需要注意细节效果的表现。

1. 为什么说游戏界面设计对游戏是至关重要的?

答：随着数字技术的发展，许多数字产品一旦涉及人机交互，设计者就不得不重视用户界面，没有有效的用户界面，用户与产品的交流就不存在，那么许多数字产品也就失去了自身的意义。劣质的用户界面将意味着产品的失败，不管该产品的创意有多么新奇。所以为数字产品创建精美、易用的用户界面是非常重要的。在游戏中，游戏界面作为连接游戏与玩家唯一的通道，其畅通与否直接关系游戏的成败，甚至可以说没有界面就没有游戏。

2. 游戏界面中的交互设计是什么?

答：游戏界面中的交互是一种“你来我往”的动态行为，因此，交互设计就是一种动态信息往来的设计。这种动态信息是相对于静态的图形、文字、色彩等视觉元素来说的。在庞大的游戏世界中，玩家每时每刻都需要控制游戏的进程，并同时获取游戏的各种信息，这些信息和元素的设计就是游戏界面中的交互设计。

2.7 本章小结

游戏UI设计是给玩家的视觉感受，因此只有抓住玩家的视线，才有机会抓住玩家的心，而一款视觉效果出色的游戏是非常具有竞争力的。在本章中重点向读者介绍了游戏UI中的基本视觉要素，以及各种元素的设计表现方法和在游戏界面中的作用，并且通过多种游戏基本元素的设计制作，向读者讲解了这些游戏基本元素的设计和表现方法。通过本章内容的学习，读者应该能够掌握不同风格游戏UI设计元素的设计制作方法。

CHAPTER 3

网页游戏UI设计

本章要点：

随着网页前端技术的发展，网页游戏在视觉表现、玩法设计上不断突破创新，优秀的网页游戏越来越受到游戏玩家的欢迎，一个好的网页游戏界面设计应该既有实用功能，又能满足使用者的审美需求。在本章中将向读者介绍有关网页游戏UI设计的相关知识，并通过网页游戏UI设计实践，使读者掌握网页游戏UI设计的方法。

知识点：

- 了解网页游戏的优势和不足
- 了解网页游戏的分类
- 理解网页游戏UI设计的流程
- 理解并能够应用网页游戏UI设计原则
- 了解网页游戏UI设计的目标
- 掌握各种不同类型网页游戏UI的设计方法

3.1 了解网页游戏

网页游戏又称为Web游戏和无端网游，是可以直接使用浏览器玩的游戏，不需要下载任何客户端，在任何地方、任何时间、任何地点，只要有一台能上网的计算机，你就可以快乐地进行游戏，非常适合上班一族。

3.1.1 网页游戏的优势

网页游戏经过多年的发展，已经趋于成熟，在网页游戏的界面和动态交互过程中，玩家几乎已经难以区分这是浏览器上的网页应用，还是一个独立的游戏程序。与传统的计算机游戏相比，网页游戏具有如下3个方面的优势：

1. 便利性

进行网页游戏不需要购买或者安装任何客户端游戏软件，这是它与传统的电视/计算机游戏最大的区别。传统的网络游戏，无论是大型游戏还是休闲游戏，都需要下载并安装相应的游戏客户端，对计算机配置要求也越来越高，而且运行游戏需要占用一定的内存和空间，很难同时进行其他工作或娱乐。而网页游戏则仅需要使用浏览器就可以随时随地地进行，不需要下载和安装任何客户端，在不影响新闻浏览、聊天等其他网络行为的同时，体验全新的网页游戏理念。

2. 跨平台性

网页游戏不单单停留在网页表现形式上，它还将向以手机WAP和手机客户端图形网游方式联合的方向发展，是跨平台的，两个平台访问的是同一服务器，离线后，玩家可以通过手机继续进行且资料库共享。

3. 很强的用户黏性

因为网页游戏具有很高的便利性，所以网页游戏具有很强的用户黏性。只要打开浏览器进入相应的游戏网页即可进入游戏，进入游戏的方式非常简便，在方便性上比QQ游戏有过之而无不及。随着网络技术的迅速发展，网页游戏中的动态交互效果与传统桌面游戏中的交互效果已经相差无几。

3.1.2 网页游戏的用户群

网页游戏是一种新型的游戏模式。由于网页游戏不需要客户端，打开网页就能玩，相对于网络游戏有着很大的便利性，所以网页游戏非常适合大多数人群的操作。大多数网页游戏都比较简单，通过鼠标和键盘即可进行游戏操作，不需要任何外部设备，并且在游戏进行过程中，通常都会设置相应的游戏提示，帮助玩家更好地进行游戏。如图3-1所示为精美的网页游戏界面。

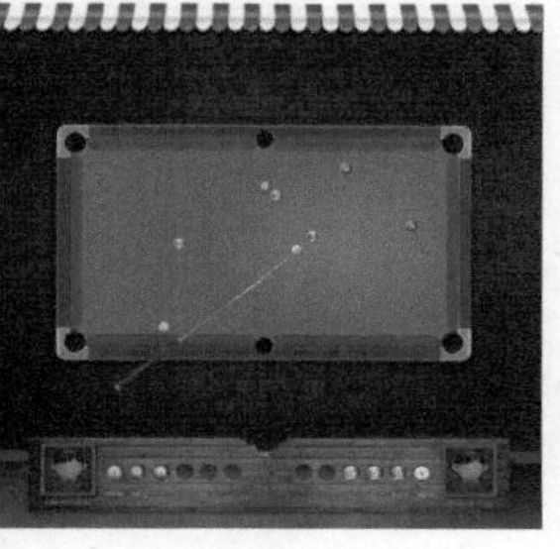

图 3-1

网页游戏轻便、有趣、轻松的特点使其在短时间内迅速兴起并风靡一时，并被人们形象地称为“绿色网游”。目前网页游戏已经在国内拥有一批庞大的玩家群体。与传统网游的玩家呈现低龄化不同，网页游戏的玩家群体主要以年轻的上班族为主，特别是“白领”一族。究其原因，这与很好地迎合了“白领”们渴望休闲但不愿花费过多的精力，期望打发时间但以不影响工作为前提的生活理念有直接关系。

3.1.3 网页游戏的分类

网页游戏和网络游戏的分类大体上是相同的，但是网页游戏因为其本身的特殊性，其类型比网络游戏更加丰富。目前网页游戏大致可以分为“战争策略类”、“角色扮演类”、“模拟经营类”、“模拟养成类”和“休闲竞技类”5种类型。

1. 战争策略类

战争策略类网页游戏也可以称为策略角色扮演。策略角色扮演的特点在于在战斗系统上，敌我双方都有由若干个角色组成的作战单位，在地图上按照自身的能力和限定规则进行移动、支援或攻击，以达成特定的胜利条件。但是现在随着游戏多元化的发展，目前的战争策略类网页游戏还包含经营、外交、养成等特色在里面，丰富了游戏的可玩性。

网页游戏中的战争策略类游戏已经和以前的策略角色扮演游戏有很大的不同。在网页游戏中，互动性和即时性更强，无论是可玩性，还是艺术性，都更胜一筹，如图3-2所示为《七雄争霸》和《萌三国》网页游戏界面。

图 3-2

2. 角色扮演类

角色扮演类网页游戏一般是指由玩家在网页游戏中扮演的一个或数个角色，有完整的故事情节，强调剧情发展和个人体验，具有升级和技能成长要素的游戏。如图3-3所示为《功夫西游》和《大话神仙》网页游戏界面。

图 3-3

3. 模拟经营类

模拟经营类网页游戏一般以企业、城市等非生命体为培养对象，玩家扮演的是投资者或决策者的角色，主要目的是在经营过程中获取利润，并不断扩大规模。模拟经营类网页游戏的最大特色在于人与人之间的较量。如图3-4所示为《夜店之王》和《QQ宝贝》网页游戏界面。

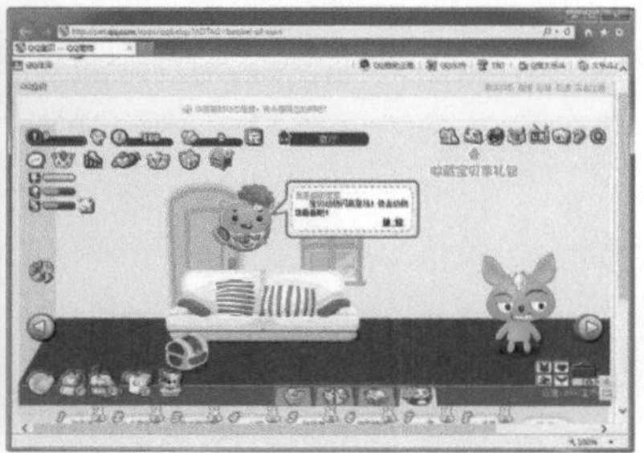

图 3-4

4. 模拟养成类

模拟养成类网页游戏，顾名思义就是玩家模拟培养虚拟对象的游戏。模拟养成类网页游戏的特点在于可以培养的对象多种多样，可以是小动物，也可以是战斗宠物等，游戏中各种奇怪的装扮，例如搞怪的、灵异的、鲜艳的，让人目不暇接，大大地增加了游戏的娱乐性。如图3-5所示为《开心宝贝》和《宠物牧场》网页游戏界面。

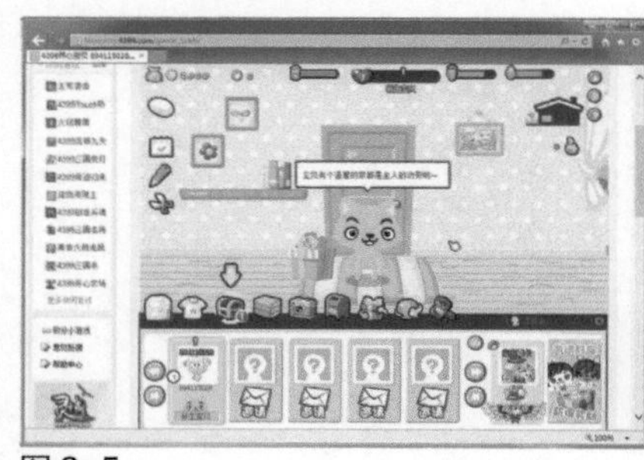

图 3-5

5. 休闲竞技类

休闲竞技类网页游戏是当前最受欢迎的网页游戏之一，用户可以在放松身心的同时获得游戏带来的乐趣。休闲竞技类网页游戏通常操作简易，画面以卡通形象为主，内容又十分丰富，同时游戏又带有一定的竞争性，使玩家带有娱乐的心态去竞技。如图3-6所示为《植物大战僵尸》和《捕鱼假日》网页游戏界面。

图 3-6

3.1.4 网页游戏的不足

网页游戏相对于客户端游戏有很多优点，但是和传统网络游戏相比，网页游戏仍有许多不足的地方。

1. 部分游戏模式互动性不强

在网页游戏中，除了角色扮演类网页游戏，其他类型的网页游戏都需要玩家时刻在线，所以很难直接让游戏玩家以一种直观的方式和别的玩家进行沟通。

2. 游戏节奏缓慢

网页游戏由于不需要实时在线，使得大部分类型的网页游戏节奏相对来说比较缓慢。

3. 游戏画面表现力不够

网页游戏是在浏览器窗口中运行的，浏览器窗口的局限性导致网页游戏的画面很难达到客户端游戏的程度，画面表现力有所下降。

3.2 网页游戏UI设计流程

在网页游戏UI设计中，除了应首先考虑游戏的风格以外，按钮具体使用的字体，以及显示的位置要清晰明了。必须将游戏功能分清楚，然后再继续深入。网页游戏的界面应该尽量做到简练、大方、美观而精致。同时考虑到资源的通用性，尽量统一视觉元素，可以统一规格大小的界面最好统一，以避免制作过程中很多意想不到的麻烦。网页游戏UI设计的基本流程如下表所示。

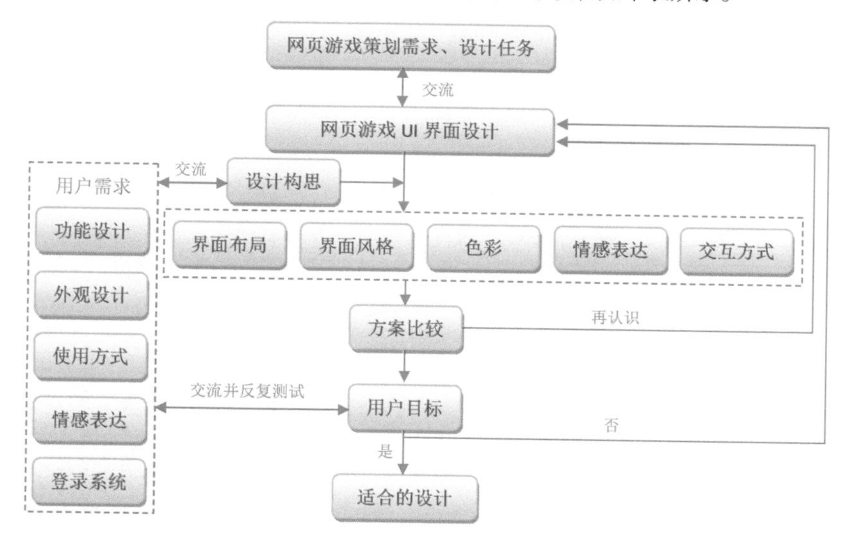

1. 游戏玩家调查分析

判断一个游戏的优劣，在很大程度上取决于潜在玩家的使用评价，因此在网页游戏开发的最初阶段，尤其需要重视游戏中人机交互部分的用户需求。

调查玩家的类型、特性，了解玩家的喜好，预测玩家对不同交互设计的反响，保证游戏中交互活动的适当和明确。分别从玩家生理、心理、背景和使用环境的影响来进行用户体验设计。

2. 游戏任务分析

确定游戏设计任务后，要多与策划人员和多数玩家反复交流，根据策划人员和多数玩家的意见来构思游戏UI的风格，并定位文化背景。具体而言，要把界面视觉效果与游戏的时代联系在一起，不能不伦不类。不管怎样，形式服务于内容，一切艺术效果都要建立在易用、高效的原则下。

3. 创建游戏界面模型

草绘游戏界面模型，探索游戏界面风格的各种可能性，这样可以大致确定出一两种游戏界面风格。

根据玩家特性，以及系统任务和环境，制定最为合适的游戏交互类型，包括确定人机交互的方式、估计能为交互提供的支持级别，以及预计交互活动的复杂程度等。

4. 设计游戏UI界面图形

接下来就需要对游戏界面中的各种元素进行视觉效果设计了，设计师可以使用各种绘图软件来辅助绘制游戏UI界面图形，需要依次绘制出游戏中的所有界面效果，并且详细地列出每一个界面中所包含的图像和按钮等。

游戏界面交付程序设计人员实现之后，要反复与策划人员和多数玩家交流，确定使用过程中所存在的问题和期望值之间的差距。这个设计过程需要反复多次。如图3-7所示为精美的网页游戏UI界面图形。

图 3-7

5. 游戏交互效果测试

完成游戏的交互效果开发后，必须经过严格的测试，以便及时发现错误，对游戏进行改进和完善。

【自测1】设计网页游戏按钮

视频：光盘\视频\第3章\网页游戏按钮.swf　　源文件：光盘\源文件\第3章\网页游戏按钮.psd

● 案例分析

案例特点：本案例设计一款网页游戏按钮，运用素材图像与高光等图形的绘制，将按钮的风络与游戏统一，并突出表现按钮的质感。

制作思路与要点：网页游戏按钮在网页游戏界面设计中占有举足轻重的作用。本实例的网页游戏按钮使用与该网页游戏同一风格的素材图像，通过多个图形相互叠加的方法，体现出其层次感和立体感。通过高光图形的绘制，使按钮更具有光影质感，能够在网页游戏界面背景中突出表现，吸引玩家的注意。

- **色彩分析**

本案例的网页游戏按钮，使用暖色调进行配色，使用红橙色到橙色的渐变颜色作为按钮的背景颜色，搭配高明度的浅黄色高光图形和低明度的棕色边框图形，在色彩上体现出层次感。按钮整体的色彩搭配给人感觉激烈、充满激情。

深红色　浅黄色　棕色

- **制作步骤**

步骤01 执行“文件>打开”命令，打开素材图像“光盘\源文件\第3章\素材\101.jpg”，如图3-8所示。新建名称为“背景”的图层组，使用“矩形工具”，在选项栏上设置“工具模式”为“形状”、“填充”为RGB（46,38,31），在画布中绘制矩形，如图3-9所示。

图 3-8

图 3-9

步骤02 为该图层添加“描边”图层样式，对相关选项进行设置，如图3-10所示。继续添加“内发光”图层样式，对相关选项进行设置，如图3-11所示。

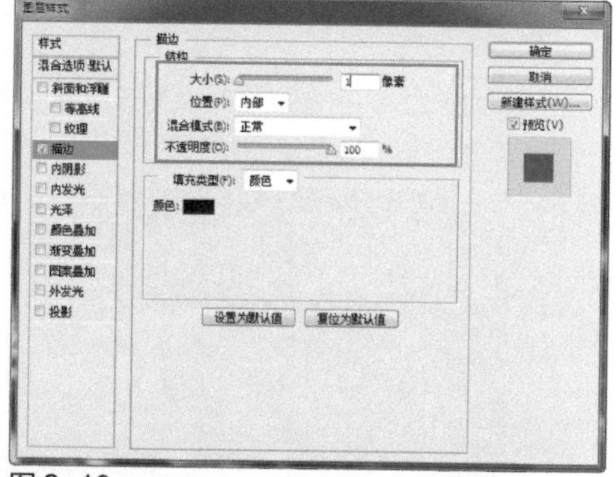

图 3-10

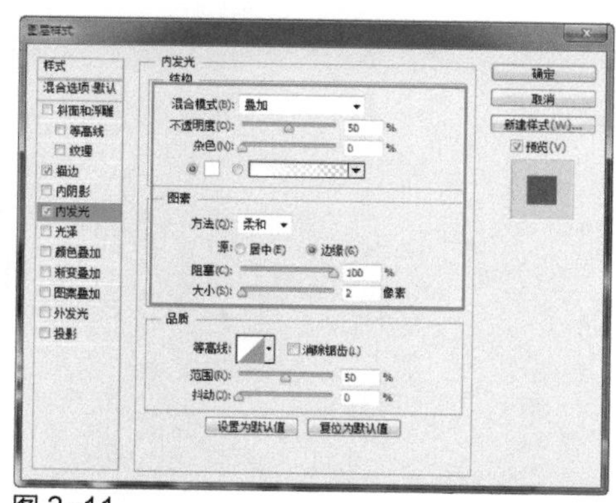

图 3-11

步骤03 继续添加“投影”图层样式，对相关选项进行设置，如图3-12所示。单击“确定”按钮，完成“图层样式”对话框中各选项的设置，效果如图3-13所示。

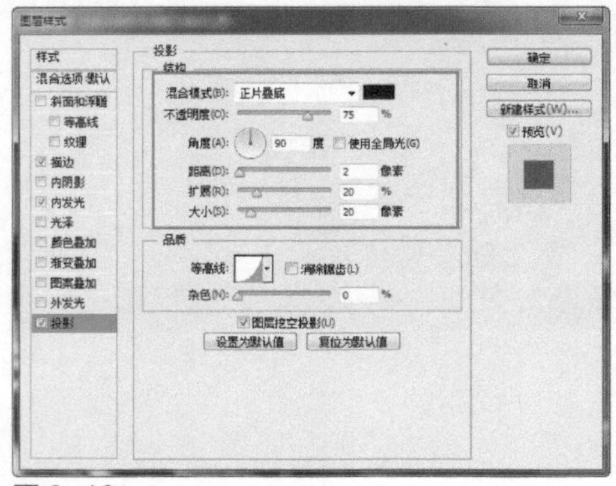

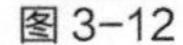
图 3-12

图 3-13

步骤04 打开并拖入素材图像“光盘\源文件\第3章\素材\102.jpg”，为该素材图像所在图层创建剪贴蒙版，效果如图3-14所示。设置该图层的“混合模式”为“叠加”，添加图层蒙版，使用“画笔工具”，设置“前景色”为黑色，在蒙版中进行涂抹，效果如图3-15所示。

图 3-14

图 3-15

提示

剪贴蒙版是一种非常灵活的蒙版，它使用一个图像的形状限制它上层图像的显示范围，因此，可以通过一个图层来控制多个图层的显示区域。如果需要创建剪贴蒙版，可以执行“图层>创建剪贴蒙版”命令，或按快捷键Alt+Ctrl+G，将该图层与下面的图层创建为一个剪贴蒙版。

步骤05 使用“矩形工具”，在选项栏上设置“填充”为RGB（51,38,36），在画布中绘制矩形，如图3-16所示。设置该图层的“混合模式”为“颜色”、“不透明度”为50%，效果如图3-17所示。

图 3-16

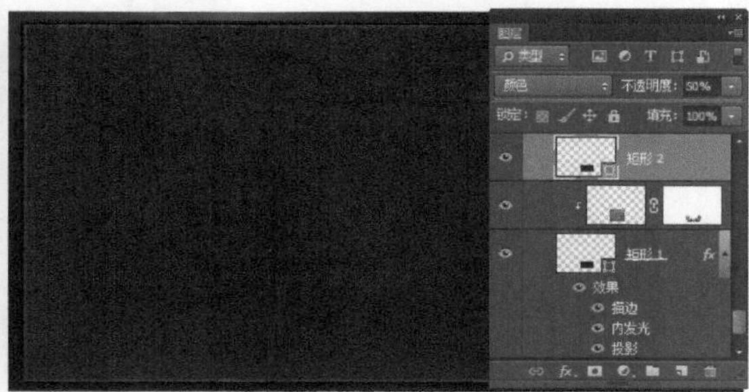

图 3-17

提示

设置图层的“混合模式”为“颜色”，将使用基色的色相和饱和度，以及混合色的明度创建结果色，这样可以保留图像中的灰阶，并且对于给单色图像上色和给彩色图像着色都会非常有用。

步骤 06 新建“图层2”，使用“画笔工具”，设置“前景色”为RGB（55,31,27），设置合适的笔触和大小，在画布中相应的位置进行涂抹，效果如图3-18所示。载入“矩形2”图层选区，为“图层2”添加图层蒙版，效果如图3-19所示。

图 3-18

图 3-19

提示

此处使用“画笔工具”在矩形的两边进行涂抹处理，是为了将两边的颜色压暗一些，表现色彩的层次感。在有选区的情况下创建图层蒙版，则选中的图像将会被显示，而选区以外的图像将会被隐藏。

步骤 07 使用相同的制作方法，完成相似图形的绘制，如图3-20所示。使用“矩形工具”，在画布中绘制黑色矩形，设置该图层的“不透明度”为70%，如图3-21所示。

图 3-20

图 3-21

步骤 08 新建“图层4”，使用“画笔工具”，设置“前景色”为RGB（36,25,24），设置合适的笔触和大小，在画布中相应的位置进行涂抹，为该图层创建剪贴蒙版，效果如图3-22所示。使用“矩形工具”，在选项栏上设置“填充”为RGB（42,32,29），在画布中绘制矩形，如图3-23所示。

图 3-22

图 3-23

提示

此处在是按钮的边缘部分使用“画笔工具”绘制出一些高光的效果，效果很细微。在游戏UI设计过程中，许多图形的质感都是通过细微的效果进行表现的，在绘制的过程中需要注意。

步骤09 使用“直接选择工具”，选中矩形左下角的锚点，对该锚点进行调整，如图3-24所示。使用相同的制作方法，分别对其他相应的锚点进行调整，得到需要的图形，效果如图3-25所示。

图 3-24

图 3-25

步骤10 设置该图层“混合模式”为“叠加”、“不透明度”为50%，效果如图3-26所示。使用“直线工具”，在选项栏上设置“填充”为RGB（76,73,71），在画布中绘制直线，设置该图层的“不透明度”为29%，如图3-27所示。

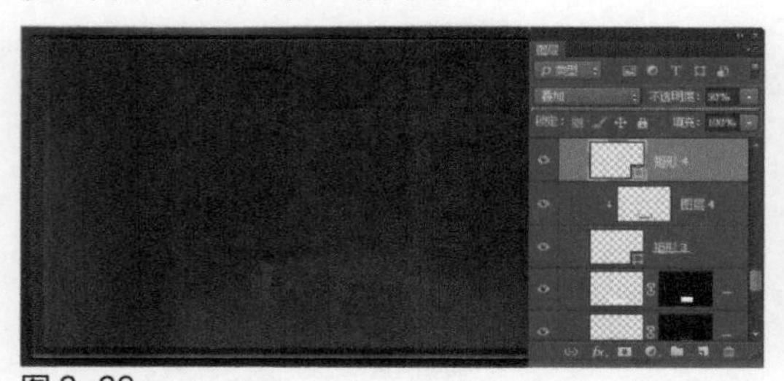

图 3-26

图 3-27

步骤11 使用相同的制作方法，可以绘制相应的直线并添加图层蒙版进行处理，效果如图3-28所示。使用“圆角矩形工具”，在选项栏上设置“填充”为RGB（52,10,2）、“半径”为5像素，在画布中绘制圆角矩形，如图3-29所示。

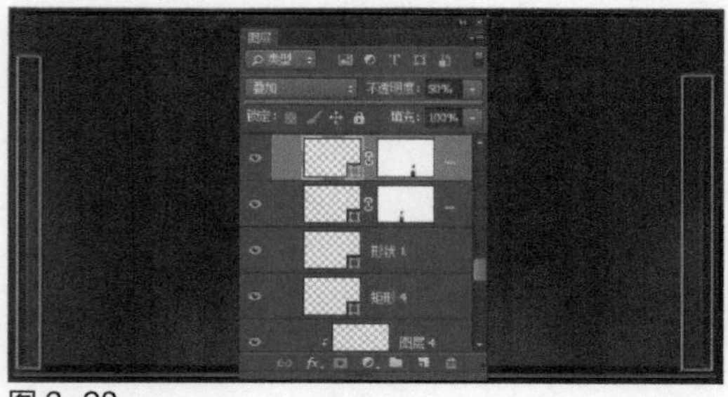

图 3-28

图 3-29

步骤12 使用“矩形工具”，在选项栏上设置“路径操作”为“减去顶层形状”，在刚绘制的圆角矩形上减去相应的矩形，得到需要的图形，效果如图3-30所示。为该图层添加“描边”图层样式，对相关选项进行设置，如图3-31所示。

图 3-30

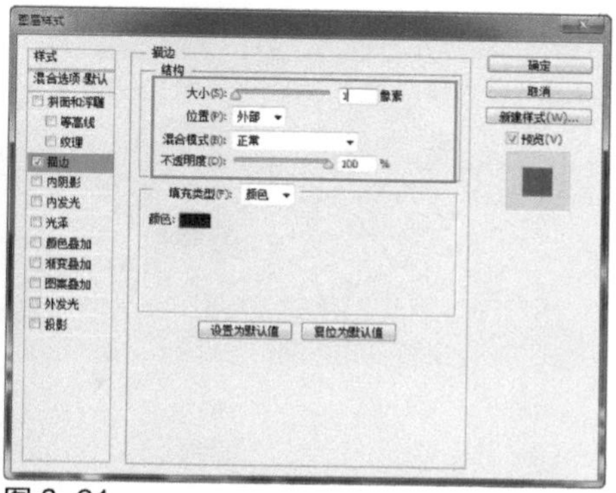

图 3-31

步骤 13 继续添加“投影”图层样式，对相关选项进行设置，如图3-32所示。单击“确定”按钮，完成“图层样式”对话框中各选项的设置，效果如图3-33所示。

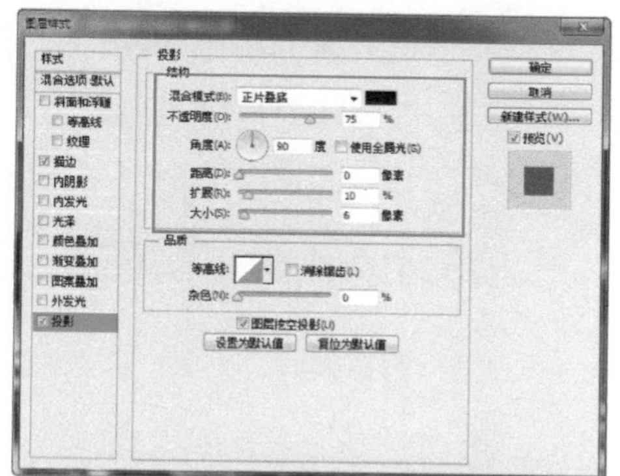

图 3-32

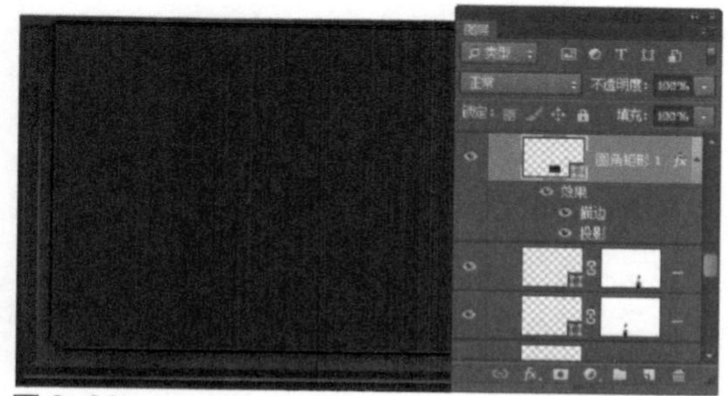

图 3-33

步骤 14 新建“图层5”，使用“画笔工具”，设置“前景色”为RGB（33,8,4），选择合适的笔触和大小，在画布中合适的位置进行涂抹，为该图层创建剪贴蒙版，效果如图3-34所示。使用相同的制作方法，完成相似图形的绘制，如图3-35所示。

图 3-34

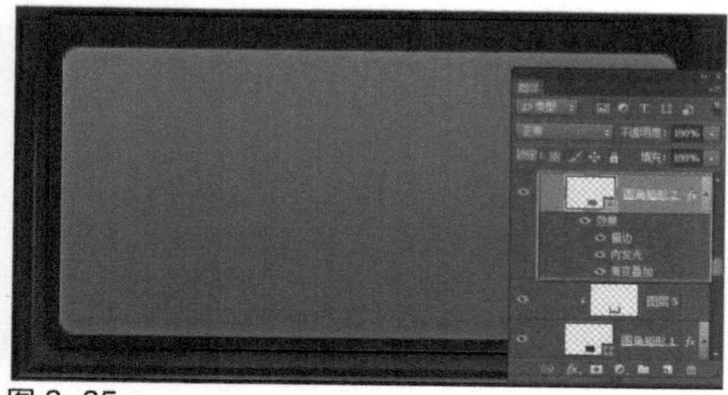

图 3-35

步骤 15 打开并拖入素材图像“光盘\源文件\第3章\素材\103.jpg”，为该图层创建剪贴蒙版，效果如图3-36所示。设置该图层的“混合模式”为“叠加”，添加图层蒙版，使用“画笔工具”，设置“前景色”为黑色，在蒙版中相应的位置进行涂抹，效果如图3-37所示。

图 3-36

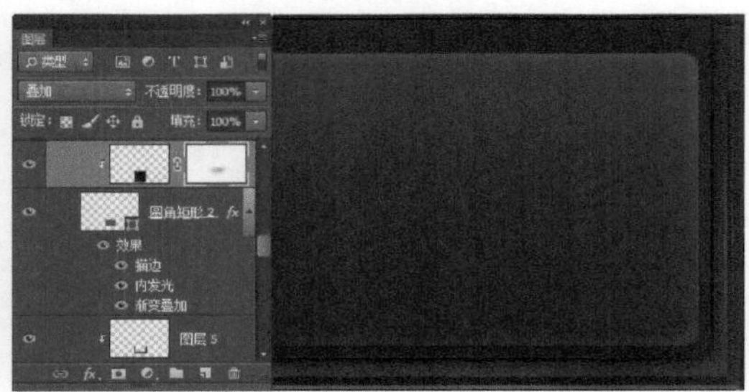

图 3-37

步骤 16 新建“图层7”，使用“画笔工具”，设置“前景色”为RGB（126,50,22），在画布中合适的位置进行涂抹，为该图层创建剪贴蒙版，设置该图层的“不透明度”为66%，效果如图3-38所示。使用相同的制作方法，完成相似图形的绘制，如图3-39所示。

图 3-38

图 3-39

步骤 17 打开并拖入素材图像“光盘\源文件\第3章\素材\104.png”，效果如图3-40所示。为该图层添加“投影”图层样式，对相关选项进行设置，如图3-41所示。

图 3-40

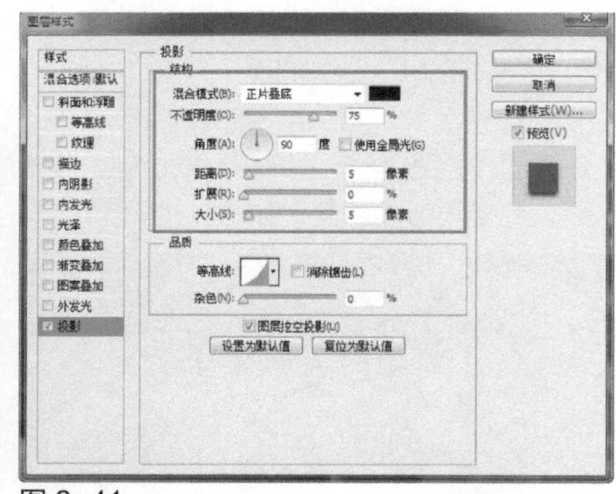

图 3-41

步骤 18 单击“确定”按钮，完成“图层样式”对话框中各选项的设置，效果如图3-42所示。使用相同的制作方法，完成相似图形的绘制，如图3-43所示。

步骤 19 使用“横排文字工具”，在“字符”面板上进行相关设置，在画布中单击并输入文字，如图3-44所示。为该图层添加“内阴影”图层样式，对相关选项进行设置，如图3-45所示。

图 3-42

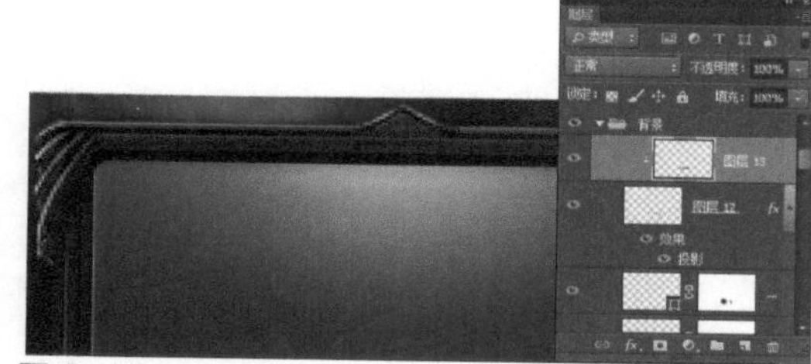

图 3-43

图 3-44

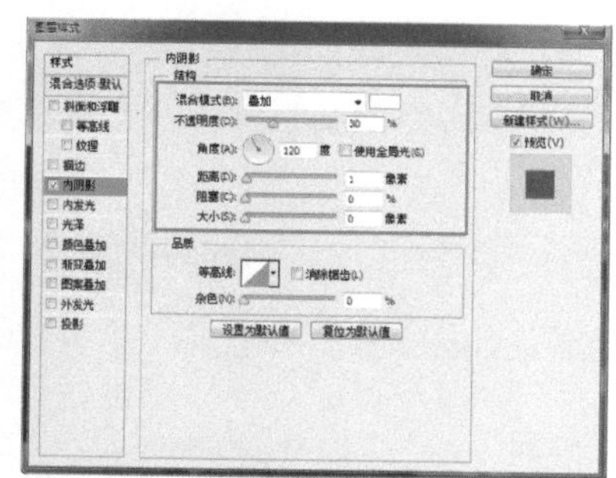

图 3-45

步骤 20 继续添加“渐变叠加”图层样式，对相关选项进行设置，如图3-46所示。继续添加“投影”图层样式，对相关选项进行设置，如图3-47所示。

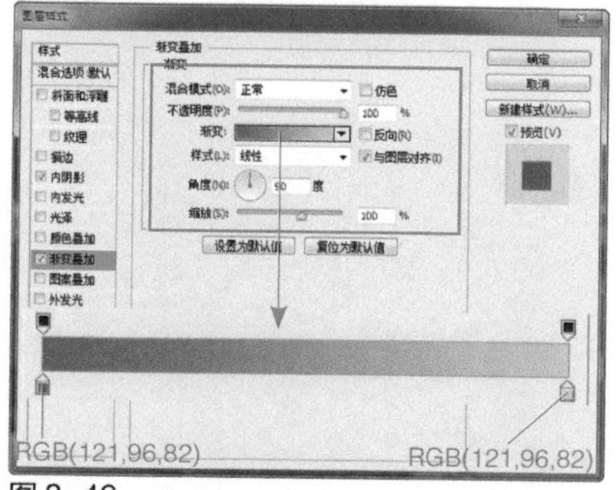

图 3-46

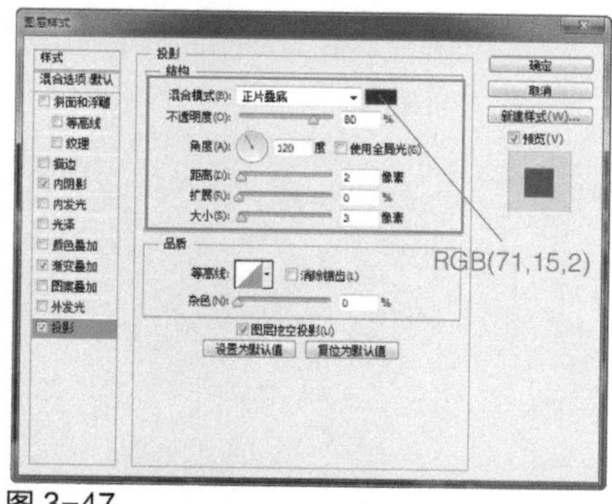

图 3-47

步骤 21 单击“确定”按钮，完成“图层样式”对话框中各选项的设置，效果如图3-48所示。使用相同的制作方法，完成相似图形的绘制，如图3-49所示。

图 3-48

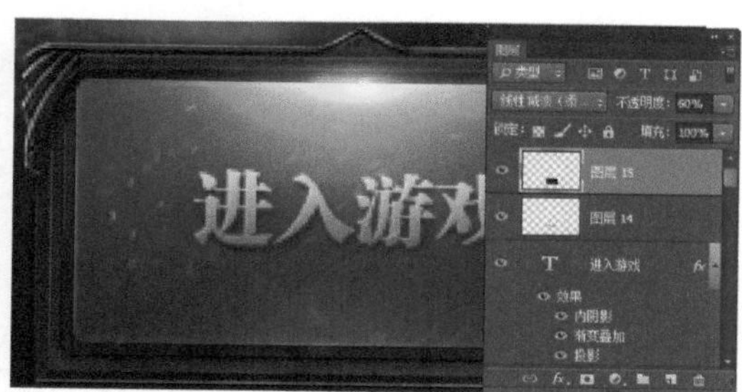

图 3-49

步骤22 完成该游戏按钮的设计制作，最终效果如图3-50所示。

图 3-50

【自测2】设计网页游戏导航

视频：光盘\视频\第3章\网页游戏导航.swf　　源文件：光盘\源文件\第3章\网页游戏导航.psd

- 案例分析

案例特点：本案例设计一款网页游戏导航，按钮和导航都属于网页游戏界面中的元素，所以其设计风格需要与游戏的整体风格相统一，并且通过各种纹理素材的添加，体现出导航的纹理质感。

制作思路与要点：绘制该款网页游戏导航时，注意对各种图层的设置。首先绘制出圆角矩形的导航轮廓，并使用“橡皮擦工具”擦除部分图形，制作出破损效果，接着通过添加各种纹理素材，并设置图层的“混合模式”、“不透明度”和“填充”，从而增强导航的背景纹理效果，通过添加各种图层样式，使导航具有强烈的立体感和质感。

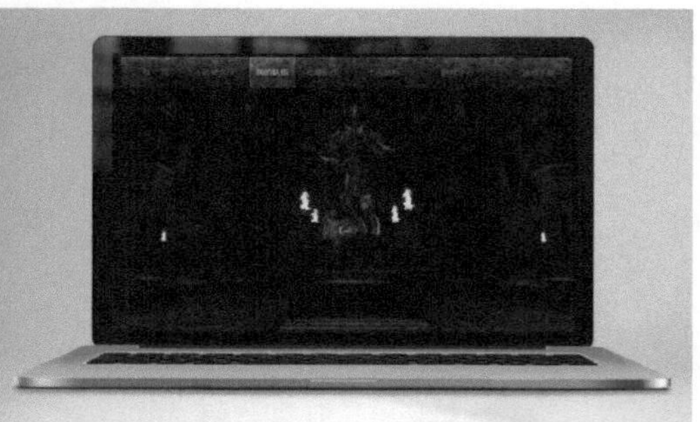

- 色彩分析

该网页游戏导航界面以深褐色作为主体颜色，使导航显得幽暗；搭配明度和纯度都较低的灰橙色，表现出色彩的层次和质感；使用明度较高的橙色和黄色表现当前所选中的导航菜单选项，具有很好的辨识度，使整个导航体现出幽暗、神秘的色彩。

深褐色　　灰橙色　　黄色

- 制作步骤

步骤01 执行“文件>新建”命令，弹出“新建”对话框，新建一个空白文档，如图3-51所示。打开素材图像“光盘\源文件\第3章\素材\301.jpg”，将其拖入到设计文档中，效果如图3-52所示。

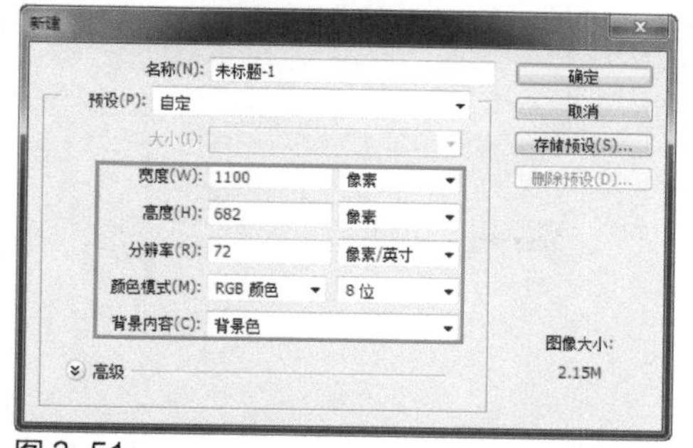

图 3-51

图 3-52

步骤 02 新建名称为“背景”的图层组，使用“圆角矩形工具”，设置“填充”为RGB（135,135,135）、“半径”为5像素，在画布中绘制一个圆角矩形，如图3-53所示。将该图层栅格化为普通图层，使用“橡皮擦工具”，选择合适的笔触，将圆角矩形相应的位置擦除，效果如图3-54所示。

图 3-53

图 3-54

提示

使用“橡皮擦工具”在图像中进行涂抹可以擦除图像。如果在“背景”图层或锁定了透明区域的图像中使用该工具，则被擦除的部分会显示为背景色。

步骤 03 使用“矩形工具”，在选项栏上的“填充”面板中设置渐变颜色，在画布中绘制填充为线性渐变的矩形，如图3-55所示。选中“矩形1”图层，执行“图层>创建剪贴蒙版”命令，并设置该图层的“填充”为50%，效果如图3-56所示。

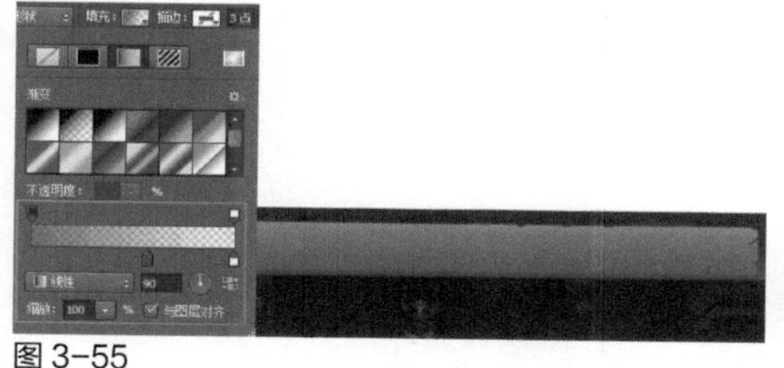
图 3-55

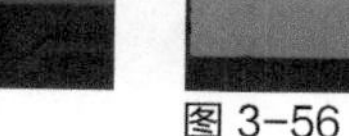
图 3-56

步骤 04 使用相同的制作方法，在画布中绘制一个白色的矩形，如图3-57所示。为该图层添加“图案叠加”图层样式，对相关选项进行设置，如图3-58所示。

图 3-57

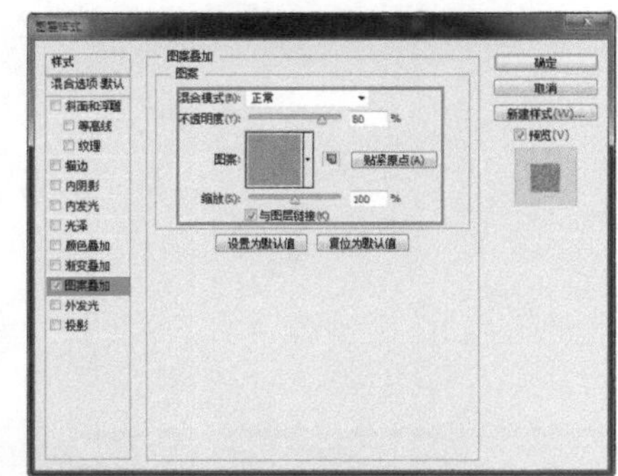

图 3-58

提示

通过“图案叠加”图层样式可以使用自定义或系统自带的图案覆盖图层中的图像。“图案叠加”与“渐变叠加”图层样式类似，都可以通过在图像中拖动鼠标以更改叠加效果。如果想要还原对图案叠加位置进行的更改，可以单击“贴紧原点”按钮，将叠加的图案与文档的左上角重新进行对齐。

步骤 05 单击“确定”按钮，完成“图层样式”对话框中各选项的设置，效果如图3-59所示。为该图层创建剪贴蒙版，并设置其“混合模式”为“叠加”、“不透明度”为10%、“填充”为0%，效果如图3-60所示。

图 3-59

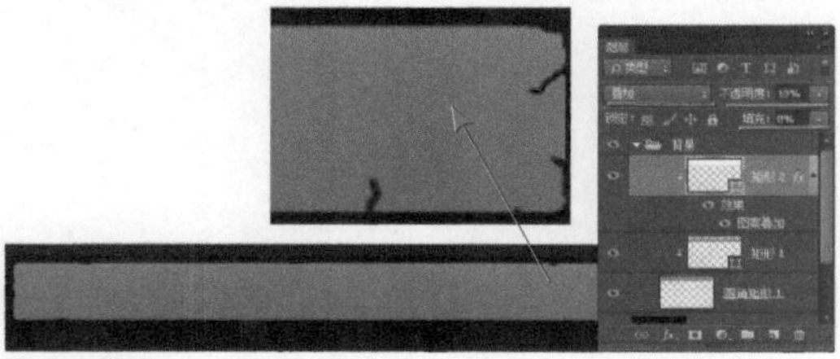

图 3-60

步骤 06 打开并拖入素材图像“光盘\源文件\第3章\素材\302.png”，效果如图3-61所示。为该图层创建剪贴蒙版，并设置“混合模式”为“柔光”，效果如图3-62所示。

图 3-61

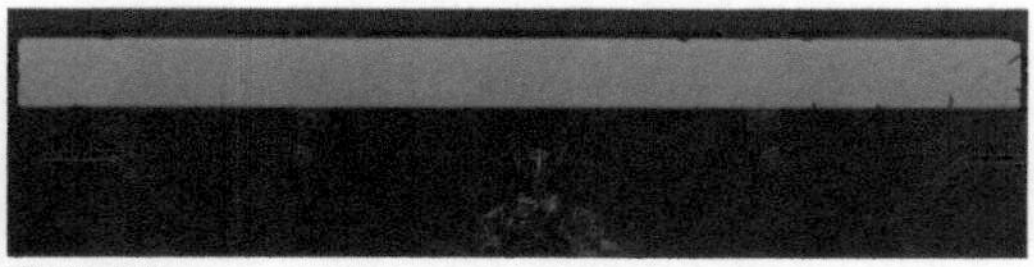

图 3-62

步骤 07 使用相同的制作方法，可以完成相似图形效果的制作，如图3-63所示。新建名称为“分割线”的图层组，并新建图层，使用“画笔工具”，设置“前景色”为黑色，选择合适的笔触，在画布中的相应位置绘制图形，如图3-64所示。

图 3-63

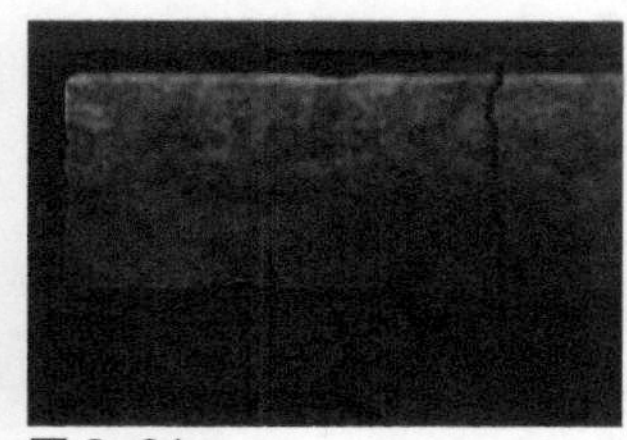
图 3-64

步骤 08 为该图层添加“投影”图层样式，对相关选项进行设置，如图3-65所示。单击“确定”按钮，完成“图层样式”对话框中各选项的设置，设置该图层的“填充”为60%，效果如图3-66所示。

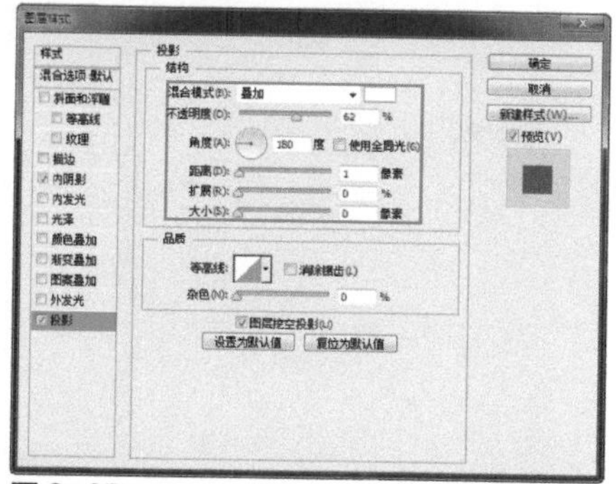
图 3-65

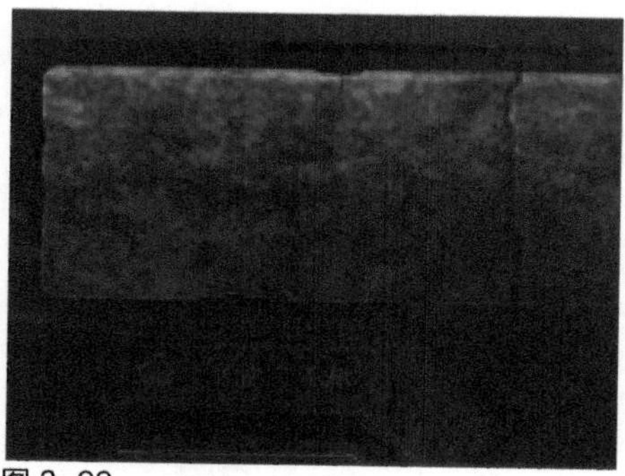
图 3-66

步骤 09 使用相同的制作方法，可以完成相似图形效果的制作，如图3-67所示。使用“横排文字工具”，在“字符”面板中设置相关选项，在画布中输入相应文字，如图3-68所示。

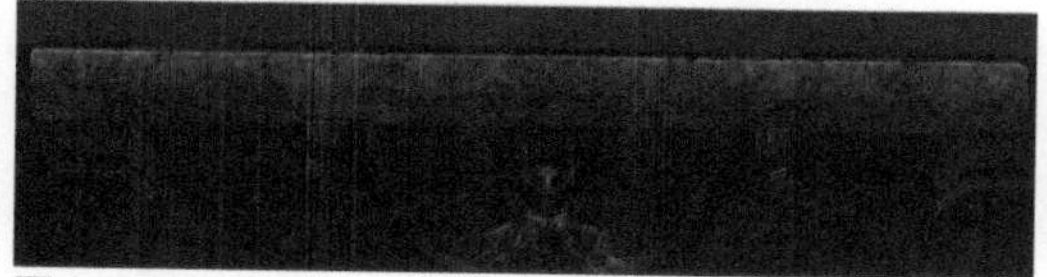
图 3-67

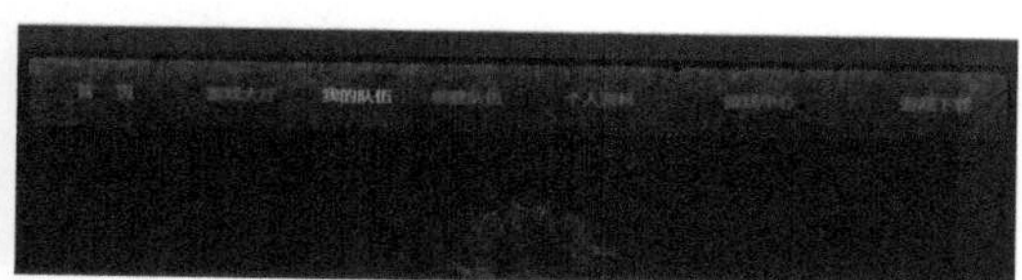
图 3-68

步骤 10 为该文字图层添加“外发光”图层样式，对相关选项进行设置，如图3-69所示。继续添加“投影”图层样式，对相关选项进行设置，如图3-70所示。

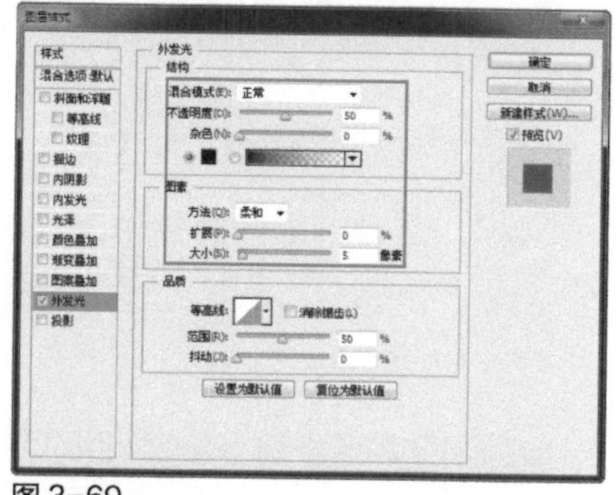
图 3-69

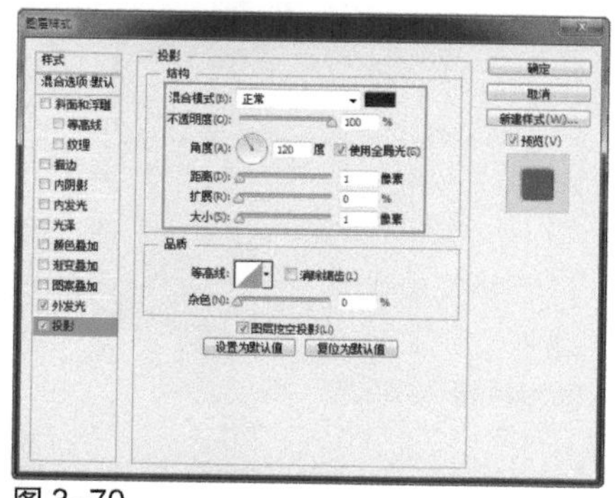
图 3-70

步骤 11 单击“确定”按钮，完成“图层样式”对话框中各选项的设置，效果如图3-71所示。

图 3-71

步骤 12 使用“矩形工具”，设置“填充”为RGB（255,178,63），在画布中绘制一个矩形，如图3-72所示。为该图层添加“内阴影”图层样式，对相关选项进行设置，如图3-73所示。

图 3-72

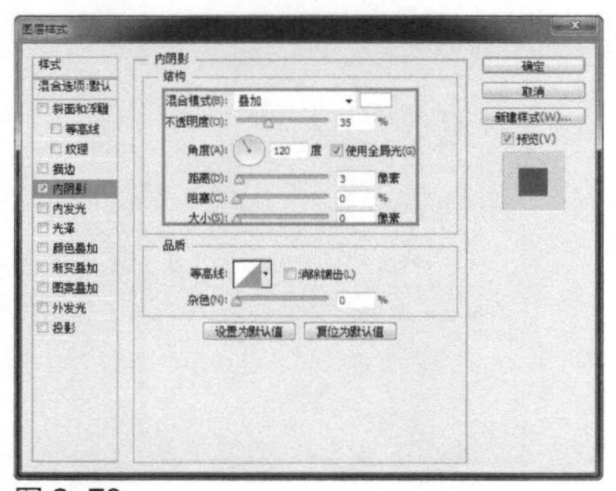
图 3-73

步骤 13 继续添加“内发光”图层样式，对相关选项进行设置，如图3-74所示。继续添加“外发光”图层样式，对相关选项进行设置，如图3-75所示。

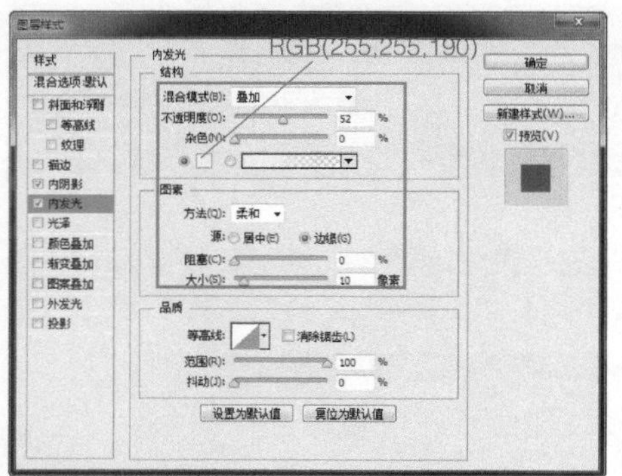

图 3-74

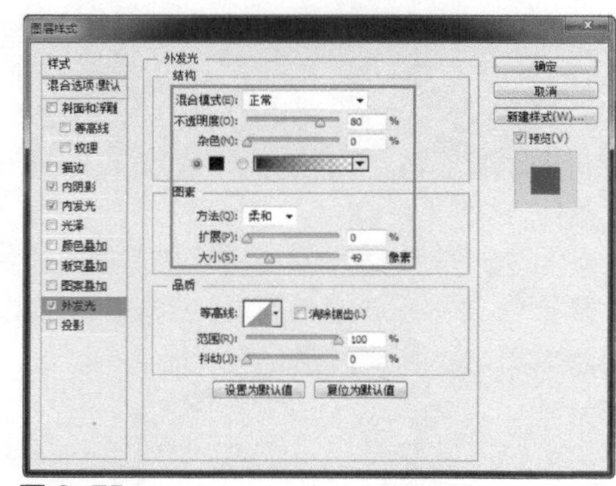
图 3-75

步骤 14 继续添加“投影”图层样式，对相关选项进行设置，如图3-76所示。单击“确定”按钮，完成“图层样式”对话框中各选项的设置，设置该图层的“混合模式”为“叠加”、“填充”为50%，如图3-77所示。

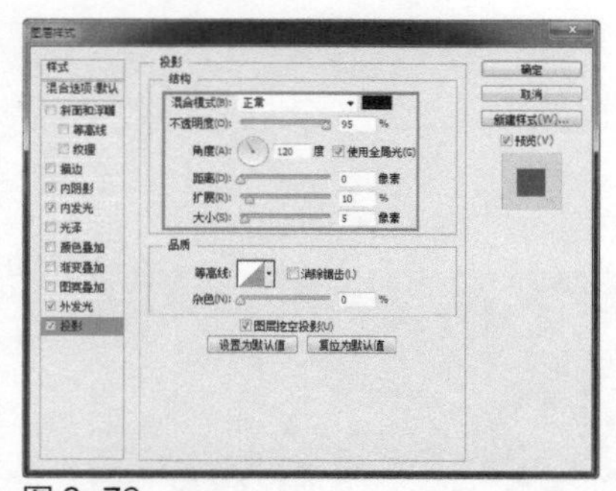
图 3-76

图 3-77

步骤 15 完成该网页游戏导航的设计制作，最终效果如图3-78所示。

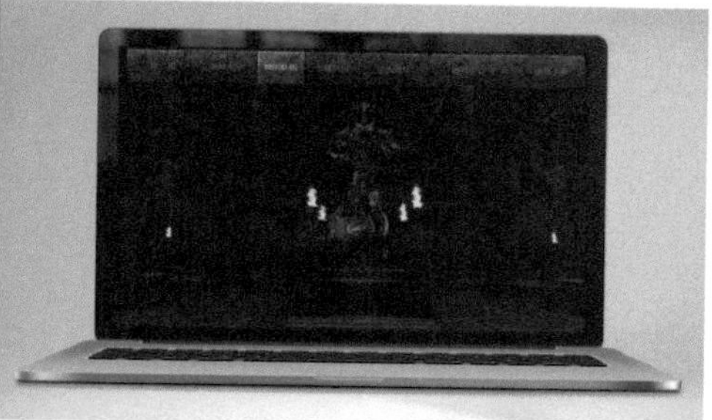

图 3-78

3.3 网页游戏UI设计原则

在对网页游戏UI进行设计时应该遵循一定的设计原则，这样所设计出来的网页游戏才能够让游戏玩家很容易地认知并掌握游戏的玩法，而且由于游戏本身情节的推进，界面的变化应该符合游戏用户的需求。

3.3.1 界面风格统一

界面风格统一即从任务、信息的表达、界面控制等方面与用户熟悉的模式尽量保持一致。同一款网页游戏中，所有的菜单选项、对话框、用户输入框、信息显示和其他功能界面均需要保持统一的风格。统一的设计风格能够加快玩家根据以往经验的积累对游戏界面本身的认知，进而影响着游戏界面的易学习性和易用性。界面风格统一主要包括以下几个方面：

1. 界面布局一致性

从进入游戏的主画面到详细的对话框的设计风格，游戏中各种控件的排列、位置等，在整个网页游戏的所有界面中都要尽可能保持一致。

2. 操作方法一致性

网页游戏界面中响应控制设备的设计，如对键盘中Enter键、Esc键、鼠标等操作方法的定义应该尽可能与操作系统上的定义一致，如Enter键对应“确认”操作、Esc键对应“取消”操作等。

3. 语言描述一致性

游戏界面中的项目名称、功能名称、提示语句、错误信息等的信息描述方式和表现效果要统一，与游戏行中的相关术语尽量一致。如图3-79所示为风格统一的网页游戏界面。

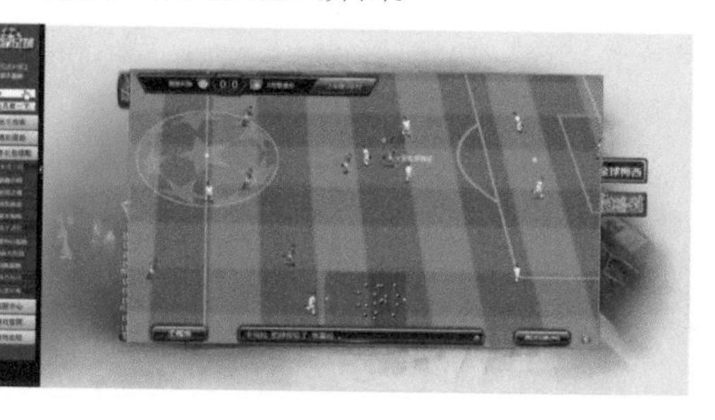

图 3-79

3.3.2 方便用户操控游戏

游戏界面易用性的主要内容是使界面具有很强的直观性，功能直观、操作简单、状态明了的游戏界面才能让游戏玩家更加容易操控游戏。游戏界面的易用性原则通常包括以下几个方面：

（1）界面中尽量采用形象化的图标和图像。

（2）尽量与同类型的游戏保持一致或相近的操作设计。

（3）尽量提供充分的提示信息和帮助信息。

如图3-80所示为易用的网页游戏界面。

图 3-80

3.3.3 界面要足够友善

网页游戏界面需要足够友善，能够及时防止出现诸如退出游戏没有存档、创意游戏失败之类的错误，这就要求游戏界面具有很好的容错性。在游戏界面设计中提供其容错性的方法有以下几种：

1. 重要的操作提醒

玩家在进行一些有重大影响的操作时，及时地提醒用户可能引起的后果。比如在删除或覆盖游戏存档时应该弹出对话框，对玩家进行询问等。

2. 自动纠正玩家错误

对于游戏玩家的错误操作进行自动更正。比如在策略类游戏中，一方玩家给予友方玩家资源的输入数量大于目前自己本身已有的数量时，系统自动调整到最大可给予对方的资源数量。

3. 操作完整性检查

检查玩家操作的完整性，防止玩家因疏忽，遗漏必要的操作步骤。

3.3.4 简洁易用

网页游戏的界面尽量做到精简，以免太多的按钮和菜单出现在画面上，并且过于华丽的修饰也会干扰到玩家的注意力，很可能分散玩家的注意力，使玩家不能集中精力于游戏世界。操作界面应该尽量做到简单明确，并且尽量少占用屏幕空间。如图3-81所示为简洁易用的网页游戏界面。

图 3-81

3.3.5 及时的信息反馈

信息反馈是指游戏用户对游戏界面进行操作后从游戏本身得到的信息，表示游戏系统本身对用户操作的反应。如果游戏本身没有反馈，玩家就无法判断他的操作是不是为游戏本身所接受，操作是否正确，是否应该进行下一步操作。在对网页游戏界面进行设计时应该对玩家的操作做出及时的反应，给出反馈信息。例如，玩家按到相应的操作键的时候界面出现相应的变化，用户输入不正确的命令或参数时，游戏系统发出警告的声音等。如果在执行某个操作需要较长的时间（超过3秒）时，就要告诉玩家请求正在被处理，旋转沙漏的鼠标形状和进度条是比较好的表现形式。如图3-82所示为网页游戏界面中的信息反馈。

图 3-82

3.3.6 增强游戏玩家的沉浸感

游戏界面中的各个元素有助于维持玩家直接参与游戏世界的幻想，图形元素可以让玩家在视觉上体验游戏世界的环境、活动和地方特色，音乐和声音效果创建了一种特殊的情调，并使游戏的事件显得更加栩栩如生。

增强游戏用户沉浸感的一种方法就是将界面的元素设计成游戏世界中的一部分，所有的图形视觉元素与整个游戏场景完美地结合在一起，如图3-83所示。

图 3-83

【自测3】设计网页游戏登录界面

视频：光盘\视频\第3章\网页游戏登录界面.swf　源文件：光盘\源文件\第3章\网页游戏登录界面.psd

- 案例分析

案例特点：通常网页游戏都需要进行登录后才能够进行，该网页游戏登录界面最大的特点是将登录框与游戏界面的炫酷背景有机地结合在一起，并且其风格也与游戏的整体风格相统一。

制作思路与要点：该网页游戏登录界面，通过对矩形进行变形操作制作出登录框的背景，通过叠加相应的素材并进行处理，使得登录框的背景更加丰富，也能够体现游戏的主题；在登录表单元素的设计上，打破常规的登录表单元素的表现方式，与界面的整体风格相统一，界面整体给人很强的科技感和未来感。

- **色彩分析**

本案例的网页游戏登录界面使用深蓝色作为主体颜色，与游戏界面的主色调相统一；搭配明度较高的浅蓝色和白色，突出显示登录界面背景上的内容。蓝色能够给人很强的科技感，让人感觉具有很强的娱乐性。

深蓝色　　浅蓝色　　白色

- **制作步骤**

步骤01 执行“文件>新建”命令，弹出“新建”对话框，新建一个空白文档，如图3-84所示。打开素材图像“光盘\源文件\第3章\素材\201.jpg”，将其拖入到新建文档中，如图3-85所示。

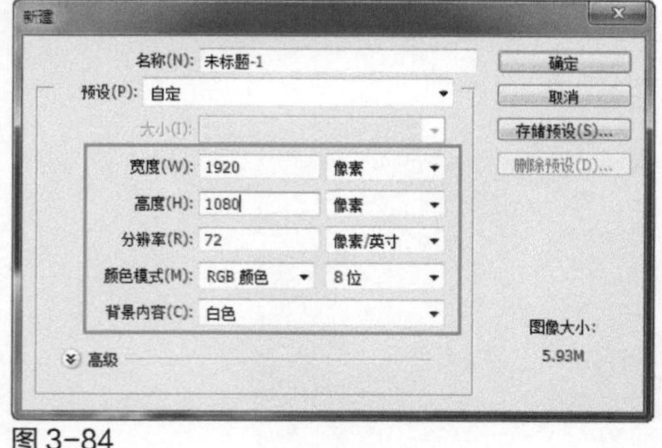

图 3-84

图 3-85

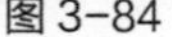新建名称为“登录”的图层组，使用“矩形工具”，在选项栏上设置“工具模式”为“形状”、“填充”为RGB（74,209,255），在画布中绘制矩形，如图3-86所示。使用“添加锚点工具”，在刚绘制的矩形路径上单击以添加锚点，如图3-87所示。

图 3-86

图 3-87

步骤 03 使用“直接选择工具”，选中左上角的锚点，将该锚点水平向右移动，效果如图3-88所示。使用相同的制作方法，分别对其他相应的锚点进行调整，得到需要的图形，效果如图3-89所示。

图 3-88

图 3-89

> **提示**
>
> 在移动路径和锚点的操作中，不论使用的是“路径选择工具”还是“直接选择工具”，只要在移动路径和锚点的同时按住Shift键，就可以在水平、垂直或者以45° 角为增量的方向上移动路径或锚点。

步骤 04 为该图层添加“外发光”图层样式，对相关选项进行设置，如图3-90所示。单击“确定”按钮，完成“图层样式”对话框中各选项的设置，效果如图3-91所示。

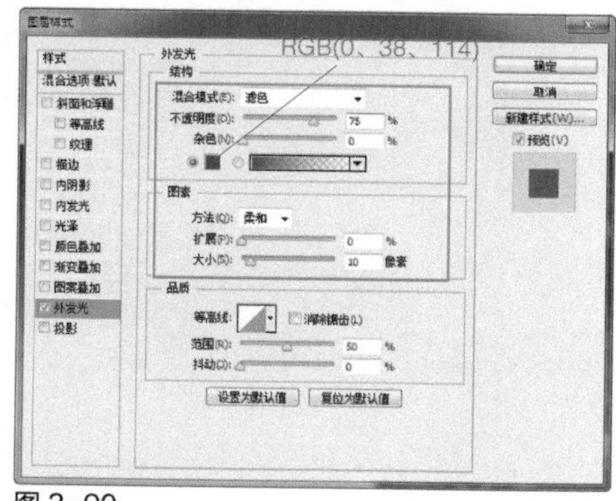

图 3-90

图 3-91

步骤 05 复制“矩形1”图层得到“矩形1拷贝”图层，清除该图层的图层样式，为该图层添加“内发光”图层样式，对相关选项进行设置，如图3-92所示。继续添加“颜色叠加”图层样式，对相关选项进行设置，如图3-93所示。

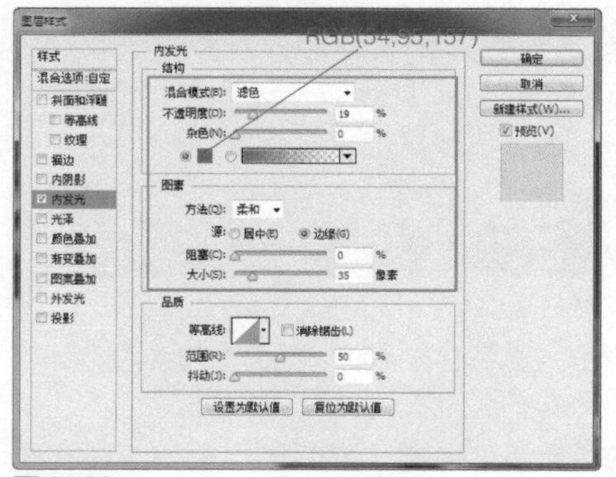

图 3-92

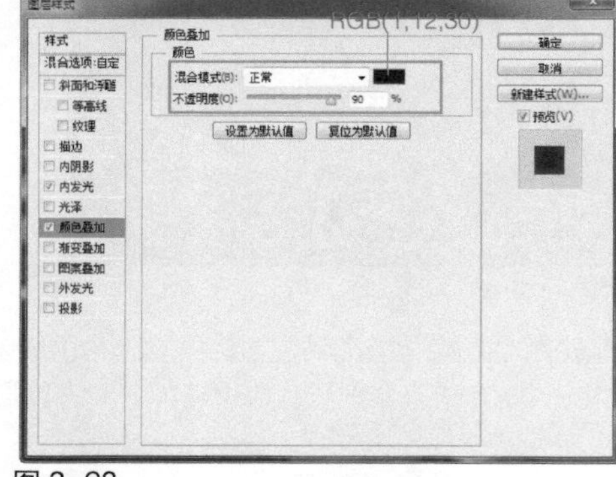

图 3-93

步骤 06 单击“确定”按钮，完成“图层样式”对话框中各选项的设置，效果如图3-94所示。执行“编辑>变换>缩放”命令，对图形进行缩放操作并调整到合适的位置，设置该图层的“填充”为0%，效果如图3-95所示。

图 3-94

图 3-95

步骤 07 新建“图层2”，使用“画笔工具”，设置“前景色”为白色，选择合适的笔触与大小，在画布中绘制图形，如图3-96所示。设置该图层的“混合模式”为“叠加”，效果如图3-97所示。

图 3-96

图 3-97

步骤 08 打开并拖入素材图像“光盘\源文件\第3章\素材\202.png”，效果如图3-98所示。载入“矩形1拷贝”图层选区，为“图层3”添加图层蒙版，效果如图3-99所示。

图 3-86

图 3-87

步骤03 使用“直接选择工具”，选中左上角的锚点，将该锚点水平向右移动，效果如图3-88所示。使用相同的制作方法，分别对其他相应的锚点进行调整，得到需要的图形，效果如图3-89所示。

图 3-88

图 3-89

提示

在移动路径和锚点的操作中，不论使用的是“路径选择工具”还是“直接选择工具”，只要在移动路径和锚点的同时按住Shift键，就可以在水平、垂直或者以45° 角为增量的方向上移动路径或锚点。

步骤04 为该图层添加“外发光”图层样式，对相关选项进行设置，如图3-90所示。单击“确定”按钮，完成“图层样式”对话框中各选项的设置，效果如图3-91所示。

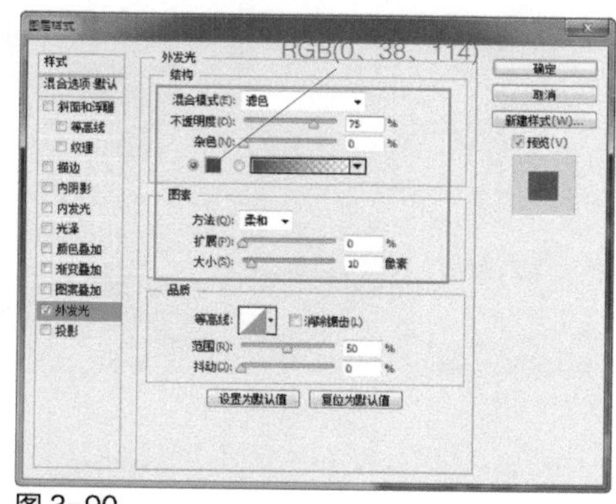

图 3-90

图 3-91

步骤 05 复制“矩形1”图层得到“矩形1拷贝”图层，清除该图层的图层样式，为该图层添加“内发光”图层样式，对相关选项进行设置，如图3-92所示。继续添加“颜色叠加”图层样式，对相关选项进行设置，如图3-93所示。

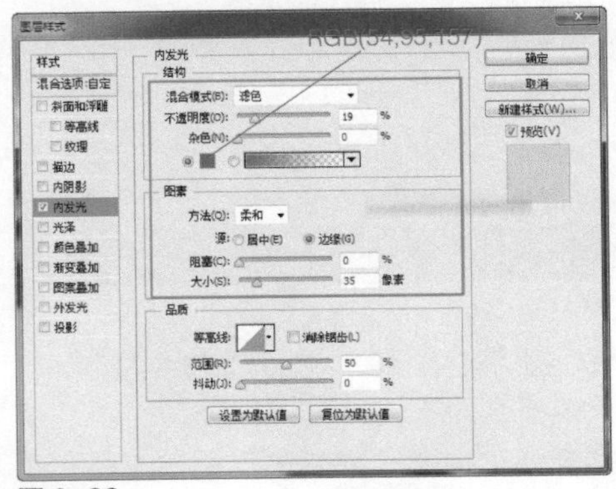

图 3-92

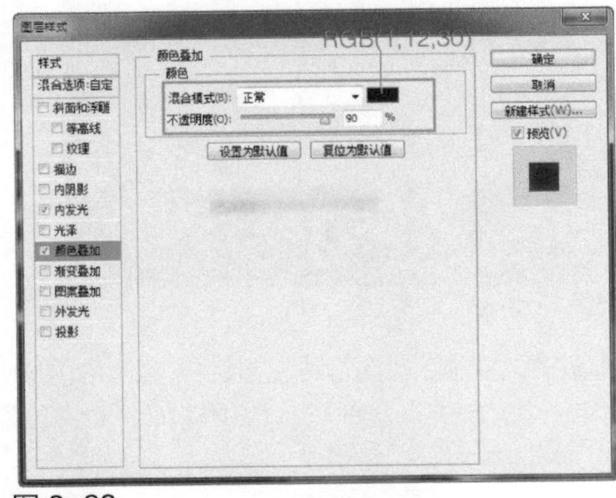

图 3-93

步骤 06 单击“确定”按钮，完成“图层样式”对话框中各选项的设置，效果如图3-94所示。执行“编辑>变换>缩放”命令，对图形进行缩放操作并调整到合适的位置，设置该图层的“填充”为0%，效果如图3-95所示。

图 3-94

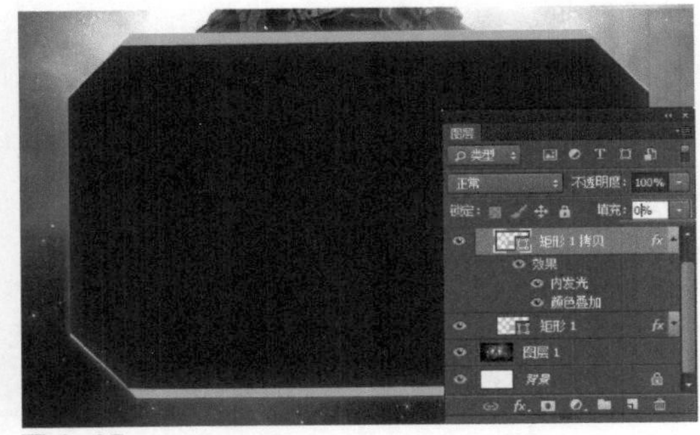

图 3-95

步骤 07 新建“图层2”，使用“画笔工具”，设置“前景色”为白色，选择合适的笔触与大小，在画布中绘制图形，如图3-96所示。设置该图层的“混合模式”为“叠加”，效果如图3-97所示。

图 3-96

图 3-97

步骤 08 打开并拖入素材图像“光盘\源文件\第3章\素材\202.png”，效果如图3-98所示。载入“矩形1拷贝”图层选区，为“图层3”添加图层蒙版，效果如图3-99所示。

图 3-98

图 3-99

步骤 09 设置该图层的“混合模式”为“叠加”，使用“画笔工具”，设置“前景色”为黑色，选择合适的笔触与大小，在图层蒙版中进行涂抹，效果如图3-100所示。复制“图层3”两次，使纹理效果清晰一些，如图3-101所示。

图 3-100

图 3-101

提示

在使用“画笔工具”在图层蒙版中进行涂抹的过程中，注意随时修改画笔的“不透明度”选项，可以使涂抹出来的效果更好。

步骤 10 使用“直线工具”，在选项栏上设置“粗细”为1像素，在画布中绘制白色直线，如图3-102所示。复制“形状1”图层得到“形状1拷贝”图层，按快捷键Ctrl+T，将复制得到的直线向下移动到合适的位置，按Enter键确认变换操作，如图3-103所示。

图 3-102

图 3-103

步骤 11 按住快捷键Shfit+Alt+Ctrl不放，多次按T键，对图形进行多次移动复制操作，如图3-104所示。同时选中所有直线图层，将图层合并，载入“矩形1拷贝”图层选区，为该图层添加图层蒙版，效果如图3-105所示。

图 3-104

图 3-105

步骤 12 设置该图层的“混合模式”为“叠加”、“填充”为70%，效果如图3-106所示。使用“横排文字工具”，在“字符”面板上进行相关设置，并在画布中输入文字，设置该文字图层的“混合模式”为“叠加”，如图3-107所示。

图 3-106

图 3-107

提示

此处通过素材图像和绘制直线纹理的方法，增加登录框背景的纹理效果，直线纹理是一种常见的纹理表现方法，为了使所复制的多条直线间的间距相同，可以使用此处讲解的方法进行操作。

步骤 13 复制该文字图层，为复制得到的文字图层添加“内发光”图层样式，对相关选项进行设置，如图3-108所示。单击“确定”按钮，完成“图层样式”对话框中各选项的设置，效果如图3-109所示。

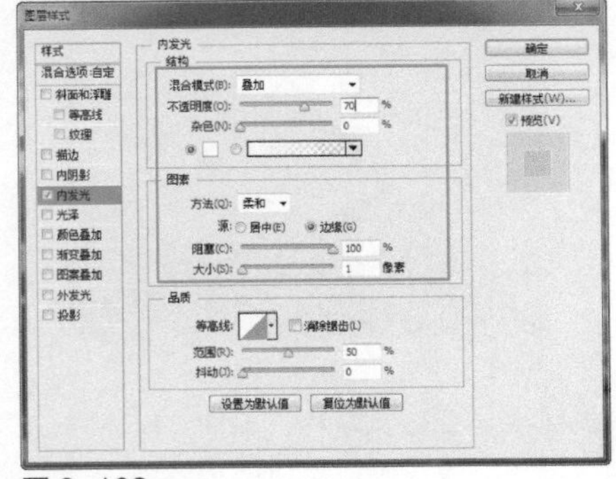

图 3-108

图 3-109

步骤 14 使用“矩形工具”，在画布中绘制白色矩形，如图3-110所示。使用“添加锚点工具”，在刚绘制的矩形路径上单击以添加锚点，如图3-111所示。

图 3–110

图 3–111

步骤 15 使用“直接选择工具”，选中左侧中间的锚点，将该锚点向左移动，效果如图3-112所示。使用相同的制作方法，对右侧中间的锚点进行调整，效果如图3-113所示。

图 3–112

图 3–113

步骤 16 为该图层添加“内阴影”图层样式，对相关选项进行设置，如图3-114所示。继续添加“颜色叠加”图层样式，对相关选项进行设置，如图3-115所示。

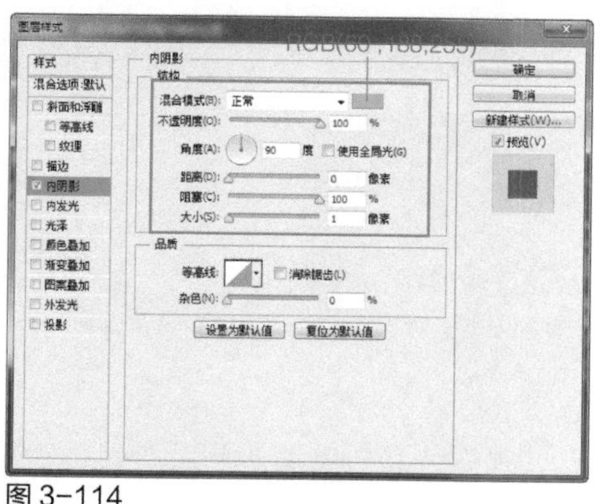

图 3–114

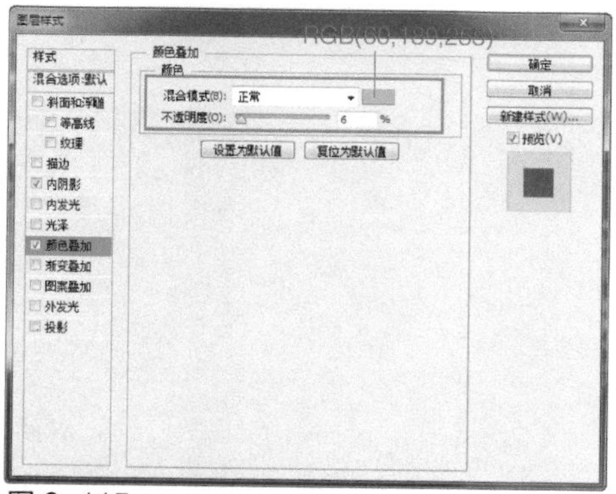

图 3–115

步骤 17 单击“确定”按钮，完成“图层样式”对话框中各选项的设置，设置该图层的“填充”为0%，效果如图3-116所示。使用相同的制作方法，完成相似图形的绘制，效果如图3-117所示。

图 3-116

图 3-117

步骤 18 新建名称为“顶光”的图层组，打开并拖入素材图像“光盘\源文件\第3章\素材\203.jpg”，如图3-118所示。设置该图层的“混合模式”为“线性减淡（添加）”、“填充”为50%，为该图层添加图层蒙版，使用“画笔工具”，设置“前景色”为黑色，在画布中合适的位置进行涂抹，效果如图3-119所示。

图 3-118

图 3-119

步骤 19 使用相同的制作方法，拖入相应的素材图像进行处理，效果如图3-120所示。添加“色相/饱和度”调整图层，在“属性”面板中对相关选项进行设置，如图3-121所示。

图 3-120

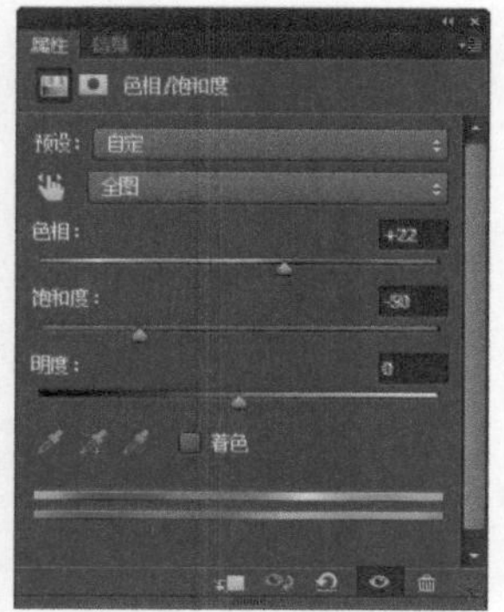

图 3-121

步骤 20 完成“色相/饱和度”调整图层的设置，效果如图3-122所示。继续添加“亮度/对比度”调整图层，在“属性”面板中对相关选项进行设置，如图3-123所示。

步骤 21 完成“亮度/对比度”调整图层的设置，即完成了该网页游戏登录界面的设计制作，最终效果如图3-124所示。

图 3-122

图 3-123

图 3-124

【自测4】设计拼图网页游戏界面

视频：光盘\视频\第3章\拼图网页游戏界面.swf　源文件：光盘\源文件\第3章\拼图网页游戏界面.psd

- 案例分析

案例特点：本案例设计一款拼图网页游戏界面，主要是通过在网页中大量运用游戏中的插画和元素，渲染出游戏的氛围，在网页中的部分区域设置该拼图游戏内容，将游戏融入整个网页中。

制作思路与要点：游戏界面需要与游戏的整体风格相统一，在本案例所设计的拼图游戏中，将拼图游戏融入到了游戏宣传网页中，充分运用游戏中的插画和元素营造出游戏的场景和气氛。合理地安排游戏界面的位置及相关内容，可以使界面看起来就像是一个游戏宣传网页，同时在该网页中融入了拼图小游戏，更好地宣传了网页游戏。

- **色彩分析**

该网页游戏界面使用棕色和墨绿色作为界面的背景主色调，搭配明度较底的深褐色图形，营造出一种古朴的氛围和环境；在界面中运用明度和纯度较高的绿色文字，使界面中的内容突出，层次分明，整个游戏界面又能够和谐统一。

棕色　　黑色　　绿色

- **制作步骤**

步骤 01 执行“文件>打开”命令，打开素材图像“光盘\源文件\第3章\素材\401.jpg”，效果如图3-125所示。打开并拖入素材图像“光盘\源文件\第3章\素材\402.png”，效果如图3-126所示。

图 3-125

图 3-126

步骤 02 为该图层添加“外发光”图层样式，对相关选项进行设置，如图3-127所示。单击“确定”按钮，完成“图层样式”对话框中各选项的设置，效果如图3-128所示。

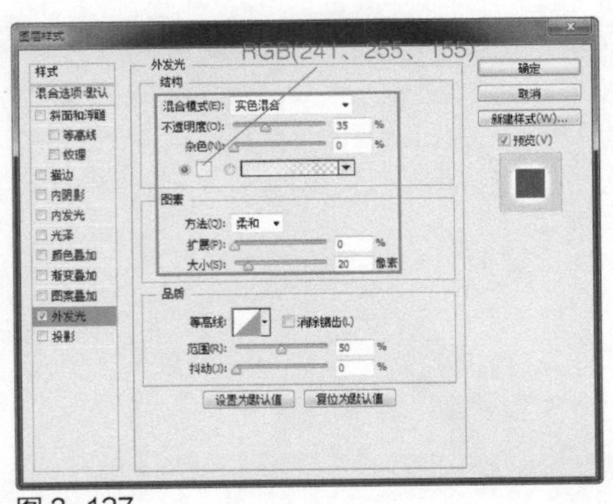

图 3-127

图 3-128

步骤 03 打开并拖入素材图像“光盘\源文件\第3章\素材\403.png”，效果如图3-129所示。将“图层2”移至“图层1”下方，为“图层1”添加图层蒙版，使用“画笔工具”，设置“前景色”为黑色，在蒙版中合适的位置涂抹，效果如图3-130所示。

图 3-129

图 3-130

提示

单击“图层”面板下方的“添加图层蒙版”按钮，可以为当前选中的图层添加白色图层蒙版；如果按住Alt键单击“添加图层蒙版”按钮，可以为当前选中的图层添加黑色图层蒙版。还可以通过执行菜单命令，为图层添加图层蒙版。执行“图层>图层蒙版>显示全部”命令，可以创建一个显示图层全部内容的白色图层蒙版；执行“图层>图层蒙版>隐藏全部”命令，可以创建一个隐藏图层全部内容的黑色图层蒙版。

步骤 04 新建“图层3”，使用“画笔工具”，设置“前景色”为黑色，设置画笔的“不透明度”为80%，在画布中合适的位置涂抹，并设置该图层的“不透明度”为50%，效果如图3-131所示。新建“图层4”，为画布填充黑色，执行“滤镜>渲染>镜头光晕”命令，弹出“镜头光晕”对话框，具体设置如图3-132所示。

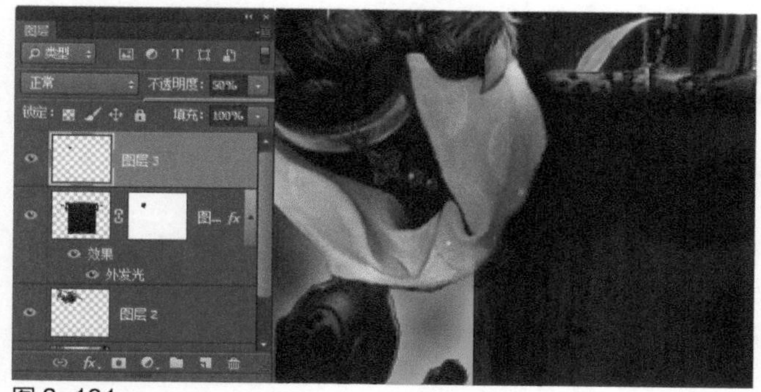

图 3-131

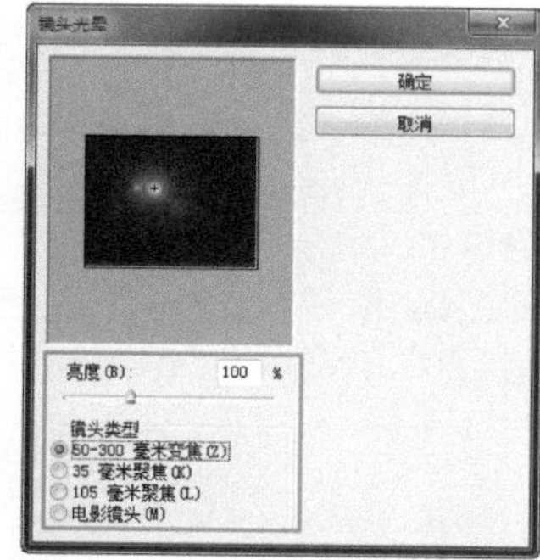

图 3-132

提示

“镜头光晕”滤镜可以用来表现玻璃、金属等反射的光，或者用来增强日光和灯光的效果，可以模拟出亮光照射到相机镜头上所产生的折射效果。

步骤 05 单击“确定”按钮，应用“镜头光晕”滤镜，设置该图层的“混合模式”为“滤色”，并调整到合适的大小、位置和角度，效果如图3-133所示。使用“横排文字工具”，在“字符”面板中设置相关选项，在画布中输入相应的文字，如图3-134所示。

提示

“滤色”混合模式的效果与“正片叠底”混合模式的效果相反，可以使图像产生一种漂白的效果，此处设置图层的“混合模式”为“滤色”，可以过滤掉图像中的黑色背景，保留光晕图像。

图 3-133

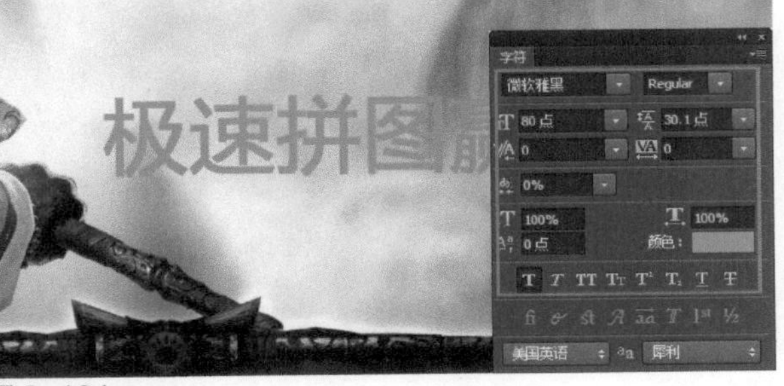

图 3-134

步骤06 为该文字图层添加“渐变叠加”图层样式，对相关选项进行设置，如图3-135所示。继续添加“外发光”图层样式，对相关选项进行设置，如图3-136所示。

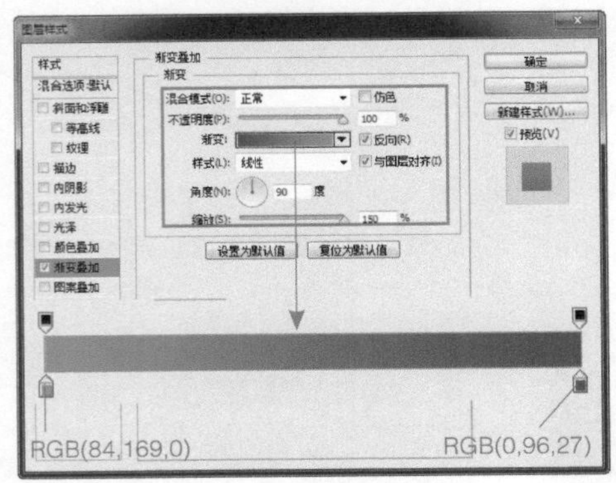

图 3-135

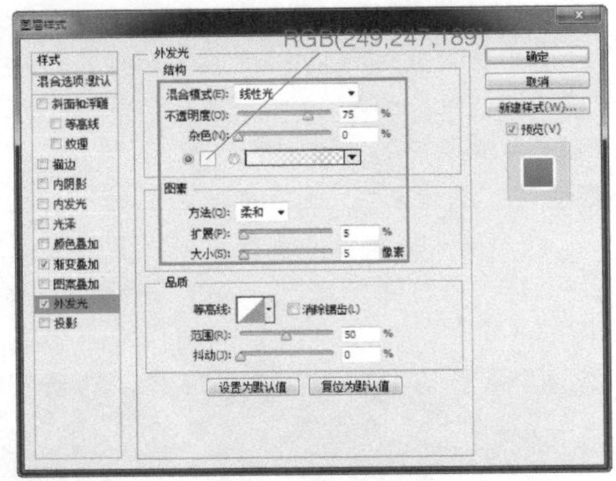

图 3-136

步骤07 单击“确定”按钮，完成“图层样式”对话框中各选项的设置，效果如图3-137所示。使用“矩形工具”，在选项栏上设置“填充”为线性渐变颜色，在画布中绘制一个矩形，设置该图层的“不透明度”为60%，如图3-138所示。

图 3-137

图 3-138

步骤08 新建名称为“选项框”的图层组，使用“矩形工具”，在画布中绘制一个白色矩形，如图3-139所示。为该图层添加“渐变叠加”图层样式，对相关选项进行设置，如图3-140所示。

图 3-139

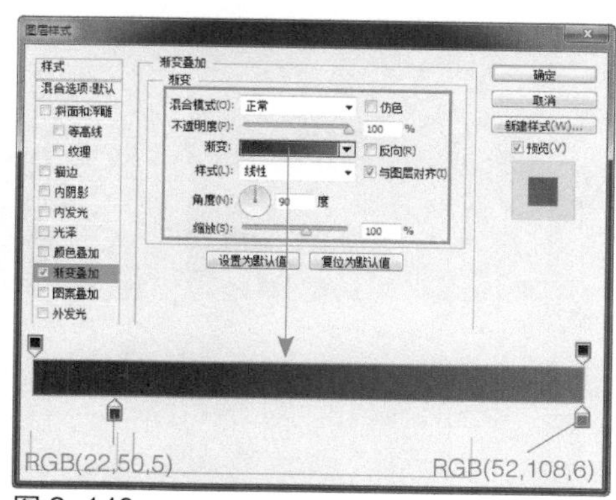

图 3-140

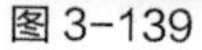单击“确定”按钮，完成“图层样式”对话框中各选项的设置，效果如图3-141所示。使用“圆角矩形工具”，设置“填充”为无、“描边”为RGB（30,60,7）、“描边粗细”为3点、“半径”为1像素，在画布中绘制一个圆角矩形，如图3-142所示。

图 3-141

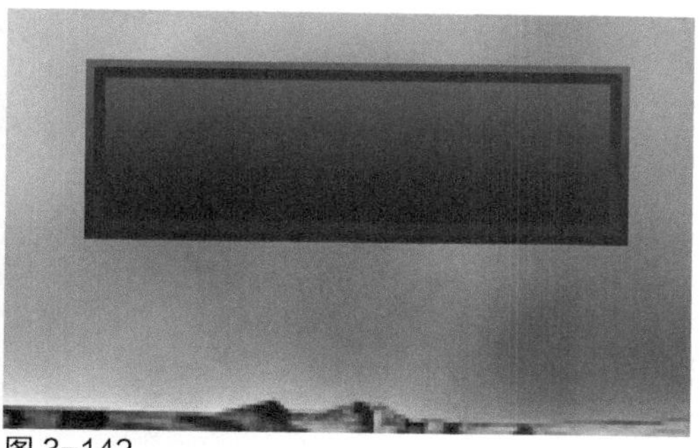

图 3-142

步骤 10 为该图层添加“描边”图层样式，对相关选项进行设置，如图3-143所示。单击“确定”按钮，完成“图层样式”对话框中各选项的设置，效果如图3-144所示。

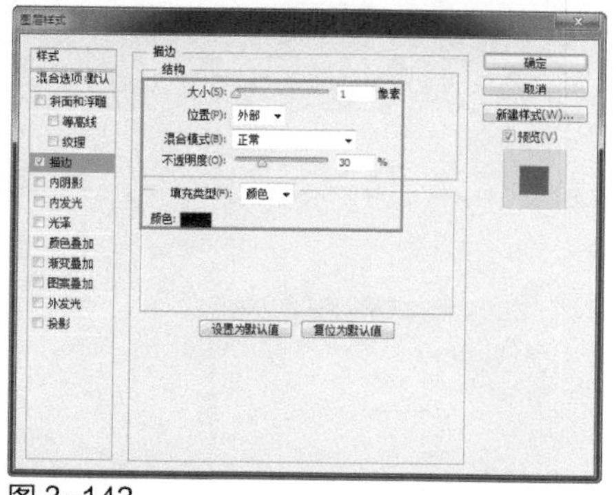

图 3-143

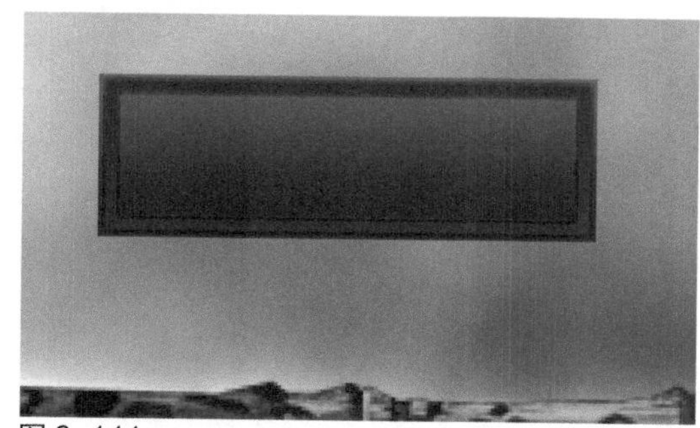

图 3-144

步骤 11 新建“图层5”，使用“画笔工具”，设置“前景色”为白色、画笔的“不透明度”为80%，在画布相应位置涂抹，设置该图层的“混合模式”为“叠加”，效果如图3-145所示。使用相同的制作方法，完成相似图形的绘制，如图3-146所示。

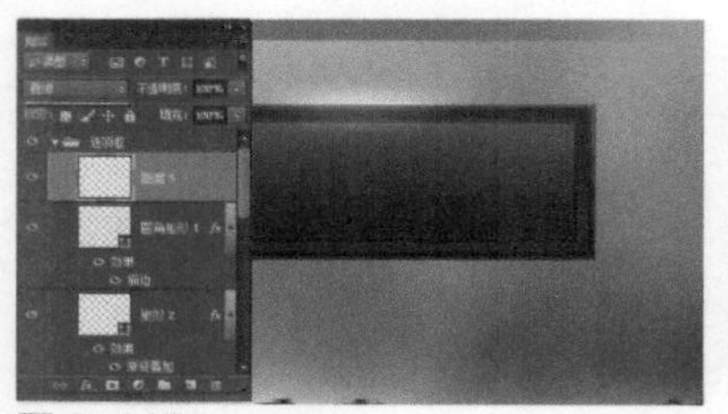

图 3-145

图 3-146

步骤 12 使用“横排文字工具”，在画布中输入相应的文字，如图3-147所示。为文字图层添加“投影”图层样式，对相关选项进行设置，如图3-148所示。

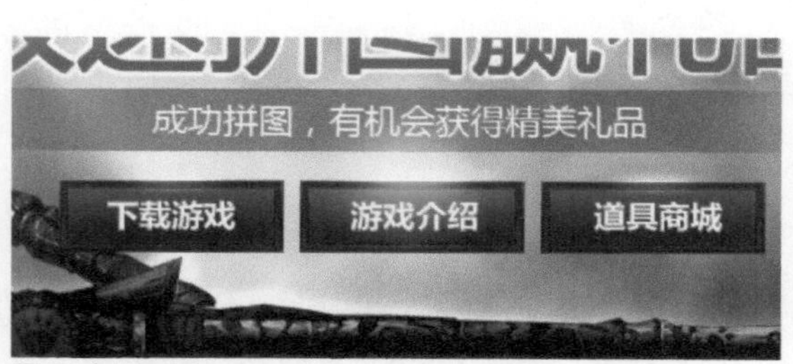

图 3-147

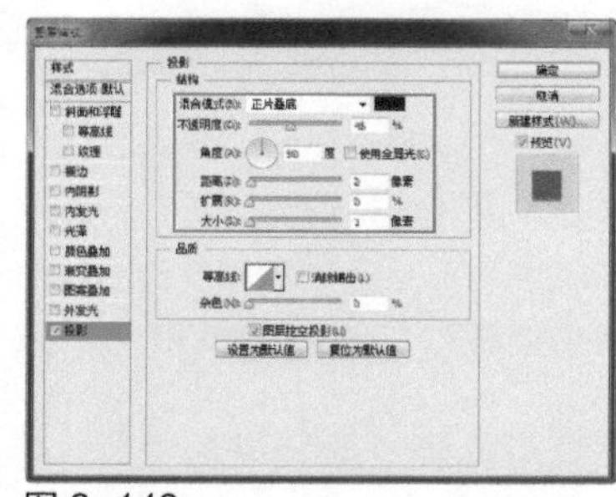

图 3-148

步骤 13 单击“确定”按钮，完成“图层样式”对话框中各选项的设置，效果如图3-149所示。新建名称为“礼品”的图层组，打开并拖入素材图像“光盘\源文件\第3章\素材\404.png”，并为该图层添加“投影”图层样式，效果如图3-150所示。

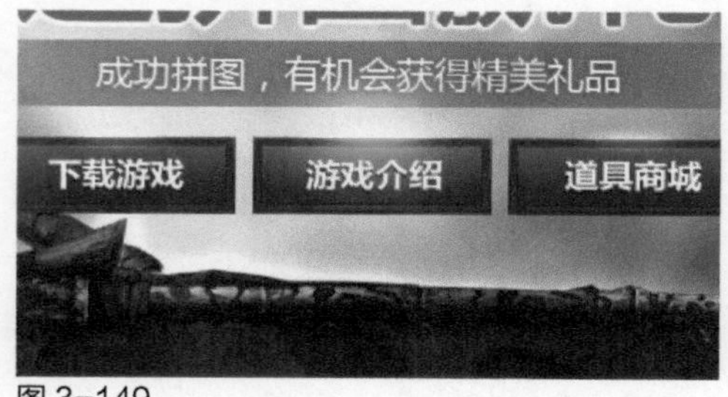

图 3-149

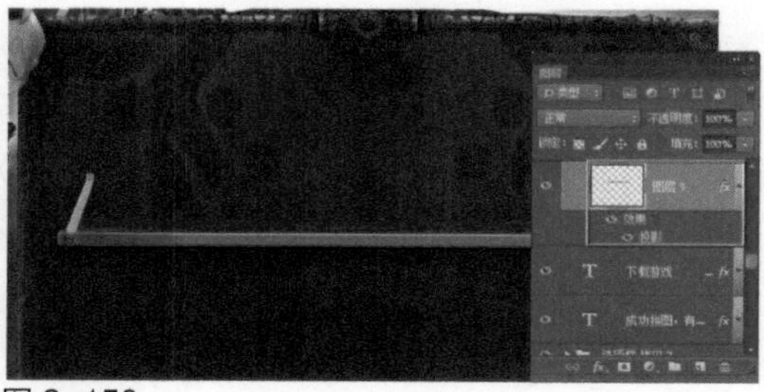

图 3-150

步骤 14 使用“圆角矩形工具”，设置“半径”为5像素，在画布中绘制黑色圆角矩形，如图3-151所示。为该图层添加“内阴影”图层样式，对相关选项进行设置，如图3-152所示。

图 3-151

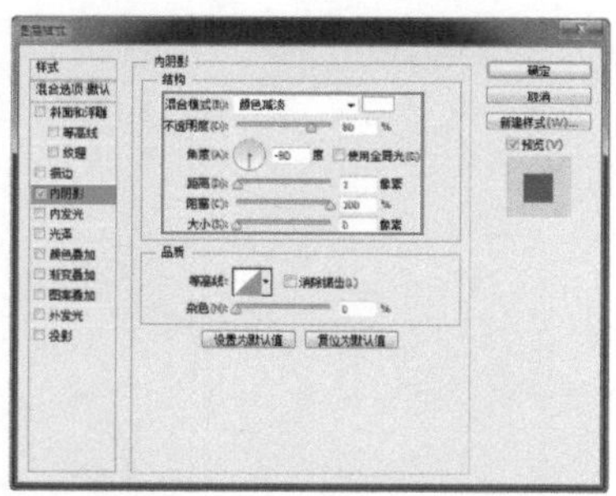

图 3-152

步骤 15 单击“确定”按钮，完成“图层样式”对话框中各选项的设置，设置该图层的“填充”为60%，效果如图3-153所示。多次复制该图层，并分别调整复制得到的图形到合适的位置，如图3-154所示。

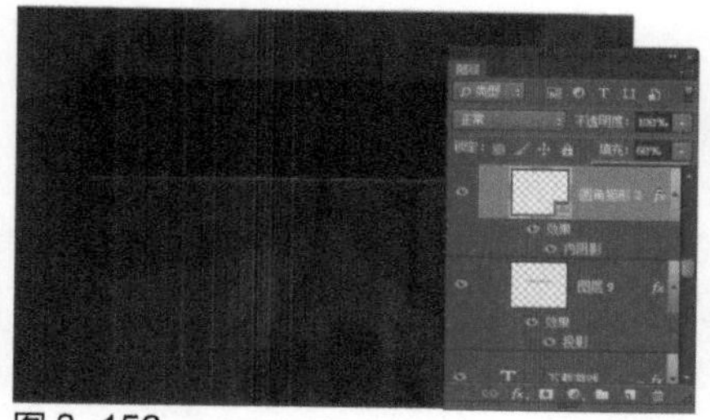
图 3-153

图 3-154

步骤 16 打开并拖入素材图像“光盘\源文件\第3章\素材\405.png”，效果如图3-155所示。使用相同的制作方法，可以完成该部分内容的制作，效果如图3-156所示。

图 3-155

图 3-156

步骤 17 新建名称为“拼图”的图层组，使用“圆角矩形工具”，设置“半径”为5像素，在画布中绘制黑色圆角矩形，并设置该图层的“不透明度”为50%，效果如图3-157所示。使用相同的制作方法，拖入相应的素材图像并分别进行处理，效果如图3-158所示。

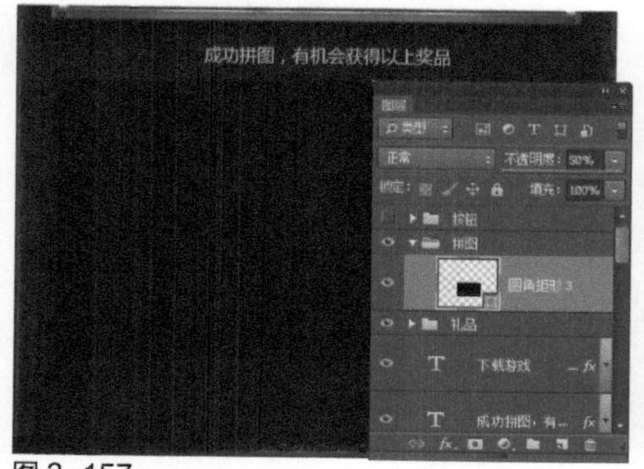

图 3-157

图 3-158

步骤 18 新建名称为“按钮”的图层组，使用相同的制作方法，完成相似图形的绘制，效果如图3-159所示。打开并拖入素材图像“光盘\源文件\第3章\素材\417.png”，效果如图3-160所示。

图 3-159

图 3-160

步骤 19 使用“横排文字工具”，在“字符”面板中设置相关选项，在画布中输入相应的文字，如图3-161所示。为该图层添加“渐变叠加”图层样式，并对相关选项进行设置，如图3-162所示。

图 3-161

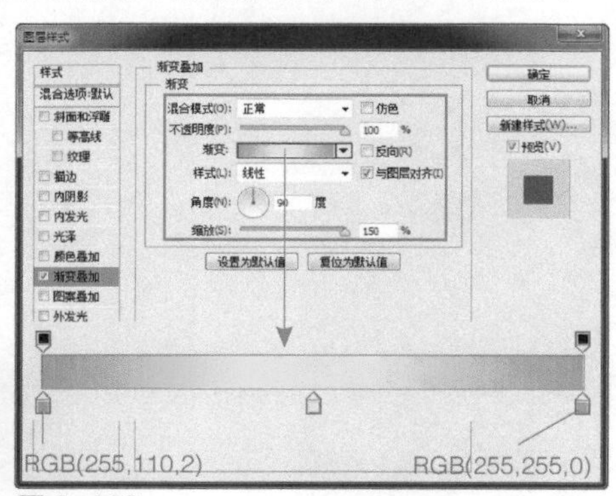

图 3-162

步骤 20 继续添加“投影”图层样式，对相关选项进行设置，如图3-163所示。单击“确定”按钮，完成“图层样式”对话框中各选项的设置，效果如图3-164所示。

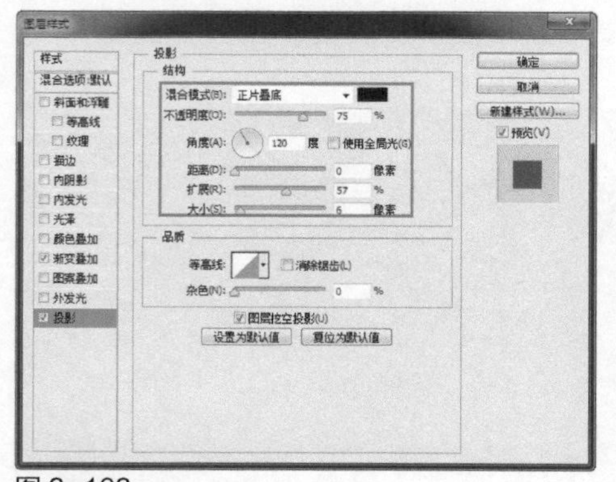

图 3-163

图 3-164

步骤 21 完成该拼图网页游戏界面的设计制作，最终效果如图3-165所示。

图 3-165

3.4 网页游戏界面设计目标

以用户为中心是网页游戏界面设计的重要原则，中心问题是要设计出一个既便于游戏玩家使用，又能提供愉悦游戏体验的游戏界面。游戏界面设计的目标包括可用性目标和用户体验目标。可用性目标是关于游戏界面本身所要承担的人机交互功能的目标，而用户体验目标则是用户对于整个游戏界面设计的使用体验。

3.4.1 可用性目标

对于可用性的定义，一般可以被概括为有用性和易用性两个方面。

有用性是指游戏界面能否实现特定的功能，而易用性是指玩家与界面的交互效率、易学性及玩家的满意度。可用性目标体现在要求网页游戏界面具有一定的使用功能，且具有有效的游戏和用户的交互功能，人机交互效率要高，易于游戏玩家学习和使用，具备一定的通用性。

简单性原则是游戏界面设计中最重要的原则，简洁的游戏界面能让玩家更快地找到所需要操作的对象，提高操作效率。许多游戏界面设计人员希望把尽量多的信息放置在游戏界面中，这样一来就使得玩家对界面信息的识别、检索和操作变得复杂。

在设计网页游戏界面时舍弃一些没有必要的图标、按钮等元素，从用户需求的角度出发，尽量根据游戏玩家的需求和任务来进行功能设定与放置界面元素，在最大化保证必要的功能和形式美感的基础上，使界面的设计更为简洁、明快和易于操作，更加符合用户可用性标准和用户体验标准。同时，一致性原则也应该贯穿游戏界面设计的始终，不一致的游戏界面设计同样会增加用户的操作使用难度。如图3-166所示为简单易用的网页游戏界面。

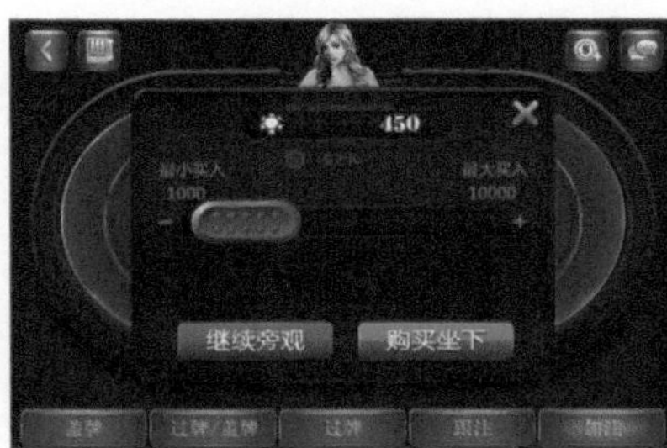

图 3-166

3.4.2 用户体验目标

用户体验指的是游戏玩家在玩游戏，与整个游戏系统进行交互时的感觉，是基于游戏玩家本身体验的主观要求。例如，可以把一款游戏的界面设成“十分绚丽多彩的”、“吸引人的”、“有趣的”、“新奇好玩的”等。用户体验目标注重的不是游戏界面的有效性和可靠性，而是是否能让游戏用户满意、是否能增强游戏的沉浸感、是否能激发游戏玩家的创造力和满足感等。

【自测5】设计桌球网页游戏界面

视频：光盘\视频\第3章\桌球网页游戏界面.swf　源文件：光盘\源文件\第2章\桌球网页游戏界面.psd

- 案例分析

案例特点：本案例设计的是一款桌球网页游戏界面，主要使用拟物化的设计方法，在整个界面中模拟现实中的桌球场景，界面效果非常直观。

制作思路与要点：设计网页游戏界面时要展现出游戏的特点，该桌球网页游戏界面使用拟物化的设计方式，在整个界面中模拟现实生活中的桌球场景，在界面的顶部和底部分别放置相关的操作按钮和分数统计等信息，中间大面积范围放置桌球游戏场景，便于玩家的操作，整个游戏界面具有很强的真实感和层次感。

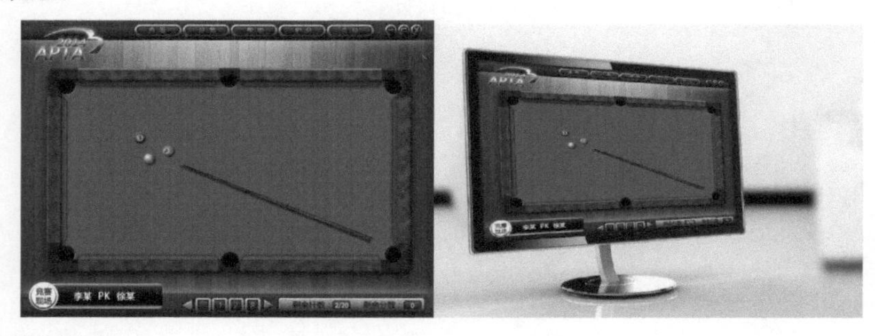

- 色彩分析

本案例的桌球网页游戏界面使用生活中的木质颜色和咖啡色为搭配基础，再加上灰蓝色的纹理桌面，给玩家带来了很好的辨识度，使游戏界面更加真实。

咖啡色　墨绿色　黑色

- 制作步骤

步骤 01 执行“文件>打开”命令，打开素材图像“光盘\源文件\第3章\素材\501.jpg”，效果如图3-167所示。使用“矩形工具”，在画布中绘制一个白色矩形，如图3-168所示。

图 3-167

图 3-168

步骤 02 打开素材图像“光盘\源文件\第3章\素材\502.png”，执行“编辑>定义图案”命令，弹出“图案名称”对话框，具体设置如图3-169所示。单击“确定”按钮，定义图案，返回设计文档中，为“矩形1”图层添加“图案叠加”图层样式，对相关选项进行设置，如图3-170所示。

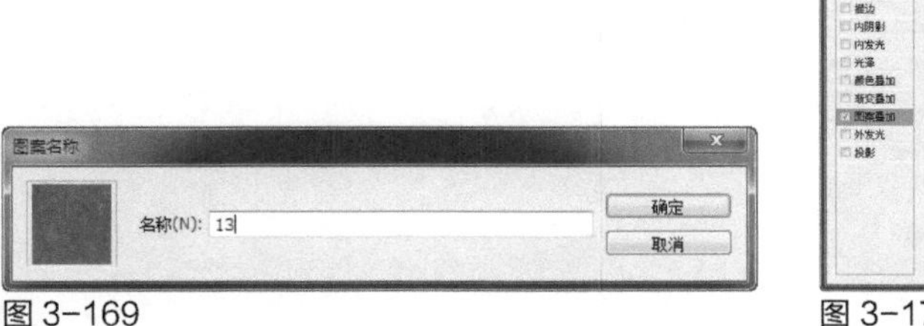

图 3-169

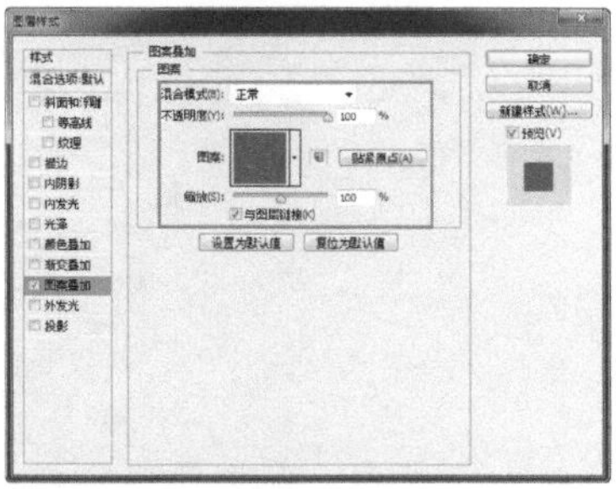

图 3-170

提示

在Photoshop中可以通过“图案填充”或者“图案叠加”图层样式实现图案平铺填充的效果。如果在默认的“图案”预设中并没有所需要的图案，则需要首先创建图像，再将该图像定义为图案，才可以使用“图案填充”或“图案叠加”图层样式平铺填充该图像效果。

步骤 03 单击“确定”按钮，完成“图层样式”对话框中各选项的设置，效果如图3-171所示。新建名称为“洞”的图层组，使用“椭圆工具”，在画布中绘制一个黑色正圆形，如图3-172所示。

图 3-171

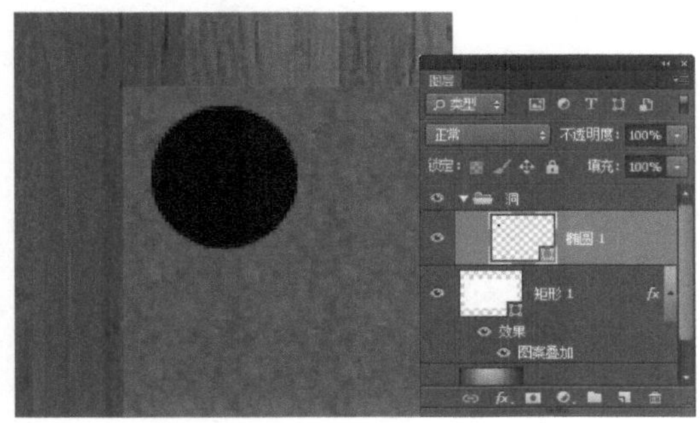
图 3-172

步骤 04 为该图层添加“斜面和浮雕”图层样式，对相关选项进行设置，如图3-173所示。单击“确定”按钮，完成“图层样式”对话框中各选项的设置，效果如图3-174所示。

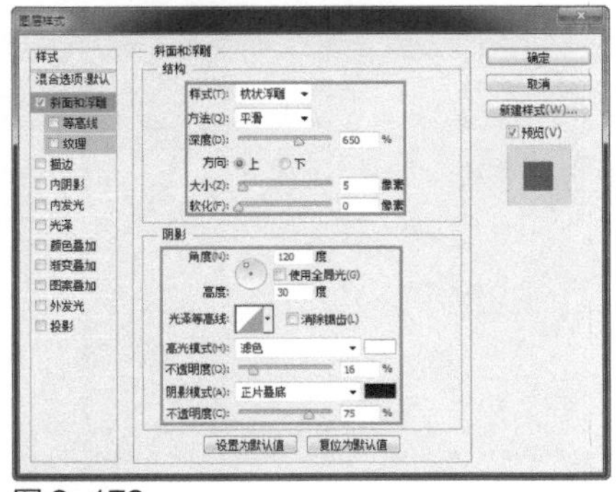
图 3-173

图 3-174

步骤 05 多次复制“椭圆1”图层，并分别将复制得到的图形调整到合适的位置，效果如图3-175所示。新建名称为“边框”的图层组，使用“圆角矩形工具”，设置“半径”为20像素，在画布中绘制一个黑色圆角矩形，如图3-176所示。

图 3-175

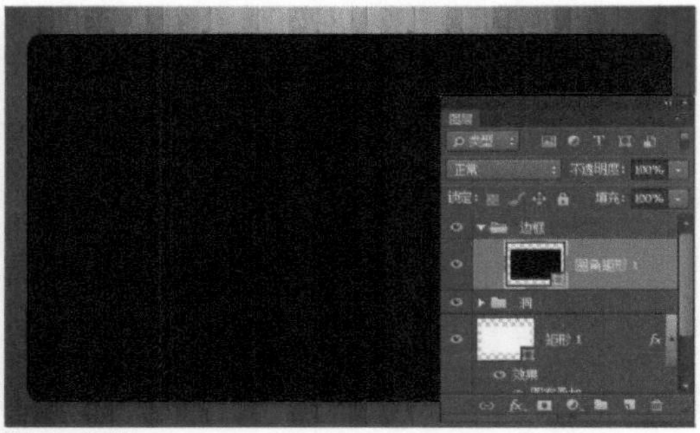

图 3-176

步骤 06 分别使用“矩形工具”和“钢笔工具”，设置“路径操作”为“减去顶层形状”，在刚绘制的圆角矩形上减去相应的图形，得到需要的图形，效果如图3-177所示。为该图层添加“内阴影”图层样式，对相关选项进行设置，如图3-178所示。

图 3-177

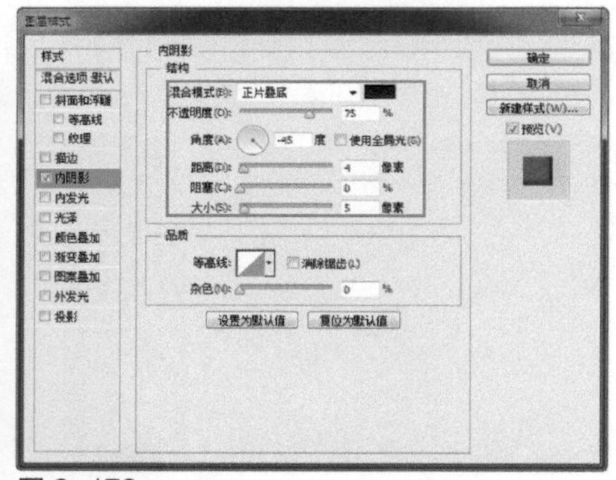

图 3-178

步骤 07 继续添加“图案叠加”图层样式，对相关选项进行设置，如图3-179所示。继续添加“投影”图层样式，对相关选项进行设置，如图3-180所示。

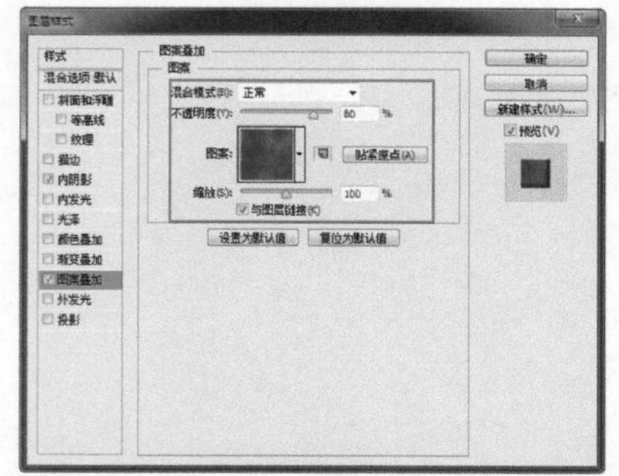

图 3-179

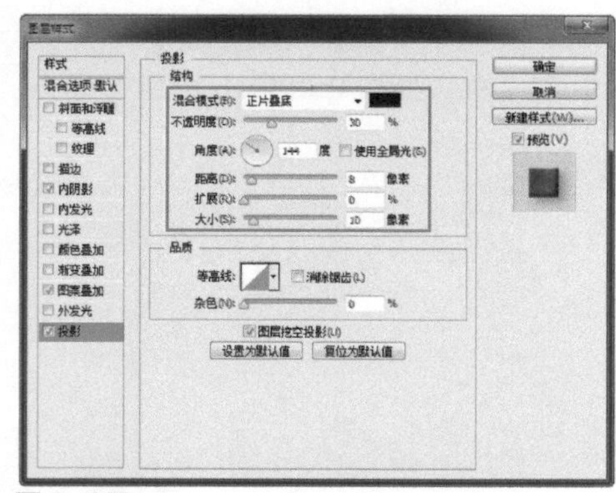

图 3-180

提示

在“图层”面板中，图层样式名称前的眼睛图标是用来控制该图层样式效果的可见性的。如果需要隐藏某一种图层样式效果，可以单击该图层样式名称前的眼睛图标。如果需要隐藏某个图层的所有图层样式效果，可以单击该图层“效果”文字前的眼睛图标。隐藏图层样式效果后，在原眼睛图标位置再次单击，可以重新显示图层样式效果。

步骤 08 单击“确定”按钮，完成“图层样式”对话框中各选项的设置，效果如图3-181所示。复制“圆角矩形1”图层得到“圆角矩形1拷贝”图层，清除该图层的图层样式，为该图层添加“投影”图层样式，对相关选项进行设置，如图3-182所示。

图 3-181

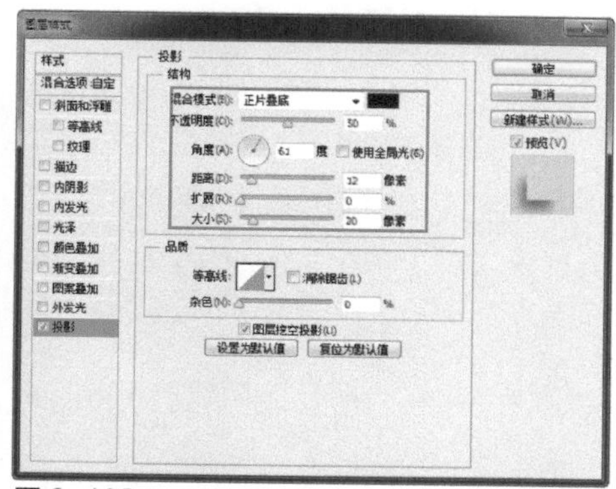

图 3-182

步骤 09 单击“确定”按钮，完成“图层样式”对话框中各选项的设置，设置该图层的“填充”为0%，效果如图3-183所示。新建图层，使用“钢笔工具”，在画布中绘制一个白色形状图形，并设置该图层的“不透明度”为40%，如图3-184所示。

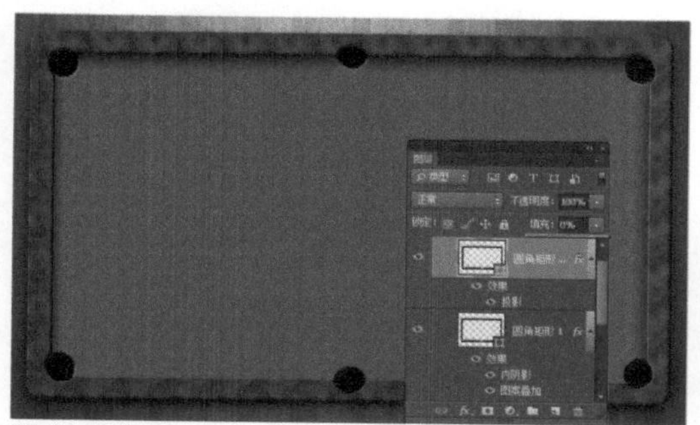
图 3-183

图 3-184

步骤 10 使用相同的制作方法，完成相似图形的绘制，并调整图层的叠放顺序，如图3-185所示。多次复制“形状3”图层，分别将复制得到图形调整到合适的大小和位置，效果如图3-186所示。

图 3-185

图 3-186

步骤 11 新建名称为“洞边框”的图层组，使用相同的制作方法，完成相似图形的制作，效果如图3-187所示。设置该图层组的“混合模式”为“强光”，效果如图3-188所示。

图 3-187

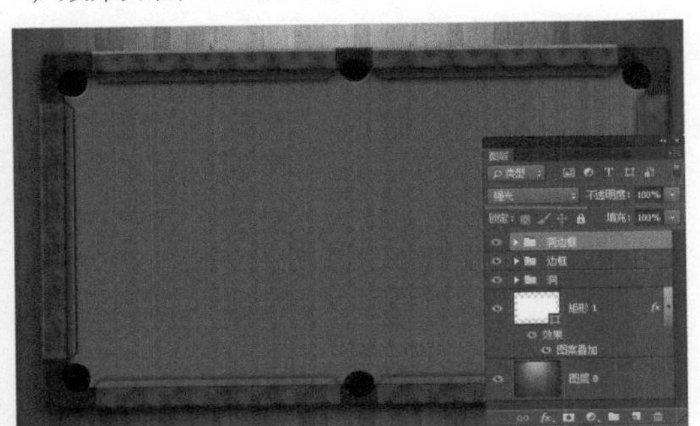

图 3-188

提示

“强光”混合模式的衡量标准同样以50%灰色为基准，比该灰色暗的像素会使图像更暗；该模式产生的效果与耀眼的聚光灯照在图像上相似，混合后图像色调变化相对比较强烈，颜色基本为上面图层中的图像色。

步骤 12 打开并拖入素材图像“光盘\源文件\第3章\素材\503.jpg”，效果如图3-189所示。为该图层添加“斜面与浮雕”图层样式，对相关选项进行设置，如图3-190所示。

图 3-189

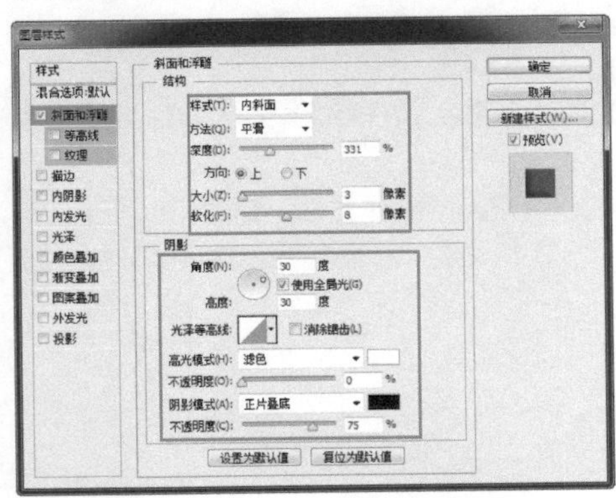

图 3-190

步骤 13 继续添加“外发光”图层样式，对相关选项进行设置，如图3-191所示。单击“确定”按钮，完成“图层样式”对话框中各选项的设置，效果如图3-192所示。

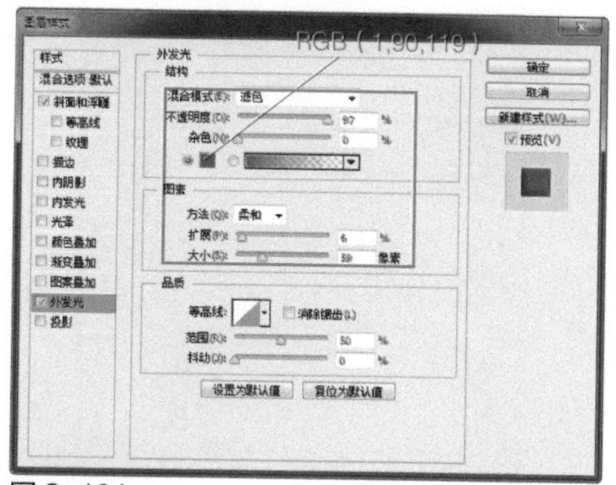

图 3-191

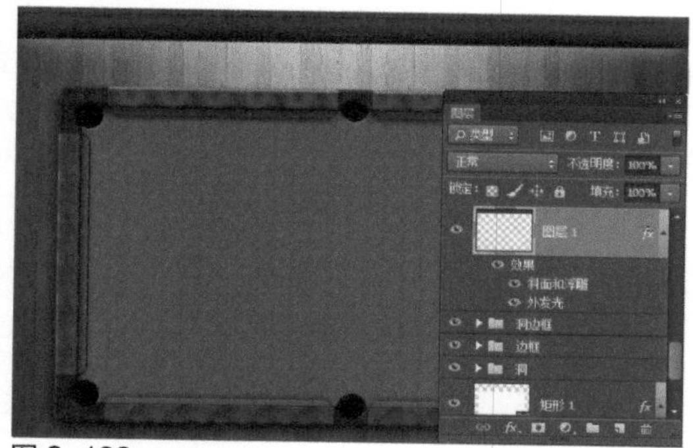
图 3-192

步骤 14 复制该图层，并调整复制得到的图像到合适的位置，效果如图3-193所示。新建名称为“选项”的图层组，使用“圆角矩形工具”，设置“半径”为20像素，在画布中绘制一个黑色圆角矩形，如图3-194所示。

图 3-193

图 3-194

步骤 15 为该图层添加“斜面和浮雕”图层样式，对相关选项进行设置，如图3-195所示。继续添加“描边”图层样式，对相关选项进行设置，如图3-196所示。

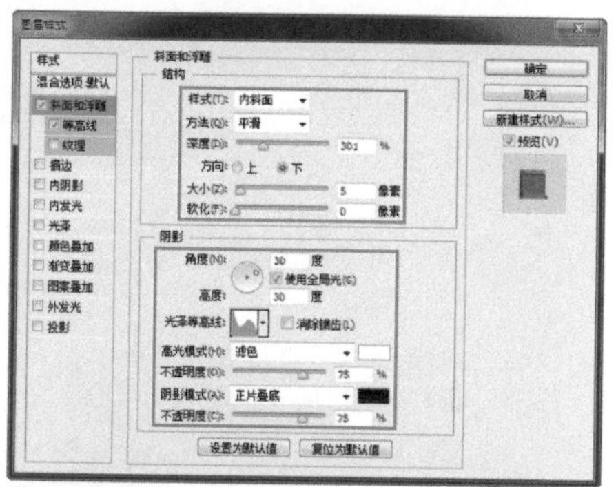
图 3-195

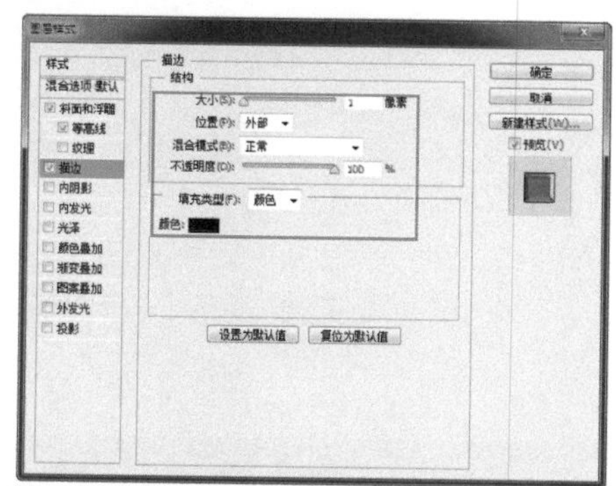
图 3-196

步骤 16 继续添加“渐变叠加”图层样式，对相关选项进行设置，如图3-197所示。继续添加“投影”图层样式，对相关选项进行设置，如图3-198所示。

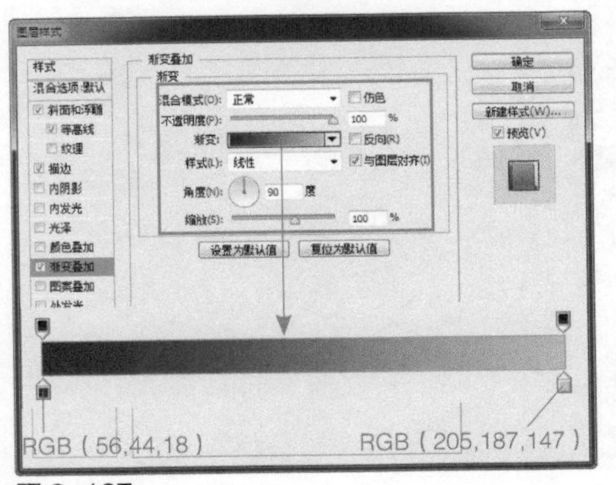

图 3-197

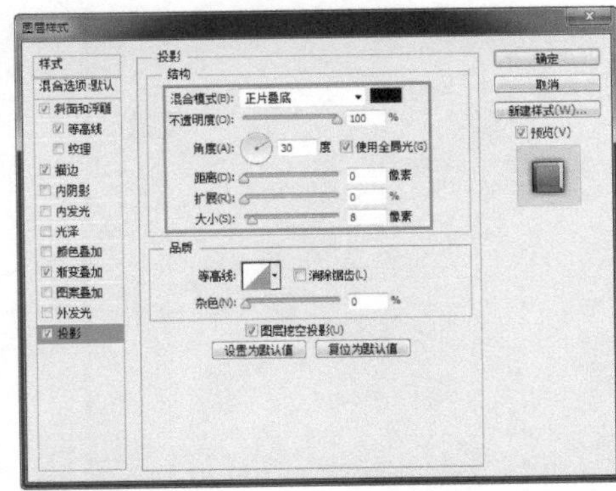

图 3-198

步骤 17 单击“确定”按钮，完成“图层样式”对话框中各选项的设置，效果如图3-199所示。使用相同的制作方法，完成相似图形的绘制，效果如图3-200所示。

图 3-199

图 3-200

步骤 18 使用相同的制作方法，可以绘制出其他相似的图形，效果如图3-201所示。使用“横排文字工具”，在“字符”面板中设置相关选项，在面板中输入相应文字，如图3-202所示。

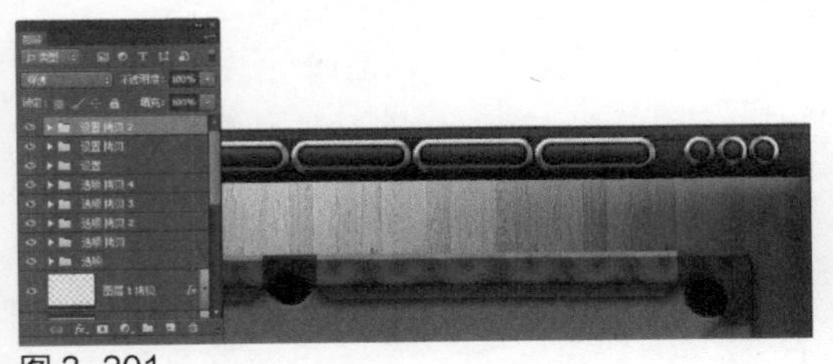

图 3-201

图 3-202

步骤 19 使用相同的制作方法，为该文字图层添加相应的图层样式，效果如图3-203所示。使用相同的制作方法，完成相似图形效果的绘制，如图3-204所示。

图 3-203

图 3-204

步骤 20 同时选中“选项”图层组和“矩形1”图层，按快捷键Ctrl+G，将其放置在同一个图层组中，将该图层组重命名为“底部”，使用相同的制作方法，完成相似图形的绘制，如图3-205所示。使用“圆角矩形工具”，设置“半径”为10像素，在画布中绘制一个白色圆角矩形，如图3-206所示。

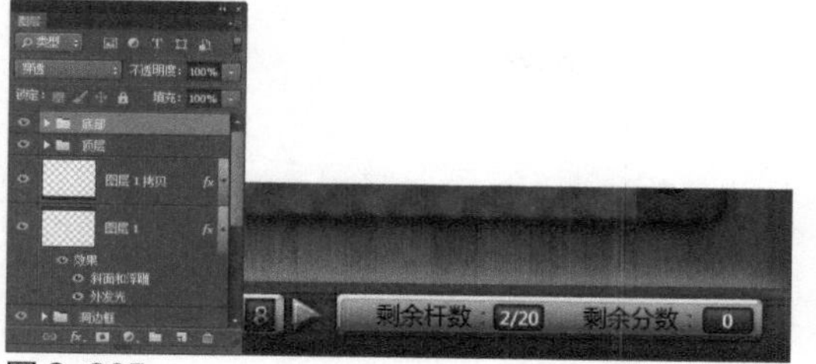

图 3-205

图 3-206

提示

无论是合并图层还是盖印图层，都会对文档中的原图层产生影响，使用图层组可以将不同的图层分类放置，这样既便于管理，又不会对原图层产生影响。

步骤 21 为该图层添加“渐变叠加”图层样式，对相关选项进行设置，如图3-207所示。单击“确定”按钮，完成“图层样式”对话框中各选项的设置，效果如图3-208所示。

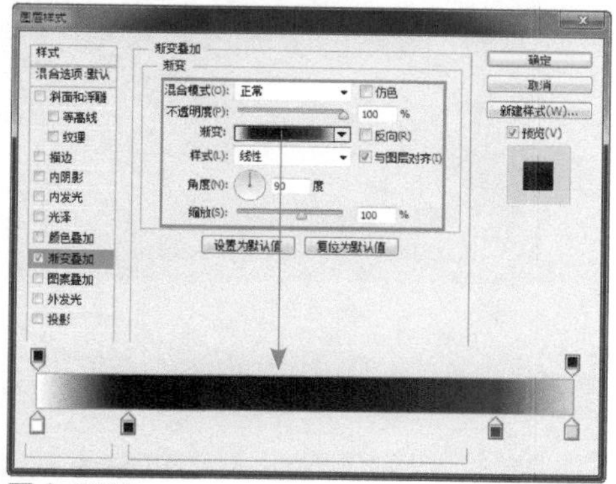

图 3-207

图 3-208

步骤 22 使用“椭圆工具”，在画布中绘制两个白色正圆形，如图3-209所示。为“椭圆5”图层添加“描边”图层样式，对相关选项进行设置，如图3-210所示。

图 3-209

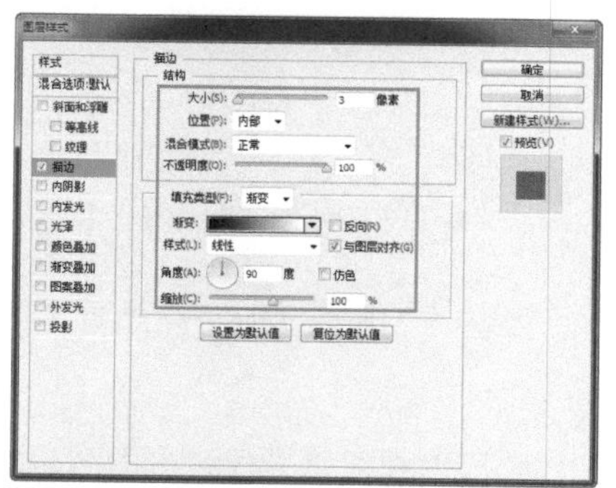

图 3-210

步骤 23 单击“确定”按钮，完成“图层样式”对话框中各选项的设置，效果如图3-211所示。使用“横排文字工具”，在画布中输入相应的文字，如图3-212所示。

图 3-211

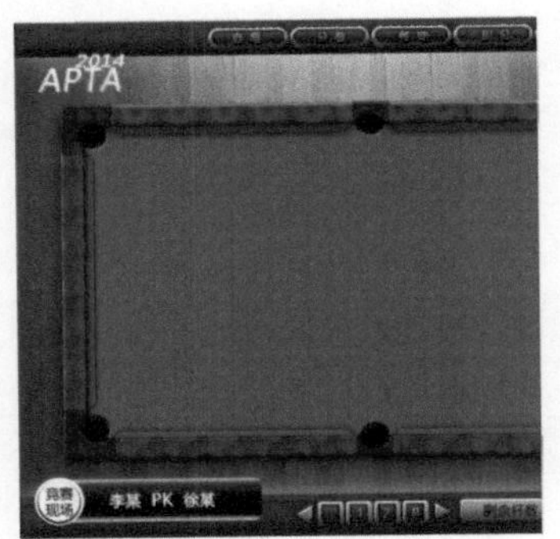

图 3-212

步骤 24 使用相同的制作方法，为相应的文字图层添加图层样式，效果如图3-213所示。使用“钢笔工具”，在画布中绘制一个白色的形状图形，如图3-214所示。

图 3-213

图 3-214

步骤 25 为该图层添加“斜面和浮雕”图层样式，对相关选项进行设置，如图3-215所示。继续添加“渐变叠加”图层样式，对相关选项进行设置，如图3-216所示。

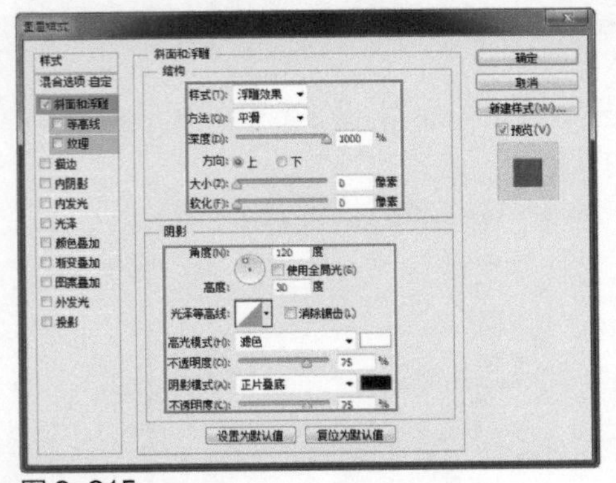

图 3-215

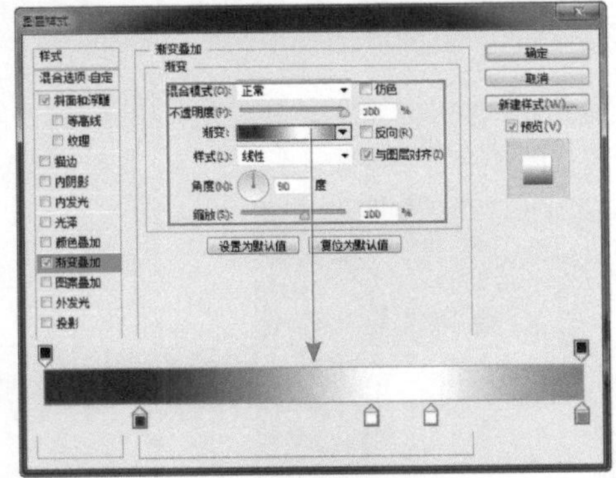

图 3-216

步骤 26 继续添加“外发光”图层样式，对相关选项进行设置，如图3-217所示。单击“确定”按钮，完成“图层样式”对话框中各选项的设置，效果如图3-218所示。

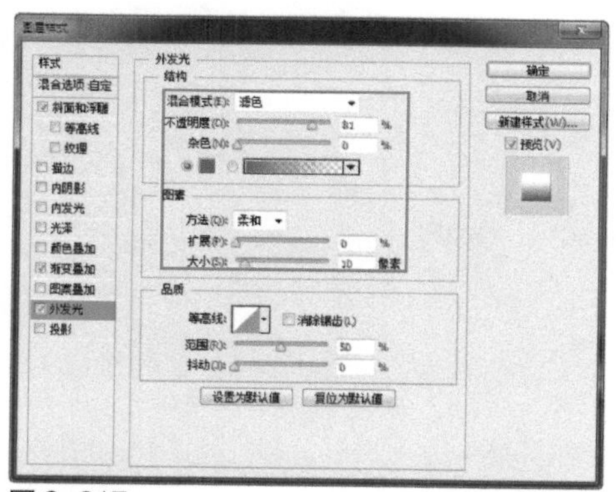

图 3-217

图 3-218

步骤 27 新建名称为“球”的图层组，使用“椭圆工具”，在画布中绘制一个白色正圆形，如图3-219所示。为该图层添加“渐变叠加”图层样式，对相关选项进行设置，如图3-220所示。

图 3-219

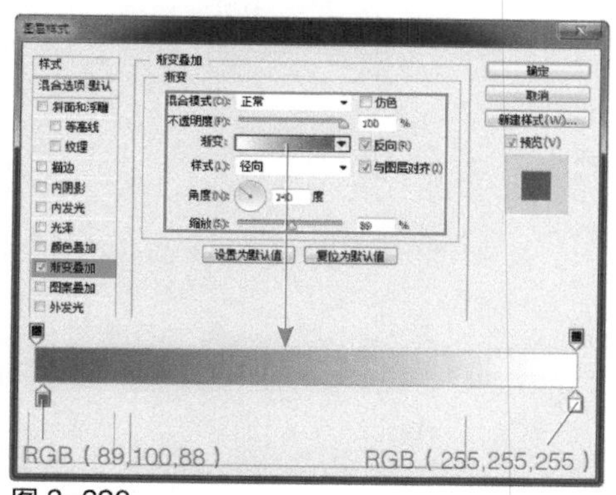

图 3-220

步骤 28 继续添加“投影”图层样式，对相关选项进行设置，如图3-221所示。单击“确定”按钮，完成“图层样式”对话框中各选项的设置，效果如图3-222所示。

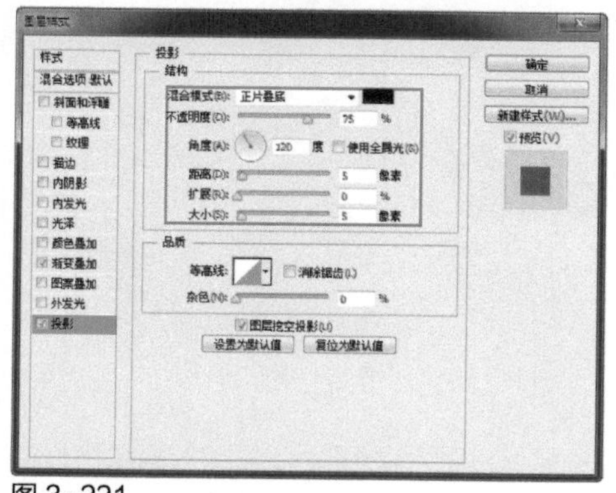

图 3-221

图 3-222

步骤 29 使用相同的制作方法，完成相似图形的绘制，如图3-223所示。打开并拖入素材图像“光盘\源文件\第3章\素材\504.png”，效果如图3-224所示。

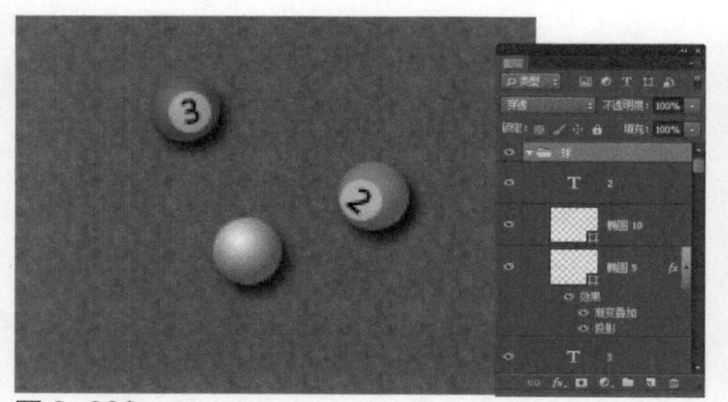

图 3-223

图 3-224

步骤30 为该图层添加“投影”图层样式，并设置相关选项，如图3-225所示。单击“确定”按钮，完成“图层样式”对话框中各选项的设置，效果如图3-226所示。

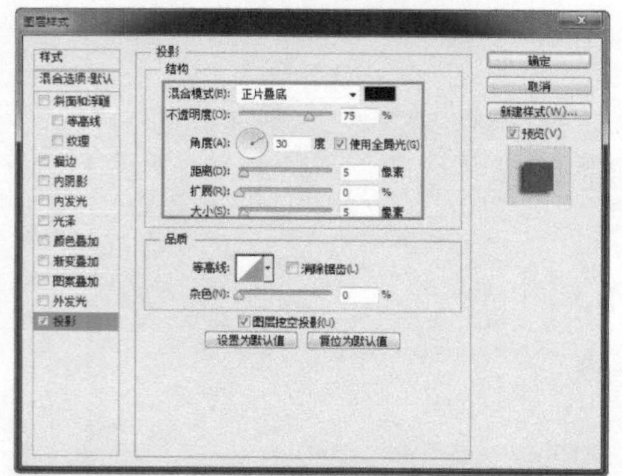

图 3-225

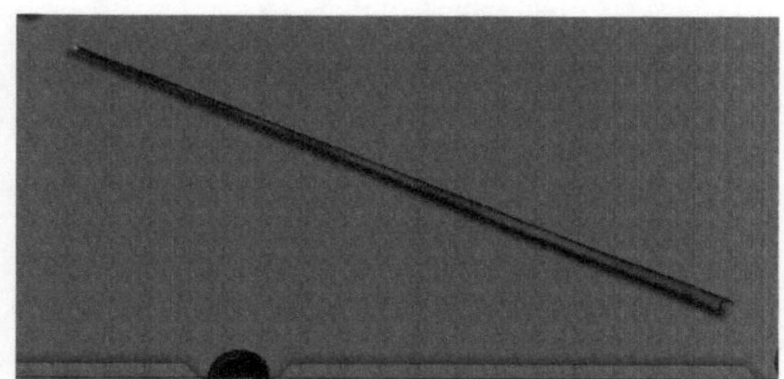
图 3-226

步骤31 完成该桌球网页游戏界面的设计制作，最终效果如图3-227所示。

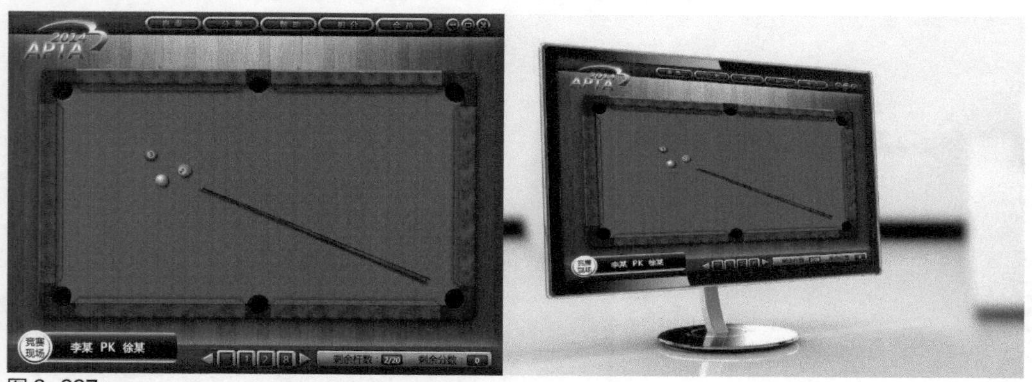

图 3-227

▶▶ 3.5 专家支招

网页游戏界面设计对于网页游戏来说是相当重要的，它能够将游戏的每个部分顺畅地联系在一起，并且使玩家更快捷、方便地操作游戏，从中得到更大的乐趣。在前面的内容中已经向读者介绍了有关网页游戏界面设计的方法和技巧，人性化的游戏界面对于一款网页游戏而言有着举足轻重的作用。

1. 什么是人性化的网页游戏界面?

答：人性化的网页游戏界面设计就是将交互设计理念完美地融入网页游戏界面设计中，将形式和内容通过交互设计达到一种自然的状态，使玩家操作起来更加顺畅而方便，提高游戏的娱乐性。人性化网页游戏界面设计不仅要考虑到玩家大众的心理、使用习惯、使用环境等因素，还要更好地研究大众的文化、审美等因素对游戏的影响。只有达到平衡才能使玩家和游戏之间顺畅而自然地进行信息交流。

2. 网页游戏界面为什么要具有一定的可扩充性?

答：网页游戏和一般的网络产品不同，它会不断地更新版本，增加新的功能，这样才能适应不同玩家的不同需求，适应市场竞争。这样也要求设计师在设计网页游戏操作界面的时候，要给以后的游戏功能开发留出一定的空间，即所谓的动态扩展空间。听起来很困难，但是在工作中需要和游戏策划者多多沟通，及时得到最新信息。

3.6 本章小结

一款优秀的网页游戏UI设计是设计师与玩家之间的一种交流，用户的需求应该始终贯穿整个设计过程中，设计师在网页UI设计过程中需要在艺术性、易用性、可靠性、安全性等多个方面寻求平衡。在本章中向读者介绍了有关网页游戏UI的相关知识，并通过案例操作的方法介绍了网页游戏UI设计的方法和技巧。完成本章内容的学习，读者需要能够理解网页游戏UI设计的原则，并能够动手设计出精美的网页游戏UI。

读书笔记

CHAPTER 4

iOS系统游戏UI设计

本章要点：

iOS系统是苹果移动设备的专用操作系统，主要运用于苹果手机和苹果平板电脑中，随着移动互联网的迅速发展，使用智能手机玩游戏的人越来越多。iOS系统游戏与普通手机游戏及PC游戏不同，它有自己独特的系统、独特的使用环境及独特的交互方式。在本章中将向读者介绍有关iOS系统的相关知识及iOS系统中游戏UI设计方面的内容，并通过案例的形式向读者讲解基于iOS系统的手机游戏UI的设计制作方法。

知识点：

- 了解iOS系统UI和图标设计尺寸
- 理解iOS系统游戏UI设计原则
- 理解手机游戏的优点和缺点
- 理解并应用各种iPad游戏视觉设计要素
- 掌握iOS系统游戏UI的设计方法和技巧

4.1 iOS系统游戏UI设计基础

iOS系统是由苹果公司开发的手持移动设备操作系统，具体来说，是iPhone、iPad和iPod touch的默认操作系统。iOS系统游戏即针对使用iOS操作系统所开发的手机游戏，在进行iOS系统手机游戏UI设计之前，首先需要了解iOS系统的相关知识。

4.1.1 iOS系统UI尺寸

iOS系统的英文全称为iPhone Operation System，是目前苹果公司推出的手持移动设备的唯一操作系统，主要应用在苹果公司的iPhone手机和iPad平台电脑中。iOS系统手机屏幕常见尺寸参数如下：

iPhone 4,iPhone 4S
屏幕尺寸：3.5in（英寸）
屏幕分辨率：640px × 960px
屏幕密度：326ppi

iPhone 5,iPhone 5S
屏幕尺寸：4in（英寸）
屏幕分辨率：640px × 1136px
屏幕密度：326ppi

iPhone 6
屏幕尺寸：4.7 in（英寸）
屏幕分辨率：750px × 1334px
屏幕密度：326ppi

iPhone 6 Plus
屏幕尺寸：5.5 in（英寸）
屏幕分辨率：1080px × 1920px
屏幕密度：401ppi

iPad Mini
屏幕尺寸：7.9in（英寸）
屏幕分辨率：768px × 1024px
屏幕密度：163ppi

iPad 2
屏幕尺寸：9.7in（英寸）
屏幕分辨率：768px × 1024px
屏幕密度：132ppi

iPad 4th gen
屏幕尺寸：9.7in（英寸）
屏幕分辨率：2048px × 1536px
屏幕密度：264ppi

4.1.2 iOS系统图标尺寸

iOS系统中每个应用程序都有属于自己的图标，游戏同样会有自己的图标，这些图标大都精致美观，能充分吸引用户的关注。iOS设备的种类多种多样，不同的设备和程序所使用的图标尺寸也不相同，下面向大家介绍iOS系统中常见的图标尺寸。

用途	尺寸（圆角）	格式	是否必须
iPhone 手机主屏幕	114×114 120×120（20px）	Icon.png	可选
iPhone 手机的 Spotlight 和设置 APP	58×58（10px）	Icon-Small.png	如果是 APP 设置模块，则建议加入
iPhone/iPod touch 的 APP Store 和主屏幕	57×57（10px）	Icon.png	必须
iPad 和 iPhone 的设置 APP、iPhone 的 Spotlight	29×29（9px）	Icon-Small-50.png	如果 APP 有设置模块，则建议加入
iPad 的 APP Store 和主屏幕	72×72（12px）	Icon-72.png	必须
Ad Hoc iTunes	512×512（90px）	iTunesArtwork	可选

4.2 iOS系统游戏UI设计原则

iOS移动设备的屏幕相对较小，在设计iOS游戏时需要注意移动设备与PC的差异性，在iOS游戏界面中过多的界面元素会使得画面拥挤，从而使游戏失去吸引力。在iOS游戏的UI界面设计过程中，设计师还需要遵循一定的设计原则，这样设计出来的游戏界面才是一款出色的iOS游戏界面。

1. 一致性

游戏UI的设计需要保持一致性，这里的一致性原则主要包括3个方面：视觉样式一致、交互行为一致和操作一致性。

（1）视觉样式一致。

界面是玩家在游戏过程中首先接触到的内容，统一的视觉样式能够减轻玩家的游戏学习时间，快速地理解游戏，提高功能操作的准确性。如果将游戏中的每个界面设计得不一样，无疑会增加玩家对游戏的认知困难度。

（2）交互行为一致。

在设计游戏之初建立交互模型，不同类型的行为触发后，其交互行为需要和整体一致。例如：所有需要玩家确认操作的对话框都至少包含“确定”和“取消”两个按钮。

（3）操作一致性。

在iOS游戏UI设计中要特别注意游戏操作的一致性，例如，iPhone手机上的“返回”按钮通常在界面的左上方，如果硬性地放在其他位置，会增加iPhone手机用户的使用负担。如图4-1所示为iOS游戏UI设计一致性的体现。

图 4-1

2. 了解目标用户群

首先，需要了解该款游戏所针对的玩家，因为游戏不是为自己设计的。了解玩家的性别、学历、爱好、技能、相关使用经验，以及他们对游戏的期望等，然后建立用户模型，基于用户模型去分析游戏UI设计的颜色、质感、布局。不要迷恋自己的审美，也不要盲目跟风。

3. 界面是为功能服务的

漂亮的游戏界面通常是设计师们所追求的，但是当漂亮的界面与功能之间发生冲突的时候，玩家的体验就会变差。这个问题在设计游戏界面的时候经常会出现，应该引起设计师的注意，当视觉效果凌驾于功能之上的时候，界面设计就是失败的。

实际上，界面是游戏功能的一个载体。通常在做界面视觉设计的时候有两个方向：一个是把界面作为游戏的一部分，作为游戏世界本来的东西，在玩这类游戏的时候基本感受不到界面的存在，会觉得本来就是游戏的一部分；另外一个方向是扁平化游戏界面，界面不做过多的装饰，玩家需要的信息完全直白地显示出来。如图4-2所示为两种不类型的iOS游戏界面设计。

图 4-2

4. 清晰的信息

在iOS游戏界面设计中，设计师需要提前预估玩家在游戏中需要的信息，并一直在游戏界面中给予足够的提示。例如对于消除类游戏来说，游戏时间进度条、当前级别、分数、暂停按钮，都是玩家在游戏过程中需要经常使用的。如图4-3所示为消除类iOS游戏界面设计。

当然消除类游戏只是简单的休闲游戏，它的信息量比较少，有足够的空间安排在主界面上。如果是更复杂的游戏或者需要玩家一次性处理很多信息的游戏，怎么去处理这些信息呢？通常，需要提取重要信息、玩家需要的常用操作放置在主界面上，其他的功能可以通过信息折叠的方法简化游戏界面。如果一个游戏信息很多，但又不能有效地把它们整合在一起，即使这个游戏非常强大，玩法非常多，也不能引起玩家的兴趣。如图4-4所示为复杂的iOS游戏界面设计。

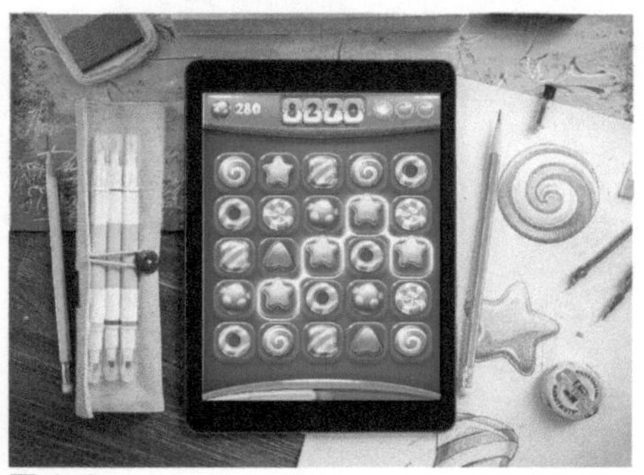

图 4-3

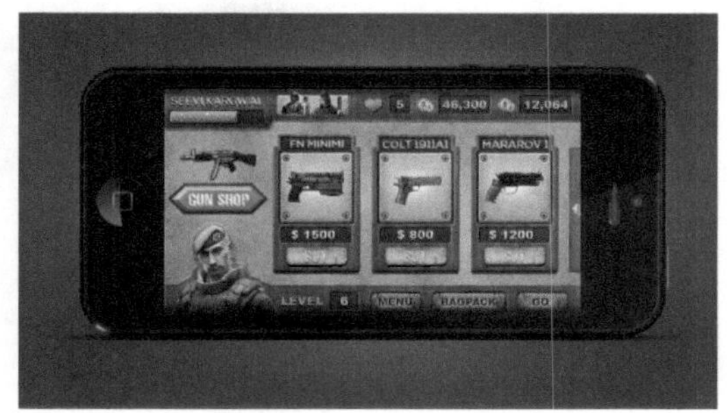

图 4-4

5. 简化游戏操作

交互的中心是用户，交互元素和用户行为是一一对应的。这直接要求游戏界面中所设计的交互元素必须在用户的可控范围内。通常，手机游戏的玩家都是通过手势、键盘等与游戏发生交互，产生可见或不可见的交互结果。在这个过程中，设计师需要注意交互的次数会直接影响到最后的结果。当一个功能被隐藏过深，交互次数在4次以上，玩家就很难达到该元素。可达到的效果也同游戏UI设计有关，过于复杂的UI界面会影响达到的效果。

需要考虑玩家获得信息的路径，特别是在手机上，手机屏幕尺寸较小，手指的操作与鼠标操作相比，缺乏足够的灵活性和准确性。所以，为了使玩家更好地获得所需要的信息，游戏中所设计的通道应该是简单的和快速的。如图4-5所示为直观、易操作的iOS游戏界面设计。

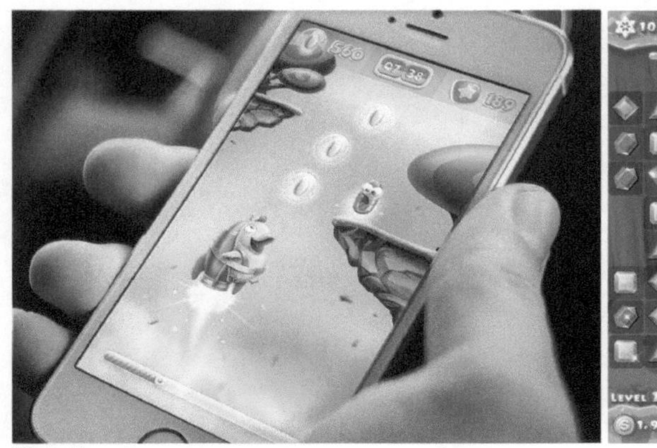

图 4-5

6. 合理地运用视觉等级

通常，在游戏界面中拥有很多信息，但是在每个时间段玩家所关注的信息的重点可能是不同的。设计时需要考虑这些阶段，尽量避免视觉的杂乱，应该引导玩家把注意力放在重要的地方。在一致性原则下，每个按钮、对话框、颜色、字体、位置都为理解界面提供了有效的帮助。清晰的层次关系为用户理解游戏的内容、降低界面上的陌生感起到了至关重要的作用。如图4-6所示为以合理的视觉层次设计的iOS游戏界面。

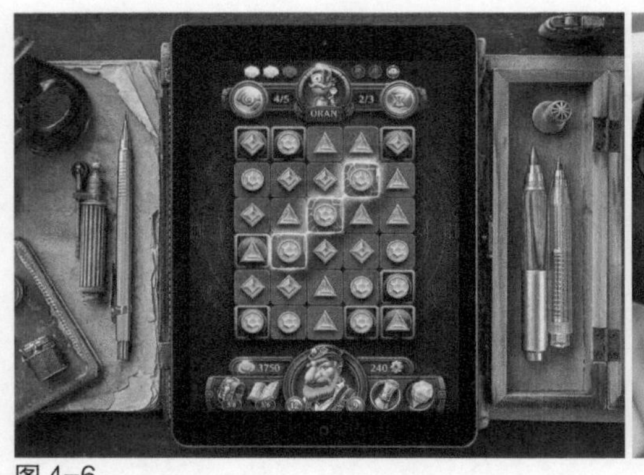

图 4-6

7. 合理的信息反馈

玩家在游戏中进行的每一步操作都带有一定的目的性，所以界面需要随时地反馈玩家的操作信息，告诉玩家当前的行为：当前状态、隐藏信息和引导提示等。

不管玩家对该游戏是有使用经验的还是没有使用经验的，不管你的交互逻辑、视觉等级结构多么清晰，玩家都会遇到各种问题。有些问题是可预测的，有些问题是不可预测的。特别是在手机游戏的使用中，玩家的时间本来就是短暂的、碎片化的，他们也没有足够的耐心去寻找误操作的解决方法，所以设计师在游戏UI界面的设计过程中要为玩家提供反馈信息，及时给出相应的提示和解决方法。如图4-7所示为iOS游戏界面中及时的信息反馈。

图 4-7

8. 简化、规范化文字描述

所有的界面基本上都有文字的存在，大多数玩家在游戏过程中不会有心情阅读大量的文字，过多的文字描述，会使玩家反感。华丽的辞藻或专业化的术语同样也会干扰玩家的体验。设计师需要让游戏界面中的文字尽量简单化、口语化，这样更加贴近用户。如图4-8所示为iOS游戏界面中的文字运用。

图 4-8

【自测1】制作连字手机游戏界面

视频：光盘\视频\第4章\连字手机游戏界面.swf　源文件：光盘\源文件\第4章\连字手机游戏界面.psd

- 案例分析

案例特点：本案例设计一款连字手机游戏界面。在该游戏界面的设计过程中，采用了扁平化的设计风格对游戏界面进行设计，使用简约的基本图形来构成整个游戏界面。

制作思路与要点：简单、个性化已经成为目标受众的诉求点之一，连字游戏并不需要过多复杂的图形装饰，最重要的是界面中的内容清晰，便于玩家的思考和操作，所以在本案例中大部分使用圆角矩形构成界面中的图形效果，并为相应的圆角矩形填充相应的色彩加以区分，使整个游戏界面清爽、简洁，使玩家能够更好地思考，更直观地进行观察。

- 色彩分析

本案例游戏界面使用蓝色作为界面的整体色调，给人一种魅力、精神的视觉印象；使用浅紫色进行搭配，更好地体现出层次感。这两种颜色的结合让人感觉很舒服，白色在整体的界面中显得较为突出，作为文字信息和一些图标的颜色再适合不过。

紫色　白色　浅紫色

- **制作步骤**

步骤01 执行“文件>新建”命令，弹出“新建”对话框，新建一个空白文档，如图4-9所示。打开素材图像“光盘\源文件\第4章\素材\101.jpg”，将其拖入到新建的文档中，如图4-10所示。

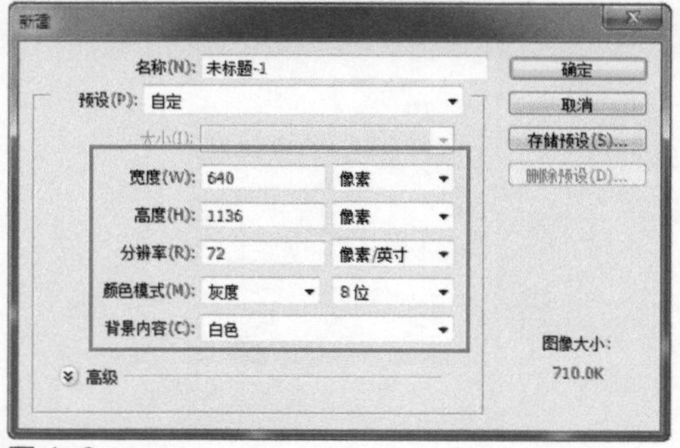

图4-9

图4-10

步骤02 新建名称为“菜单栏”的图层组，使用“椭圆工具”，在选项栏上设置“工具模式”为“形状”，在画布中绘制白色正圆形，如图4-11所示。使用相同的制作方法，完成相似图形的绘制，效果如图4-12所示。

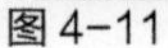
图4-11

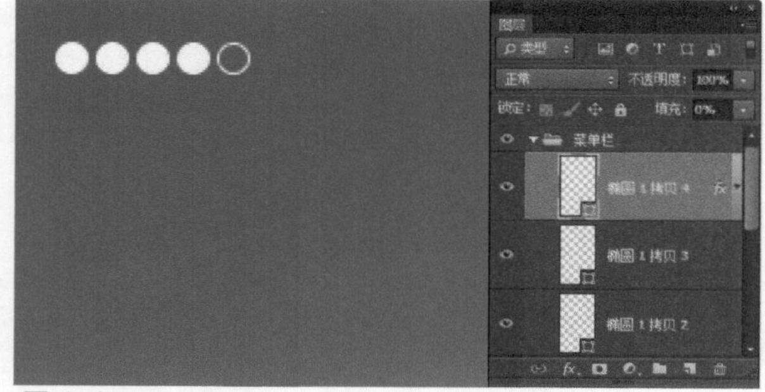

图4-12

步骤03 使用“横排文字工具”，在“字符”面板中对相关选项进行设置，在画布中输入相应的文字，如图4-13所示。使用“椭圆工具”，在画布中绘制白色正圆形，如图4-14所示。

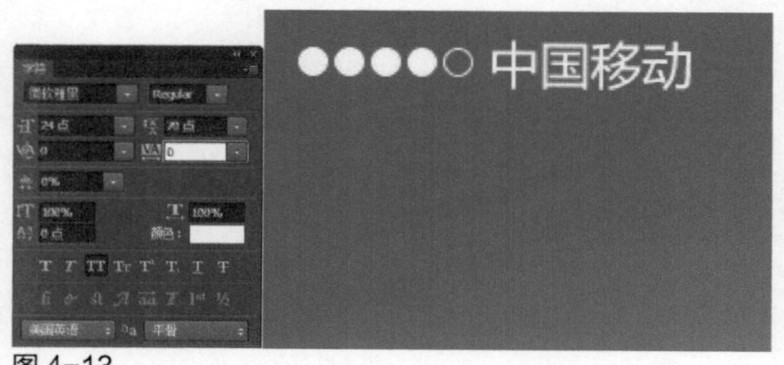

图4-13

图4-14

步骤04 使用“椭圆工具”，在选项栏上设置“路径操作”为“减去顶层形状”，在刚绘制的正圆形上减去一个正圆形，得到圆环图形，如图4-15所示。使用“路径选择工具”，同时选中组成圆环的两条路径，按快捷键Ctrl+C，复制路径，按快捷键Ctrl+V，粘贴路径，按快捷键Ctrl+T，将复制得到的路径等比例缩小，如图4-16所示。

图 4-15

图 4-16

提示

此处的圆环图形是通过两个正圆形路径相减得到的，所以在复制该圆环图形时，必须按住Shift键分别单击组成圆环的两条正圆形路径，同时选中这两条正圆形路径，再进行复制和粘贴操作。

步骤05 使用“椭圆工具”，在选项栏中设置“路径操作”为“合并形状”，在圆环中绘制白色正圆形，如图4-17所示。使用“钢笔工具”，在选项栏中设置“路径操作”为“与形状区域相交”，在刚绘制的图形上绘制路径得到相交的区域，从而得到需要的图形，如图4-18所示。

图 4-17

图 4-18

提示

设置“路径操作”为“合并形状”选项后，可以在原有路径或形状图形的基础上添加新的路径或形状图形。设置“路径操作”为“与形状区域相关”选项后，可以保留原来的路径或形状图形与当前所绘制的路径或形状图形的相关部分。

步骤06 使用相同的制作方法，完成相似图形的绘制，效果如图4-19所示。新建名称为“工具栏”的图层组，使用“圆角矩形工具”，在选项栏上设置“半径”为2像素，在画布中绘制白色的圆角矩形，并对该圆角矩形进行相应的旋转操作，效果如图4-20所示。

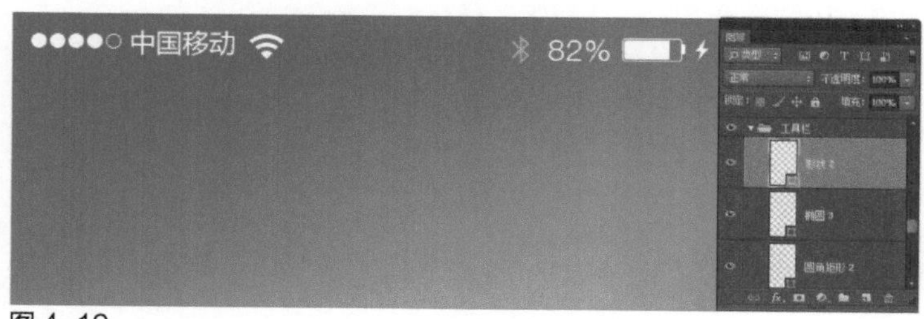

图 4-19

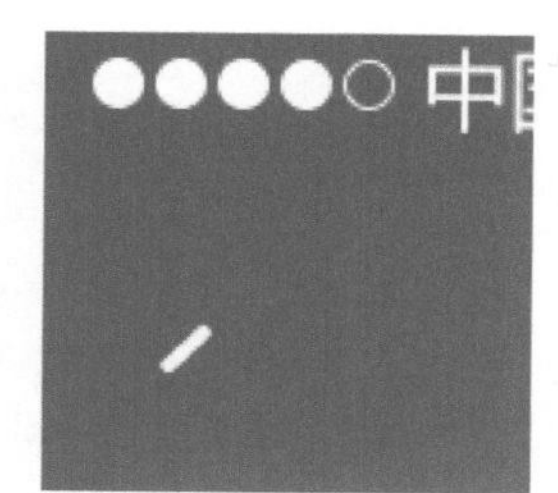
图 4-20

步骤07 使用“路径选择工具”，按住Alt键拖动刚绘制的圆角矩形，复制该圆角矩形，将复制得到的圆角矩形垂直翻转，并调整到合适的位置，如图4-21所示。使用相同的制作方法，可以完成相似图形的绘制和文字的输入，如图4-22所示。

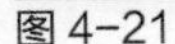
图4-21

图4-22

> **提示**
>
> 在该游戏界面中很多图形元素的边角都是圆角的，给人一种圆润、可爱的视觉效果，所以此处的箭头图形使用3个圆角矩形来构成，如果边角是直角的，则可以直接使用“直线工具”或“自定形状工具”来绘制。

步骤08 新建名称为“单词”的图层组，使用“圆角矩形工具”，在选项栏上设置“半径”为10像素，在画布中绘制白色的圆角矩形，如图4-23所示。为该图层添加“投影”图层样式，对相关选项进行设置，如图4-24所示。

图4-23

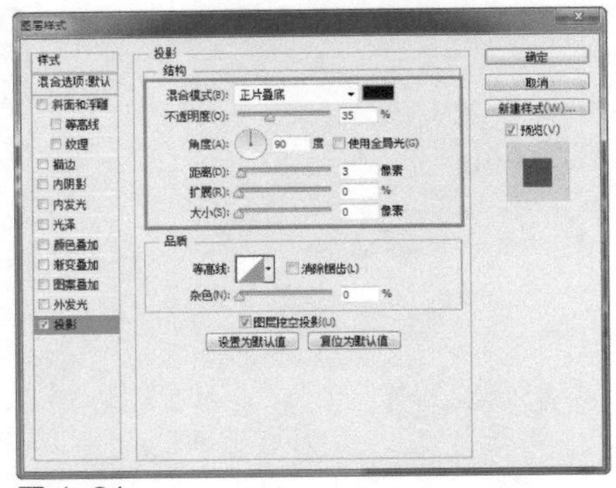

图4-24

步骤09 单击“确定”按钮，完成“图层样式”对话框中各选项的设置，效果如图4-25所示。使用“横排文字工具”，在“字符”面板中对相关选项进行设置，在画布中输入相应的文字，如图4-26所示。

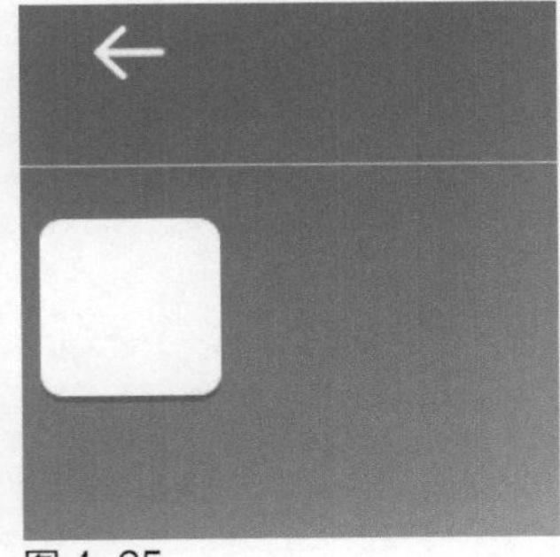
图4-25

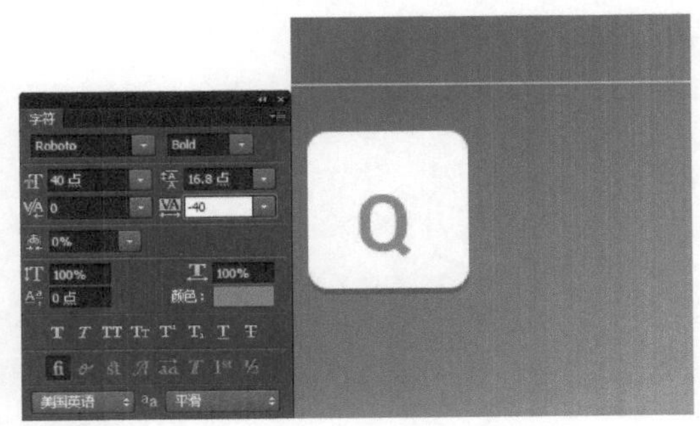

图4-26

步骤 10 使用相同的制作方法，完成相似图形的绘制，效果如图4-27所示。使用“圆角矩形工具”，在选项栏上设置“半径”为5像素，在画布中绘制白色的圆角矩形，并设置该图层的“填充”为40%，效果如图4-28所示。

图 4-27

图 4-28

步骤 11 使用“路径选择工具”，按住Alt键拖动刚绘制的圆角矩形，复制该圆角矩形，如图4-29所示。使用相同的制作方法，将圆角矩形复制多个并进行排列，效果如图4-30所示。

图 4-29

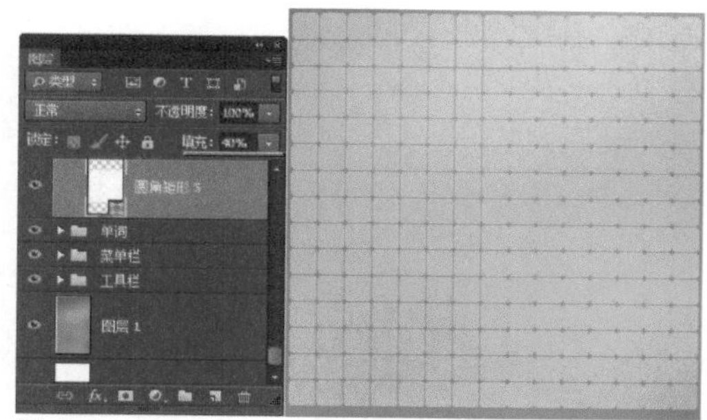
图 4-30

提示

使用“路径选择工具”选中形状图形路径，并对路径进行复制，则复制得到的形状图形与原形状图形在同一个形状图层中，而使用“选择工具”对图形进行复制时，每复制一次都会自动创建一个新的图层。

步骤 12 新建名称为“颜色”的图层组，使用“圆角矩形工具”，在选项栏上设置“填充”为RGB（132,76,168），在画布中绘制圆角矩形，效果如图4-31所示。使用相同的制作方法，可以完成游戏界面中相应内容的制作，效果如图4-32所示。

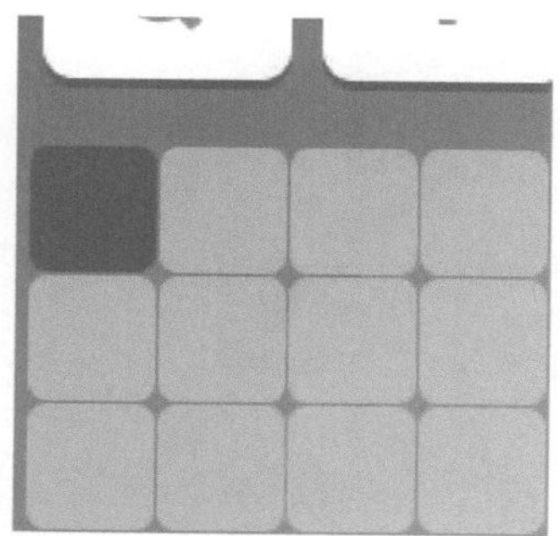
图 4-31

图 4-32

步骤 13 新建名称为“选项栏”的图层组，使用“矩形工具”，在画布中绘制黑色矩形，并设置该图层的“填充”为50%，效果如图4-33所示。使用相同的制作方法，可以在画布中绘制出两条直线，效果如图4-34所示。

图 4-33

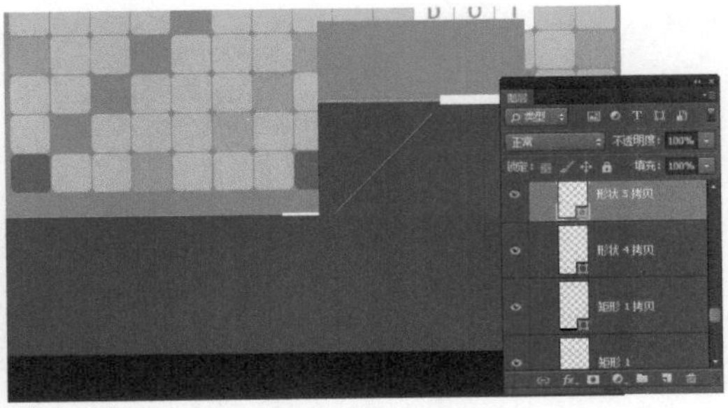

图 4-34

步骤 14 使用“椭圆工具”，在画布中绘制黑色正圆形，效果如图4-35所示。为该图层添加“描边”图层样式，对相关选项进行设置，如图4-36所示。

图 4-35

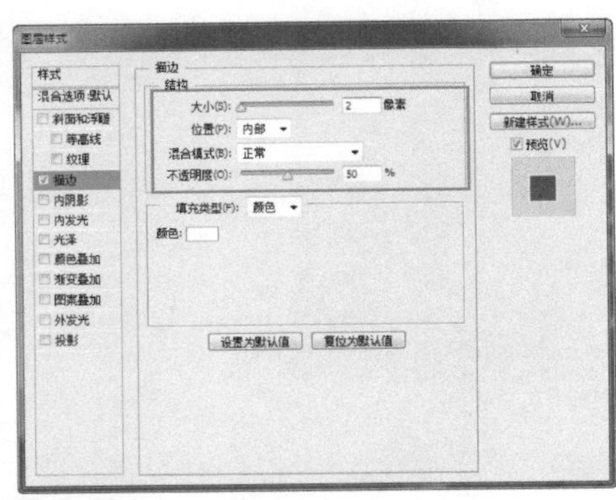

图 4-36

步骤 15 单击“确定”按钮，完成“图层样式”对话框中各选项的设置，设置该图层的“填充”为0%，效果如图4-37所示。使用“自定形状工具”，在选项栏上的“形状”下拉面板中选择合适的形状，在画布中绘制白色三角形，效果如图4-38所示。

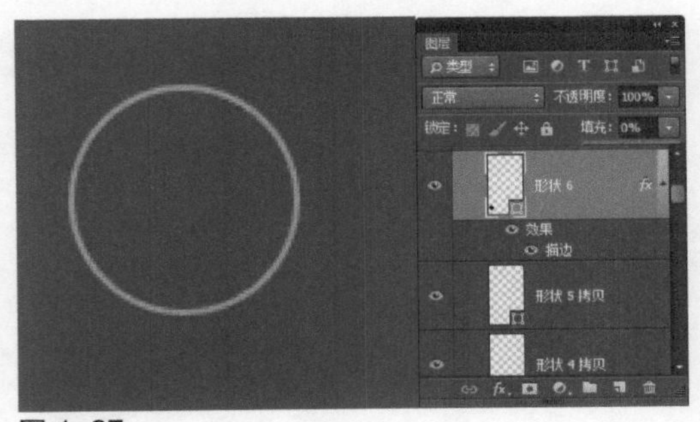

图 4-37

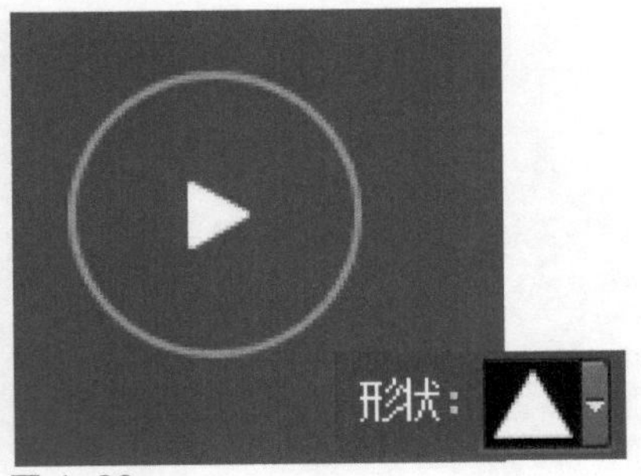

图 4-38

步骤 16 为该图层添加“描边”图层样式，对相关选项进行设置，如图4-39所示。单击“确定”按钮，完成“图层样式”对话框中各选项的设置，效果如图4-40所示。

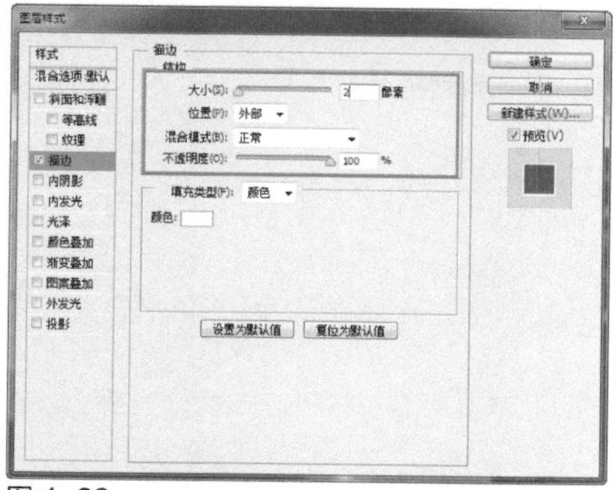

图 4-39

图 4-40

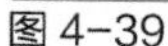
步骤 17 使用相同的制作方法，可以完成游戏界面底部其他图标效果的绘制，效果如图4-41所示。完成该连字手机游戏界面的设计制作，最终效果如图4-42所示。

图 4-41

图 4-42

4.3 手机游戏的特点

手机游戏由于其运行设备的特殊性，与传统的计算机游戏相比有其自身的特点，这些特点会直接影响到手机游戏UI的设计。

4.3.1 手机游戏的优势

1. 覆盖用户群广泛

在信息化的今天，计算机已经远远不能解决人们对信息、娱乐的需求，手机更能提供随时随地的信息、娱乐服务。手机游戏玩家将超过任何游戏平台，而且这个玩家群将覆盖不同的种族、不同的文化、不同的年龄、不同的职业。

2. 便于携带

与计算机游戏相比，手机拥有计算机的大部分功能，而且小巧轻便。人们可以随身携带，随时、随地进行游戏。

3. 能够接入网络

因为手机是网络设备，可以实现多人在线游戏，这比单机游戏的互动性要强得多。

4.3.2 手机游戏的缺点

1. 屏幕尺寸较小

手机的屏幕尺寸相对较小，在一定程度上限制了内容的展示。在一个游戏界面中不能出现太多的东西，否则小的图标或文字会给玩家阅读带来很大的负担。

由于手机屏幕尺寸较小，在游戏移植方面也有很多问题。将计算机游戏移植过来就得重新考虑布局，不仅仅是视觉效果上的布局，还包括交互方面。

2. 色彩分辨率和音效

目前中高端手机屏幕的分辨率较高，iPhone 6 Plus的分辨率已经达到1080px×1920px，但是还有许多分辨率并不高的手机，各种分辨率版本众多，多版本的分辨率对于手机游戏开发造成一定的难度。

手机游戏在音效方面，和计算机的专业音响相比还有一定的差距，也会让玩家在游戏时得不到更好的听觉享受。

3. 游戏运行时，受CPU、内存的影响较大

如果在手机上运行较大的游戏，会出现游戏画面卡死的现象，这是由于手机硬件本身的限制引起的。CPU、内存的局限，也会对手机游戏的开发产生制约。

4. 易受到干扰

当玩家正在游戏时，突然接了一个电话，就会中断游戏。设计手机游戏时要尽量考虑到这些干扰性因素，需要在后台替用户继续保留当前的游戏进度，而不是继续运行游戏或退出。

【自测2】设计iOS游戏图标

视频：光盘\视频\第4章\iOS游戏图标.swf　　源文件：光盘\源文件\第4章\iOS游戏图标.psd

- **案例分析**

案例特点：本案例设计一款iOS游戏图标。根据该款游戏的特点，使用简约的构图形式设置该图标，很形象地表现出该款游戏的特点，看到图标就能知道这是一款什么游戏，非常直观。

制作思路与要点：游戏启动图标的设计并不需要太复杂，重点在于表现出游戏的特点，使人一目了然。本案例的游戏图标，主要使用圆角矩形和圆形构成，色彩、高光、阴影等元素的应用，表现出了图标的质感，采用类扁平化的设计风格，使图标效果更加直观、易懂，在图标中为各种图形应用细微的效果，使得图标更加生动、形象。

- **色彩分析**

本案例所绘制的游戏图标，使用相同色样的黄绿色和绿色对称分割图标的背景，在视觉上形成棋盘格的效果，绿色可以给人自然、健康的印象，搭配黑色和白色的棋子，与现实生活中该游戏的色

彩相统一，具有很好的视觉统一效果，整个图标的色彩搭配具有清新、自然、简约的视觉效果。

绿色　　黄绿色　　黑色

- **制作步骤**

步骤01 执行“文件>打开”命令，打开素材图像“光盘\源文件\第4章\素材\201.jpg”，如图4-43所示。使用“圆角矩形工具”，在选项栏上设置“工具模式”为“形状”、“半径”为30像素，在画布中绘制一个白色圆角矩形，如图4-44所示。

图 4-43

图 4-44

步骤02 为该图层添加“渐变叠加”图层样式，对相关选项进行设置，如图4-45所示。继续添加“投影”图层样式，对相关选项进行设置，如图4-46所示。

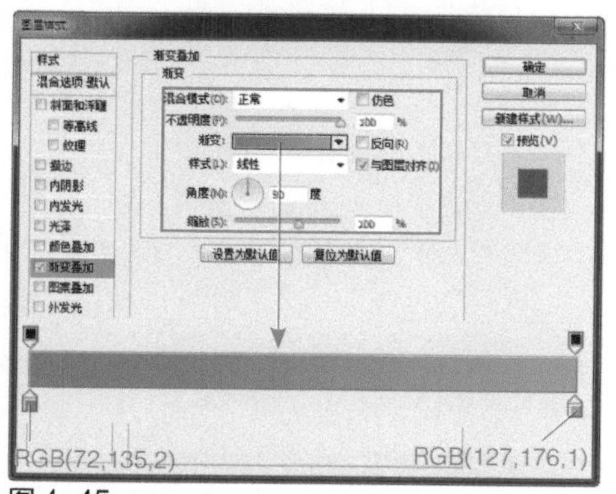

图 4-45

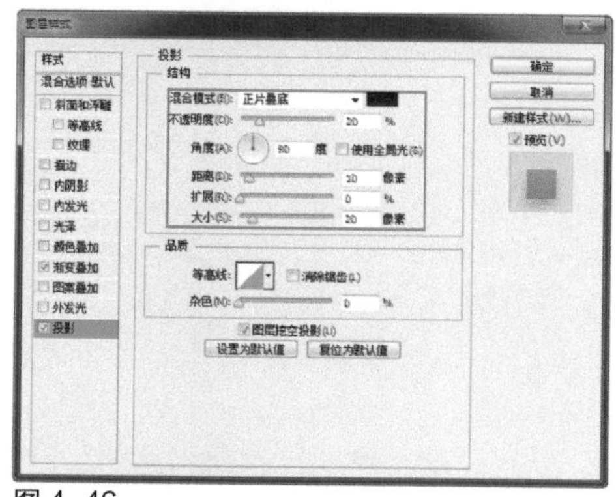
图 4-46

步骤03 单击“确定”按钮，完成“图层样式”对话框中各选项的设置，效果如图4-47所示。复制“圆角矩形1”图层，得到“圆角矩形1拷贝”图层，清除该图层的图层样式，使用“矩形工具”，设置“路径操作”为“减去顶层形状”，在圆角矩形上减去相应的矩形，得到需要的图形，如图4-48所示。

提示

在绘制的时候需要注意，此处绘制的是相互对称的图形。可以在完成圆角矩形的复制后，按快捷键Ctrl+T，显示自由变换框，拖出参考线来定位圆角矩形的中心点位置，然后再在圆角矩形中减去相应的图形。

图 4-47

图 4-48

步骤 04 为该图层添加“内发光”图层样式，对相关选项进行设置，如图4-49所示。单击“确定”按钮，完成“图层样式”对话框中各选项的设置，设置该图层的“混合模式”为“柔光”、“不透明度”为60%，效果如图4-50所示。

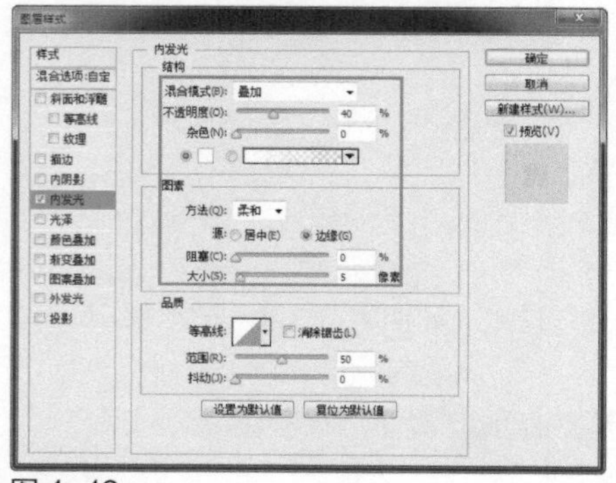

图 4-49

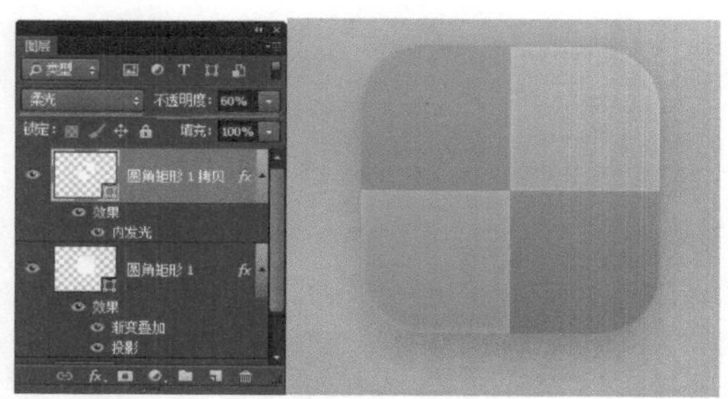

图 4-50

提示

“柔光”混合模式是以图层中的灰色决定图像是变亮还是变暗的，衡量标准是50%的灰色，高于这个比例则图像变亮；低于这个比例则图像变暗。效果与发散的聚光灯照在图像上相似，混合后的图像色调比较温和。

步骤 05 新建名称为“白子”的图层组，使用“椭圆工具”，在画布中绘制一个白色正圆形，如图4-51所示。为该图层添加“描边”图层样式，对相关选项进行设置，如图4-52所示。

图 4-51

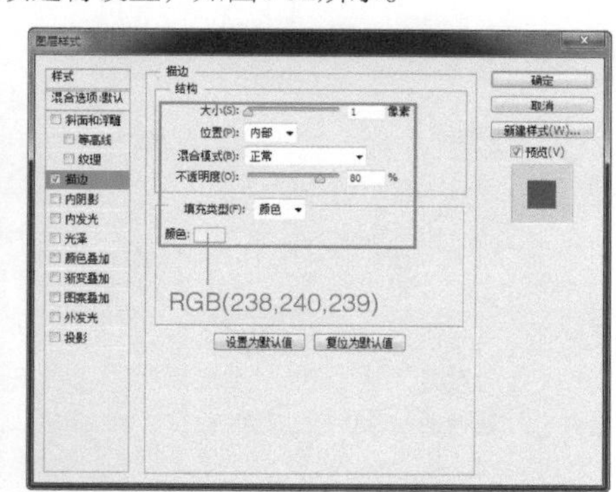

图 4-52

步骤 06 继续添加“渐变叠加”图层样式，对相关选项进行设置，如图4-53所示。继续添加“投影”图层样式，对相关选项进行设置，如图4-54所示。

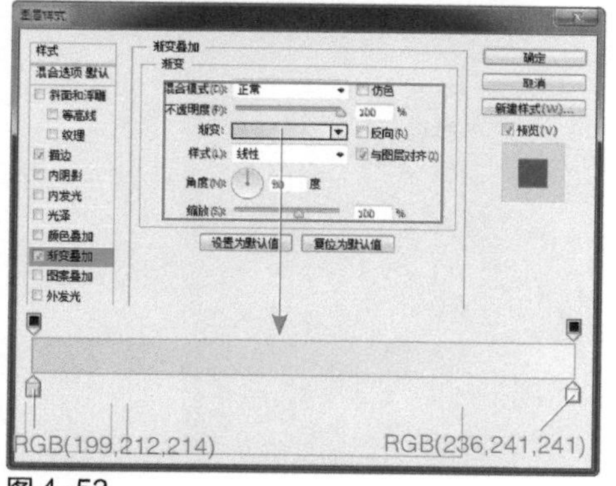

图 4-53

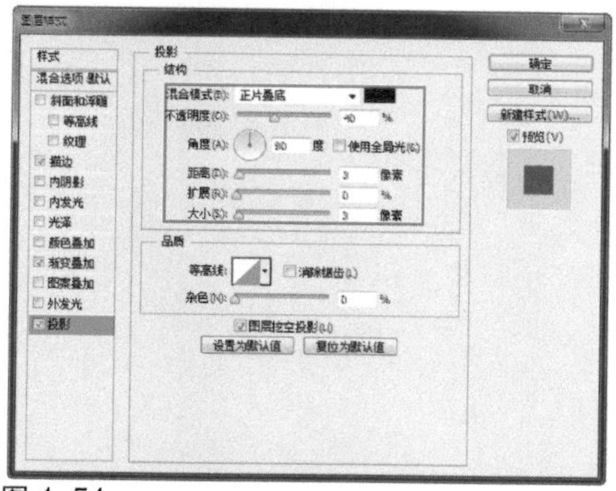

图 4-54

步骤 07 单击“确定”按钮，完成“图层样式”对话框中各选项的设置，效果如图4-55所示。使用“圆角矩形工具”，在选项栏上设置“半径”为30像素，在画布中绘制一个白色圆角矩形，效果如图4-56所示。

图 4-55

图 4-56

步骤 08 使用“钢笔工具”，在选项栏上设置“路径操作”为“减去顶层形状”，在刚绘制的圆角矩形上减去相应的图形，得到需要的图形，设置该图层的“不透明度”为40%，效果如图4-57所示。使用相同的制作方法，完成相似图形的绘制，效果如图4-58所示。

图 4-57

图 4-58

步骤 09 新建名称为“黑子”的图层组，使用相同的制作方法，完成相似图形的绘制，效果如图4-59所示。复制“黑子”图层组得到“黑子 拷贝”图层组，将复制得到的图形调整至合适的位置，如图4-60所示。

图 4-59

图 4-60

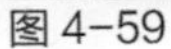

步骤 10 使用“椭圆工具”，在选项栏上设置“填充”为RGB（112,163,27）、“描边”为RGB（107,159,26）、“描边宽度”为2点，在画布中绘制一个正圆形，如图4-61所示。为该图层添加“投影”图层样式，对相关选项进行设置，如图4-62所示。

图 4-61

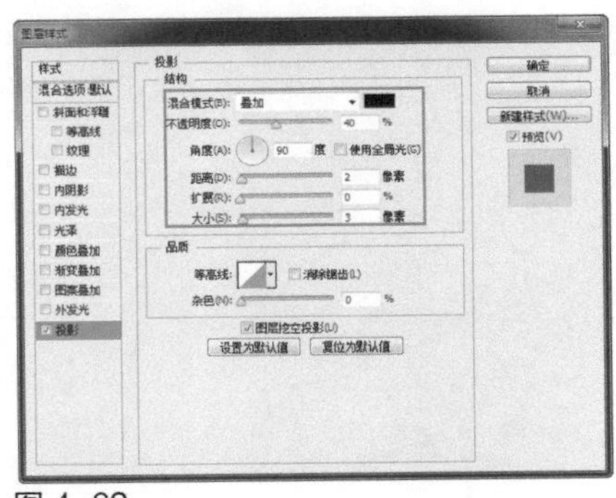

图 4-62

步骤 11 单击“确定”按钮，完成“图层样式”对话框中各选项的设置，效果如图4-63所示。新建名称为“图标”的图层组，将所有图层移至该图层组中，复制该图层组，执行“编辑>变换>垂直翻转”命令，将复制得到的图层组中的图形进行垂直翻转，并向下移动至合适的位置，如图4-64所示。

图 4-63

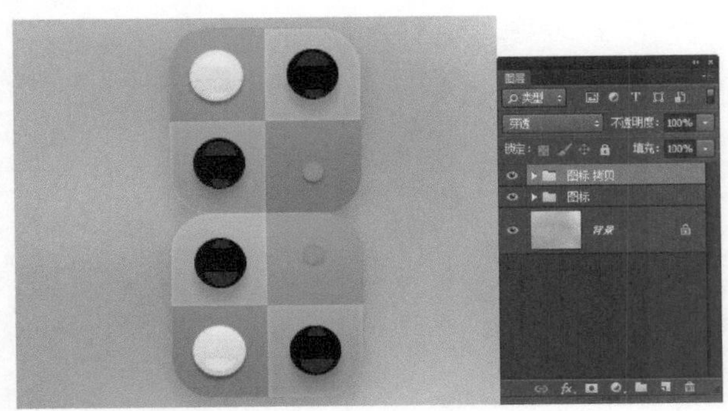

图 4-64

步骤 12 为该图层组添加图层蒙版，使用“渐变工具”，在蒙版中填充黑白线性渐变，并设置“不透明度”为50%，调整图层组位置，效果如图4-65所示。完成该iOS游戏图标的设计制作，最终效果如图4-66所示。

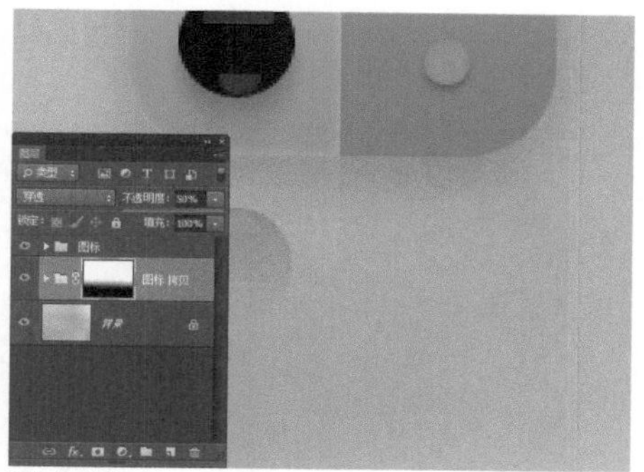

图 4-65

图 4-66

【自测3】设计五子棋手机游戏界面

视频：光盘\视频\第4章\五子棋手机游戏界面.swf 源文件：光盘\源文件\第4章\五子棋手机游戏界面.psd

- 案例分析

案例特点：设计游戏界面时要使其直观易懂，该款围棋游戏界面是通过简单的图形和文字向人们阐述游戏特点的。

制作思路与要点：该游戏界面由简单的基本图形和文字构成。通过矢量绘制工具绘制出简单的图形，并对其进行变换操作，得到想要的图形，通过图层样式设置，可以制作出高光和投影效果，使图形具有立体感，使界面具有层次，充分体现出界面的真实感。

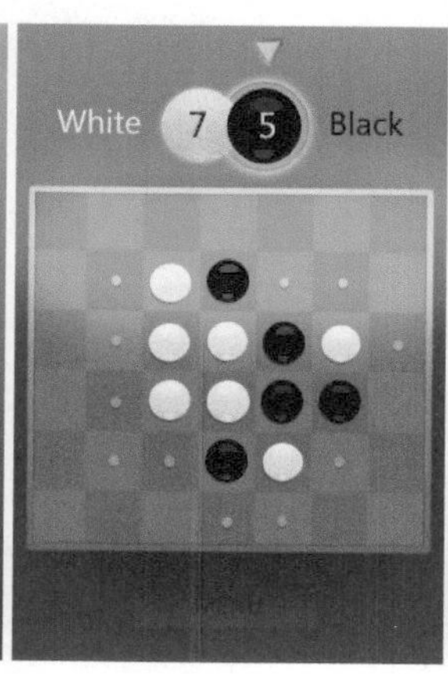

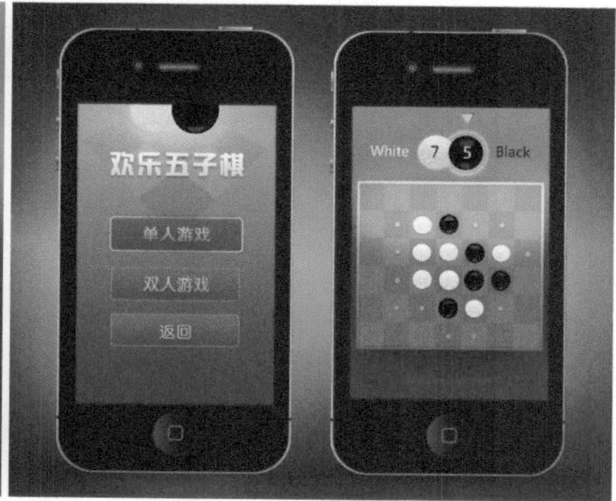

- 色彩分析

该游戏界面以绿色为主体颜色，将白色和黑色图形搭配，使界面看起来简单舒适，文字使用淡绿色，与游戏界面的整体色调相吻合。

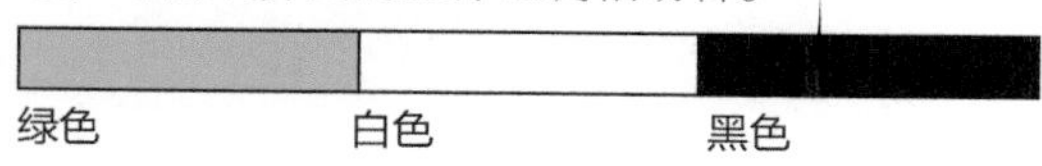

绿色 白色 黑色

- **制作步骤**

步骤01 执行“文件>新建”命令，弹出“新建”对话框，新建一个空白文档，如图4-67所示。使用“渐变工具”，在选项栏上单击渐变预览条，弹出“渐变编辑器”对话框，设置渐变颜色，如图4-68所示。

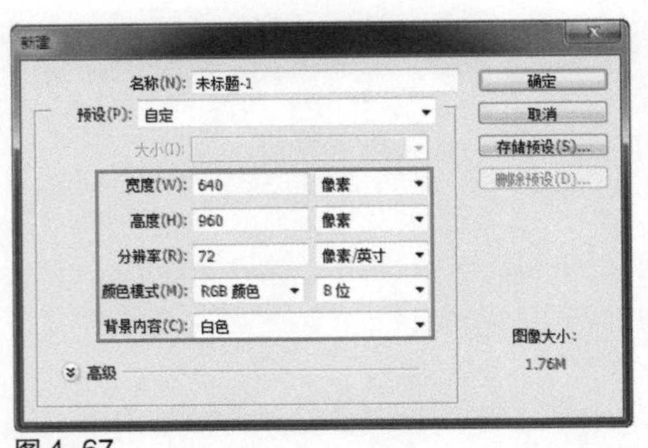

图 4-67

图 4-68

提示

在“渐变编辑器”对话框中选择一个色标并拖动它，或者在“位置”数值框中输入数值，可以调整色标的位置，从而改变渐变色的混合位置。拖动两个色标之间的菱形图标，可以调整该点两侧颜色的混合位置。

步骤02 单击“确定”按钮，完成渐变颜色的设置，在画布中填充线性渐变，效果如图4-69所示。使用“矩形工具”，在画布中绘制一个白色矩形，如图4-70所示。

图 4-69

图 4-70

步骤03 使用相同的制作方法，可以完成相似图形效果的制作，效果如图4-71所示。新建图层，选中除“背景”图层外的所有图层，使用快捷键Ctrl+E，合并图层，执行“编辑>变换>旋转”命令，将图形进行旋转操作，并调整到合适的位置，如图4-72所示。

提示

执行“编辑>变换>旋转”命令，或按快捷键Ctrl+E，在图像上显示变换框，按住Shift键对图像进行旋转操作，可以使图像以45°为增量进行旋转操作。或者在显示图像的自由变换框时，通过选项栏上的“旋转”选项直接设置需要旋转的角度。

图 4-71

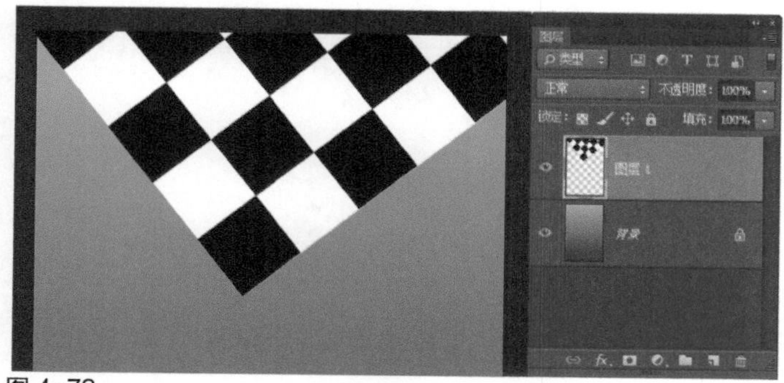
图 4-72

步骤 04 执行“编辑>变换>扭曲”命令，对图形进行扭曲操作，设置该图层的“混合模式”为“柔光”、“不透明度”为20%，效果如图4-73所示。为该图层添加图层蒙版，使用“渐变工具”，在蒙版中填充黑白线性渐变，效果如图4-74所示。

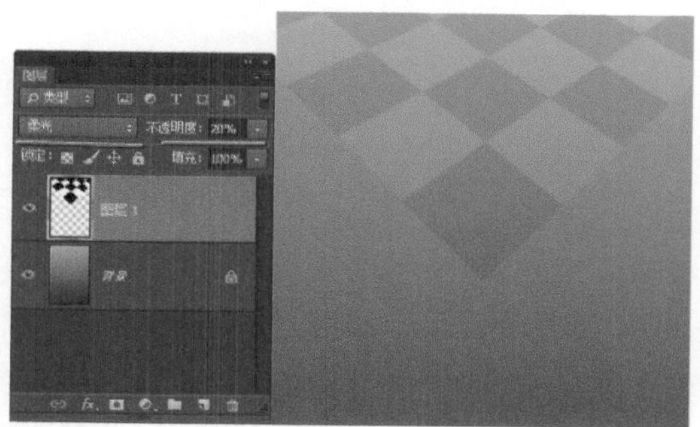
图 4-73

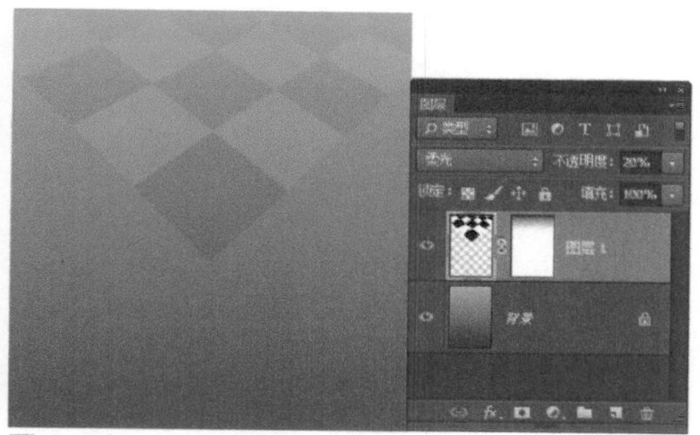
图 4-74

步骤 05 为该图层添加“投影”图层样式，对相关选项进行设置，如图4-75所示。单击“确定”按钮，完成“图层样式”对话框中各选项的设置，效果如图4-76所示。

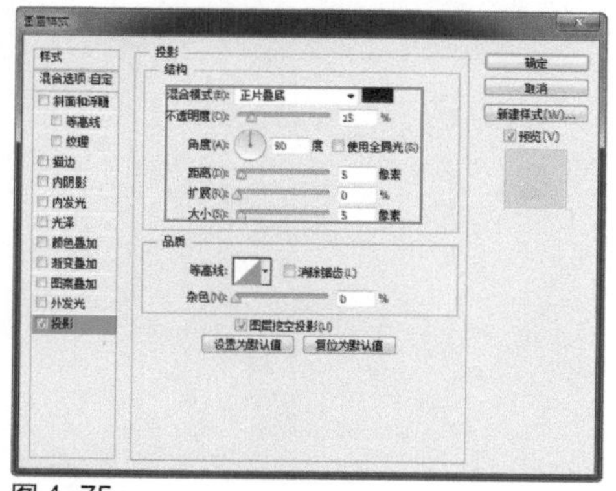
图 4-75

图 4-76

步骤 06 新建名称为“棋子”的图层组，使用“椭圆工具”，在画布中绘制一个白色正圆形，如图4-77所示。为该图层添加“描边”图层样式，对相关选项进行设置，如图4-78所示。

图 4-77

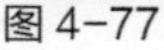

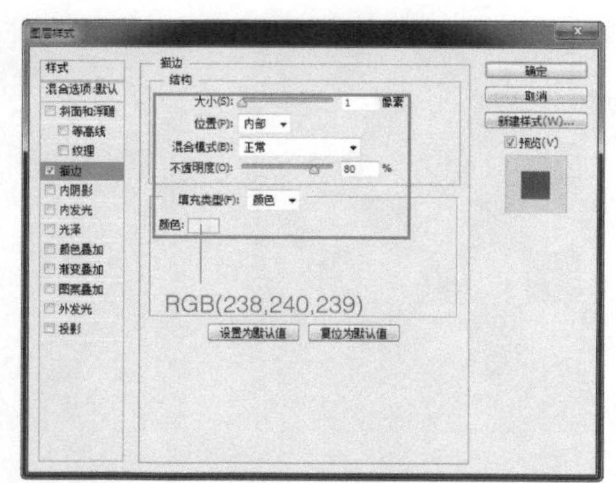

图 4-78

步骤 07 继续添加“渐变叠加”图层样式，对相关选项进行设置，如图4-79所示。继续添加“投影”图层样式，对相关选项进行设置，如图4-80所示。

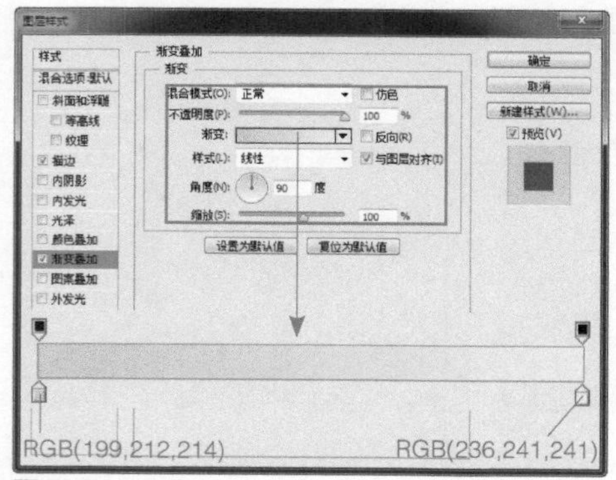

图 4-79

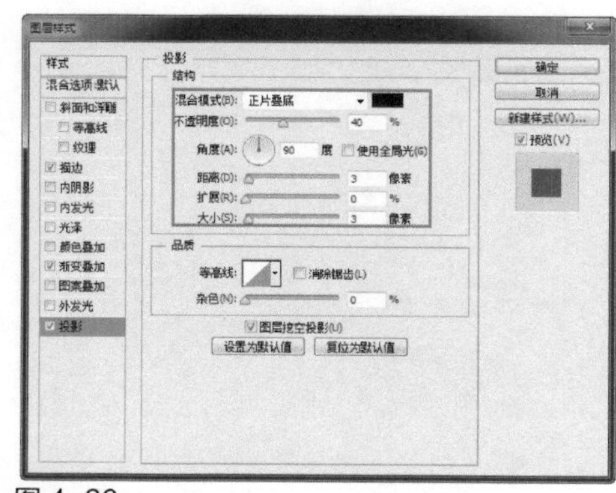

图 4-80

步骤 08 单击“确定”按钮，完成“图层样式”对话框中各选项的设置，效果如图4-81所示。使用“椭圆工具”，在画布中绘制一个白色正圆形，如图4-82所示。

图 4-81

图 4-82

步骤 09 使用“钢笔工具”，在选项栏上设置“路径操作”为“减去顶层形状”，在刚绘制的正圆形上减去相应的图形，得到需要的图形，设置该图层的“不透明度”为20%，效果如图4-83所示。使用相同的制作方法，完成相似图形的绘制，效果如图4-84所示。

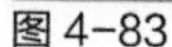

图 4-83

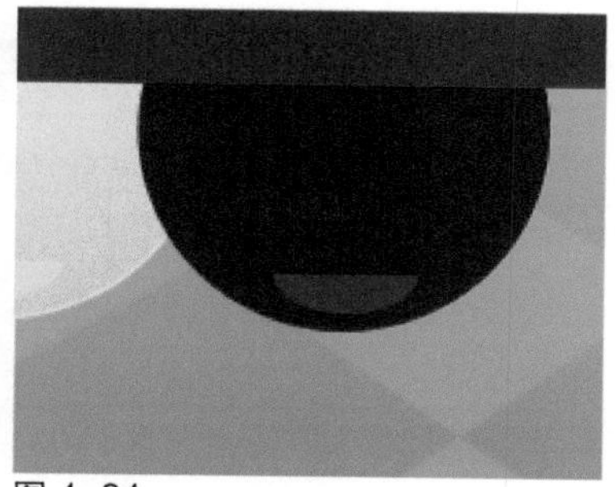

图 4-84

步骤 10 为该图层组添加“外发光”图层样式，对相关选项进行设置，如图4-85所示。单击“确定”按钮，完成“图层样式”对话框中各选项的设置，效果如图4-86所示。

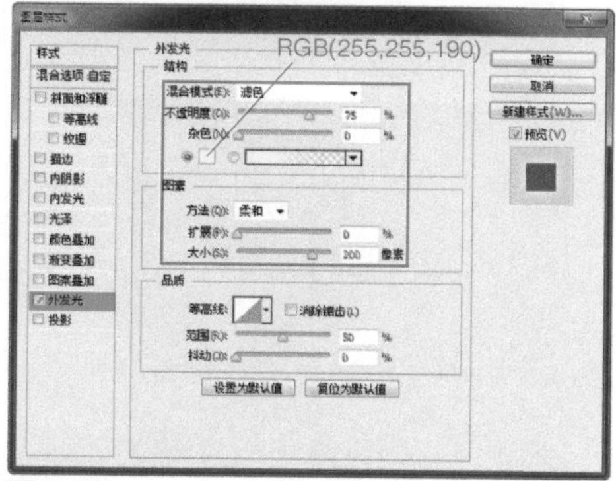

图 4-85

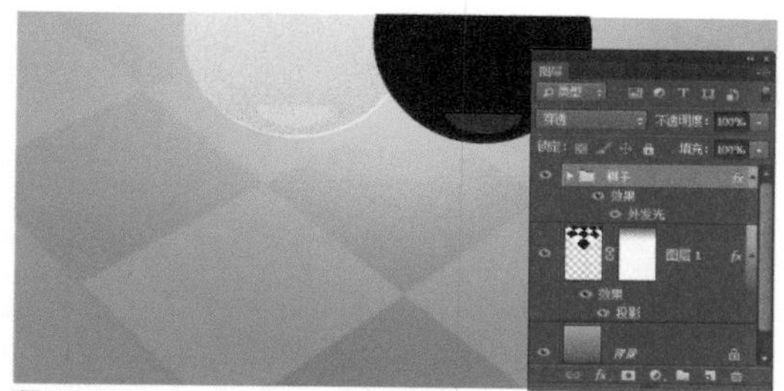

图 4-86

步骤 11 使用“圆角矩形工具”，设置“半径”为20像素，在画布中绘制一个白色圆角矩形，如图4-87所示。为该图层添加“描边”图层样式，对相关选项进行设置，如图4-88所示。

图 4-87

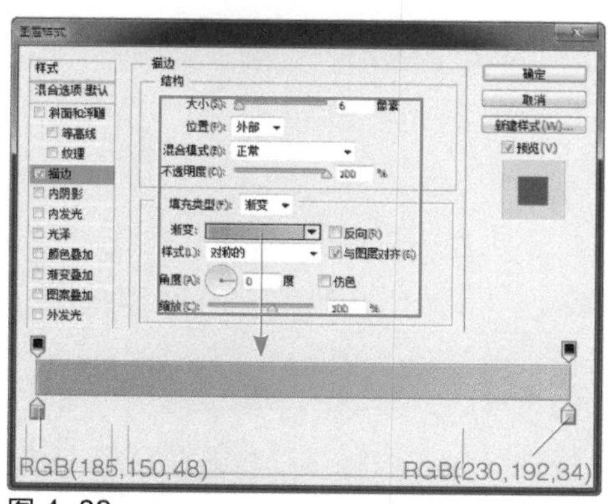

图 4-88

步骤 12 继续添加“渐变叠加”图层样式，对相关选项进行设置，如图4-89所示。继续添加“投影”图层样式，对相关选项进行设置，如图4-90所示。

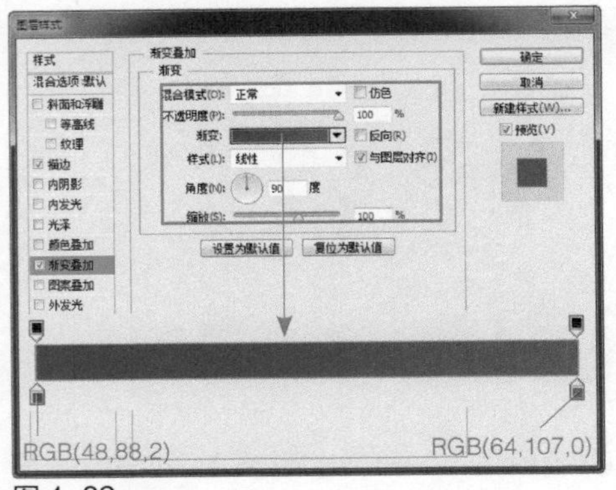

图 4-89

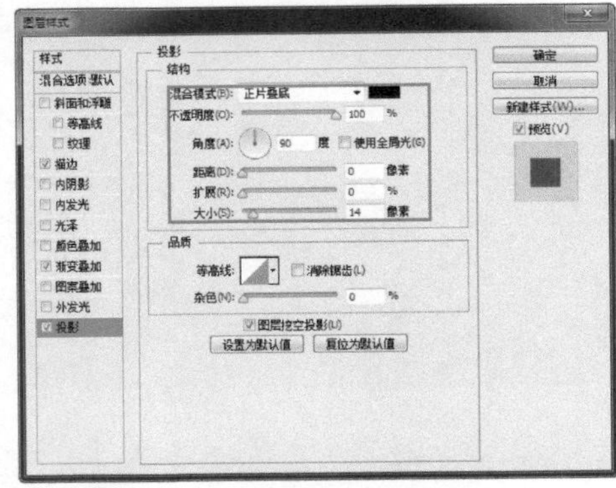

图 4-90

步骤 13 单击“确定”按钮，完成“图层样式”对话框中各选项的设置，效果如图4-91所示。使用相同的制作方法，完成相似图形的绘制，如图4-92所示。

图 4-91

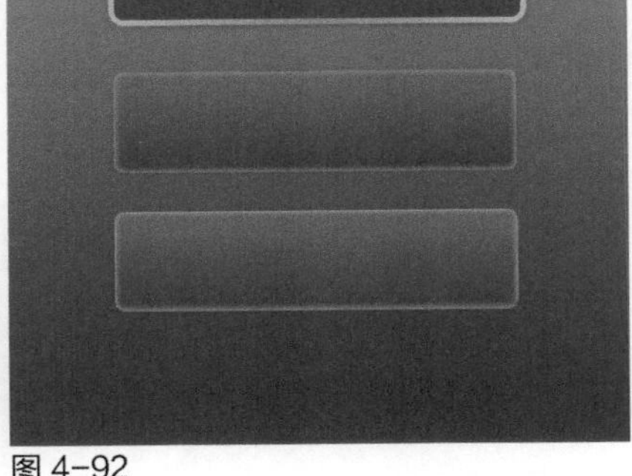

图 4-92

步骤 14 使用“横排文字工具”，在画布中输入相应的文字，如图4-93所示。为该图层添加“渐变叠加”图层样式，对相关选项进行设置，如图4-94所示。

图 4-93

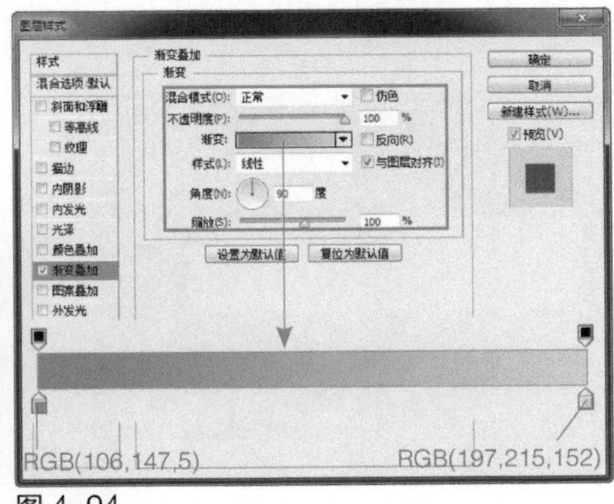

图 4-94

步骤 15 继续添加“投影”图层样式，对相关选项进行设置，如图4-95所示。单击“确定”按钮，完成“图层样式”对话框中各选项的设置，效果如图4-96所示。

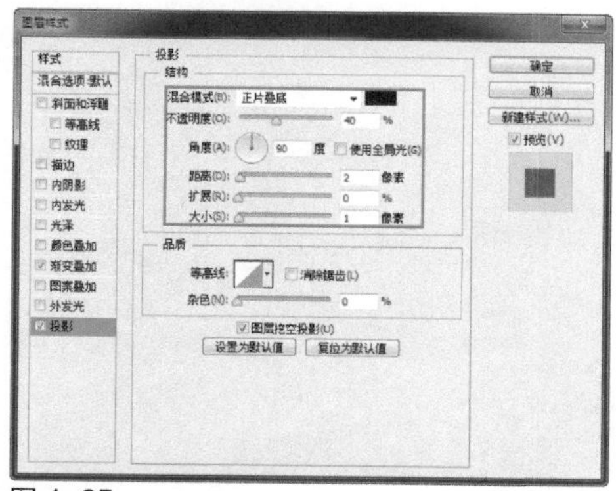

图 4-95

图 4-96

步骤 16 使用相同的制作方法，完成其他文字的制作，效果如图4-97所示。执行“文件>新建”命令，弹出“新建”对话框，新建一个空白文档，如图4-98所示。

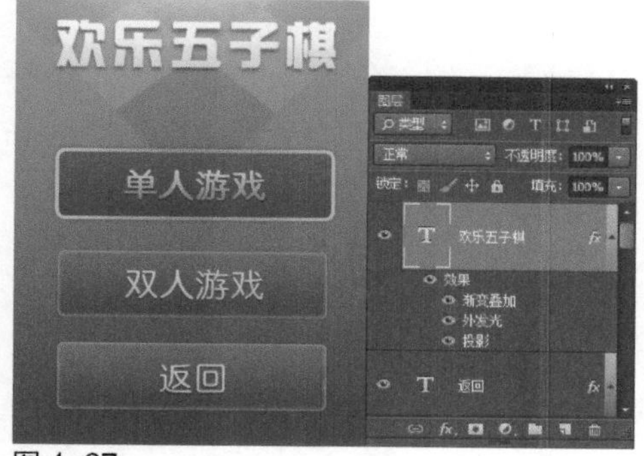

图 4-97

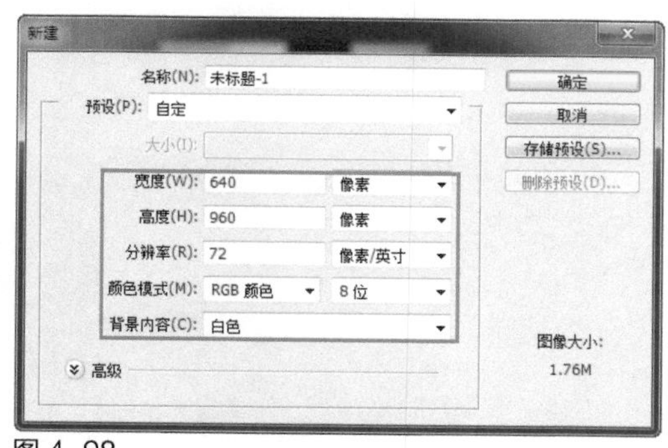

图 4-98

步骤 17 使用相同的制作方法，完成相似图形的绘制，效果如图4-99所示。使用“多边形工具”，在选项栏上设置“填充”为RGB（253,204,14）、“边数”为3，在画布中绘制一个正三角形，如图4-100所示。

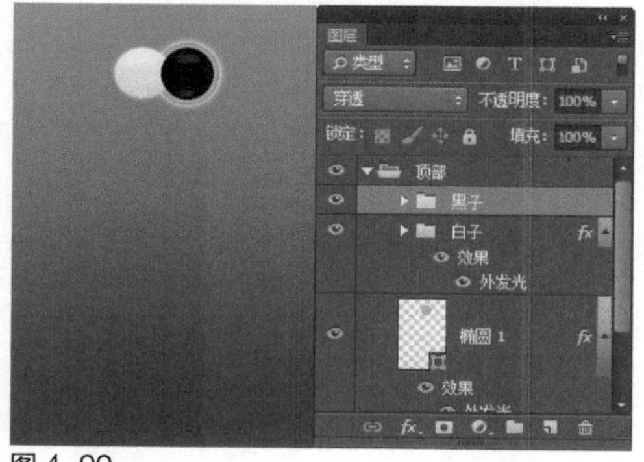

图 4-99

图 4-100

步骤 18 为该图层添加“描边”图层样式，对相关选项进行设置，如图4-101所示。单击“确定”按钮，完成“图层样式”对话框中各选项的设置，效果如图4-102所示。

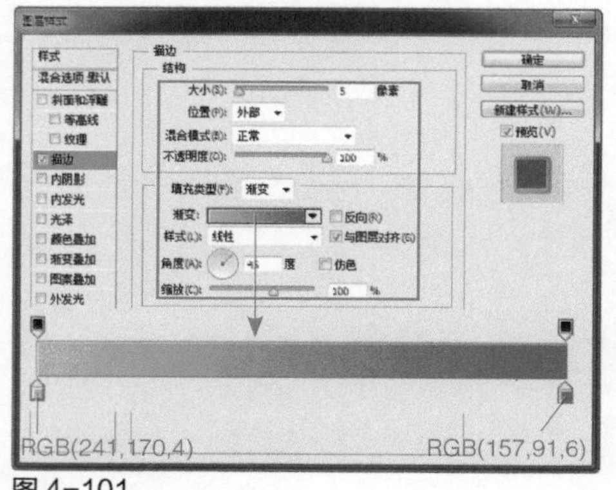

图 4-101

图 4-102

步骤 19 使用“横排文字工具”，在“字符”面板中设置相关选项，在画布中输入相应文字，如图4-103所示。新建名称为“棋盘”的图层组，使用“圆角矩形工具”，设置“半径”为5像素，在画布中绘制一个圆角矩形，如图4-104所示。

图 4-103

图 4-104

步骤 20 为该图层添加“内阴影”图层样式，对相关选项进行设置，如图4-105所示。继续添加“渐变叠加”图层样式，对相关选项进行设置，如图4-106所示。

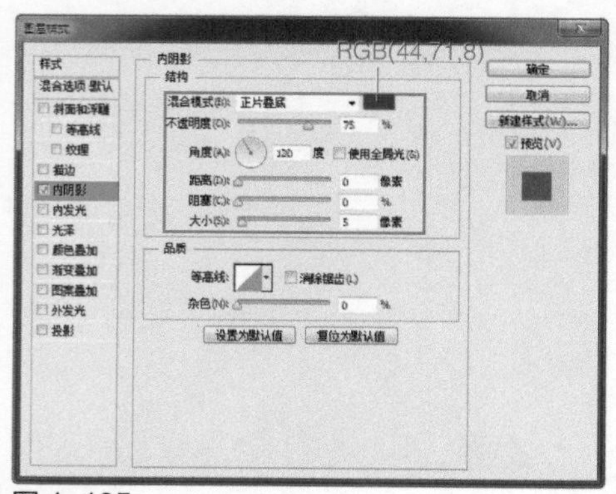

图 4-105

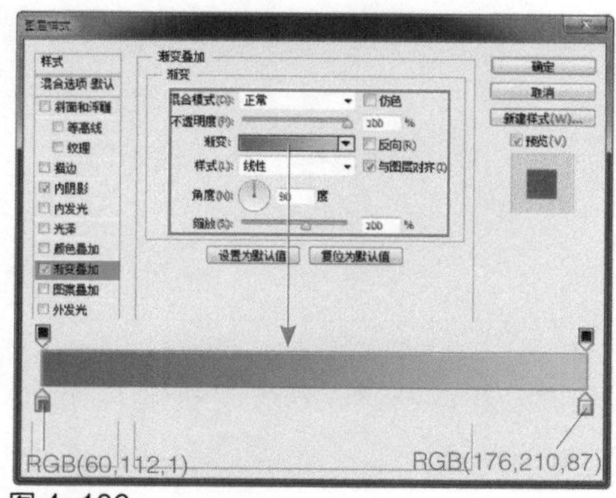

图 4-106

步骤 21 继续添加“投影”图层样式，对相关选项进行设置，如图4-107所示。单击“确定”按钮，完成“图层样式”对话框中各选项的设置，效果如图4-108所示。

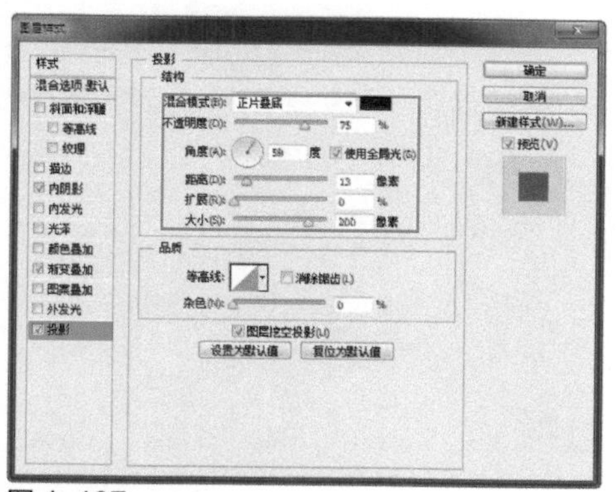

图 4-107

图 4-108

步骤22 使用“矩形工具”，设置“填充”为RGB（78,117,1），在画布中绘制一个矩形，效果如图4-109所示。为该图层添加“内阴影”图层样式，对相关选项进行设置，如图4-110所示。

图 4-109

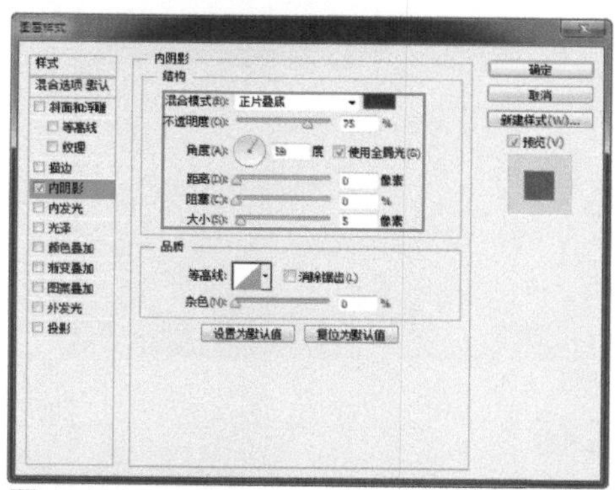

图 4-110

步骤23 单击“确定”按钮，完成“图层样式”对话框中各选项的设置，效果如图4-111所示。使用相同的制作方法，完成相似图形的绘制，如图4-112所示。

图 4-111

图 4-112

步骤24 执行“图层>创建剪贴蒙版”命令，为该图层创建剪贴蒙版，设置该图层的“混合模式”为“柔光”、“不透明度”为10%，效果如图4-113所示。新建名称为“棋子”的图层组，使用相同的制作方法，完成相似图形的绘制，效果如图4-114所示。

图 4-113

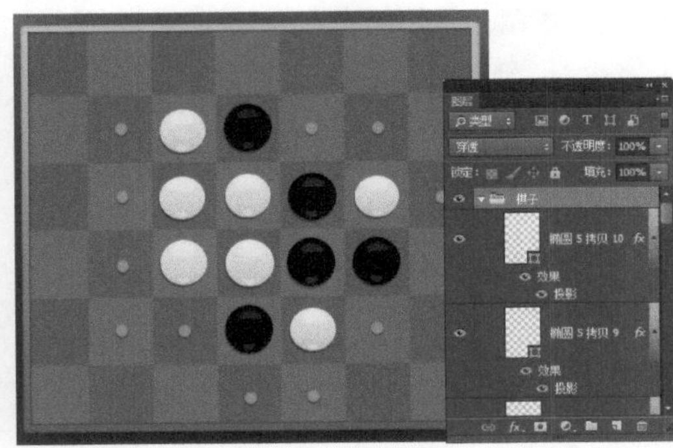

图 4-114

步骤25 新建图层，使用“画笔工具”，设置“前景色”为白色，选择合适的笔触，在画布中相应的位置涂抹，效果如图4-115所示。设置该图层的“混合模式”为“叠加”、“不透明度”为80%，效果如图4-116所示。

图 4-115

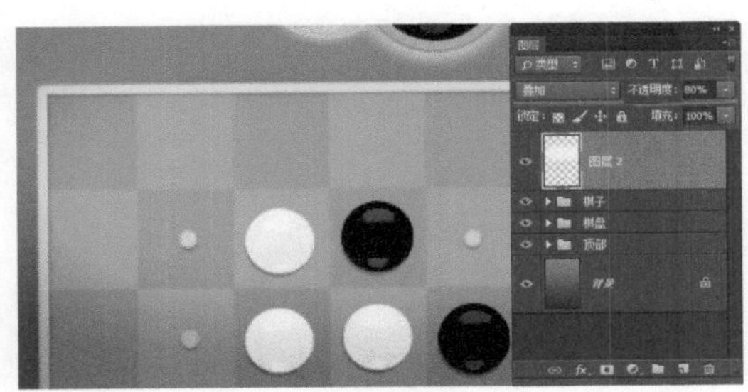

图 4-116

提示

在使用“画笔工具”进行绘制时，需要设置画笔的“不透明度”选项，此处通过制作半透明的白色图层，并且设置该图层的“混合模式”为“叠加”，可以起到提亮下方图像颜色的效果，使界面中的颜色层次丰富。

步骤26 使用“圆角矩形工具”，设置“半径”为5像素，在画布中绘制一个白色圆角矩形，如图4-117所示。为该图层添加“渐变叠加”图层样式，对相关选项进行设置，如图4-118所示。

图 4-117

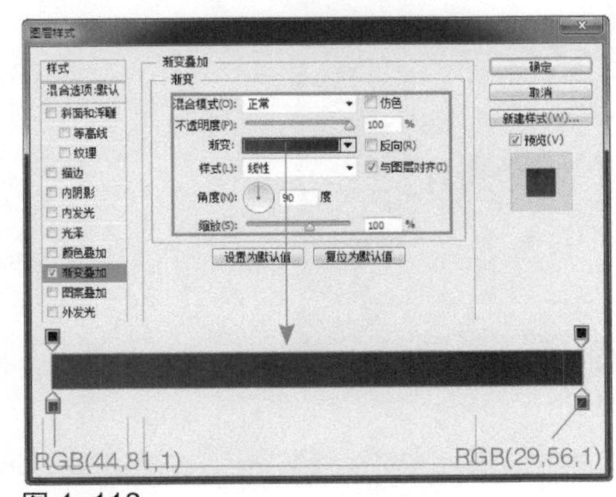

图 4-118

步骤27 单击“确定”按钮，完成“图层样式”对话框中各选项的设置，效果如图4-119所示。使用“横排文字工具”，在“字符”面板中设置相关选项，在画布中输入相应文字，如图4-120所示。

图 4-119

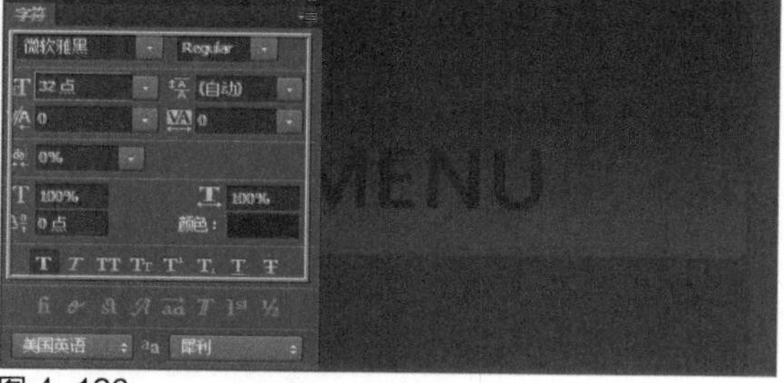

图 4-120

步骤28 完成该五子棋手机游戏界面的设计制作，最终效果如图4-121所示。

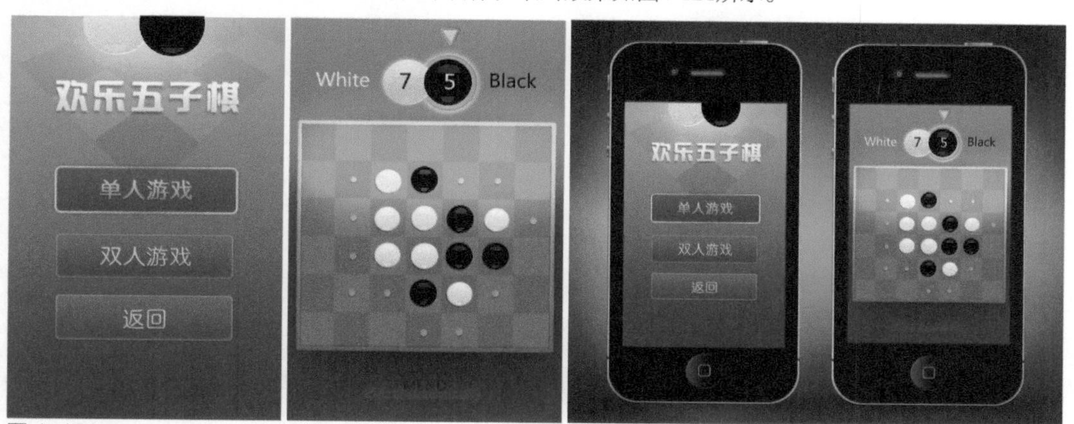

图 4-121

4.4 iPad游戏视觉设计要素

iPad是由苹果公司开发的采用iOS系统的平板电脑，提供浏览互联网、收发电子邮件、观看电子书、播放音频或视频、玩游戏等功能。由于iPad提供了比iPhone手机更大的屏幕，所以在iPad上玩游戏可以给玩家带来更好的视觉和用户体验。接下来向大家介绍一些iPad游戏界面设计过程中的视觉设计要素。

4.4.1 圆角、阴影和高光

圆角、阴影和高光元素广泛地应用于苹果产品设计和iPad游戏界面UI设计中，通过这3种视觉图形元素的添加，可以使游戏图标、界面更加具有质感。

通过对游戏界面中元素的圆角处理，在元素边缘添加相应的阴影，可以突出元素的立体感；在元素上方添加月牙形的高光图形，可以使元素具有很强的质感。如图4-122所示为iOS系统游戏界面中圆角、阴影和高光的表现。

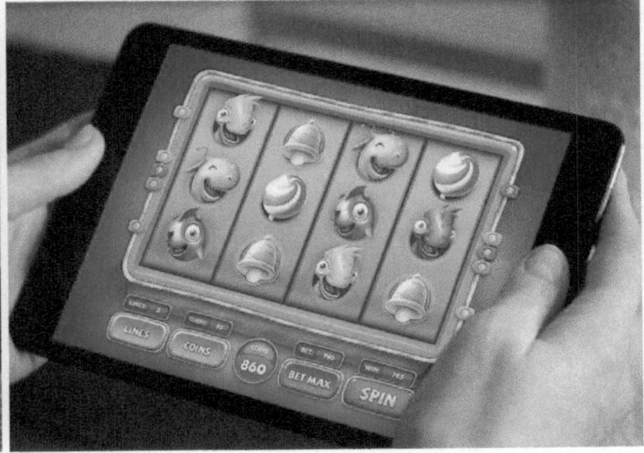

图 4-122

4.4.2 半透明

半透明也是iPad游戏界面中常用的视觉设计要素，尤其是用于菜单和边框设计时，半透明元素可以有效地增强游戏界面的灵动、深邃和通透感。另外，当需要在游戏界面中弹出一些面板、对话框或菜单时，可以在游戏的整体界面上添加半透明的纯色覆盖，既美观，又不干扰视觉。如图4-123所示为iOS系统游戏界面中半透明元素的表现。

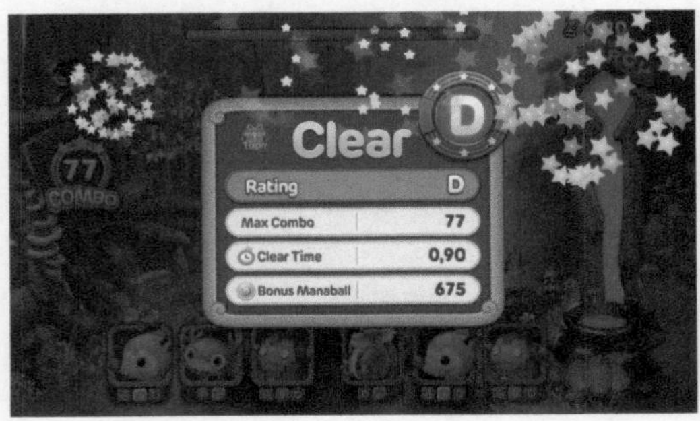

图 4-123

4.4.3 拟物化

游戏UI设计不同于网页或软件等其他领域的UI设计，游戏UI需要能够将玩家带入到游戏当中来，显然拟物化的设计风格比扁平化的设计风格更加适合用于游戏UI界面的设计。出色地在游戏UI界面中使用拟物化设计风格，可以在第一眼就打动用户，增加亲切感，减少游戏界面给玩家带来的冰冷感，因为人们对生活中的事物才是最熟悉的。如图4-124所示为拟物化的iOS系统游戏界面。

图 4-124

当然也并不是所有的游戏都适合使用拟物化的设计风格，例如一些益智类、竞技类，需要玩家认真思考的小游戏就比较适合使用扁平化的设计风格，这样可以使玩家将更多的精力放在游戏当中的思考和解答上，而不是游戏界面中的各种图形装饰。

4.4.4 空间感

空间感并不是一个空泛的概念，而是处处体现在游戏界面设计中。它的一个典型表现方式，就是打破平面感，用立体和三维方式来展现。空间感的设计一是可以增加游戏界面的炫酷和华丽，二是可以用于凸显重要内容。如图4-125所示为iOS系统游戏界面中空间感的表现。

图 4-125

4.4.5 拟物音效

音效的使用可以让玩家有身临其境的感觉，尤其是模拟真实的音效。例如《植物大战僵尸》这款游戏，视觉设计的生动感、每个植物和僵尸的角色设计、情节布局的环环相扣、甚至是音效的配合，都有许多值得学习的地方。

《植物大战僵尸》这款游戏中大量使用了拟物音效，种植物时与草地摩擦的声音、子弹打到僵尸身上的响声、僵尸来临时的恐怖音效、脑子被吃掉的哀号。拟物音效让游戏更加生动，不会显示苍白平淡。

【自测4】设计iPad游戏登录界面

视频：光盘\视频\第4章\iPad游戏登录界面.swf　源文件：光盘\源文件\第4章\iPad游戏登录界面界面.psd

● 案例分析

案例特点：本案例设计的是一款iPad游戏登录界面，主要使用简约的构图方式来构成该登录界面，并通过高光、阴影等图形元素来突出视觉效果的表现。

制作思路与要点：该游戏登录界面设计比较简约，使用简单的纹理作为界面的背景，在界面左侧放置游戏角色选择选项，右侧为游戏登录框。在界面的设计过程中，通过为图形添加相应的图层样式，使基本图形表现出较强烈的层次感和质感。

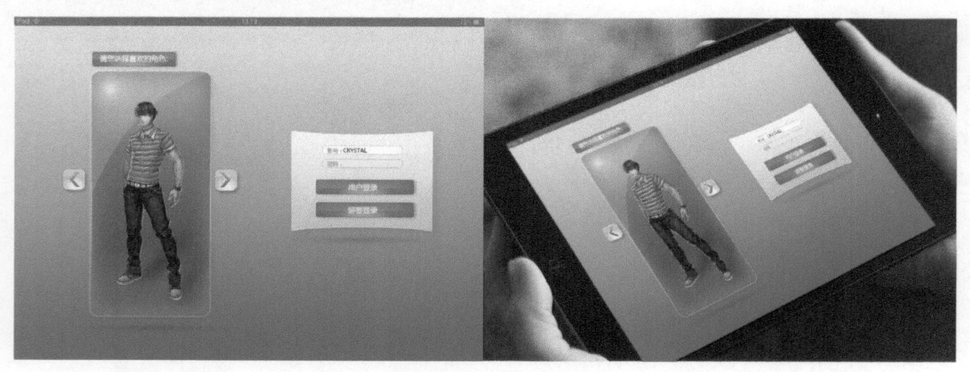

● 色彩分析

该游戏登录界面使用蓝色作为主色调。蓝色给人一种洁净、理智的印象，使用淡蓝色进行搭配，可以更好地体现出层次感；白色在整体的界面中显得较为突出，作为文字信息和一些图标的颜色再适合不过。蓝、白两种颜色的结合可以体现出明朗、清爽的感觉。

● 制作步骤

步骤 01 执行“文件>新建”命令，弹出“新建”对话框，新建一个空白文档，如图4-126所示。新建名称为“背景”的图层组，在该图层组中新建“图层1”，为该图层填充黑色，如图4-127所示。

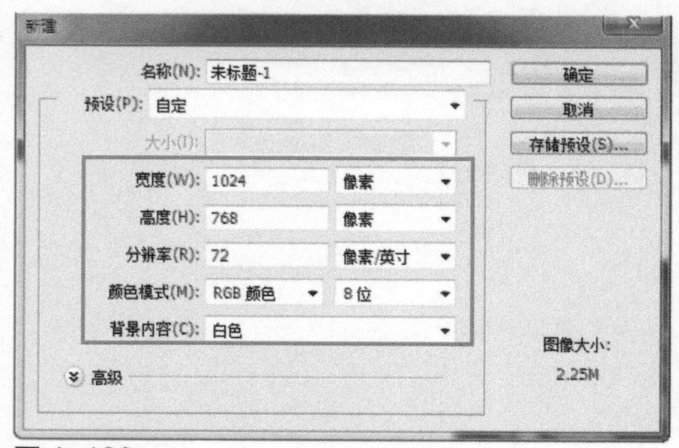

图 4-126

图 4-127

步骤 02 为该图层添加“渐变叠加”图层样式，对相关选项进行设置，如图4-128所示。单击“确定”按钮，完成“图层样式”对话框中各选项的设置，效果如图4-129所示。

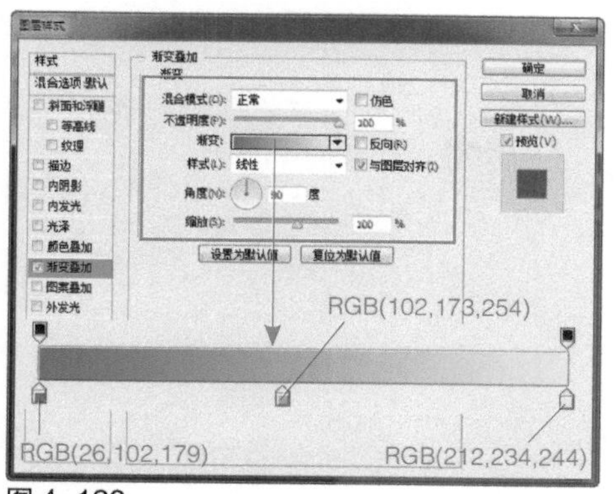

图 4-128

图 4-129

提示

在渐变预览条下方单击可以添加新色标，选择一个色标后，单击“删除”按钮，或者直接将其拖动到渐变预览条之外，可以删除该色标。

步骤 03 执行“文件>新建”命令，弹出“新建”对话框，新建一个空白文档，如图4-130所示。使用“矩形选框工具”，在画布中绘制矩形选区并填充黑色，效果如图4-131所示。

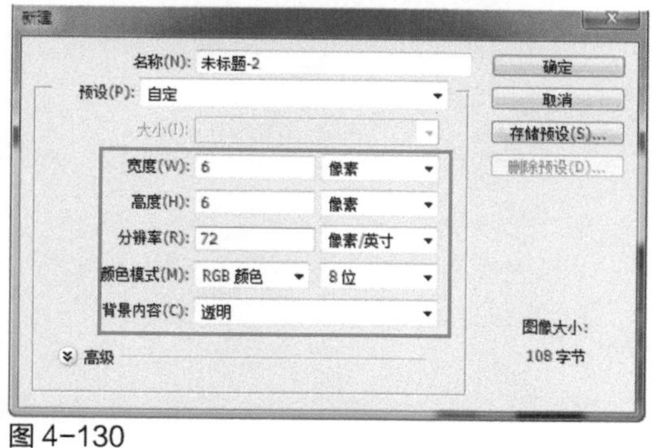

图 4-130

图 4-131

步骤 04 执行“编辑>定义图案”命令，在弹出的对话框中进行设置，将所绘制的图形定义为图案，如图4-132所示。返回设计文档中，添加“图案填充”调整图层，弹出“图案填充”对话框，具体设置如图4-133所示。

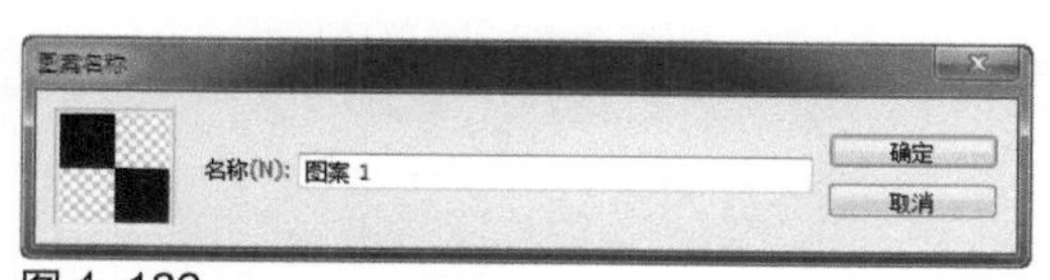

图 4-132

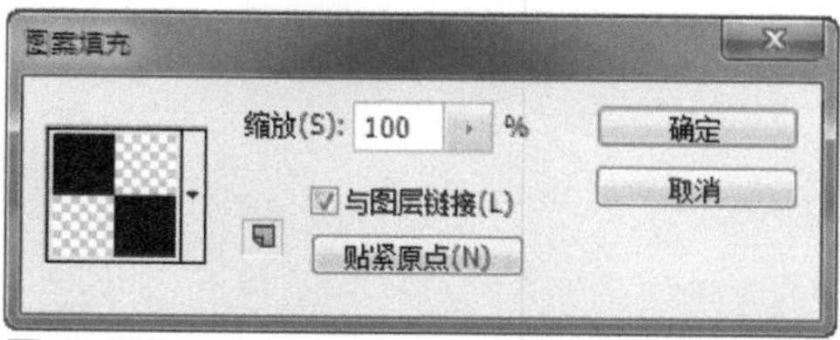

图 4-133

步骤 05 单击“确定”按钮，完成“图案填充”图层的设置，设置该图层的“不透明度”为5%，效果如图4-134所示。使用“渐变工具”，在“图案填充”图层的图层蒙版中填充黑白线性渐变，如图4-135所示。

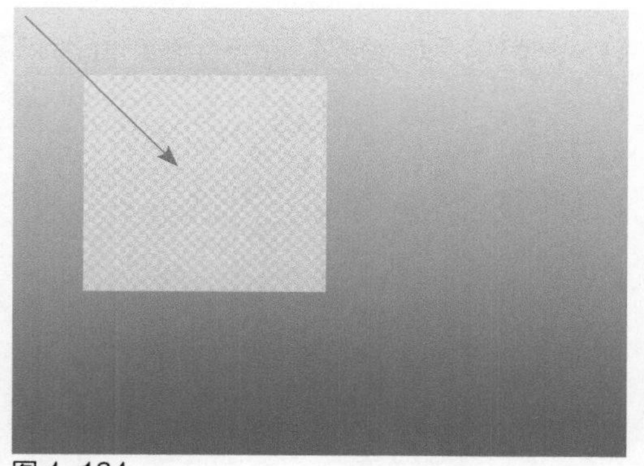

图 4-134

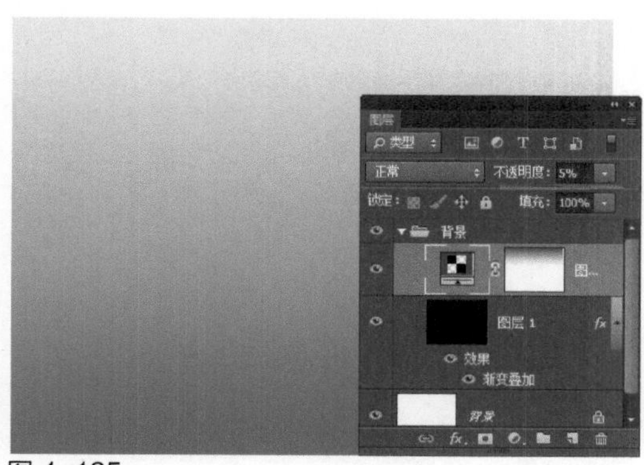

图 4-135

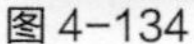步骤06 新建名称为“工具栏”的图层组，根据前面案例的制作方法，完成工具栏的制作，效果如图4-136所示。新建名称为“选择角色”的图层组，使用“圆角矩形工具”，在选项栏上设置“填充”为RGB（9,119,195）、“半径”为5像素，在画布中绘制圆角矩形，如图4-137所示。

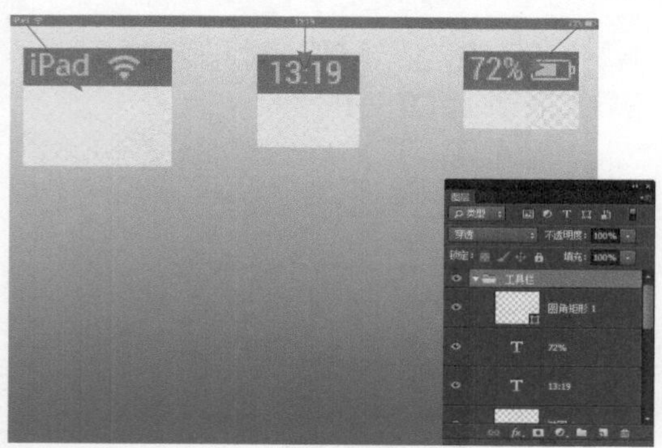

图 4-136

图 4-137

步骤07 为该图层添加“描边”图层样式，对相关选项进行设置，如图4-138所示。继续添加“内发光”图层样式，对相关选项进行设置，如图4-139所示。

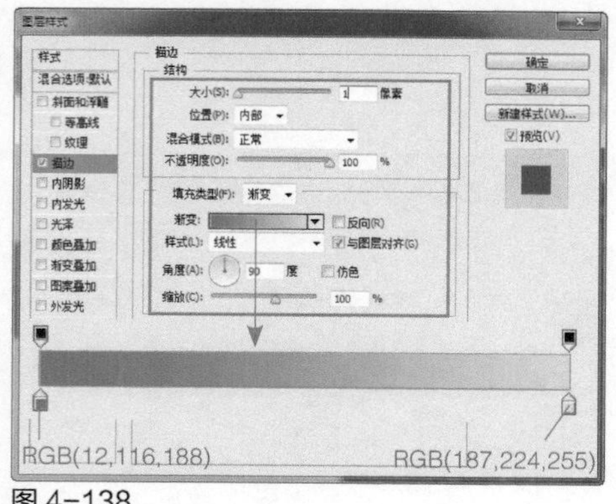

图 4-138

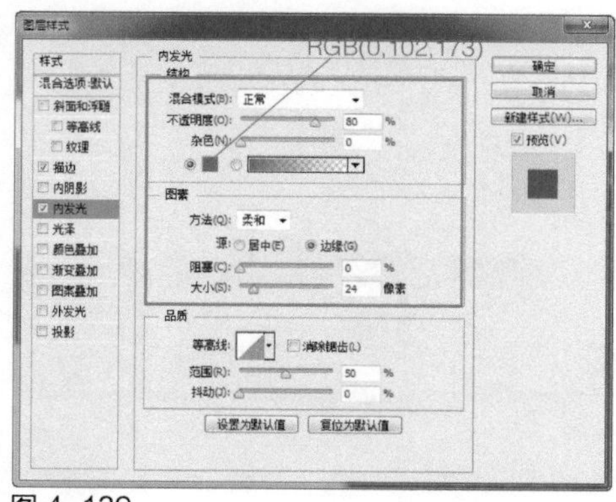

图 4-139

步骤08 继续添加“投影”图层样式，对相关选项进行设置，如图4-140所示。单击“确定”按钮，完成“图层样式”对话框中各选项的设置，效果如图4-141所示。

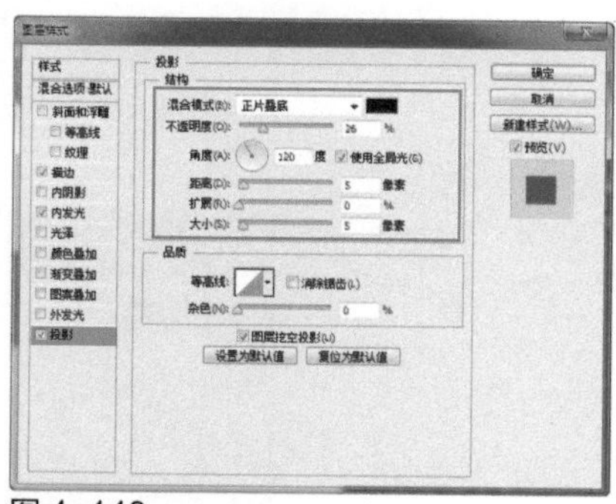
图 4-140

图 4-141

步骤 09 使用“横排文字工具”，在“字符”面板中设置相关选项，在画布中输入相应的文字，如图4-142所示。为该文字图层添加“外发光”图层样式，对相关选项进行设置，如图4-143所示。

图 4-142

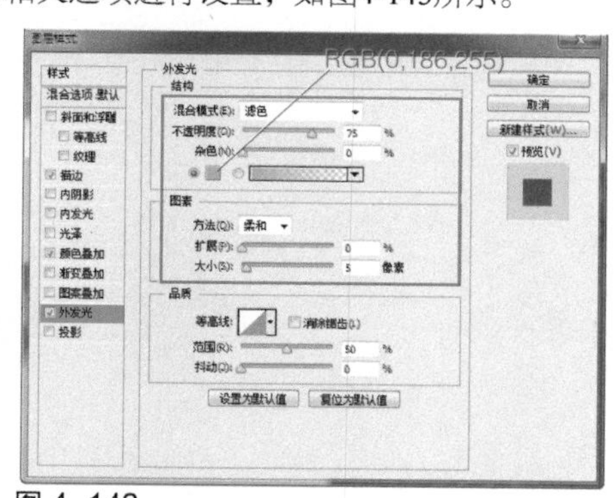

图 4-143

提示

通过“内发光”和“外发光”图层样式可以为图层添加指定颜色或渐变颜色的发光效果，这是一种在UI设计中常用的增强元素效果的方法。

步骤 10 继续添加“投影”图层样式，对相关选项进行设置，如图4-144所示。单击“确定”按钮，完成“图层样式”对话框中各选项的设置，效果如图4-145所示。

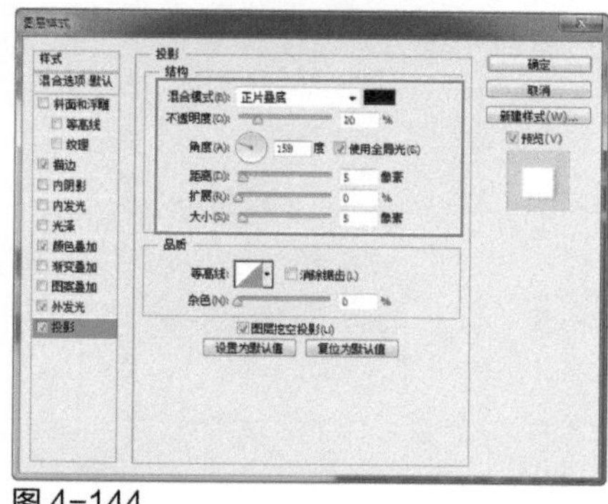
图 4-144

图 4-145

步骤 11 使用“圆角矩形工具”，在选项栏上设置“半径”为5像素，在画布中绘制白色圆角矩形，如图4-146所示。使用“圆角矩形工具”，在选项栏上设置“路径操作”为“减去顶层形状”，在刚绘制的圆角矩形上减去相应的图形，得到需要的图形，设置该图层的“不透明度”为20%，效果如图4-147所示。

图 4-146

图 4-147

步骤12 新建“图层2”，使用“画笔工具”，设置“前景色”为白色，选择合适的笔触与大小，在画布中进行涂抹，如图4-148所示。载入“圆角矩形2”选区，为“图层2”添加图层蒙版，并设置该图层的“混合模式”为“叠加”，效果如图4-149所示。

图 4-148

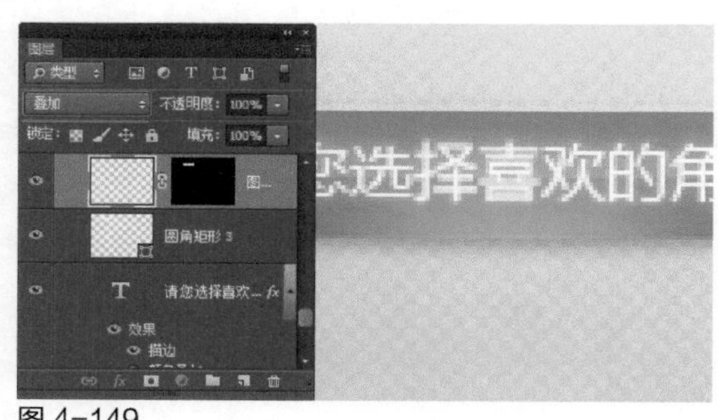

图 4-149

步骤13 使用“圆角矩形工具”，在选项栏上设置“填充”为RGB（40,144,232）、“半径”为15像素，在画布中绘制圆角矩形，如图4-150所示。为该图层添加“描边”图层样式，对相关选项进行设置，如图4-151所示。

图 4-150

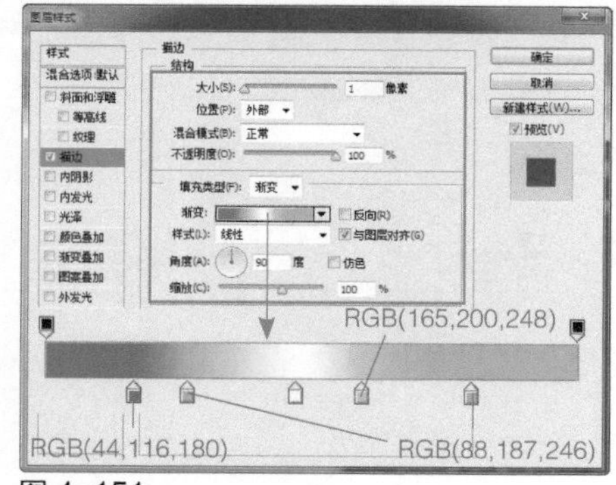

图 4-151

步骤14 继续添加“内阴影”图层样式，对相关选项进行设置，如图4-152所示。继续添加“内发光”图层样式，对相关选项进行设置，如图4-153所示。

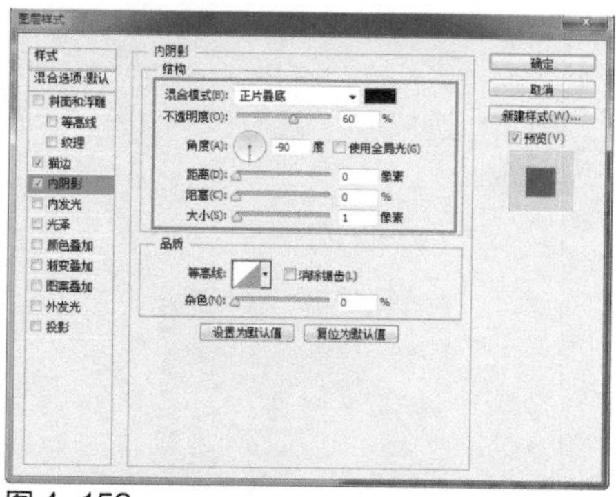

图 4-152

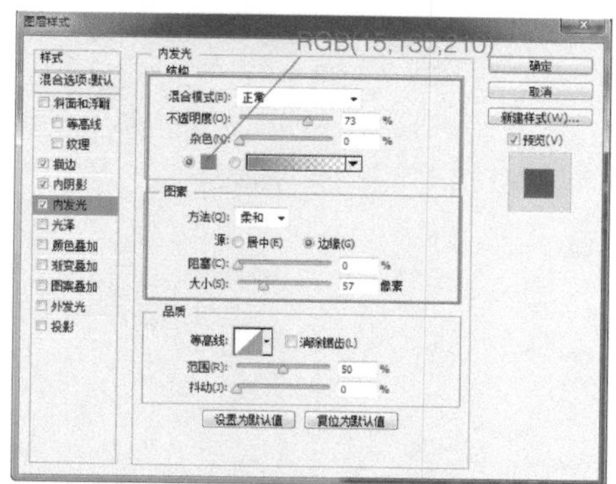

图 4-153

提示

通过“内阴影”图层样式效果可以在紧靠图层内容的边缘内添加阴影，使图层内容产生凹陷效果。如果设置“内阴影”的“距离”选项为0像素，此时为图层添加的内阴影位置就是原图像的位置，此时调整角度不会对内阴影产生影响。

步骤 15 继续添加“渐变叠加”图层样式，对相关选项进行设置，如图4-154所示。继续添加“投影”图层样式，对相关选项进行设置，如图4-155所示。

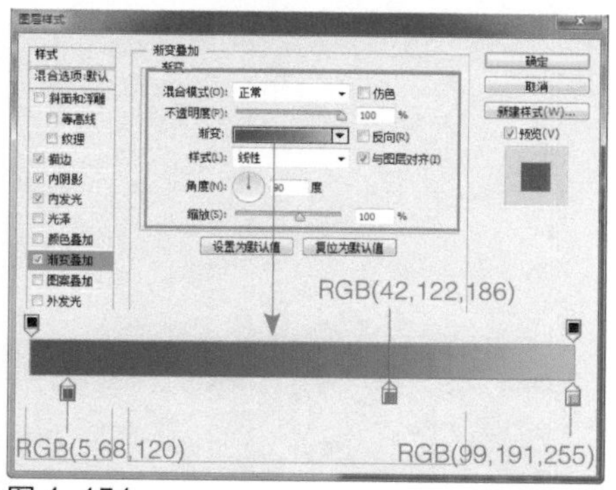

图 4-154

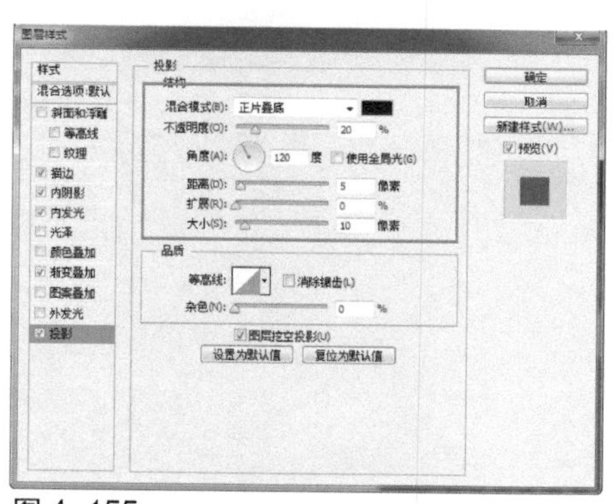

图 4-155

步骤 16 单击“确定”按钮，完成“图层样式”对话框中各选项的设置，效果如图4-156所示。使用“圆角矩形工具”，在选项栏上设置“填充”为无、“描边”为白色、“描边宽度”为5点，在画布中绘制圆角矩形，设置该图层的“不透明度”为20%，效果如图4-157所示。

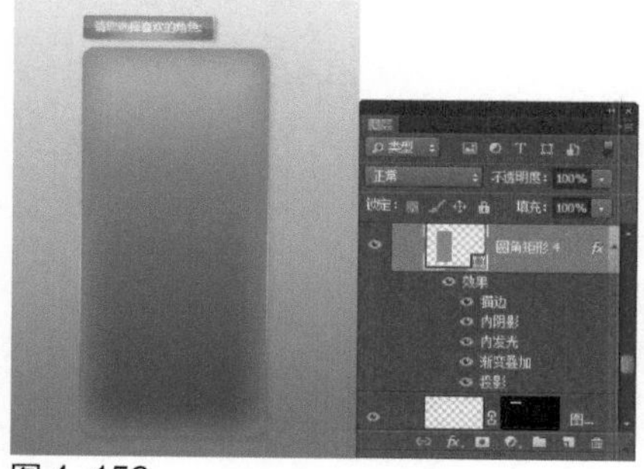

图 4-156

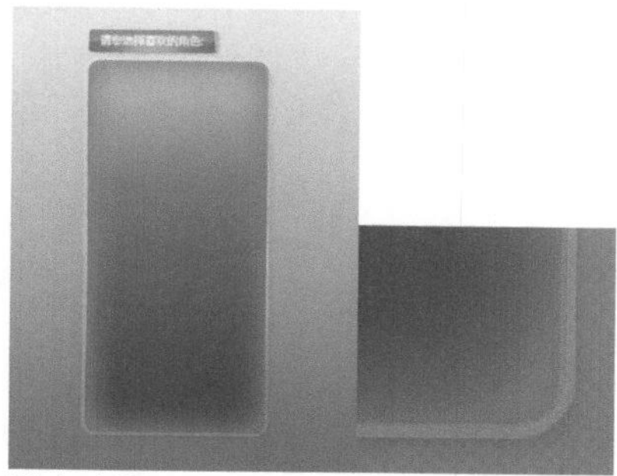

图 4-157

步骤 17 复制“圆角矩形4”图层，得到“圆角矩形4拷贝”图层，清除该图层的图层样式，修改复制得到的图形的填充颜色为白色，效果如图4-158所示。使用“钢笔工具”，在选项栏上设置“路径操作”为“减去顶层形状”，在该圆角矩形上减去相应的形状，得到需要的图形，设置该图层的“不透明度”为20%，效果如图4-159所示。

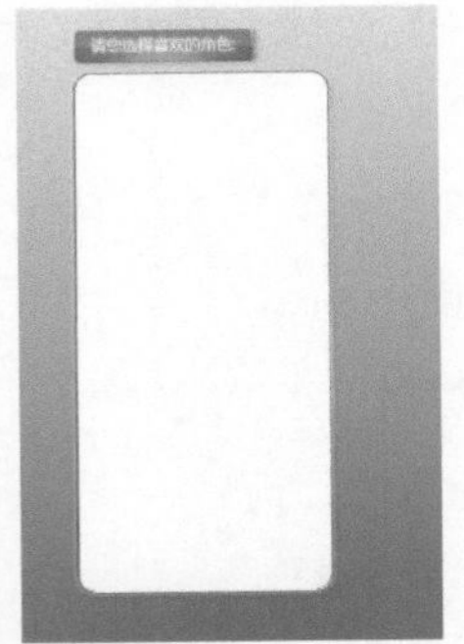
图 4-158

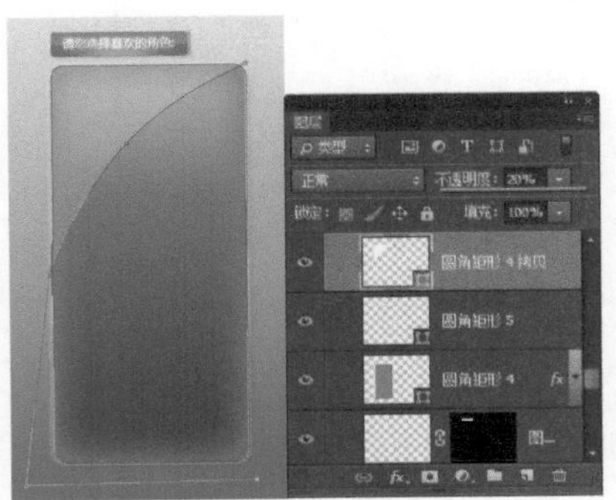
图 4-159

步骤 18 新建“图层3”，使用“画笔工具”，设置“前景色”为RGB（108,177,225），选择合适的笔触与大小，在画布中进行涂抹，并设置该图层的“不透明度”为60%，效果如图4-160所示。打开并拖入素材图像“光盘\源文件\第4章\素材\401.png”，效果如图4-161所示。

图 4-160

图 4-161

步骤 19 复制“图层4”图层，得到“图层4拷贝”图层，载入该图层选区，为选区填充黑色，对图形进行斜切和缩放调整，效果如图4-162所示。执行“滤镜>模糊>高斯模糊”命令，在弹出对话框中设置“半径”为“10像素”，单击“确定”按钮，效果如图4-163所示。

图 4-162

图 4-163

提示

通过“高斯模糊”滤镜可以为图像添加低频细节，使图像产生一种朦胧效果。

步骤 20 为该图层添加图层蒙版，在蒙版中填充黑白线性渐变，效果如图4-164所示。设置该图层的“不透明度”为50%，将“图层4拷贝”图层移至“图层4”下方，效果如图4-165所示。

图 4-164

图 4-165

提示

蒙版中的纯白色区域可以遮盖下面图层中的内容，只显示当前图层中的图像；蒙版中的纯黑色区域可以遮盖当前图层中的图像，显示出下面图层中的内容；蒙版中的灰色区域会根据其灰度值使当前图层中的图像呈现出不同层次的透明效果。

步骤 21 使用相同的制作方法，完成相似图形效果的制作，效果如图4-166所示。新建“图层6”，为该图层填充黑色，执行“滤镜>渲染>镜头光晕”命令，弹出“镜头光晕”对话框，具体设置如图4-167所示。

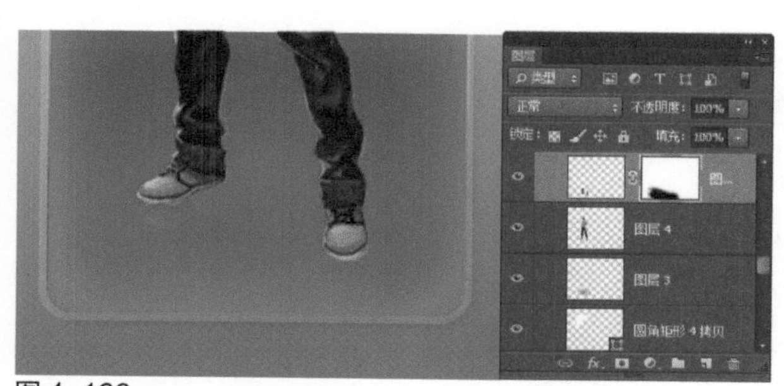

图 4-166

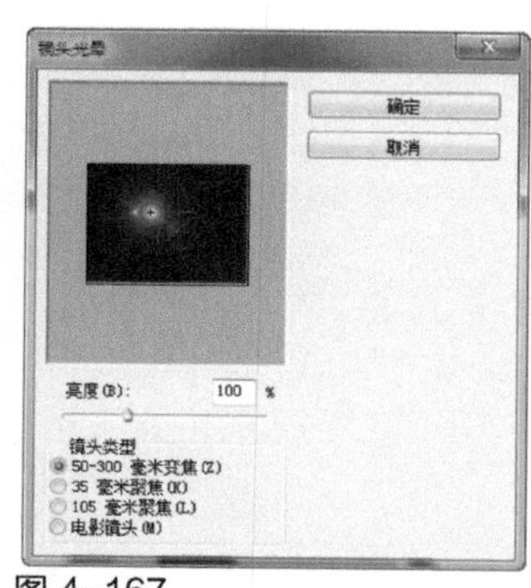

图 4-167

步骤 22 单击“确定”按钮，完成“镜头光晕”对话框中各选项的设置，将图像调整到合适的位置与大小，效果如图4-168所示。设置该图层的“混合模式”为“滤色”，为该图层添加图层蒙版，使用“画笔工具”，设置“前景色”为黑色，在蒙版中进行适当的涂抹，效果如图4-169所示。

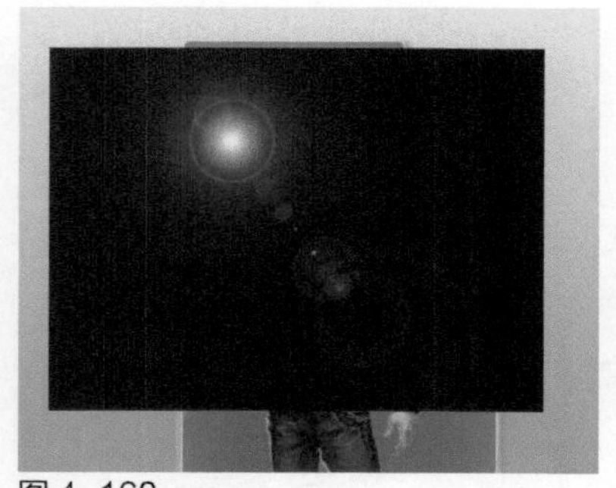

图 4–168

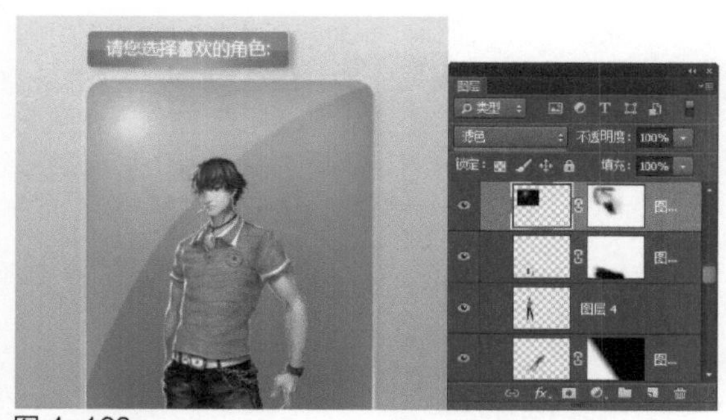

图 4–169

步骤 23 使用“圆角矩形工具”，在选项栏上设置“填充”为RGB（184,204,227）、“半径”为5像素，在画布中绘制圆角矩形，如图4-170所示。为该图层添加“描边”图层样式，对相关选项进行设置，如图4-171所示。

图 4–170

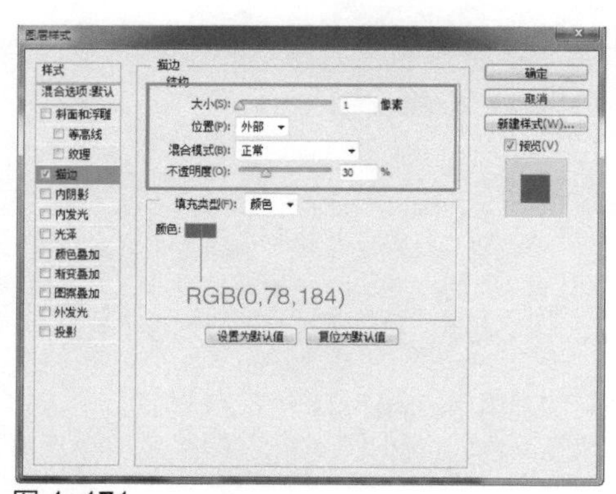

图 4–171

步骤 24 继续添加“投影”图层样式，对相关选项进行设置，如图4-172所示。单击“确定”按钮，完成“图层样式”对话框中各选项的设置，效果如图4-173所示。

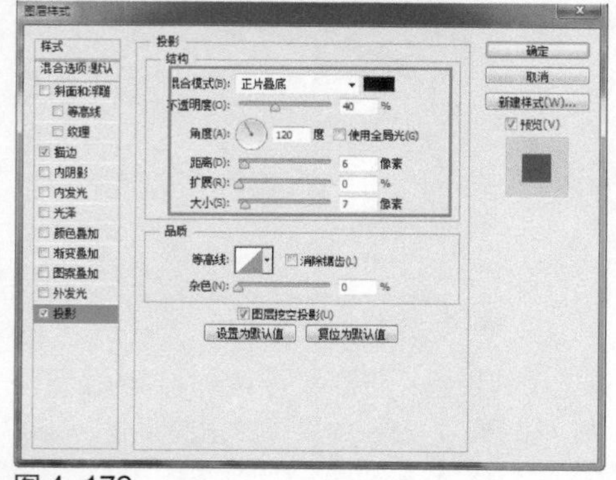

图 4–172

图 4–173

步骤 25 使用相同的制作方法，完成相似图形的绘制，效果如图4-174所示。使用“自定形状工具”，在选项栏上设置“填充”为RGB（16,106,169），在“形状”下拉面板中选择合适的形状，在画布中绘制白色的形状图形，效果如图4-175所示。

图 4-174

图 4-175

步骤 26 为该图层添加“内阴影”图层样式，对相关选项进行设置，如图4-176所示。继续添加“渐变叠加”图层样式，对相关选项进行设置，如图4-177所示。

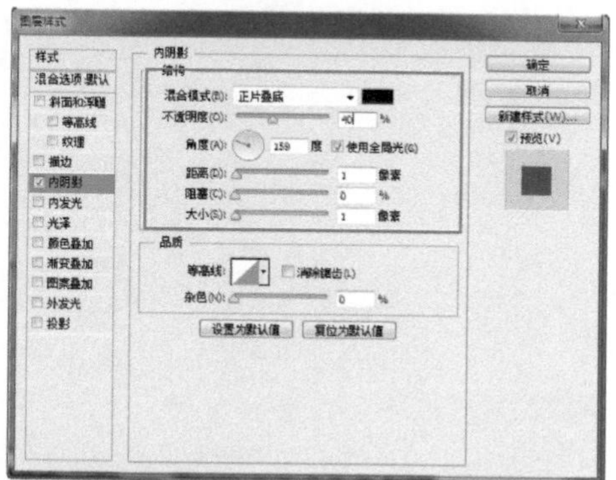

图 4-176

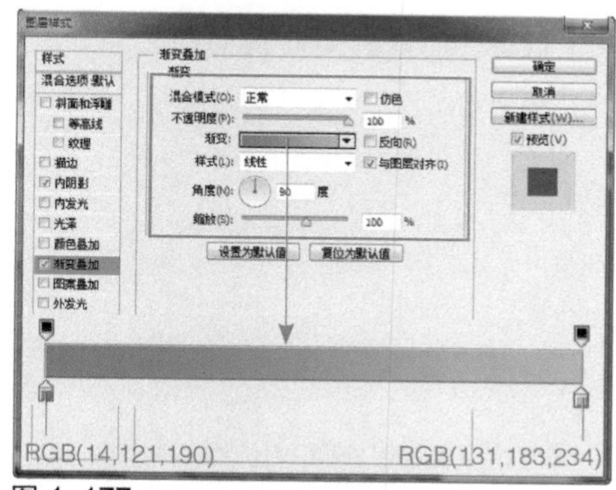

图 4-177

步骤 27 继续添加“外发光”图层样式，对相关选项进行设置，如图4-178所示。单击“确定”按钮，完成“图层样式”对话框中各选项的设置，效果如图4-179所示。

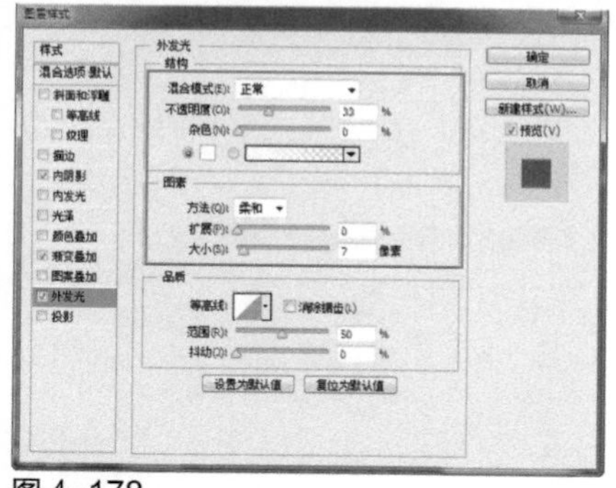

图 4-178

图 4-179

步骤 28 使用相同的制作方法，完成相似图形的绘制，如图4-180所示。新建名称为“登录框”的图层组，使用“圆角矩形工具”，在选项栏上设置“填充”为RGB（201,218,233）、“半径”为10像素，在画布中绘制圆角矩形，如图4-181所示。

图 4-180

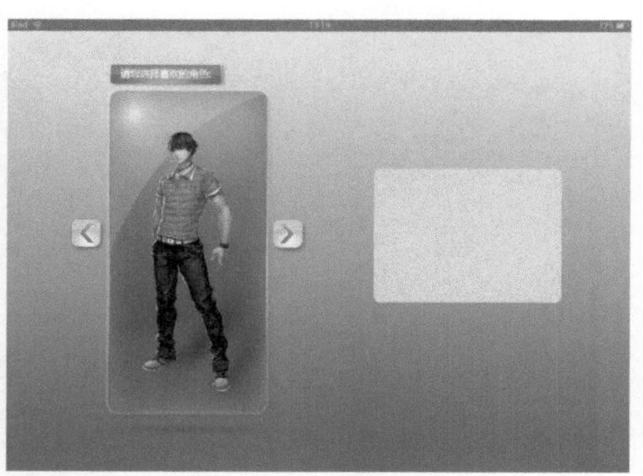

图 4-181

步骤 29 使用“椭圆工具”，在选项栏上设置“路径操作”为“减去顶层形状”，在刚绘制的圆角矩形上减去两个椭圆形，得到需要的图形，效果如图4-182所示。为该图层添加“描边”图层样式，对相关选项进行设置，如图4-183所示。

图 4-182

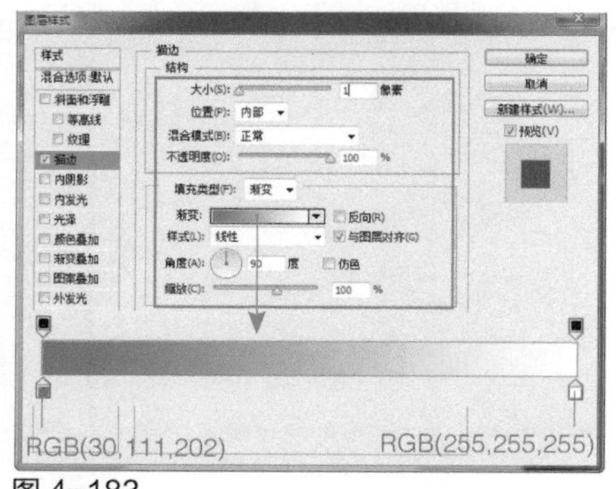

图 4-183

提示

完成椭圆形路径图形的绘制后，可以使用“路径选择工具”选中刚绘制的椭圆形，调整该椭圆形到合适的大小和位置，从而得到需要的减去的图形效果。

步骤 30 继续添加“渐变叠加”图层样式，对相关选项进行设置，如图4-184所示。继续添加“外发光”图层样式，对相关选项进行设置，如图4-185所示。

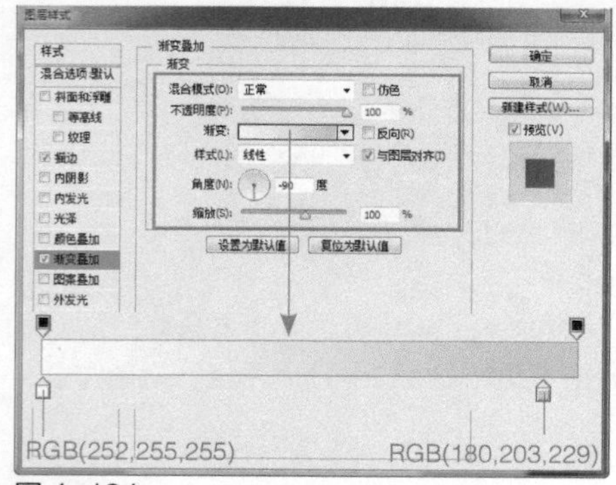

图 4-184

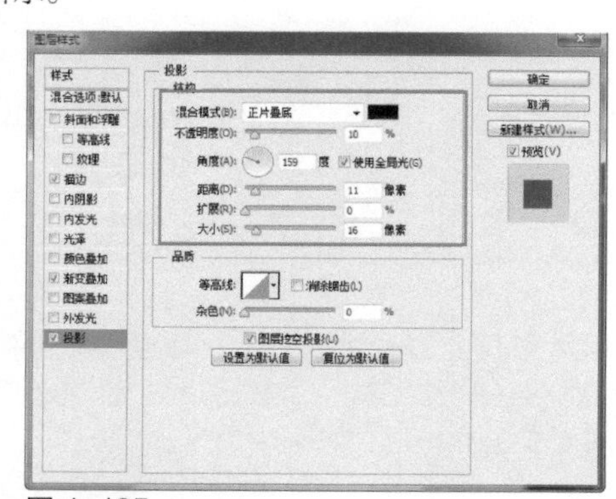

图 4-185

步骤31 单击“确定”按钮，完成“图层样式”对话框中各选项的设置，效果如图**4-186**所示。使用相同的制作方法，完成该部分图形的制作，效果如图**4-187**所示。

图 4-186

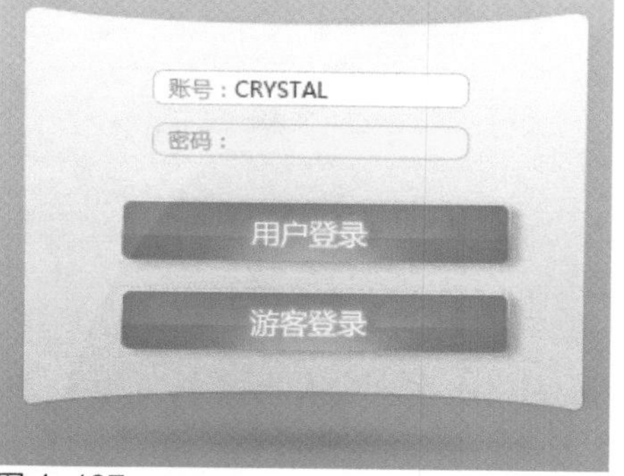

图 4-187

步骤32 完成该iPad游戏登录界面的设计制作，最终效果如图**4-188**所示。

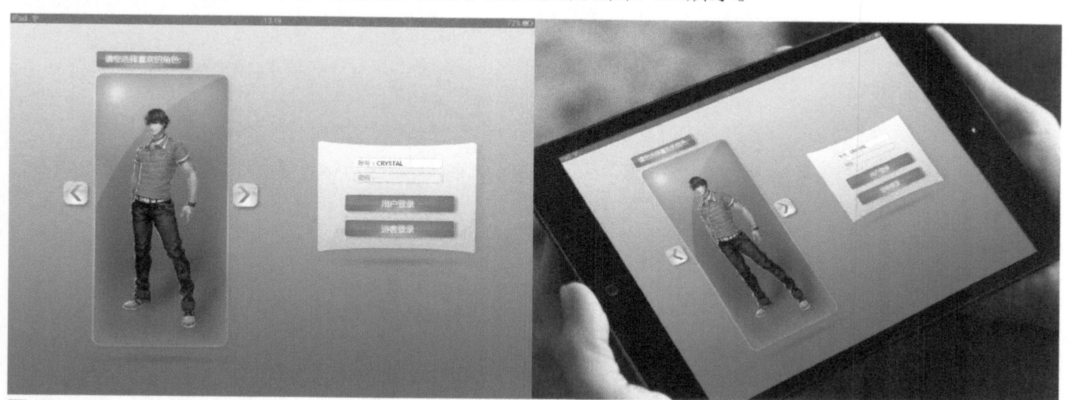
图 4-188

【自测5】设计iPad游戏开始界面

视频：光盘\视频\第4章\iPad游戏开始界面.swf　源文件：光盘\源文件\第4章\iPad游戏开始界面.psd

- 案例分析

案例特点： 本案例设计的是一款iPad游戏开始界面，通过可爱的游戏场景搭配多彩色的质感游戏按钮和游戏标题文字，使界面清晰，重点突出，方便用户轻松进行操作。

制作思路与要点： 该游戏是一款Q版小游戏，在界面的设计过程需要能够表现出Q版的可爱风格。使用游戏场景作为界面的背景，在界面的左侧放置游戏中的卡通角色造型，右侧使用特殊的字体，通过添加图层样式制作出游戏标题，使用多层次的圆角矩形来构成游戏按钮，在按钮的设置中注意通过绘制高光图形来表现出按钮的质感。

- **色彩分析**

本案例使用蓝色作为整个游戏界面的背景，并综合运用多种高明度和高纯度的色彩，突出按钮的表现效果，使整个界面更加活泼，充满欢乐。

蓝色	橙色	绿色

- **制作步骤**

步骤 01 执行“文件>打开”命令，打开素材图像“光盘\源文件\第4章\素材\501.jpg”，如图4-189所示。打开素材图像“光盘\源文件\第4章\素材\502.png”，将其拖入到设计文档中，调整到合适的大小和位置并进行适当的旋转操作，效果如图4-190所示。

图 4-189

图 4-190

步骤 02 新建名称为“游戏文字”的图层组，使用“横排文字工具”，在“字符”面板中对相关选项进行设置，在画布中单击并输入文字，如图4-191所示。选中文字图层，执行“类型>文字变形”命令，弹出“变形文字”对话框，具体设置如图4-192所示。

提示

“变形文本”对话框中的“弯曲”选项主要用于设置变形文本的弯曲程度。“水平扭曲”和“垂直扭曲”这两个选项的设置可以对文本应用透视变形效果，设置正值的时候从左到右进行水平扭曲或从上到下进行垂直扭曲，设置为负值的时候相反。

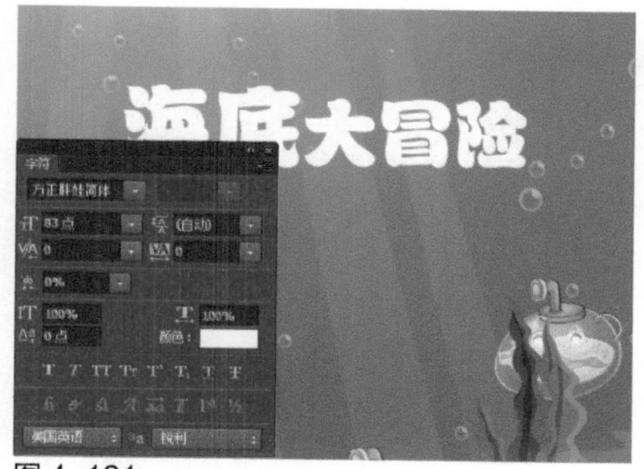
图 4-191

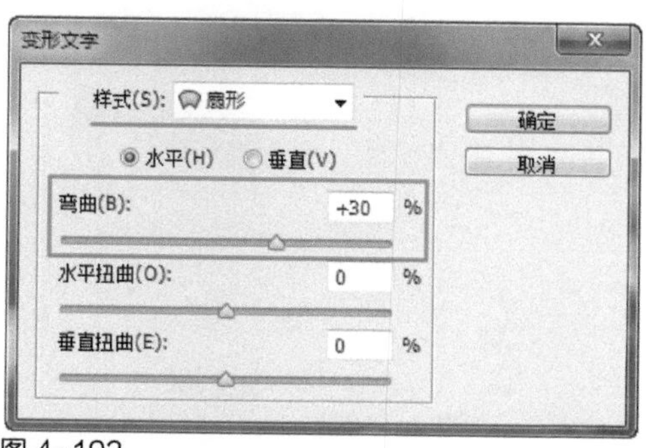

图 4-192

步骤03 单击“确定”按钮，完成“变形文字”对话框中各选项的设置，效果如图4-193所示。为该文字图层添加“描边”图层样式，对相关选项进行设置，如图4-194所示。

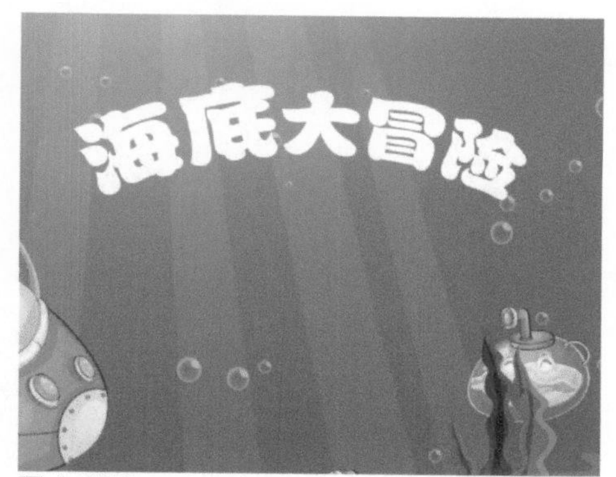

图 4-193

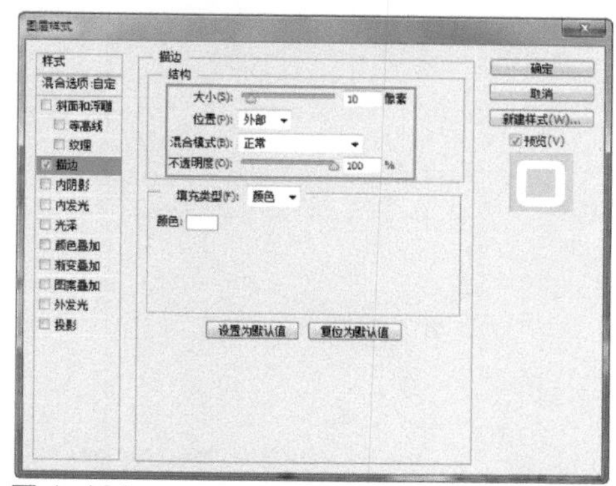
图 4-194

步骤04 继续添加“投影”图层样式，对相关选项进行设置，如图4-195所示。单击“确定”按钮，完成“图层样式”对话框中各选项的设置，设置该图层的“填充”为0%，效果如图4-196所示。

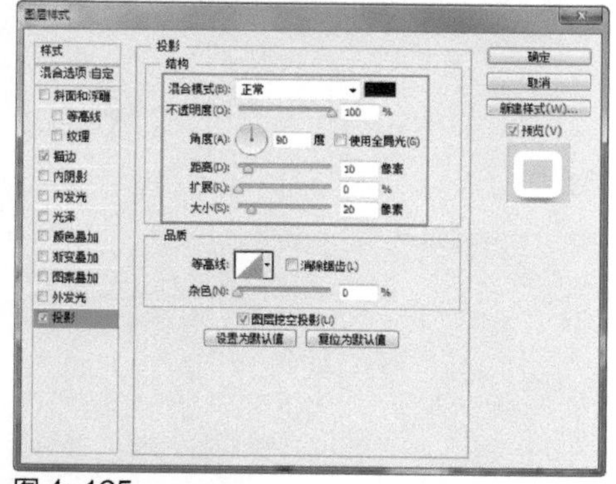
图 4-195

图 4-196

步骤05 复制文字图层，将复制得到图层的图层样式清除，为该图层添加“斜面和浮雕”图层样式，对相关选项进行设置，如图4-197所示。继续添加“描边”图层样式，对相关选项进行设置，如图4-198所示。

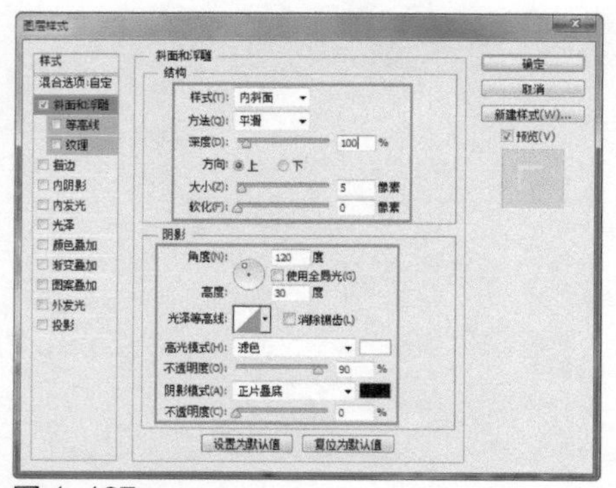
图 4-197

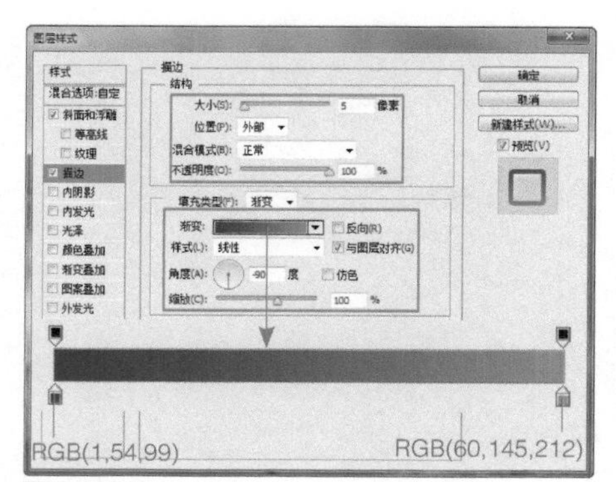

图 4-198

步骤 06 继续添加“内发光”图层样式，对相关选项进行设置，如图4-199所示。继续添加“光泽”图层样式，对相关选项进行设置，如图4-200所示。

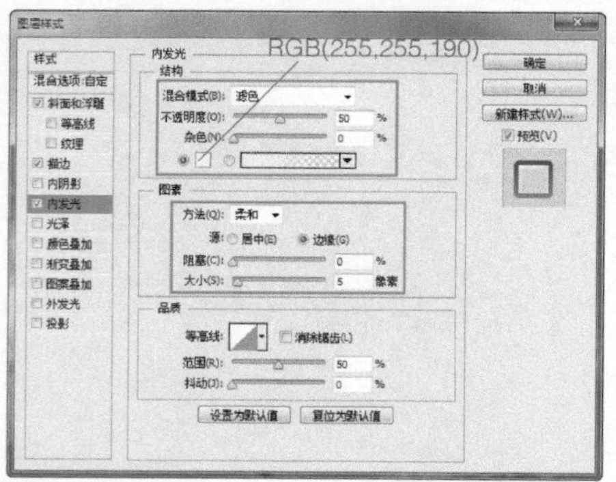

图 4-199

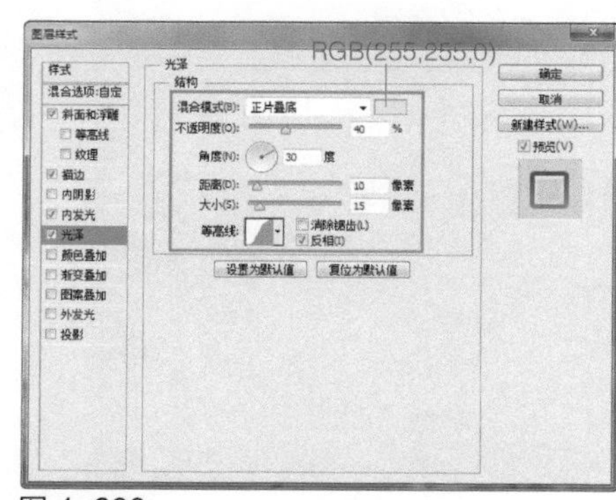

图 4-200

提示

为图层添加“光泽”图层样式可以在图像内部创建类似内阴影、内发光的光泽效果，不过通过“光泽”图层样式可以通过调整“大小”与“距离”选项对光泽效果进行智能控制，得到的效果也与内阴影、内发光完全不同。

步骤 07 继续添加“渐变叠加”图层样式，对相关选项进行设置，如图4-201所示。单击“确定”按钮，完成“图层样式”对话框中各选项的设置，效果如图4-202所示。

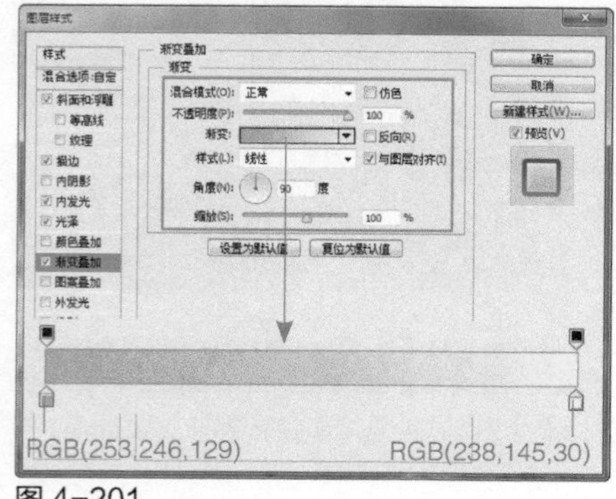

图 4-201

图 4-202

步骤 08 新建“图层2”，使用“画笔工具”，设置“前景色”为白色，选择合适的画笔笔触，在文字上合适的位置绘制图形，效果如图4-203所示。为该图层添加“外发光”图层样式，对相关选项进行设置，如图4-204所示。

图 4-203

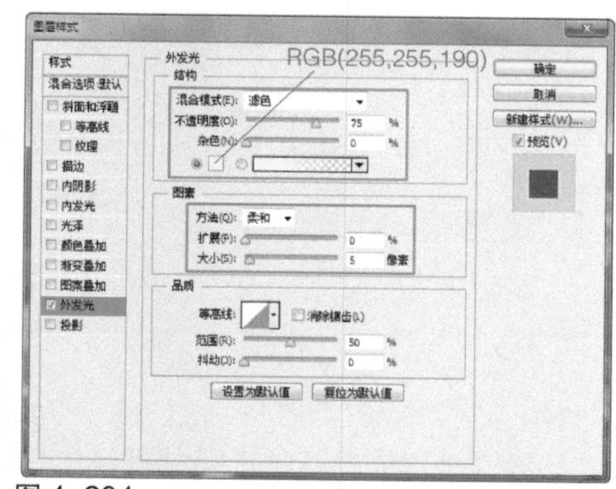

图 4-204

步骤 09 单击“确定”按钮，完成“图层样式”对话框中各选项的设置，效果如图4-205所示。新建“名称”为“按钮1”的图层组，使用“圆角矩形工具”，在选项栏上设置“填充”为RGB（2,104,176）、“半径”为24像素，在画布中绘制圆角矩形，在“属性”面板中对圆角值进行相应的修改，得到需要的图形，如图4-206所示。

图 4-205

图 4-206

提示

选择“圆角矩形工具”，在选项栏上设置“工具模式”为“形状”，在画布中绘制圆角矩形后，会在“属性”面板中显示当前所绘制的圆角矩形的大小、坐标位置、填充颜色、笔触颜色、圆角半径值等属性，可以直接在该面板中将4个圆角半径值分别修改为不同的值，从而使所绘制的圆角矩形各个角呈现不同的圆角大小。

步骤 10 为该图层添加“渐变叠加”图层样式，对相关选项进行设置，如图4-207所示。继续添加“投影”图层样式，对相关选项进行设置，如图4-208所示。

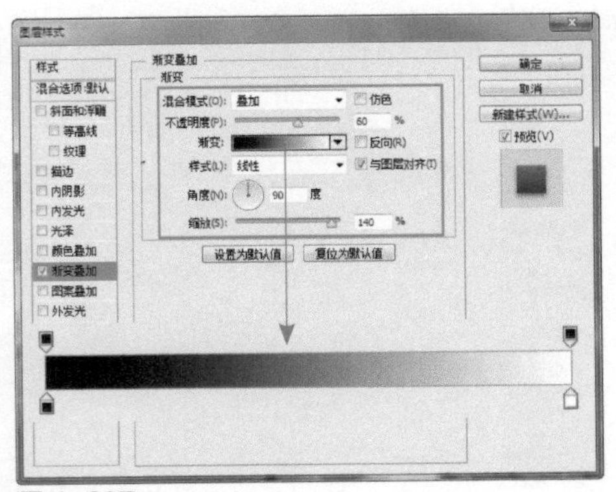

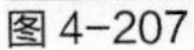
图 4-207

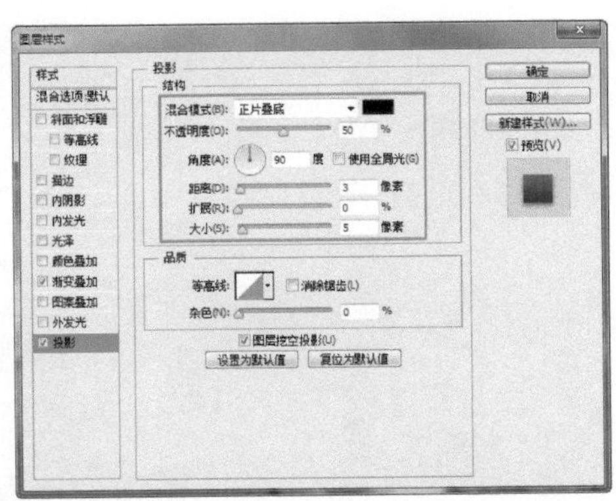

图 4-208

步骤 11 单击“确定”按钮，完成“图层样式”对话框中各选项的设置，效果如图4-209所示。复制“圆角矩形1”图层，得到“圆角矩形1 拷贝”图层，清除该图层的图层样式，将复制得到的图形的填充颜色修改为RGB（50,176,233），并将其向上移动，效果如图4-210所示。

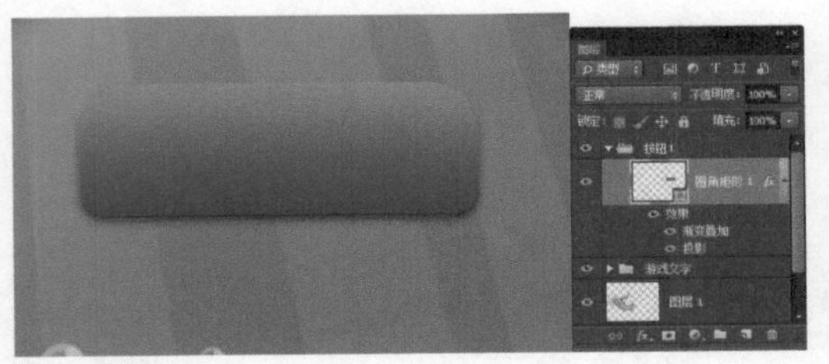

图 4-209

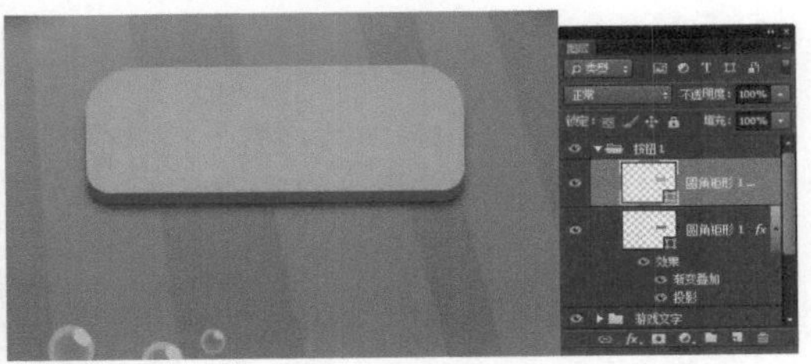

图 4-210

步骤 12 为该图层添加“内发光”图层样式，对相关选项进行设置，如图4-211所示。继续添加“渐变叠加”图层样式，对相关选项进行设置，如图4-212所示。

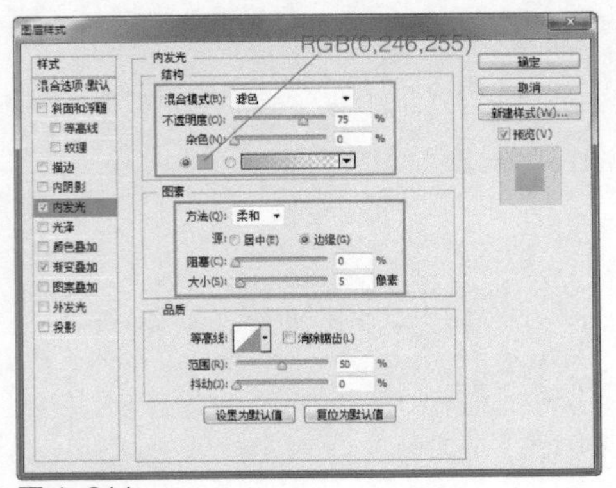

图 4-211

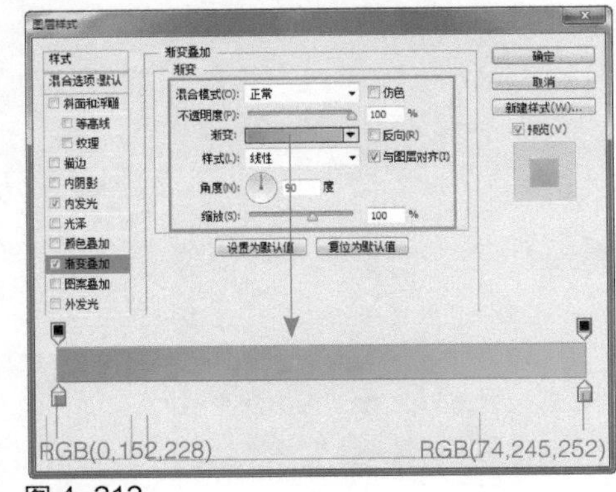

图 4-212

步骤 13 单击“确定”按钮，完成“图层样式”对话框中各选项的设置，效果如图4-213所示。复制“圆角矩形1拷贝”图层，得到“圆角矩形1拷贝2”图层，将复制得到的图形调整到合适的大小和位置，使用相同的制作方法，添加相应的图层样式，效果如图4-214所示。

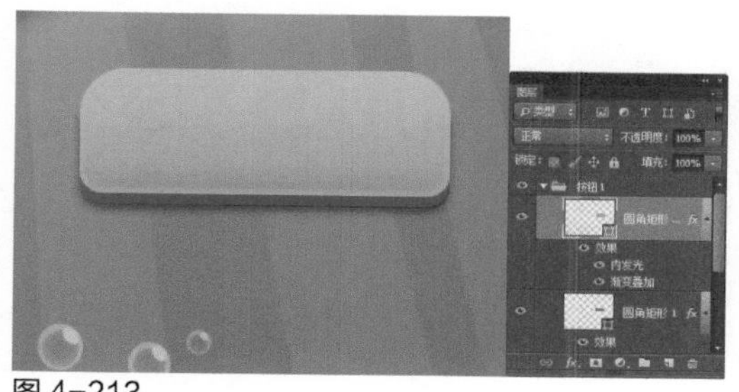

图 4-213

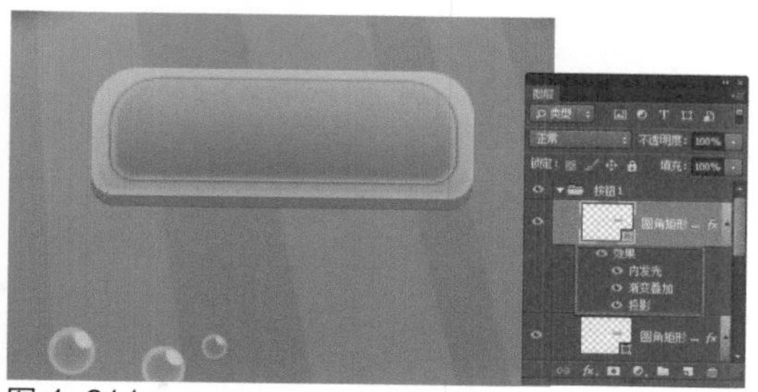

图 4-214

步骤 14 新建“图层3”，使用“渐变工具”，打开“渐变编辑器”对话框，设置渐变颜色，如图4-215所示。单击“确定”按钮，完成渐变颜色的设置，在选项栏上单击“菱形渐变”按钮，载入“圆角矩形1拷贝”图层选区，在选区中合适的位置拖动鼠标填充两处菱形渐变颜色，效果如图4-216所示。

图 4-215

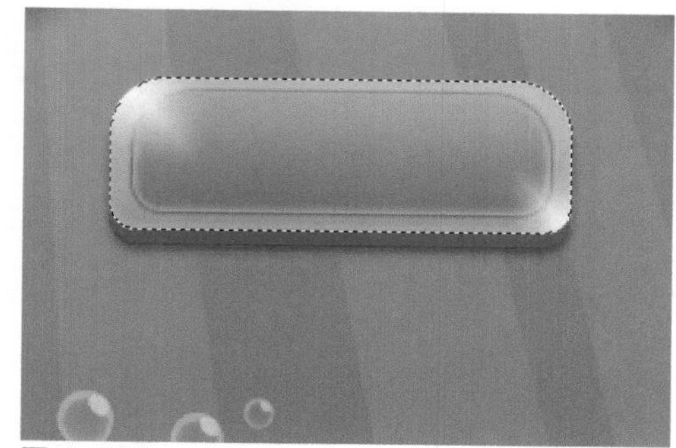

图 4-216

提示

使用“渐变工具”，在选项栏上提供了5种不同的渐变填充类型，分别为“线性渐变”、“径向渐变”、“角度渐变”、“对称渐变”和“菱形渐变”，默认选中的渐变填充类型为“线性渐变”。“菱形渐变”的填充效果是从起点到中间颜色由内而外进行方形渐变。

步骤 15 取消选区，设置“图层3”的“混合模式”为“叠加”，效果如图4-217所示。复制“图层3”图层，得到“图层3拷贝”图层，设置该图层的“不透明度”为30%，效果如图4-218所示。

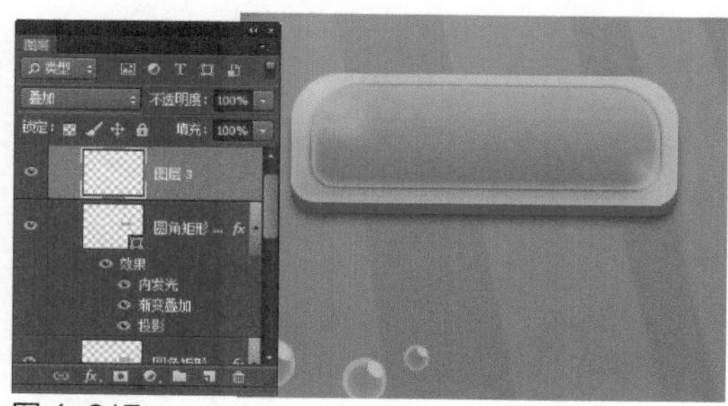

图 4-217

图 4-218

步骤 16 使用“椭圆工具”，在画布中绘制白色的椭圆形，并对所绘制的椭圆形进行相应的旋转操作，效果如图4-219所示。使用“自定形状工具”，在选项栏上的“形状”下拉面板中选择相应的形状，在画布中绘制形状图形，并分别旋转不同的角度，效果如图4-220所示。

图 4-219

图 4-220

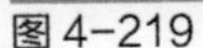设置“形状1”图层的“混合模式”为“柔光”、“不透明度”为70%，效果如图4-221所示。新建“图层4”，使用“画笔工具”，设置“前景色”为白色，选择合适的画笔笔触，在合适的位置单击绘制，效果如图4-222所示。

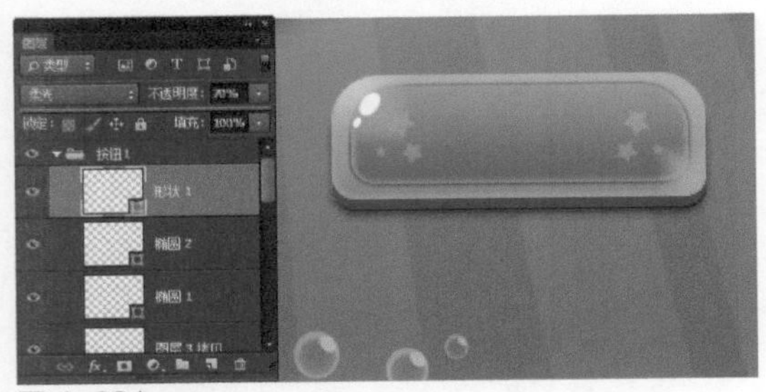
图 4-221

图 4-222

步骤 18 设置该图层的“混合模式”为“叠加”，载入“圆角矩形1”图层选区，为该图层添加图层蒙版，效果如图4-223所示。使用“横排文字工具”，在“字符”面板中对相关选项进行设置，在画布中输入文字，如图4-224所示。

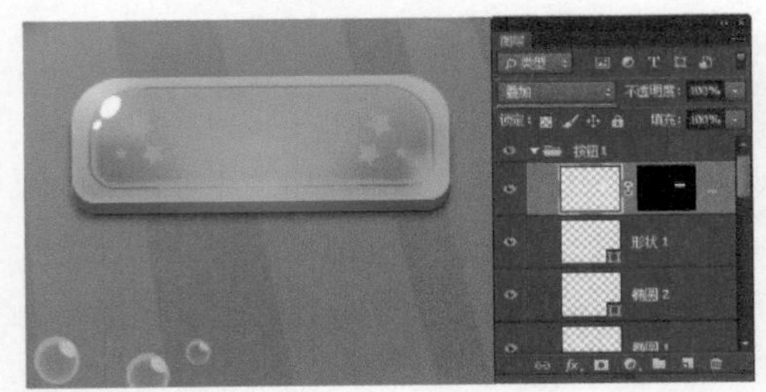
图 4-223

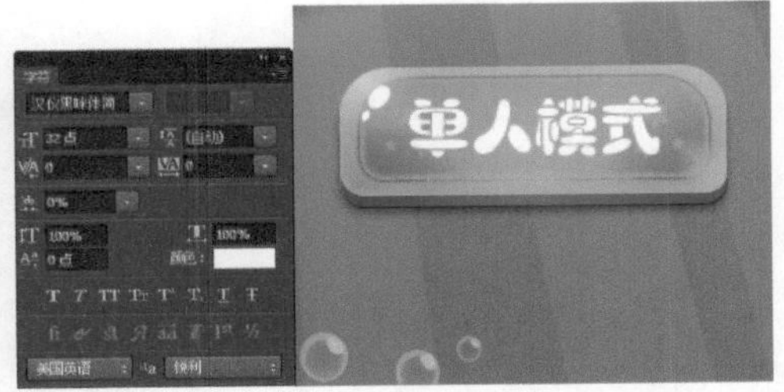

图 4-224

步骤 19 为该文字图层添加“描边”和“投影”图层样式，文字效果如图4-225所示。使用相同的制作方法，可以绘制出其他相似的按钮效果，如图4-226所示。

图 4-225

图 4-226

步骤20 新建名称为“设置按钮”的图层组，使用“椭圆工具”，在画布中绘制一个正圆形，效果如图4-227所示。为该图层添加“描边”图层样式，对相关选项进行设置，效果如图4-228所示。

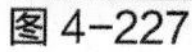
图 4-227

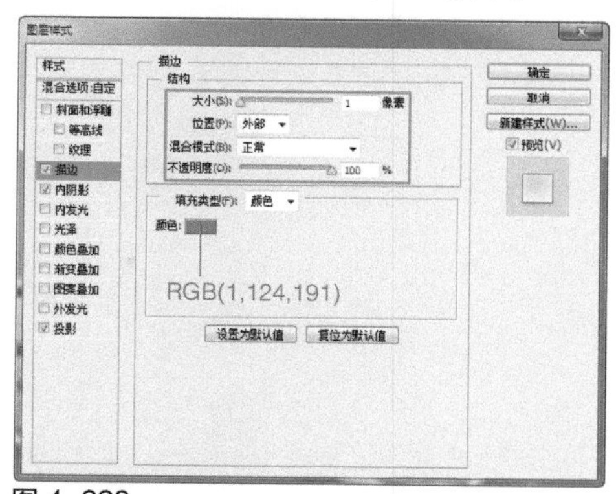

图 4-228

步骤21 继续添加“内阴影”图层样式，对相关选项进行设置，效果如图4-229所示。继续添加“投影”图层样式，对相关选项进行设置，效果如图4-230所示。

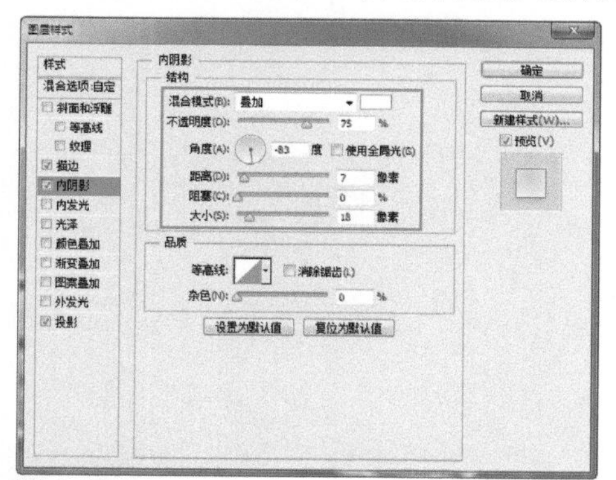
图 4-229

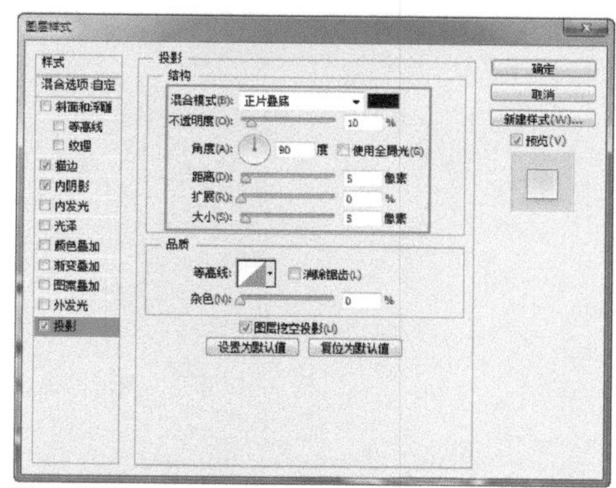
图 4-230

步骤22 单击“确定”按钮，完成“图层样式”对话框中各选项的设置，设置该图层的“填充”为0%，效果如图4-231所示。使用“椭圆工具”，在画布中绘制一个正圆形，如图4-232所示。

图 4-231

图 4-232

步骤 23 为该图层添加“渐变叠加”图层样式，对相关选项进行设置，如图4-233所示。单击“确定”按钮，完成“图层样式”对话框中各选项的设置，设置该图层的“不透明度”为70%、“填充”为0%，效果如图4-234所示。

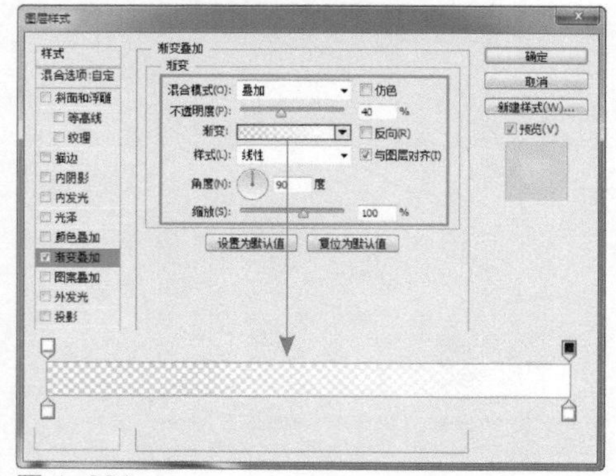

图 4-233

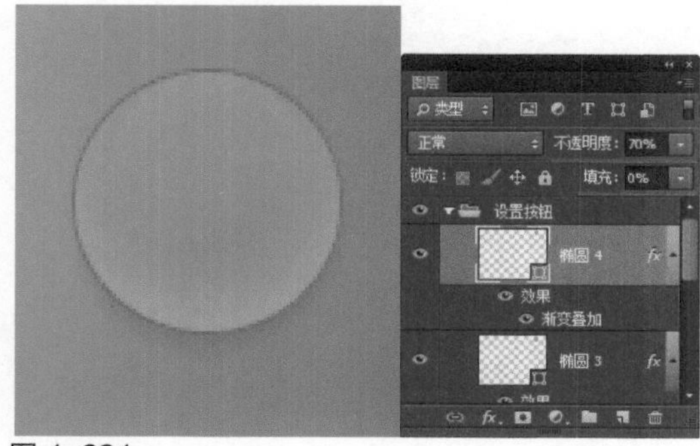

图 4-234

步骤 24 使用相同的制作方法，可以完成相似图形效果的绘制，如图4-235所示。使用“圆角矩形工具”，在选项栏上设置“半径”为4像素，在画布中绘制白色的圆角矩形，通过旋转复制的方法，得到需要的图形，如图4-236所示。

图 4-235

图 4-236

步骤 25 使用“椭圆工具”，在选项栏上设置“路径操作”为“减去顶层形状”，在刚绘制的图形上减去一个正圆形，得到需要的图形，如图4-237所示。为该图层添加“投影”图层样式，对相关选项进行设置，如图4-238所示。

图 4-237

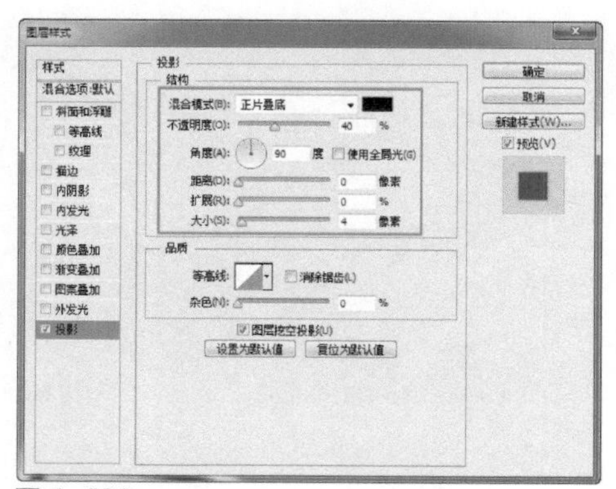

图 4-238

步骤26 单击“确定”按钮，完成“图层样式”对话框中各选项的设置，效果如图4-239所示。使用相同的制作方法，可以完成相似图形的绘制，效果如图4-240所示。

图 4-239

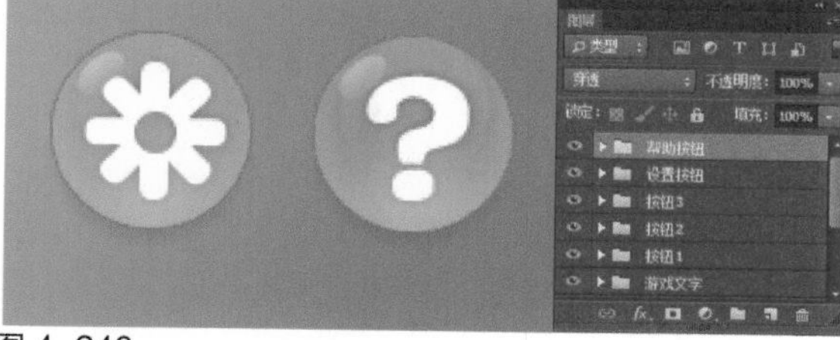

图 4-240

步骤27 完成该游戏开始界面的设计制作，最终效果如图4-241所示。

图 4-241

【自测6】设计iPad游戏运行界面

视频：光盘\视频\第4章\iPad游戏运行界面.swf　源文件：光盘\源文件\第4章\iPad游戏运行界面.psd

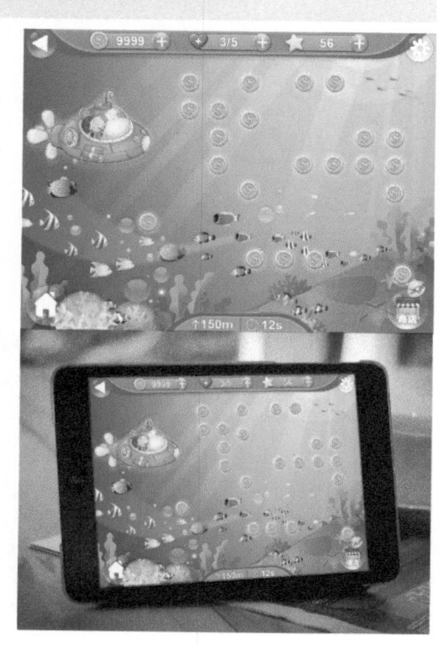

- 案例分析

案例特点：本案例设计的是iPad游戏运行界面，与前一个案例属于同一款游戏，所以在界面的风格上保持了统一性，通过对细节部分的绘制体现出游戏的清晰性和易操作性。

制作思路与要点：同一款游戏的多个界面需要保持风格与色调的统一性。在本案例的游戏运行界面设计中，主要将界面分为上、中、下3个部分，上部和下部运用图标与文字相结合的方式表现游戏过程中的相关数据，而中间区域则是进行游戏操作的部分，分别在界面的4个角放置游戏操作过程中的关键操作按钮，方便玩家在游戏运行过程中的操作。整个游戏运行界面布局清晰、合理，便于玩家的上手操作。

- 色彩分析

本案例与前一个案例是同一款游戏，所以在界面的配色上保持了统一性，使用蓝色作为界面的主色调，搭配高纯度的黄色和红色等对比色彩，形成强烈的视觉对比，能够突出显示游戏界面中相应的内容，并且使整个游戏界面的视觉效果更加丰富、活泼。

蓝色　　黄色　　红色

- 制作步骤

步骤01 执行“文件>打开”命令，打开素材图像“光盘\源文件\第4章\素材\601.jpg”，如图4-242所示。新建名称为“顶部背景”的图层组，使用“圆角矩形工具”，在选项栏上设置“填充”为RGB（22,83,189）、“半径”为150像素，在画布中绘制圆角矩形，效果如图4-243所示。

图 4-242

图 4-243

提示

在使用各种形状工具绘制矩形、椭圆形、多边形、直线和自定义形状时，在绘制形状的过程中按住键盘上的空格键可以移动形状图形的位置。

步骤02 为该图层添加“投影”图层样式，对相关选项进行设置，如图4-244所示。单击“确定”按钮，完成“图层样式”对话框中各选项的设置，效果如图4-245所示。

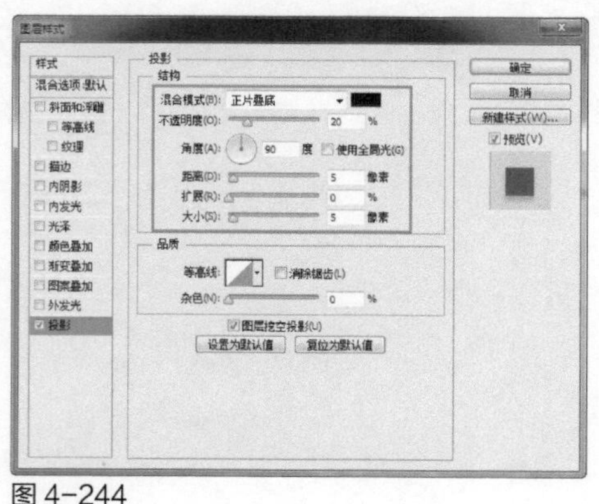

图 4-244

图 4-245

步骤03 新建“图层1”，使用“椭圆选框工具”，在画布中绘制椭圆形选区，如图4-246所示。执行“选择>修改>羽化”命令，弹出“羽化选区”对话框，设置“羽化半径”为10像素，单击“确定”按钮，为选区填充白色，取消选区，效果如图4-247所示。

图 4-246

图 4-247

提示

在对选区进行羽化操作时，所设置的“羽化半径”值越大，则选区周围的虚化范围越宽，羽化值越小，则选区周围的虚化范围越窄。

步骤04 按快捷键Ctrl+T，调整该图形到合适的大小和位置，效果如图4-248所示。设置该图层的“混合模式”为“叠加”，载入“圆角矩形1”图层选区，为该图层添加图层蒙版，效果如图4-249所示。

图 4-248

图 4-249

步骤05 复制“图层1”图层，得到“图层1拷贝”图层，设置该图层的“不透明度”为60%，效果如图4-250所示。复制“圆角矩形1”图层，得到“圆角矩形1拷贝”图层，清除该图层的图层样式，并将其调整至“图层1拷贝”图层上方，按快捷键Ctrl+T，对该图形的大小和位置进行调整，效果如图4-251所示。

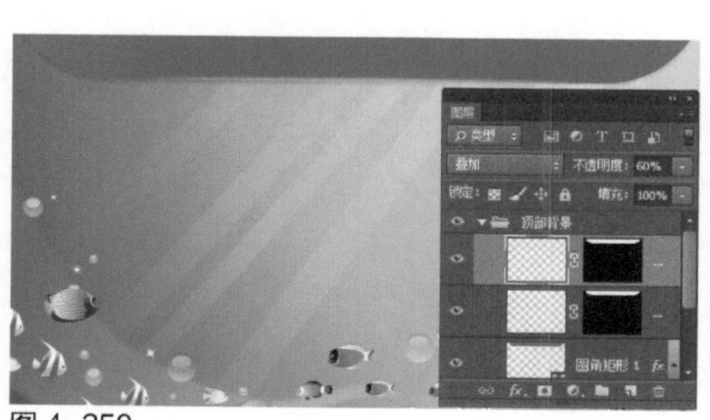

图 4-250

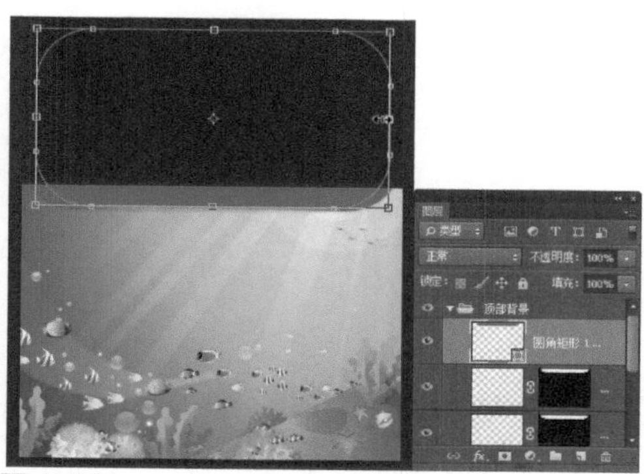

图 4-251

步骤06 使用“矩形工具”，在选项栏上设置“路径操作”为“减去顶层形状”，在圆角矩形上减去相应的矩形，得到需要的图形，效果如图4-252所示。为该图层添加“渐变叠加”图层样式，对相关选项进行设置，如图4-253所示。

图 4-252

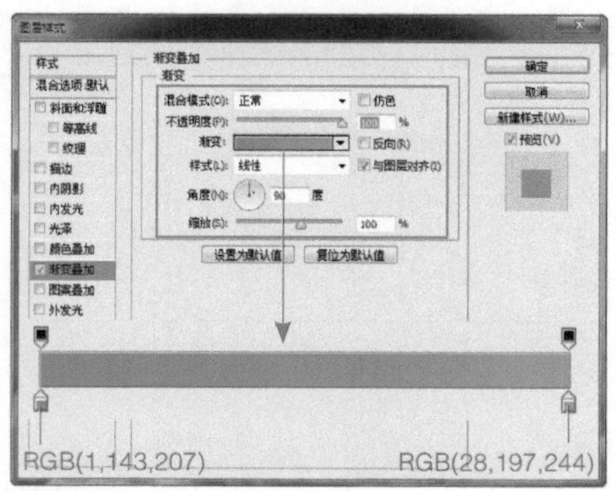

图 4-253

步骤 07 继续添加“内发光”图层样式，对相关选项进行设置，效果如图4-254所示。单击“确定”按钮，完成“图层样式”对话框中各选项的设置，效果如图4-255所示。

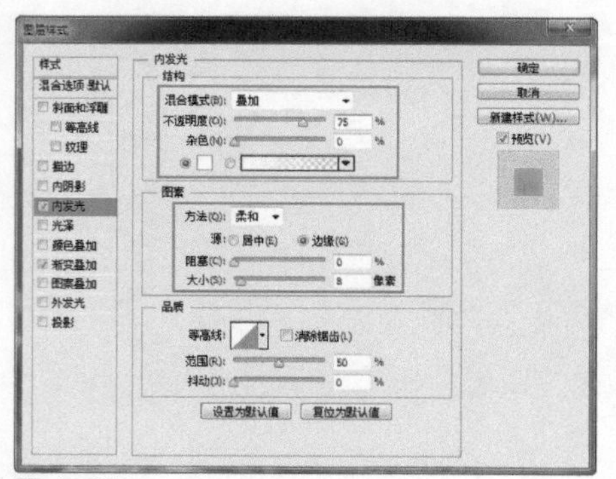
图 4-254

图 4-255

步骤 08 新建名称为“选项1”的图层组，使用“圆角矩形工具”，在选项栏上设置“半径”为18像素，在画布中绘制圆角矩形，如图4-256所示。为该图层添加“描边”图层样式，对相关选项进行设置，如图4-257所示。

图 4-256

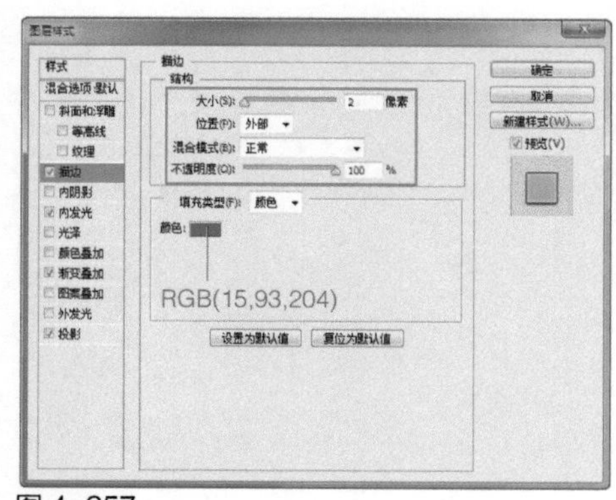

图 4-257

步骤 09 继续添加“内发光”图层样式，对相关选项进行设置，效果如图4-258所示。继续添加“渐变叠加”图层样式，对相关选项进行设置，效果如图4-259所示。

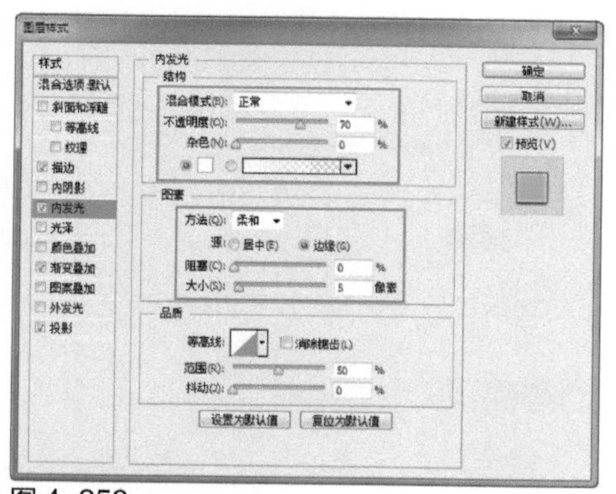
图 4-258

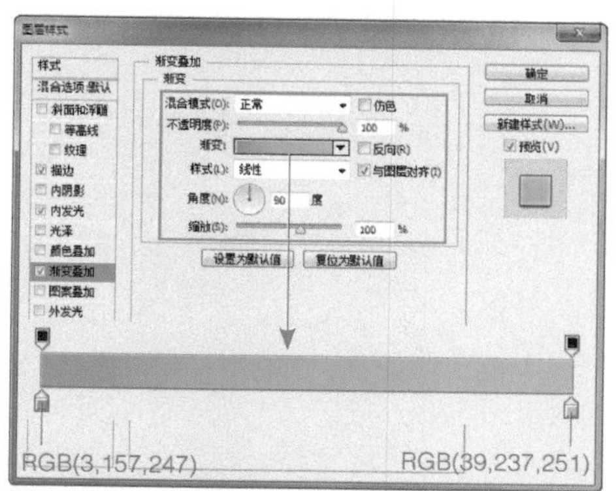

图 4-259

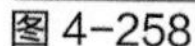继续添加“投影”图层样式，对相关选项进行设置，效果如图4-260所示。单击“确定”按钮，完成“图层样式”对话框中各选项的设置，效果如图4-261所示。

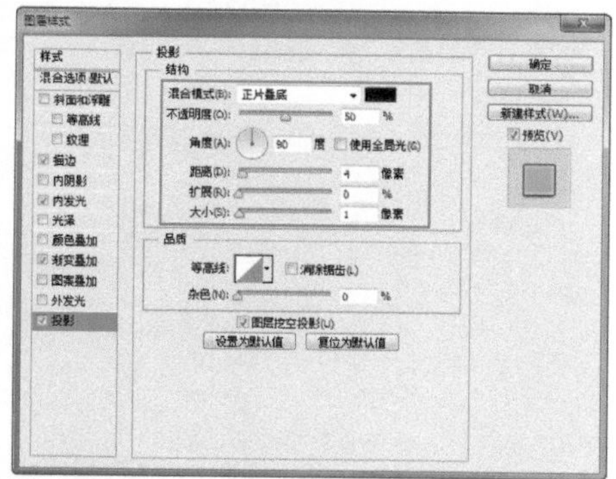
图 4-260

图 4-261

步骤11 新建名称为“金币图标”的图层组，使用“椭圆工具”，在选项栏上设置“填充”为RGB（254,216,39），在画布中绘制正圆形，效果如图4-262所示。为该图层添加“内阴影”图层样式，对相关选项进行设置，如图4-263所示。

图 4-262

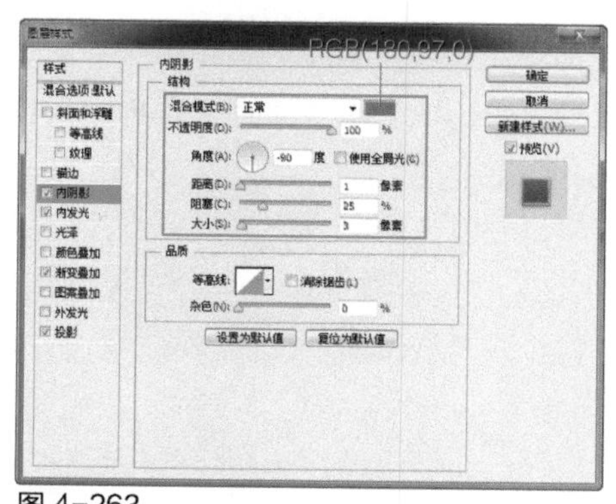

图 4-263

步骤12 继续添加“内发光”图层样式，对相关选项进行设置，效果如图4-264所示。继续添加“渐变叠加”图层样式，对相关选项进行设置，效果如图4-265所示。

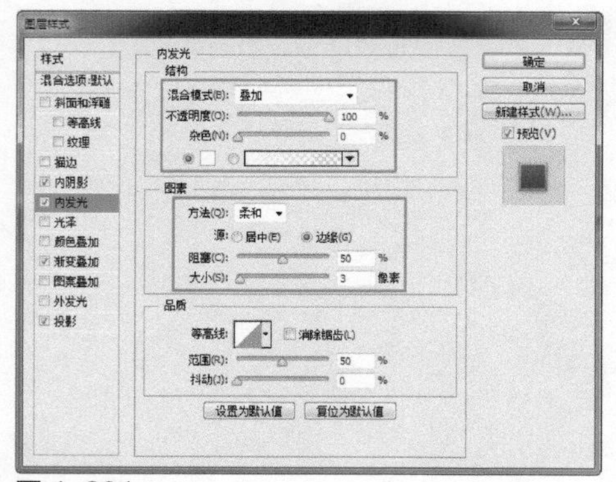

图 4-264

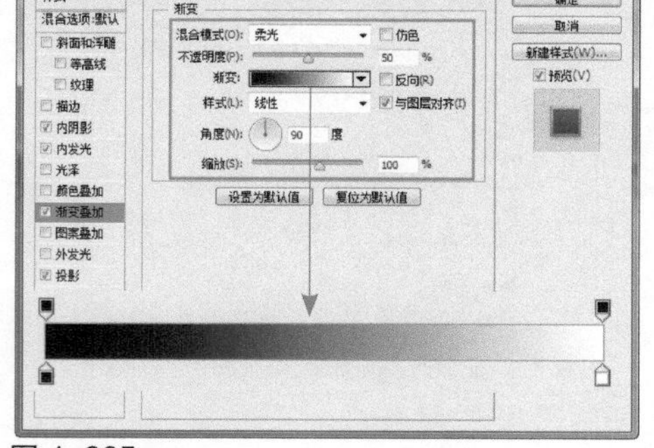

图 4-265

步骤 13 继续添加“投影”图层样式，对相关选项进行设置，效果如图4-266所示。单击“确定”按钮，完成“图层样式”对话框中各选项的设置，效果如图4-267所示。

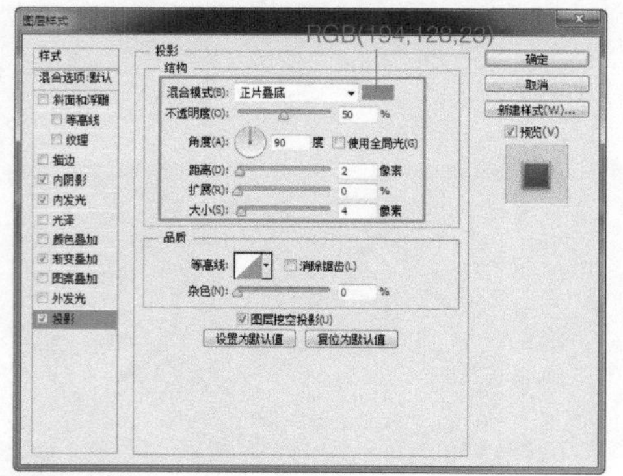

图 4-266

图 4-267

步骤 14 复制“椭圆1”图层，得到“椭圆1拷贝”图层，清除该图层的图层样式，将复制得到的椭圆形等比例缩小，并修改其填充颜色为RGB（242,185,38），效果如图4-268所示。为“椭圆1拷贝”图层添加相应的图层样式，效果如图4-269所示。

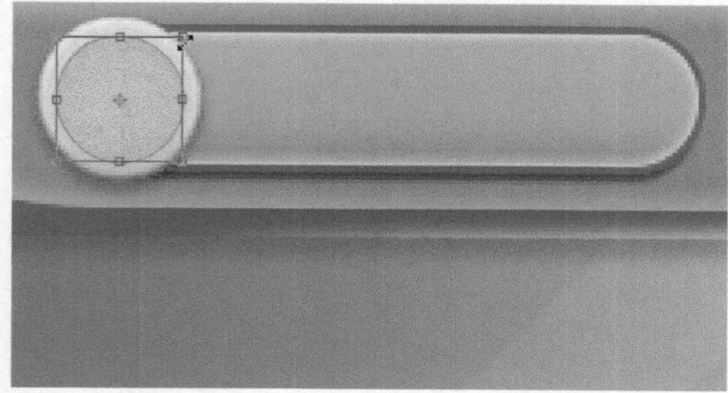

图 4-268

图 4-269

步骤 15 使用“横排文字工具”，在“字符”面板中对相关选项进行设置，在画布中单击并输入文字，如图4-270所示。为该文字图层添加相应的图层样式，效果如图4-271所示。

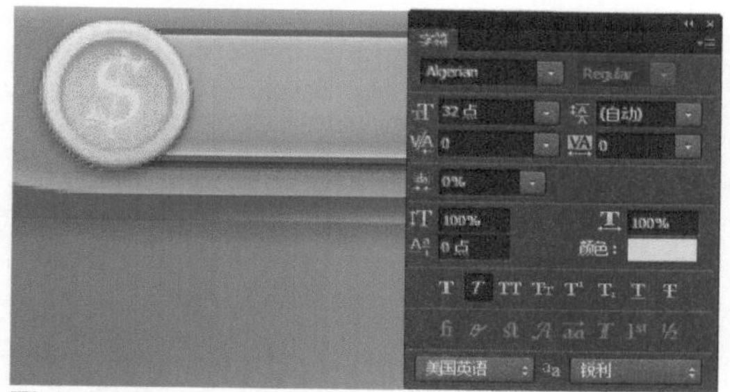

图 4-270

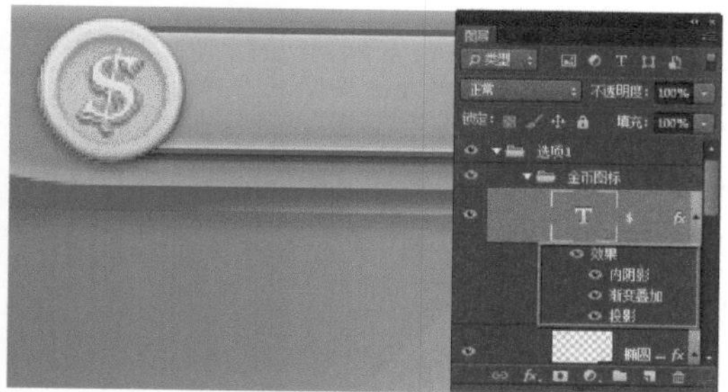

图 4-271

步骤 16 使用相同的制作方法，可以完成相似图形和文字效果的制作，如图4-272所示。使用相同的制作方法，可以完成游戏界面中相似图形效果的制作，如图4-273所示。

图 4-272

图 4-273

步骤 17 新建名称为“游戏场景”的图层组，打开并拖入素材图像“光盘\源文件\第4章\素材\502.png”，将其调整到合适的大小和位置，如图4-274所示。为该图层添加“外发光”图层样式，对相关选项进行设置，如图4-275所示。

图 4-274

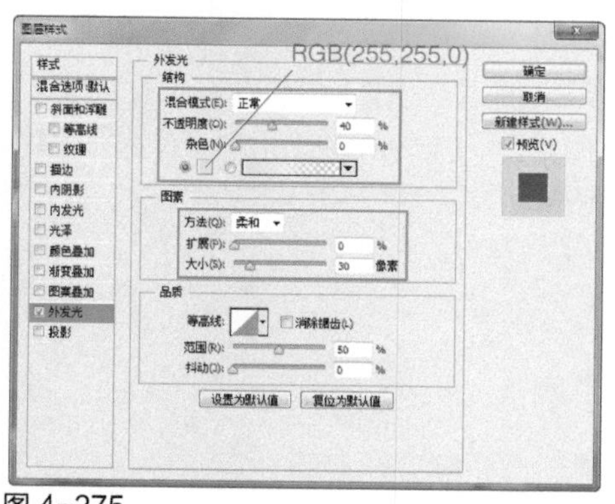

图 4-275

步骤 18 单击“确定”按钮，完成“图层样式”对话框中各选项的设置，效果如图4-276所示。复制“选项1”图层组中的“金币图标”图层组，将复制得到的“金币图标 拷贝”图层组移至“游戏场景”图层组中，并调整图形的位置，为其添加“外发光”图层样式，效果如图4-277所示。

图 4-276

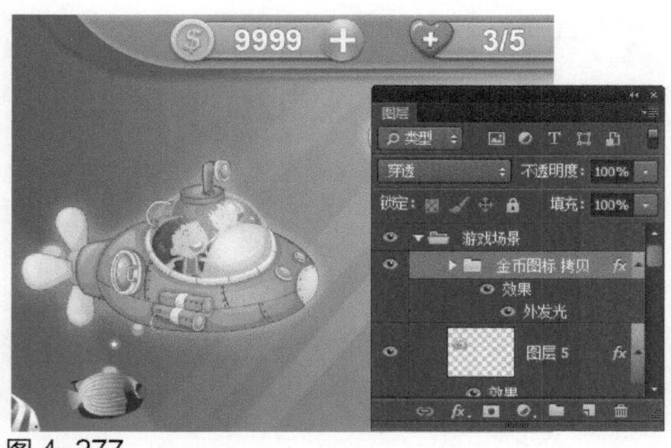

图 4-277

步骤 19 多次复制“金币图标 拷贝”图层组，并分别调整到不同的位置，效果如图4-278所示。新建名称为“底部选项”的图层组，使用相同的制作方法，可以完成相似图形效果的绘制，如图4-279所示。

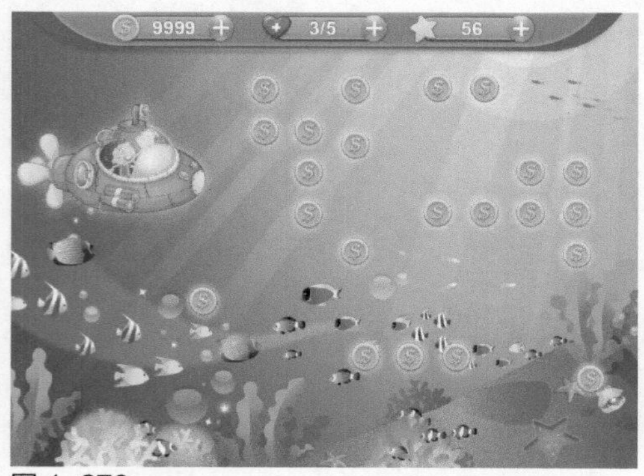

图 4-278

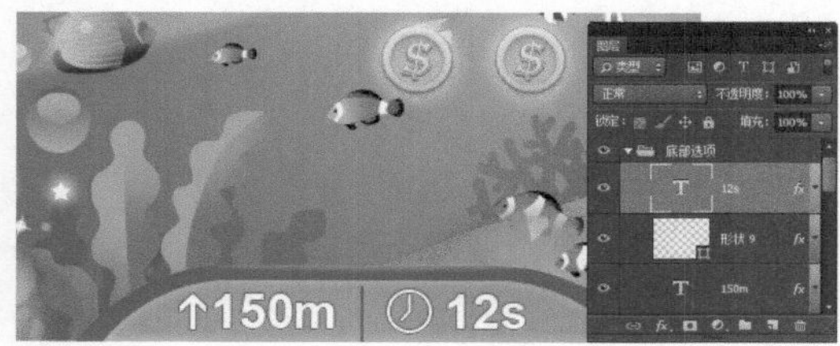

图 4-279

步骤 20 根据前面实例中相同的绘制方法，可以完成该游戏运行界面中相应图标的绘制，最终完成该iPad游戏运行界面的设计制作，最终效果如图4-280所示。

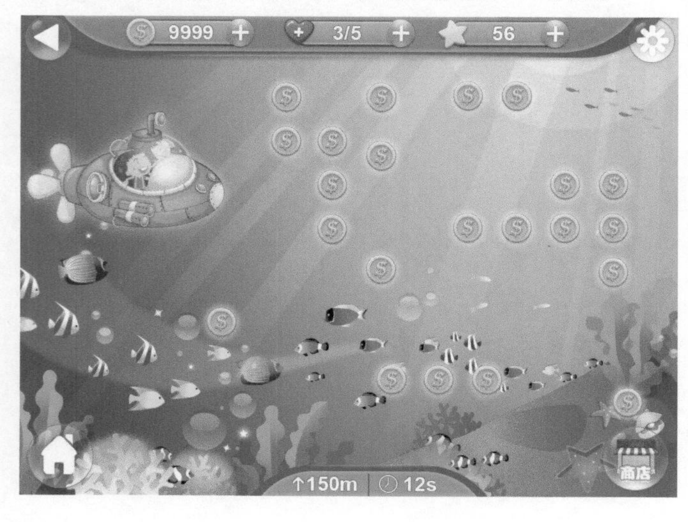

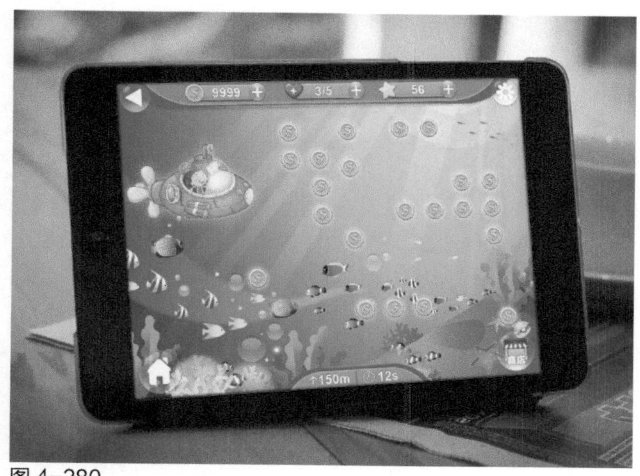

图 4-280

4.5 专家支招

设计师在设计基于iOS系统的手机游戏UI时，需要结合iOS系统自身的交互特点，以简单、自然、友好、一致的设计原则为基础，来设计iOS系统手机游戏UI。在前面的内容中已经向读者介绍了有关iOS系统游戏UI设计的方法和技巧，在对手机游戏UI进行设计时必须考虑到智能手机的特点，以及所使用的操作系统的特点。

1. 为什么需要考虑智能手机的特点?

答：智能手机的共性特点在于其硬件，包括处理器、屏幕、键盘、音响甚至电池等。通常，智能手机的CPU运算能力不如PC的强大，屏幕大小也对UI设计有很大的限制。尤其是全触摸屏的智能手机，显示器和键盘都在同一空间内，如何让操作不对显示造成较大的遮挡也是UI设计需要考虑的问题。

受制于智能手机的物理性能，为了兼顾游戏运行的性能，游戏UI必定不能占用过多的资源。这也使得手机游戏画面不够精彩、流畅，音效不够理想。

同时由于移动网络的限制，智能手机游戏数据的实时性难以得到保障，这也是单机游戏、在线的卡牌游戏、回合制游戏盛行的原因之一。虽然游戏数据不能及时地得到传输，但是用户的感觉是实时的。所以在进行UI设计时，如何保证手机游戏界面的实时性和流畅性也成为UI设计的一大难题。

2. 手机游戏UI设计与UE是什么关系?

答：智能手机毕竟不同于PC，通常在使用PC进行游戏时，用户可以很方便而且不需要考虑系统资源而同时进行其他的操作。但是对于智能手机来说，用户在运行一款高质量的大型游戏时会集中精力在游戏上，很少会分散精力和浪费系统内存去做其他的事。所以，智能手机游戏UI更贴近用户。

进行智能手机UI设计之前，必须进行详细的UE设计。什么是UE？简单来说UE（User Experience）就是用户体验。UI的开发过程是迭代的，在开发过程中也要不断地进行UE的测试，并依据UE的设计进行调整。所以在进行UI的设计时，不能仅仅考虑游戏的操作性，而是应该同时进行UE设计。

▶▶ 4.6 本章小结

iOS系统游戏UI设计的限制因素很多，在设计之初需要考虑到游戏的世界观及游戏的美术风格，要明确所设计的应用对象是iOS系统智能手机。还要遵循UI设计的一般性原则，从一致性、简易性、用户语言、清晰性、用户习惯等方面设计iOS系统游戏。在本章中向读者介绍了有关iOS系统和iOS系统游戏UI设计的相关知识，并通过精美案例的设计制作讲解了iOS系统游戏的设计方法和技巧。完成本章内容的学习，读者会理解iOS系统游戏UI设计的相关知识，并能够设计出适用于iOS系统的游戏UI界面。

CHAPTER 5

Android系统游戏UI设计

本章要点：

iOS和Android系统是目前智通手机领域中普遍采用的两种智能手机操作系统，这两种手机操作系统在操控和界面设置方面有许多异同，这也就导致了在开发手机游戏的过程中需要有针对性地开发相应操作系统的手机游戏，为手机游戏的开发带来了一定的难度。在上一章中已经向读者介绍了iOS系统游戏UI设计的相关知识，在本章中将向读者介绍有关Android系统的相关知识及Android系统手机游戏UI设计方面的知识，并通过手机游戏UI的设计制作练习，使读者能够掌握手机游戏UI的设计方法和技巧。

知识点：

- 了解Android系统UI设计的相关知识
- 理解Android系统手机游戏UI设计规范
- 掌握手机游戏界面设计的色彩搭配技巧
- 了解传统游戏与手机游戏UI设计的相同点与不同点
- 掌握各种类型手机游戏界面的设计表现方法

▶▶ 5.1 Android系统UI设计基础

Android（安卓）是一个以Linux为基础的开源移动设备操作系统，主要用于智能手机和平板电脑，由Google成立的开放手持设备联盟（Open Handset Alliance，OHA）持续领导与开发，Android已发布的最新版本为Android 5.0。

5.1.1 Android系统UI尺寸

Android系统中文称为安卓系统，是由Google公司和开放手机联盟联合开发的一种基于Linux的操作系统，主要使用于智能手机和平板电脑，目前除苹果以外大多数智能手机都使用Android系统。

Android系统手机常见尺寸参数如下：

屏幕尺寸：2.8in（英寸）
屏幕分辨率：240px × 320px
屏幕密度：LDPI 120ppi

屏幕尺寸：3.2in（英寸）
屏幕分辨率：320px × 480px
屏幕密度：MDPI 160ppi

屏幕尺寸：4in（英寸）
屏幕分辨率：480px × 800px
屏幕密度：HDPI 240ppi

屏幕尺寸：4.8in（英寸）
屏幕分辨率：720px × 1280px
屏幕密度：XHDPI 320ppi

屏幕尺寸：10in（英寸）
屏幕分辨率：800px × 1280px
屏幕密度：XHDPI 420ppi

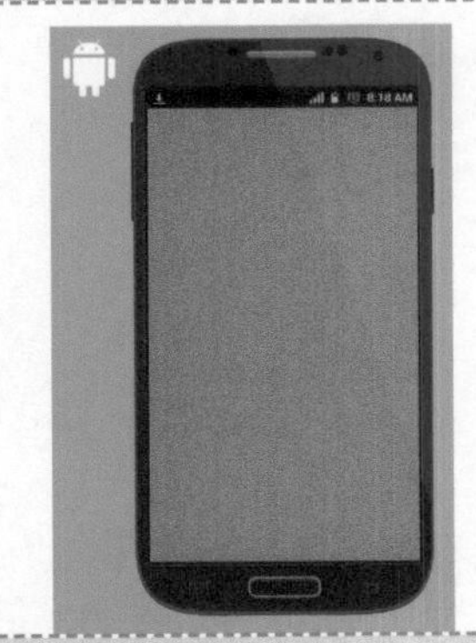

屏幕尺寸：5in（英寸）
屏幕分辨率：1080px × 1920px
屏幕密度：XLHDPI 441ppi

5.1.2 Android系统图标尺寸

Android系统被设计在一系列屏幕尺寸和分辨率不同的设备上运行，不同的设备和程序所使用的图标尺寸也不相同，下面向大家介绍Android系统中常见的图标尺寸。

用途	低密度屏幕（ldpi）	中密度屏幕（mdpi）	高密度屏幕（hdpi）
启动图标	36px × 36px	48px × 48px	72px × 72px
菜单	36px × 36px	48px × 48px	72px × 72px
状态栏	24px × 24px	32px × 32px	48px × 48px
标签	24px × 24px	32px × 32px	48px × 48px
对话	24px × 24px	32px × 32px	48px × 48px
列表视图	24px × 24px	32px × 32px	48px × 48px

5.1.3 Android系统图标的设计规则

在对应用于Android系统的图标进行设计时，首先需要明确Android系统图标的设计规则，Android系统图标应该面向前方，透视非常小，而且使用顶部光源。此外，所有的图标都需要有独立的文字标签，而不是把文字设计嵌入到图标中，应该把精力放在如何突出表现图标的特色上。Android系统图标的设计规则可以大致总结为以下几点：

（1）符合当下的流行趋势，避免过度使用隐喻。

（2）高度简化和夸张，小尺寸图标也能够易于识别，不宜太复杂。

（3）尝试抓住应用的主要特征，比如使用时钟作为时间应用程序的ICON。

（4）使用自然的轮廓和形状，看起来几何化和有机化，不失真实感。

（5）图标采用前视角，几乎没有透视，应用顶部光源。

（6）不光滑但富有质感。

如图5-1所示为设计精美的Android系统游戏图标。

图 5-1

5.2 Android手机游戏UI设计规范

由于Android和iOS操作系统的出现，智能手机的发展出现了质的飞跃，智能手机游戏也随之取得了快速发展。由于iOS与Android操作系统是有区别的，所以在设计手机游戏时需要分清楚所针对的手机操作系统，本节将向大家介绍一些Android手机游戏UI设计规范。

1. 功能和操作保持一致

对于游戏界面中同类型的元素，例如：字体、按钮、表单、滑动手势等，在整个游戏界面中都需要保持各自的一致性，而且要避免同一功能的多重描述。这样能使得游戏界面更加直观、简洁，操作更加方便快捷，玩家对游戏操作的学习也会更加轻松。如图5-2所示为Android手机游戏界面中一致的表现元素。

图 5-2

2. 准确的表达

在手机游戏UI设计中，有些设计者往往不注意表达的准确性，通常使用一些意义不明确的图形或词语来引导游戏玩家进行游戏消费，这样只会增加玩家对于该款游戏的厌恶感。在游戏界面中使用一致的标记、意义明确的信息提示会让游戏更加容易被用户理解和接受。在如图5-3所示的Android手机游戏界面中，均准确地表现了界面中的各个元素。

图 5-3

3. 合理的界面布局和操作流程

由于智能手机屏幕大小的限制，在设计操作复杂的游戏时，游戏界面的布局合理性就显得尤为重要。在进行游戏UI设计时需要充分考虑布局的合理性问题，遵循用户从上而下、自左向右浏览和操作的习惯，提高游戏的操作性和易用性。如图5-4所示为合理布局的Android手机游戏界面。

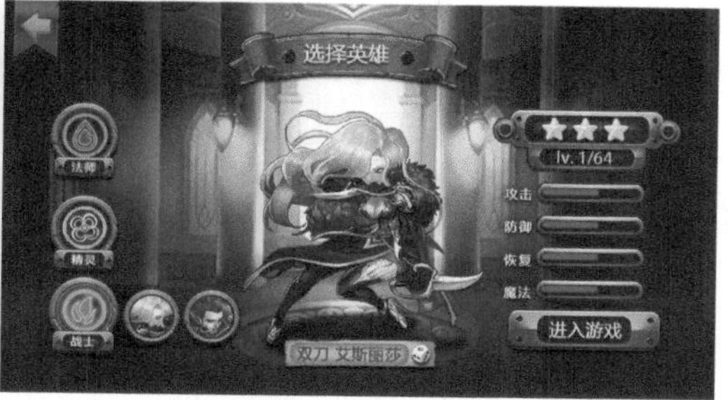

图 5-4

在进行手机游戏UI设计时，尤其是进行注重操作性的游戏UI设计时，必须注意所设计的UI元素的操作合理性。因为智能手机屏幕尺寸和功能的限制，功能的操作必须简单直接，而且要遵循用户的操作习惯。

4. 减少响应时间

手机游戏UI设计不同于传统PC游戏的UI设计，更不同于其他应用程序的UI设计，因为玩家在进行游戏时会保持一定的操作节奏，所以操作的设计不能过于复杂，响应的时间应该尽量适应用户的操作节奏。如果响应时间过长，则需要向玩家反馈相应的信息，例如使用进度加载条等。如图5-5所示为Android手机游戏界面中及时的信息反馈。

图 5-5

【自测1】设计消除类手机游戏图标

视频：光盘\视频\第5章\消除类手机游戏图标.swf　源文件：光盘\源文件\第5章\消除类手机游戏图标.psd

- 案例分析

案例特点：本案例设计的是一款消除类手机游戏图标，运用多个半圆形组成图标中的花边造型，结合游戏中的卡通形象，体现出游戏可爱的特点，让人印象深刻。

制作思路与要点：想要绘制出可爱的游戏图标，图形尤为重要。本款消除类游戏图标的设计并不是特别复杂，要表现出可爱的感觉，可以通过绘制圆角矩形并为其填充渐变颜色，从而体现出图标轮廓的层次感，在图标的内容区域使用半圆形组成花边造型，即可体现出可爱的感觉。在图标中通过游戏中的多个卡通形象组成图标的主体造型，充分突出该款游戏的特点，使图标更加生动形象。

- **色彩分析**

本案例的消除类手机游戏图标使用黄绿色的渐变颜色表现图标的边框效果，搭配纯度较低的黄色，在视觉上让人感觉和谐、舒适、在图标背景上搭配多种高纯度鲜艳色彩的卡通形象，使图标更加生动，强烈体现出游戏的可爱与活力。

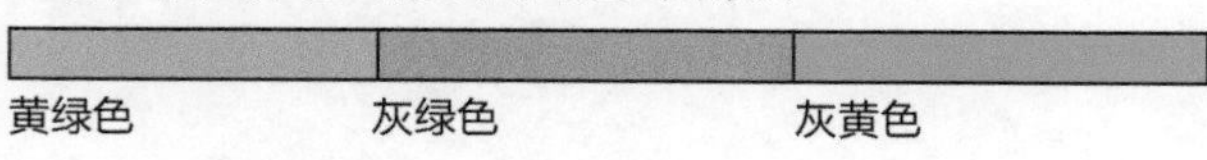

- **制作步骤**

步骤01 执行“文件>打开”命令，打开素材图像“光盘\源文件\第5章\素材\101.jpg”，如图5-6所示。新建名称为“背景”的图层组，使用“圆角矩形工具”，在选项栏上设置“半径”为90像素，在画布中绘制一个白色圆角矩形，如图5-7所示。

图 5-6

图 5-7

步骤02 为该图层添加“渐变叠加”图层样式，对相关选项进行设置，如图5-8所示。单击“确定”按钮，完成“图层样式”对话框中各选项的设置，效果如图5-9所示。

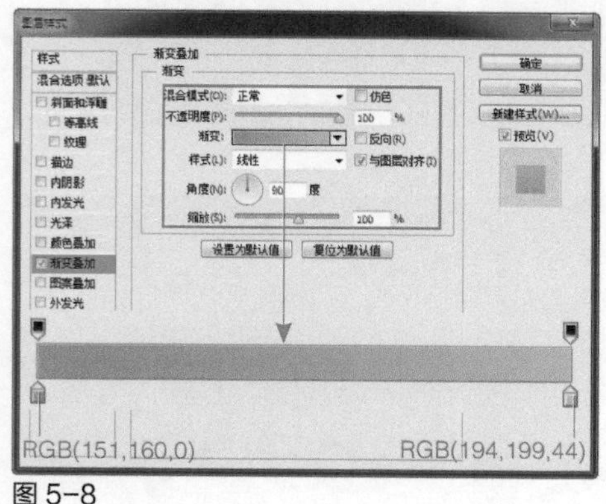

图 5-8

图 5-9

步骤03 复制“圆角矩形1”图层，得到“圆角矩形1拷贝”图层，双击该图层的“渐变叠加”图层样式，在弹出对话框中对相关选项进行修改，如图5-10所示。单击“确定”按钮，完成“图层样式”对话框中各选项的设置，将复制得到的图形等比例缩小，效果如图5-11所示。

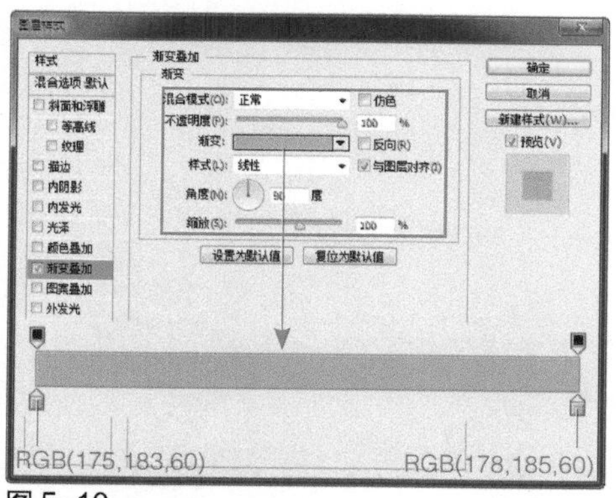

图 5-10

图 5-11

提示

此处的两个圆角矩形，一个填充从浅到深的黄绿色，另一个填充从深到浅的黄绿色，两个圆角矩形相互叠加，使图标背景产生很强的层次感，并且圆角矩形的边缘会有一定的厚度感。

步骤 04 使用“矩形工具”，在画布中绘制一个白色矩形，如图5-12所示。打开素材图像“光盘\源文件\第5章\素材\102.jpg”，执行“编辑>定义图案”命令，弹出“图案名称”对话框，将其定义为图案，如图5-13所示。

图 5-12

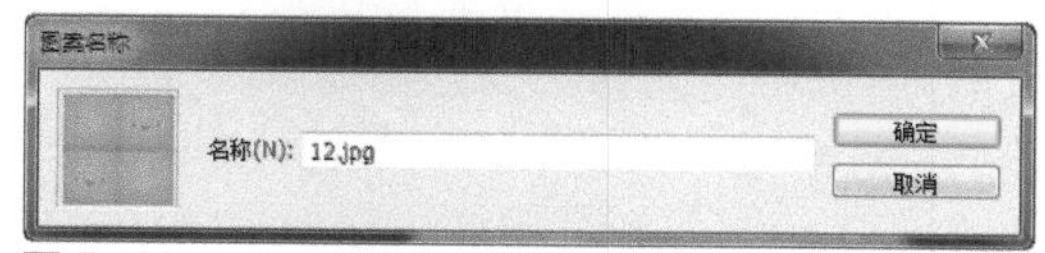

图 5-13

步骤 05 返回设计文档中，为“矩形1”图层添加“图案叠加”图层样式，对相关选项进行设置，如图5-14所示。单击“确定”按钮，完成“图层样式”对话框中各选项的设置，效果如图5-15所示。

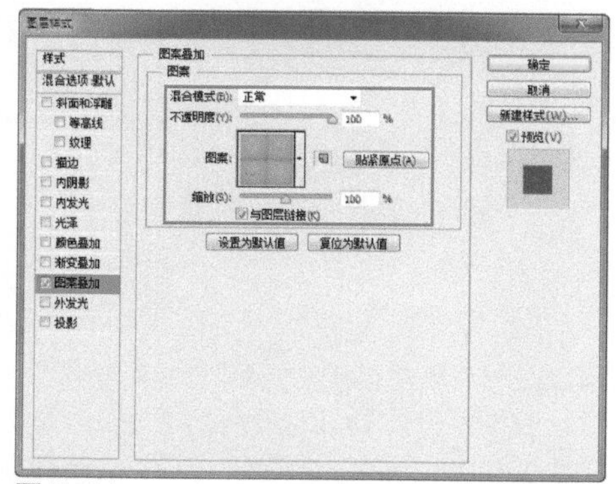

图 5-14

图 5-15

步骤06 复制“矩形1”图层，得到“矩形1拷贝”图层，清除该图层的图层样式，为该图层添加“内阴影”图层样式，对相关选项进行设置，如图5-16所示。单击“确定”按钮，完成“图层样式”对话框中各选项的设置，设置该图层的“填充”为0%，效果如图5-17所示。

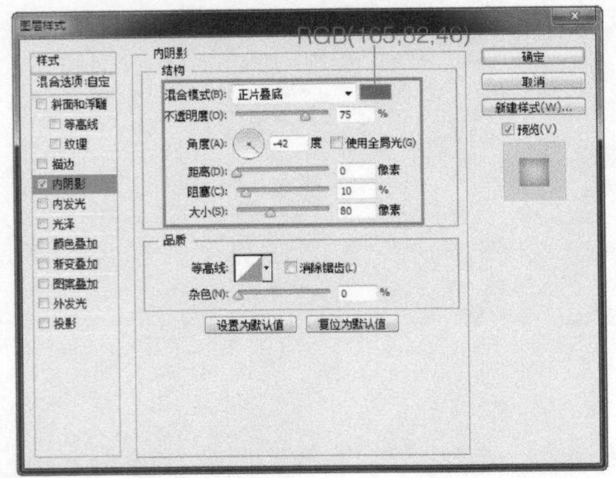

图 5-16

图 5-17

提示

通过“内阴影”图层样式的添加使图形产生向内的阴影效果，并设置该图层的“填充”为0%，则该图层中只能看到内阴影的效果，而看不到该图层中的填充像素，从而使图形产生一种向内凹陷的视觉效果。

步骤07 使用“椭圆工具”，设置“填充”为RGB（179,186,60），在画布中绘制一个椭圆形，如图5-18所示。多次复制该图层，并分别将复制得到图形调整到合适的大小和位置，将相应的图层合并，效果如图5-19所示。

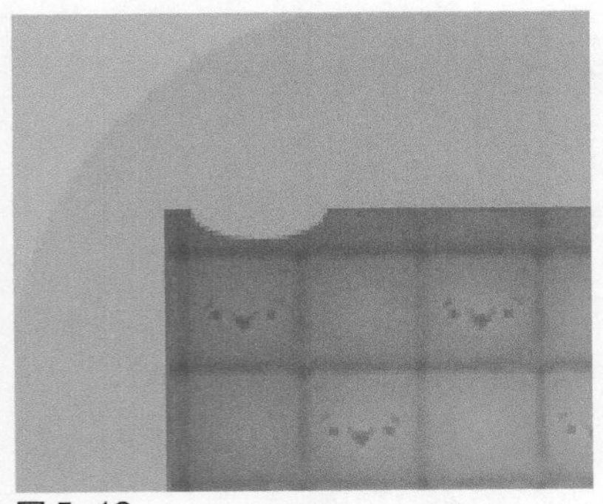

图 5-18

图 5-19

步骤08 新建名称为“卡通人物”的图层组，使用“椭圆工具”，设置“填充”为RGB（253,218,1），在画布中绘制一个椭圆形，如图5-20所示。执行“编辑>变换>变形”命令，对该图形进行适当的变形操作，效果如图5-21所示。

提示

此处除了可以使用“变形”命令，对椭圆形进行变形处理，调整到需要的图形效果外，还可以在所绘制的椭圆形路径上添加锚点，使用“直接选择工具”，对锚点进行相应的调整，同样可以将椭圆形调整为所需要的形状，在调整的过程中注意保持图形的平滑度。

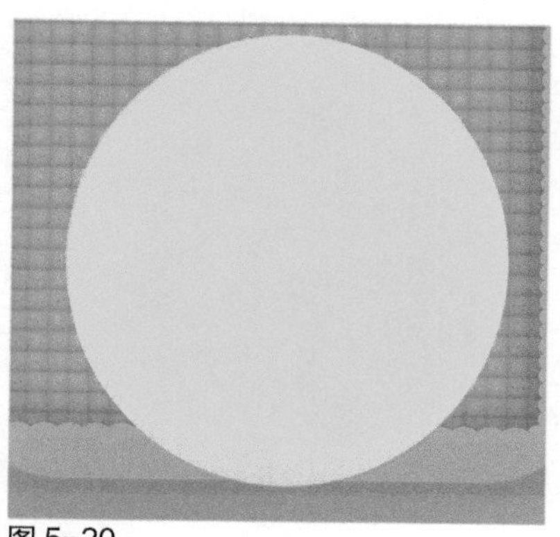

图 5-20

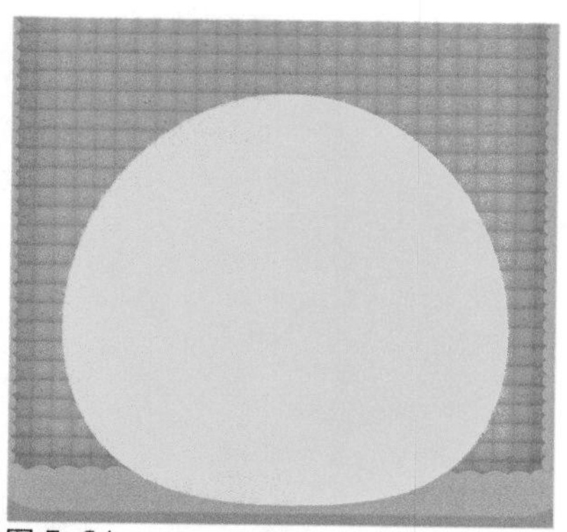

图 5-21

步骤 09 为该图层添加“内阴影”图层样式，对相关选项进行设置，如图5-22所示。继续添加“内发光”图层样式，对相关选项进行设置，如图5-23所示。

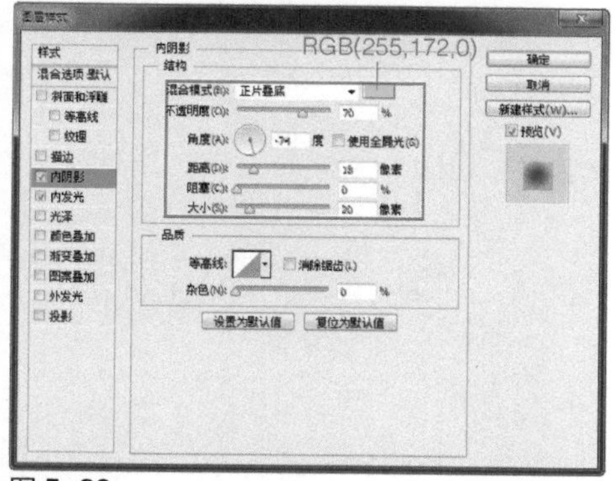

图 5-22

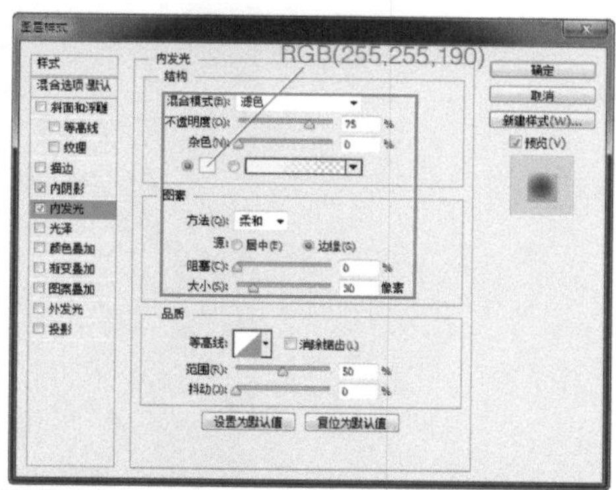

图 5-23

步骤 10 单击“确定”按钮，完成“图层样式”对话框中各选项的设置，效果如图5-24所示。使用“钢笔工具”，在选项栏上设置“工具模式”为“形状”、“填充”为RGB（255,248,2），在画布中绘制形状图形，效果如图5-25所示。

图 5-24

图 5-25

提示

在绘制曲线路径的过程中调整方向线时，按住Shift键拖动鼠标可以将方向线的方向控制在水平、垂直或以45° 角为增量的角度上。

步骤11 为该图层添加图层蒙版，使用“渐变工具”，在蒙版中填充黑白线性渐变，效果如图5-26所示。使用相同的制作方法，完成相似图形的绘制，效果如图5-27所示。

图 5-26

图 5-27

步骤12 新建图层，使用“画笔工具”，设置“前景色”为RGB（255,48,0），选择合适的笔触，在画布中的相应位置绘制图像，如图5-28所示。使用“椭圆工具”，设置“填充”为RGB（87,0,0），在画布中绘制一个正圆形，如图5-29所示。

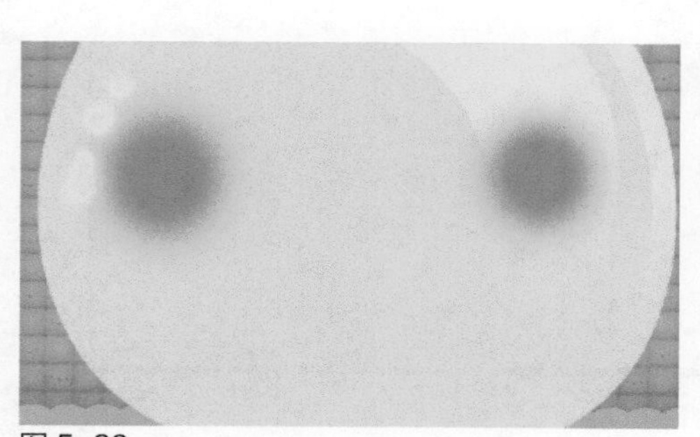
图 5-28

图 5-29

步骤13 复制该图层，将复制得到的正圆形调整到合适的位置，效果如图5-30所示。使用“圆角矩形工具”，设置“填充”为RGB（87,0,0）、“半径”为5像素，在画布中绘制一个圆角矩形，如图5-31所示。

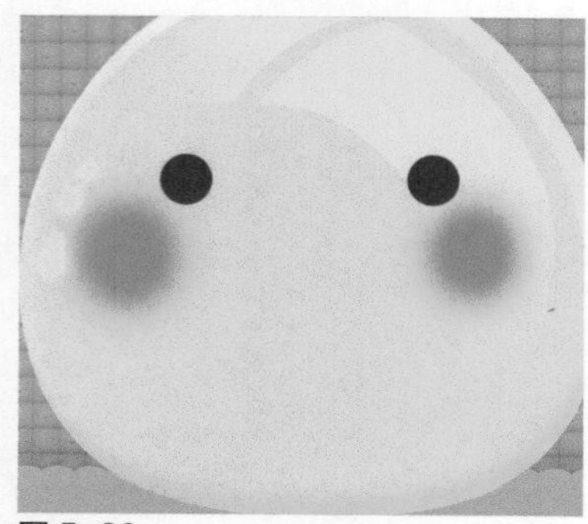
图 5-30

图 5-31

步骤 14 使用“钢笔工具”，设置“路径操作”为“合并形状”，在刚绘制的圆角矩形的基础上添加相应的形状图形，效果如图5-32所示。使用“矩形工具”，设置“填充”为RGB（255,49,21），在画布中绘制一个矩形，如图5-33所示。

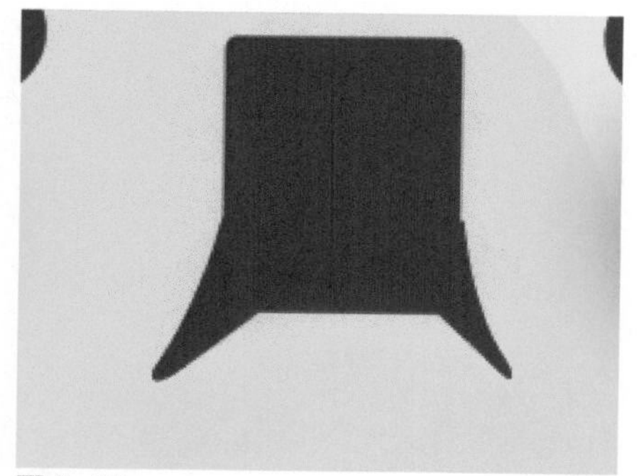

图 5-32

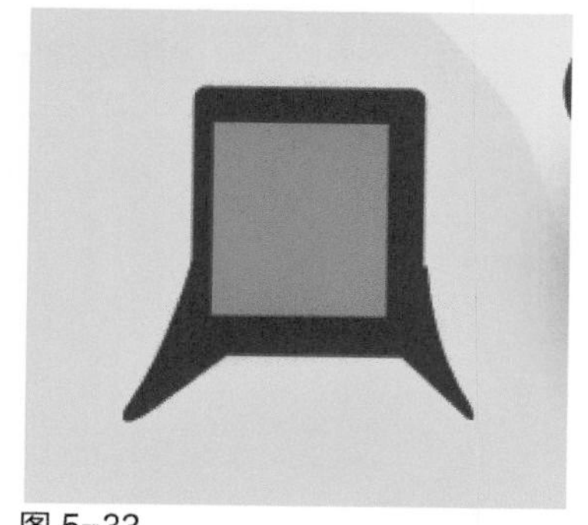

图 5-33

步骤 15 使用“矩形工具”，设置“填充”为RGB（87,0,0），在画布中绘制一个矩形，如图5-34所示。执行“编辑>变换>斜切”命令，对矩形进行斜切操作，再执行“编辑>变换>旋转”命令，对图形进行旋转操作，效果如图5-35所示。

图 5-34

图 5-35

步骤 16 复制该图层，将复制得到的图形进行水平翻转并调整到合适的位置，效果如图5-36所示。使用相同的制作方法，完成相似图形的绘制，效果如图5-37所示。

图 5-36

图 5-37

步骤 17 新建名称为“图标”的图层组，将所有图层组移至该图层组中，并调整图层组的叠放顺序，如图5-38所示。复制“图标”图层组，得到“图标 拷贝”图层组，执行“编辑>变换>垂直翻转”命令，将复制得到的图层组中的图形垂直翻转并向下移至合适的位置，效果如图5-39所示。

图 5-38

图 5-39

> **提示**
>
> 选择需要拖入图层组中的图层，将图层拖曳至图层组名称上，即可将图层移入图层组中。选择需要移出图层组的图层，向图层组外侧拖动图层即可将图层移出图层组。如果需要移入或移出图层组的图层在图层组的边缘位置，最简单的方法就是按快捷键Ctrl+]或Ctrl+[向上方或下方移动图层，即可将图层移入或移出图层组。

步骤 18 为该图层组添加图层蒙版，使用“渐变工具”，在蒙版中填充黑白线性渐变，效果如图5-40所示。完成该消除类手机游戏图标的设计制作后，最终效果如图5-41所示。

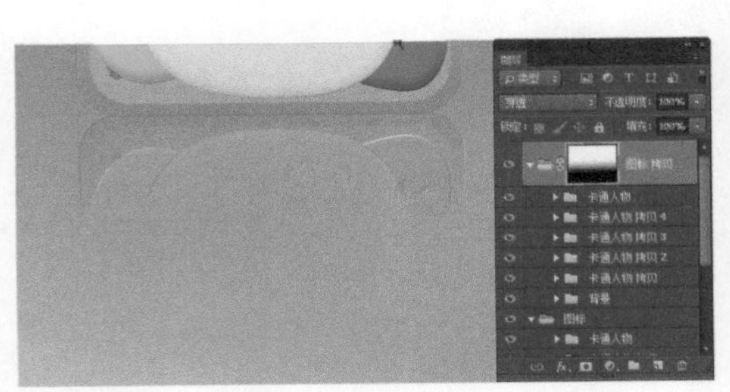
图 5-40

图 5-41

【自测2】设计消除类手机游戏界面

视频：光盘\视频\第5章\消除类手机游戏界面.swf　源文件：光盘\源文件\第5章\消除类手机游戏界面.psd

- **案例分析**

案例特点：本案例设计的是一款Android平台消除类手机游戏界面，通过将卡通图像造型和发光效果相结合，表现出界面的卡通感；游戏界面中按钮的设计，运用了多层次高光图形表现其的水晶质感。

制作思路与要点：消除类游戏界面需要带给玩家欢乐，在本案例的游戏界面中，通过各种卡通造型元素表现出了轻松、欢乐的界面风格，界面中绘制的多种图形都添加了“外发光”图层样式，使界面中元素的光影效果表现更加现实。运用卡通的文字和图标元素，与游戏的风格相结合，使得界面给人愉快、放松的感觉。

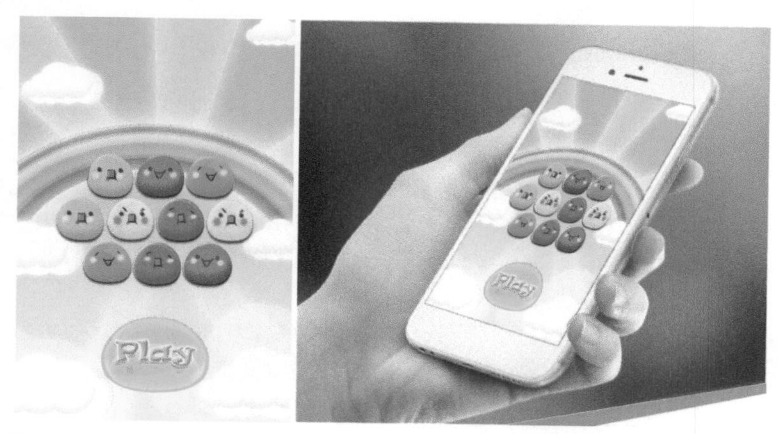

- **色彩分析**

本案例的游戏界面使用蓝色到浅黄色的渐变颜色作为界面的背景颜色，搭配白云、彩虹等图形，表现出明朗、清新的界面背景和风格，明度较高的色彩让人感觉欢乐、舒适，使用纯度较高的橙色作为界面中按钮的主色调，突出按钮的表现效果，整个界面的色彩给人和谐、舒适、欢乐的感觉。

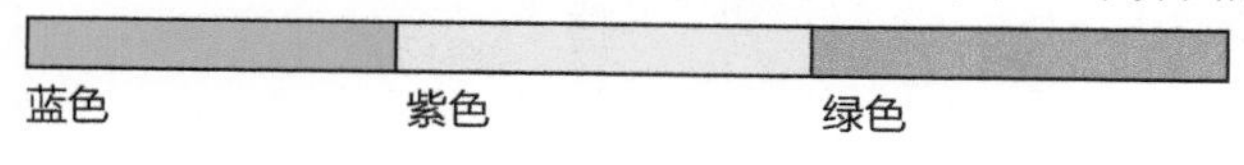

蓝色　　紫色　　绿色

- **制作步骤**

步骤01 执行“文件>新建”命令，弹出“新建文档”对话框，新建一个空白的文档，如图5-42所示。使用“矩形工具”，在画布中绘制一个矩形，效果如图5-43所示。

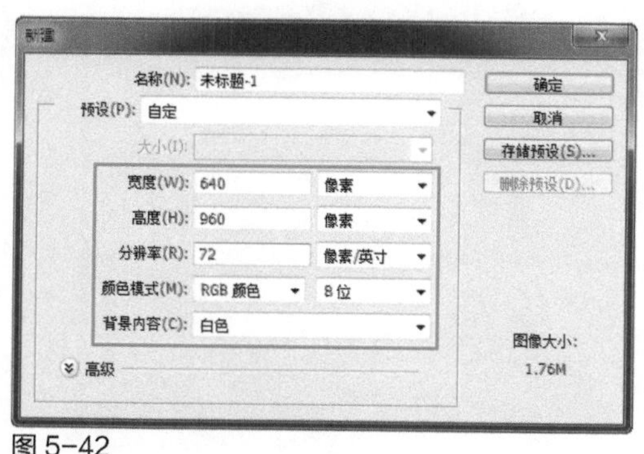

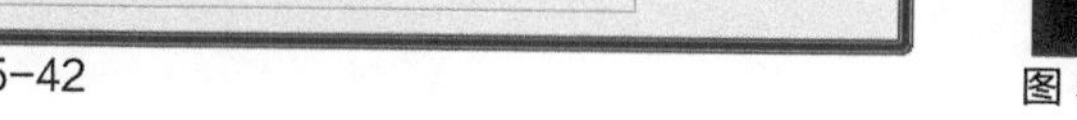

图 5-42　　图 5-43

步骤02 为该图层添加“渐变叠加”图层样式，对相关选项进行设置，如图5-44所示。单击“确定”按钮，完成“图层样式”对话框中各选项的设置，效果如图5-45所示。

步骤03 新建名称为“光芒”的图层组，使用“矩形工具”，在画布中绘制白色的矩形，如图5-46所示。执行“编辑>变换>透视”命令，对该矩形进行透视调整，效果如图5-47所示。

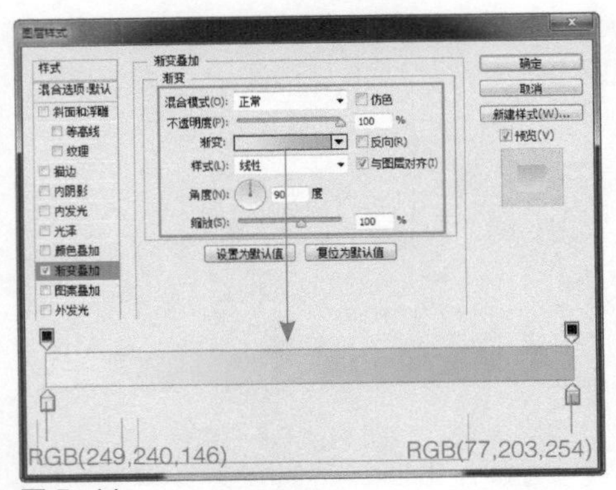

图 5-44

图 5-45

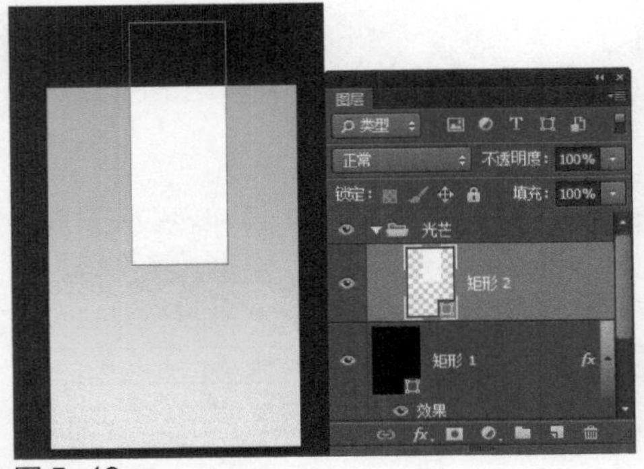

图 5-46

图 5-47

步骤 04 为该图层添加“描边”图层样式，对相关选项进行设置，如图5-48所示。继续添加“内发光”图层样式，对相关选项进行设置，如图5-49所示。

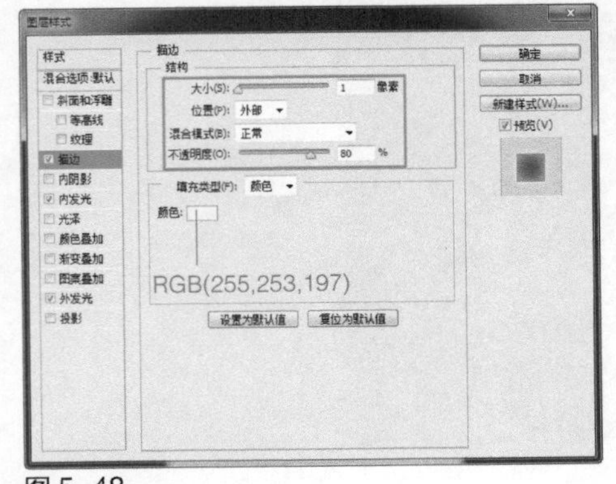

图 5-48

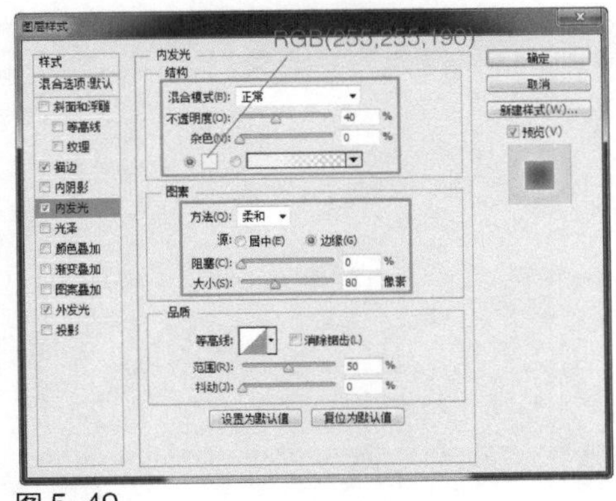

图 5-49

提示

使用“描边”图层样式可以为图像边缘添加颜色、渐变或图案轮廓描边。在“描边”图层样式对话框中的“位置”选项主要用于设置描边的位置，包括“外部”、“内部”和“居中”3个选项可以选择。

步骤 05 继续添加“外发光”图层样式，对相关选项进行设置，如图5-50所示。单击“确定”按钮，完成“图层样式”对话框中各选项的设置，设置该图层的“填充”为35%，效果如图5-51所示。

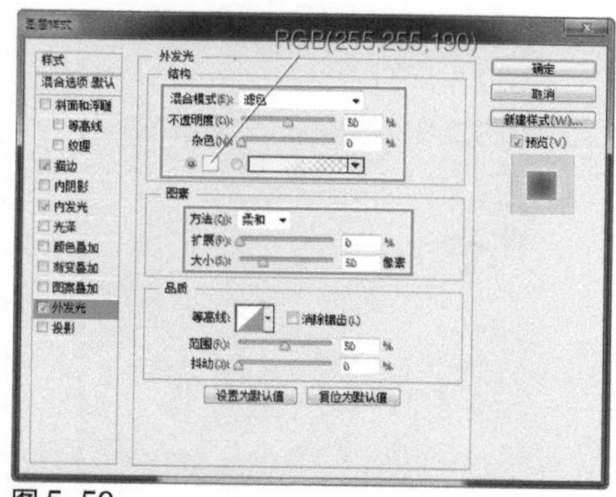

图 5-50

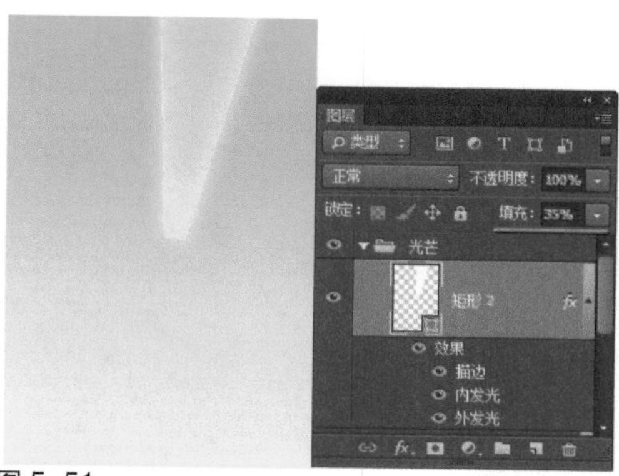
图 5-51

步骤06 复制“矩形2”图层，得到“矩形2拷贝”图层，按快捷键Ctrl+T，显示变换框，调整中心点的位置，如图5-52所示。对复制得到的图形进行旋转操作，效果如图5-53所示。

图 5-52

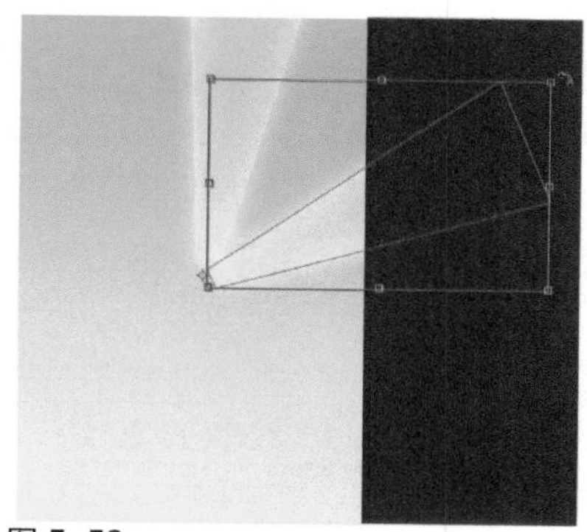
图 5-53

提示

按快捷键Ctrl+T，可以显示对象的变换框和变换中心点，变换中心点的位置默认显示在变换框的中心位置，可以拖动变换中心点改变其位置，所有的变换操作都是以变换中心点为中心进行变换操作的。

步骤07 使用相同的制作方法，可以得到其他图形效果，如图5-54所示。为“光芒”图层组添加图层蒙版，使用“画笔工具”，设置“前景色”为黑色，在蒙版中合适的位置涂抹，效果如图5-55所示。

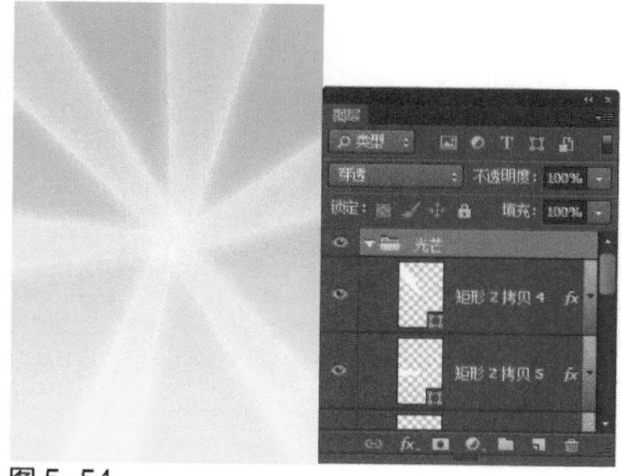
图 5-54

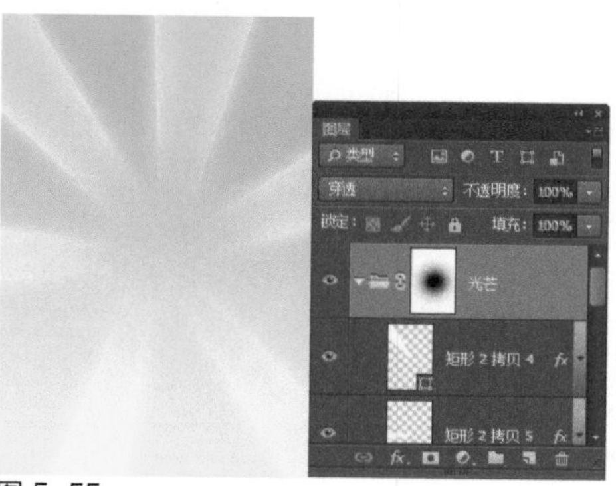
图 5-55

步骤08 新建名称为“彩虹”的图层组，使用“矩形工具”，在画布中绘制一个矩形，效果如图5-56所示。为该图层添加“渐变叠加”图层样式，对相关选项进行设置，如图5-57所示。

图 5-56

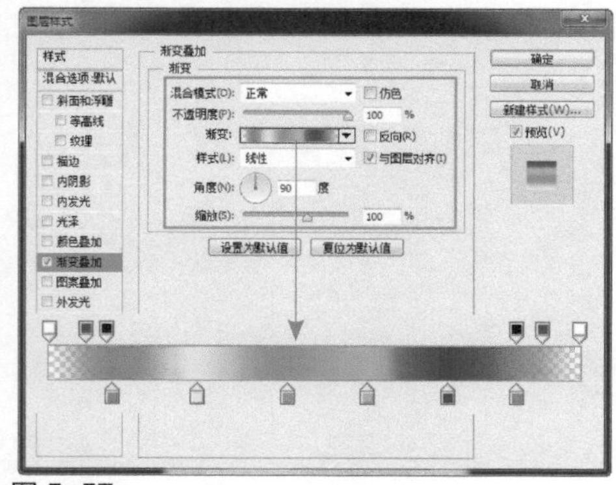

图 5-57

提示

此处设置的是彩虹色渐变，即从红色到紫色的多色彩渐变，在Photoshop的渐变颜色预设中预设了彩虹色渐变，直接选择该渐变预设即可。

步骤09 单击“确定”按钮，完成“图层样式”对话框中各选项的设置，设置该图层的“填充”为0%，效果如图5-58所示。在“矩形3”图层上单击鼠标右键，在弹出的快捷菜单中选择“栅格化图层样式”选项，将该图层栅格化为普通图层，如图5-59所示。

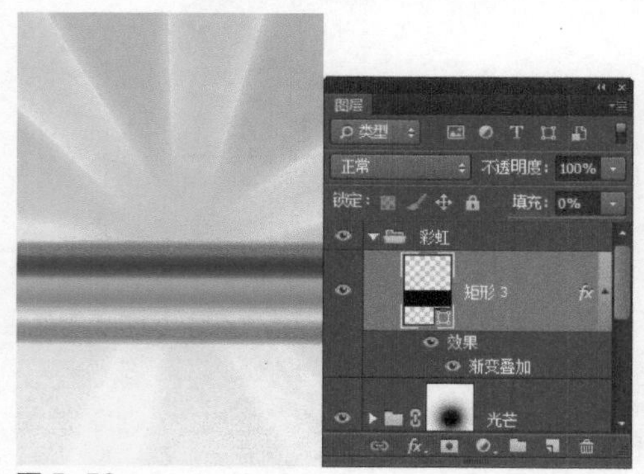

图 5-58

图 5-59

提示

接下来需要通过使用“极坐标”滤镜将该图形制作成圆弧状，如果不栅格化图层样式，则通过“极坐标”滤镜处理后，其渐变颜色填充效果将会发生改变。

步骤10 执行“滤镜>扭曲>极坐标”命令，弹出“极坐标”对话框，具体设置如图5-60所示。单击“确定”按钮，应用“极坐标”滤镜设置，将该图形向下移动，调整到合适的位置，效果如图5-61所示。

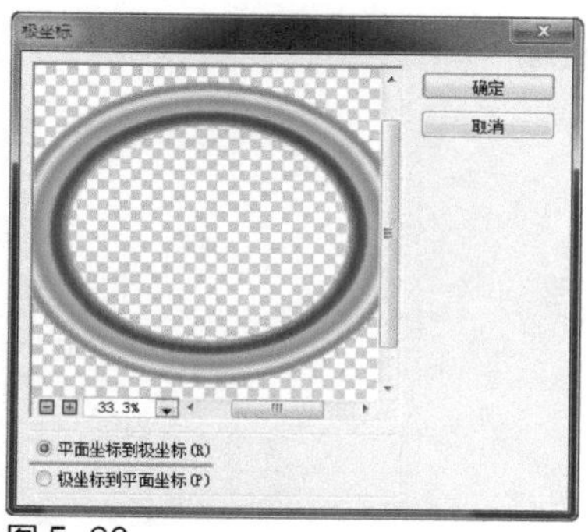

图 5-60

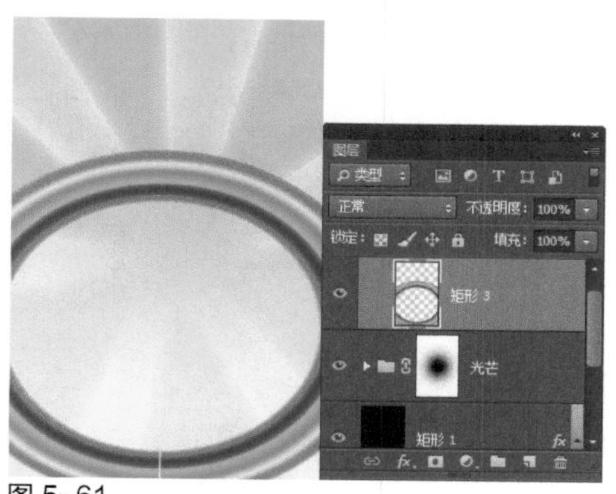

图 5-61

步骤 11 为该图层添加图层蒙版，使用“渐变工具”，在图层蒙版中填充黑白线性渐变，效果如图5-62所示。为该图层添加“颜色叠加”图层样式，对相关选项进行设置，如图5-63所示。

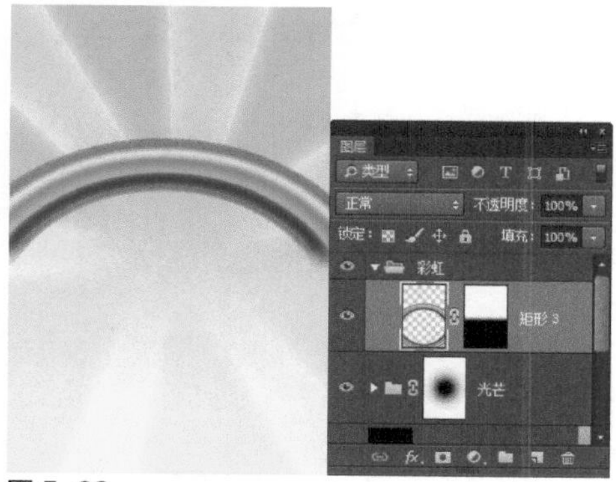

图 5-62

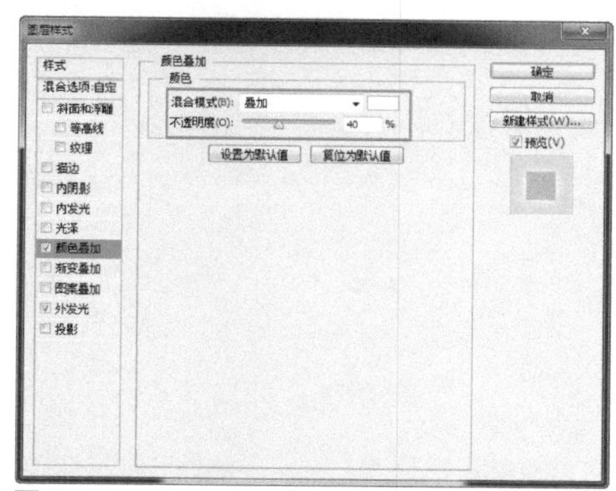

图 5-63

步骤 12 继续添加“外发光”图层样式，对相关选项进行设置，如图5-64所示。单击“确定”按钮，完成“图层样式”对话框中各选项的设置，设置该图层的“填充”为60%，效果如图5-65所示。

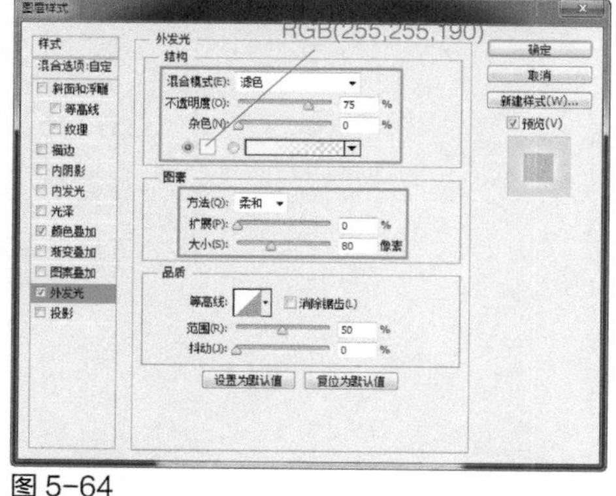

图 5-64

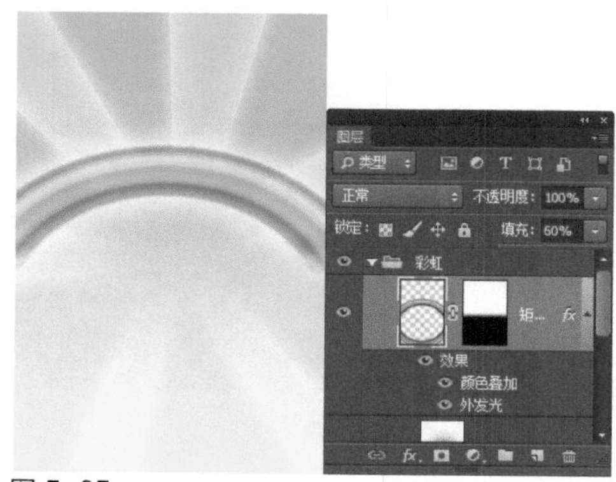

图 5-65

步骤 13 新建名称为“云朵”的图层组，使用“椭圆工具”，在画布中绘制白色正圆形，效果如图5-66所示。使用“椭圆工具”，在选项栏上设置“路径操作”为“合并形状”，在刚绘制的正圆形上再添加其他正圆形，得到云朵图形，效果如图5-67所示。

图 5-66

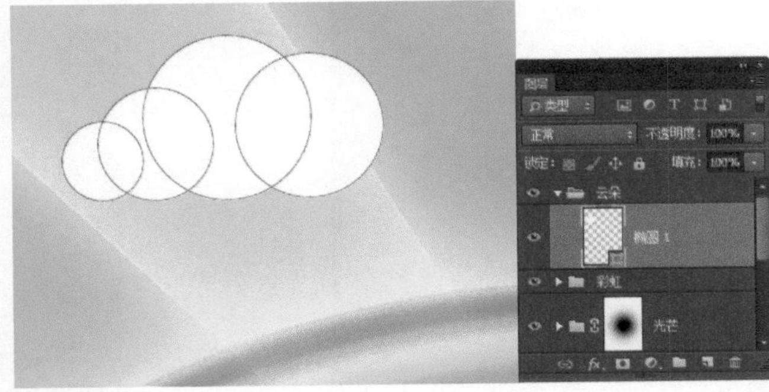

图 5-67

步骤 14 为该图层添加“内阴影”图层样式，对相关选项进行设置，如图5-68所示。继续添加“外发光”图层样式，对相关选项进行设置，如图5-69所示。

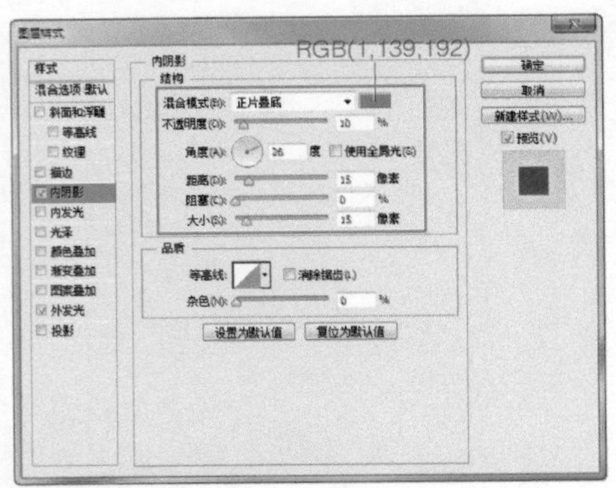

图 5-68

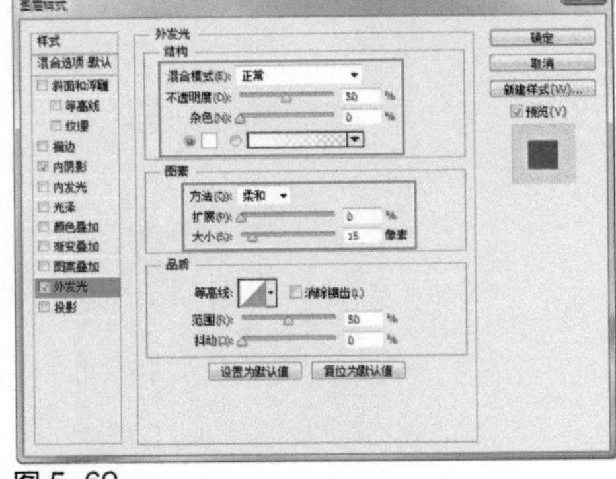

图 5-69

步骤 15 单击“确定”按钮，完成“图层样式”对话框中各选项的设置，效果如图5-70所示。复制“椭圆1”图层，得到“椭圆1拷贝”图层，将复制得到的图形调整至合适的大小和位置，效果如图5-71所示。

图 5-70

图 5-71

步骤 16 双击“椭圆1 拷贝”图层的“内阴影”图层样式，在弹出的对话框中对相关选项进行修改，如图5-72所示。单击“确定”按钮，完成“图层样式”对话框中各选项的设置，效果如图5-73所示。

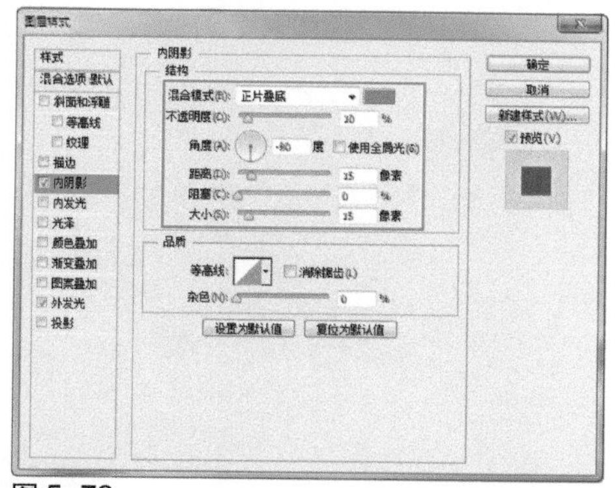

图 5-72

图 5-73

步骤 17 复制“云朵”图层组得到“云朵 拷贝”图层组，将复制得到的图形调整到合适的大小和位置，效果如图5-74所示。使用相同的制作方法，可以将该图层组复制多次，并分别将图形调整到合适的大小和位置，效果如图5-75所示。

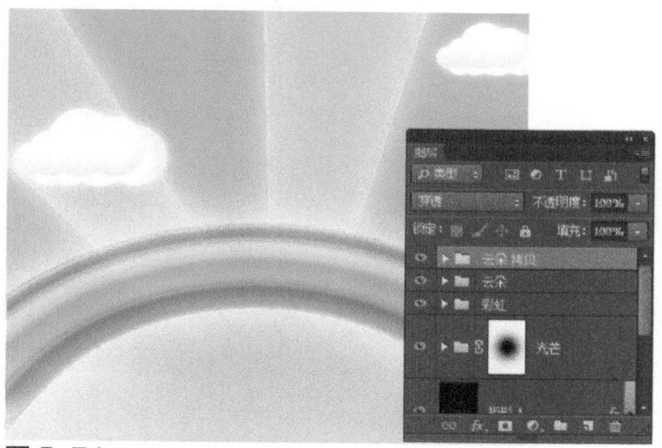

图 5-74

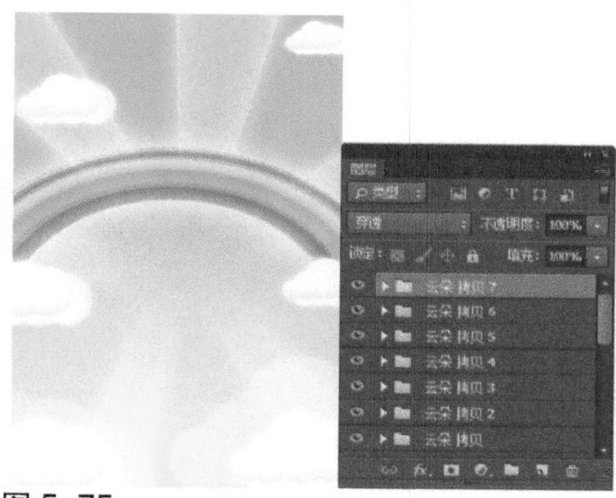

图 5-75

步骤 18 使用相同的制作方法，可以绘制出相应的图形效果，如图5-76所示。新建名称为“按钮”的图层组，使用“椭圆工具”，在选项栏上设置“填充”为RGB（246,167,0），在画布中绘制椭圆形，效果如图5-77所示。

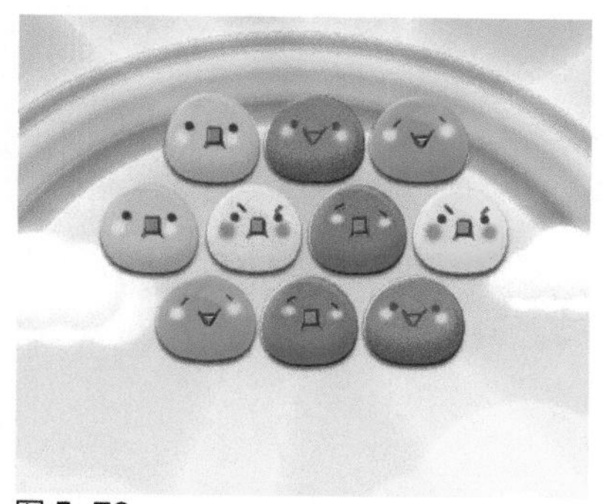
图 5-76

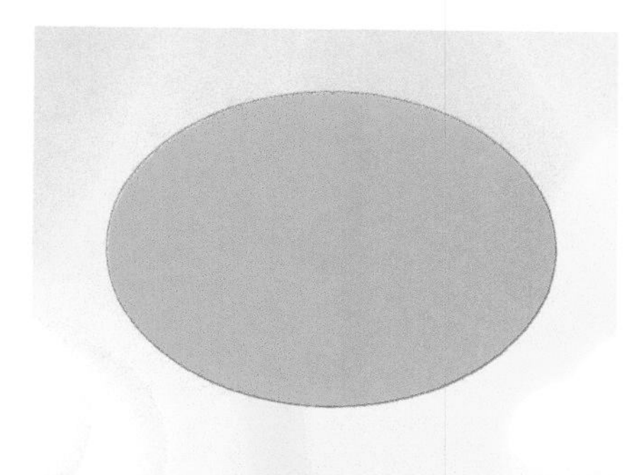
图 5-77

步骤 19 使用“添加锚点工具”，在刚绘制的椭圆形状路径上单击以添加相应的锚点，如图5-78所示。使用“直接选择工具”，对椭圆形状路径上的锚点进行调整，调整椭圆形状，效果如图5-79所示。

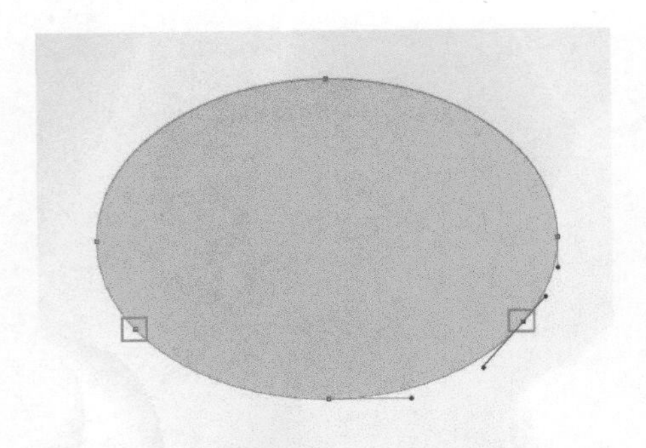

图 5-78

图 5-79

步骤20 复制“椭圆2”图层，得到“椭圆2拷贝”图层，将复制得到的图形等比例缩小，如图5-80所示。为该图层添加“内发光”图层样式，对相关选项进行设置，如图5-81所示。

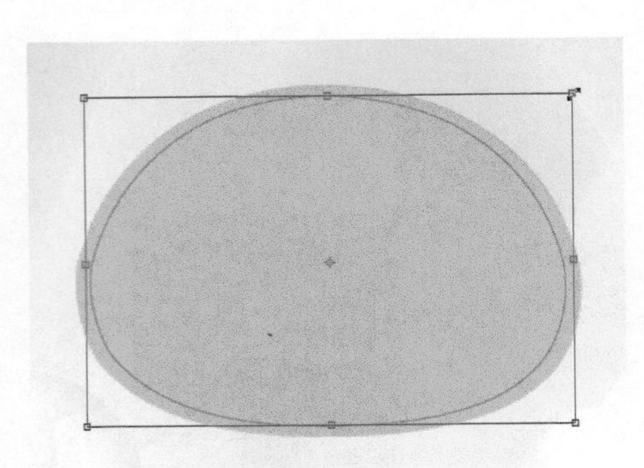

图 5-80

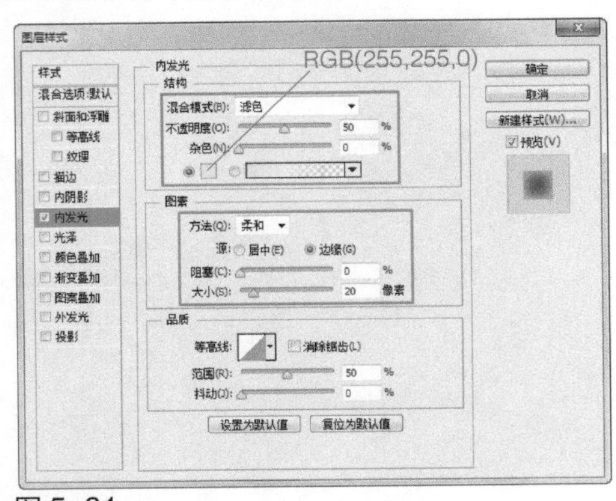

图 5-81

步骤21 单击“确定”按钮，完成“图层样式”对话框中各选项的设置，效果如图5-82所示。复制“椭圆2拷贝”图层，得到“椭圆2拷贝2”图层，将复制得到的图形调整到合适的大小和位置，效果如图5-83所示。

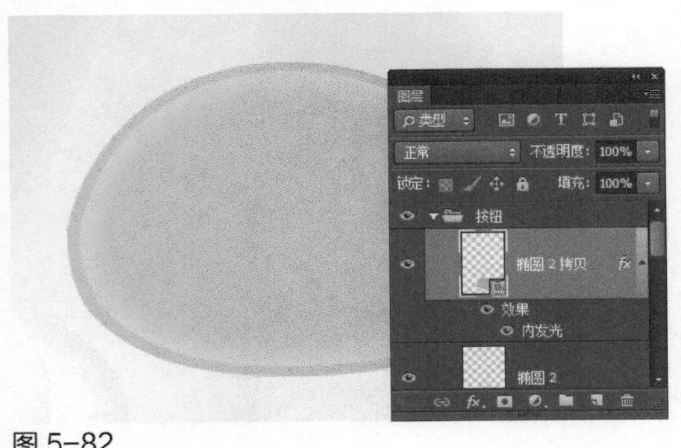

图 5-82

图 5-83

步骤22 使用“椭圆工具”，在选项栏上设置“填充”为RGB（236,140,0），在画布中绘制正圆形，对该正圆形进行复制，得到需要的图形，效果如图5-84所示。使用“钢笔工具”，在选项栏上设置“工具模式”为“形状”，在画布中绘制白色的形状图形，设置该图层的“不透明度”值为15%，效果如图5-85所示。

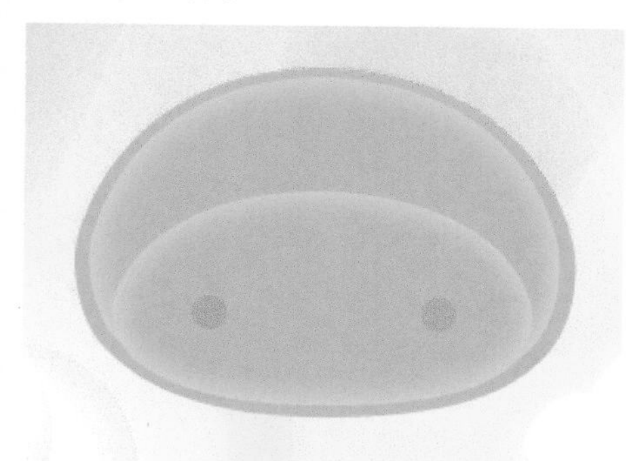

图 5-84

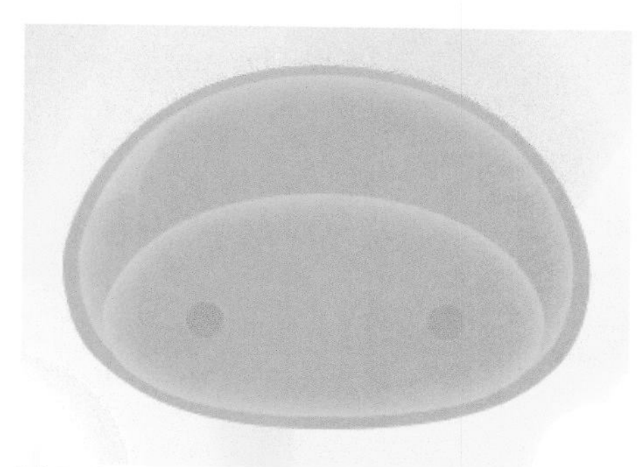

图 5-85

步骤 23 使用相同的制作方法，可以绘制出其他图形，效果如图5-86所示。使用“横排文字工具”，在“字符”面板中对相关选项进行设置，在画布中输入文字，如图5-87所示。

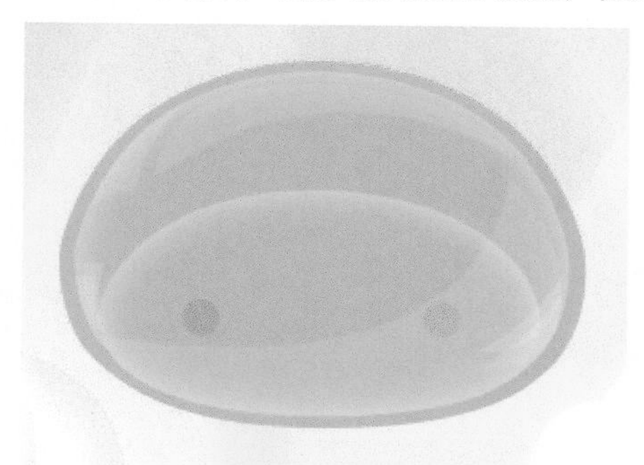

图 5-86

图 5-87

步骤 24 为文字图层添加“斜面和浮雕”图层样式，对相关选项进行设置，如图5-88所示。继续添加“描边”图层样式，对相关选项进行设置，如图5-89所示。

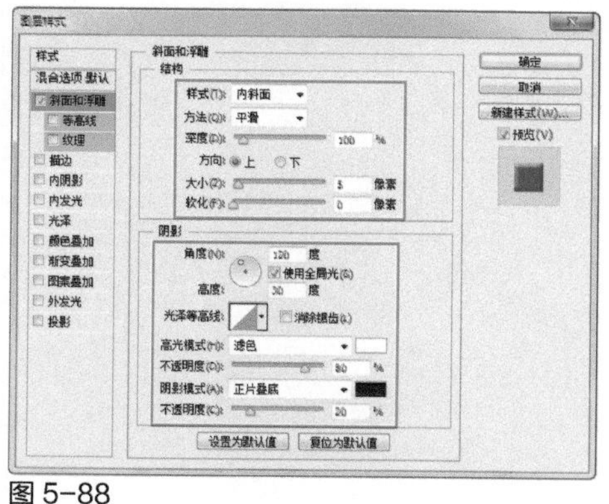

图 5-88

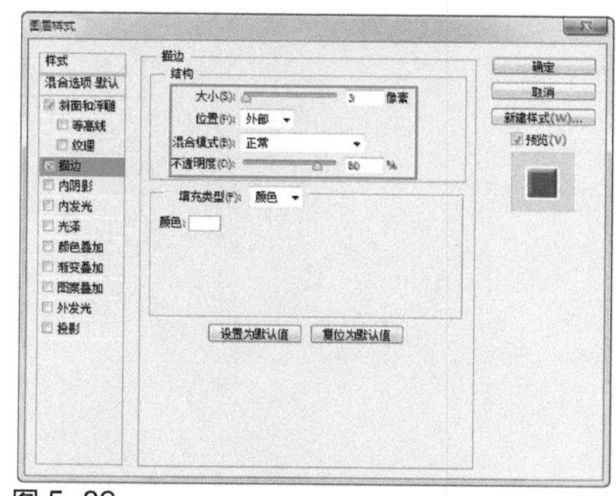

图 5-89

步骤 25 继续添加“渐变叠加”图层样式，对相关选项进行设置，如图5-90所示。继续添加“外发光”图层样式，对相关选项进行设置，如图5-91所示。

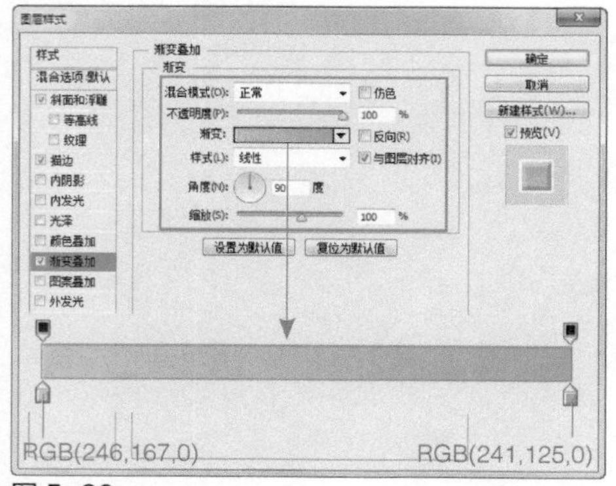

图 5-90

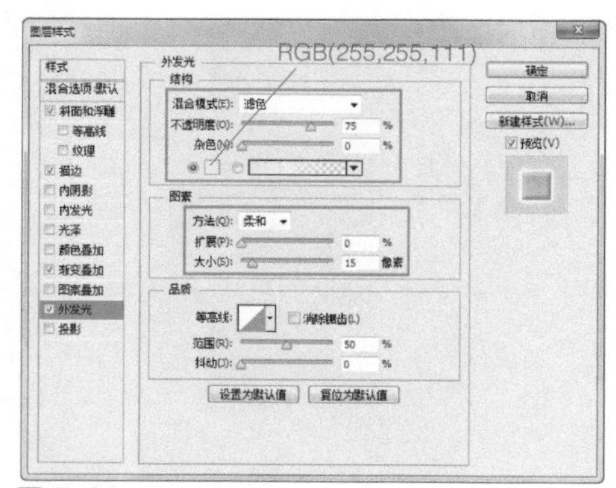

图 5-91

步骤 26 继续添加“投影”图层样式，对相关选项进行设置，如图5-92所示。单击“确定”按钮，完成“图层样式”对话框中各选项的设置，效果如图5-93所示。

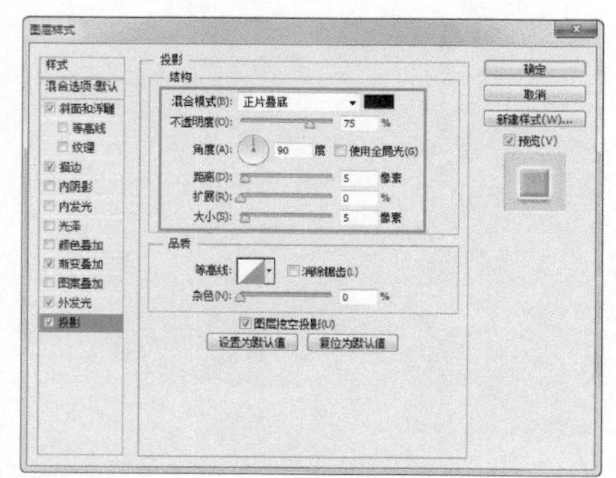
图 5-92

图 5-93

步骤 27 完成该消除类手机游戏界面的设计制作后，最终效果如图5-94所示。

图 5-94

5.3 手机游戏界面设计的色彩搭配

手机游戏界面决定了一款手机游戏的受众接受度，只有通过界面，玩家才能够控制游戏的内核。尤其是在色彩设计上，一款手机游戏的界面设计中色彩的搭配影响了整个游戏的质量和给玩家的第一印象。

5.3.1 手机游戏界面设计中的色彩表现

人们总是最先看到一幅作品或一个界面的整体颜色风格，色彩的搭配和组合对人的视觉冲击力巨大。在游戏界面设计中，色彩设计的作用主要表现在4个方面，依次为情感的表达、文化的差异、吸引注意力和界面艺术性。

色彩为界面设计带来了创造力和生命力，既传递了必要的信息，又组织了灵动的语言，把界面的设计提高到了一个崭新的艺术境界。色彩设计在理性感官上和感性心理上都具有举足轻重的作用。例如，风靡一时的手机游戏《水果忍者》，如图5-95所示，其界面配色使玩家感受到了强烈的古朴风格，古色古香的日式风格背景使万千玩家爱不释手。

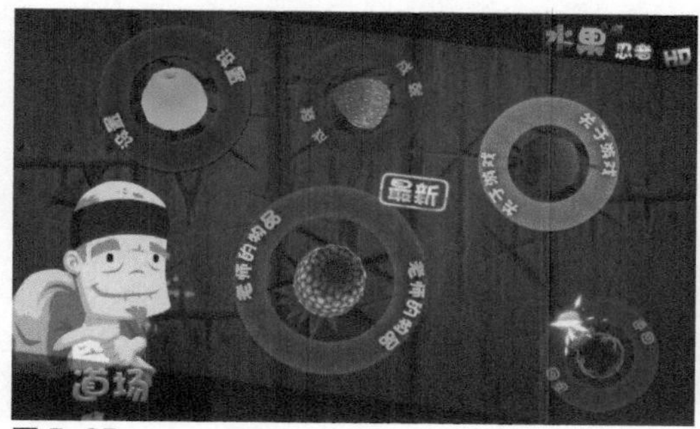

图 5-95

色彩是影响人们获得信息的首要视觉因素，应用过多的色彩往往会适得其反。在设计手机游戏界面时，使用不恰当的色彩会严重影响玩家对所要传达的信息的理解和感受。通过对游戏界面色彩的分析和观察，可以将手机游戏界面中色彩搭配常出现的问题总结为如下两点：

1. 使用过多的色彩搭配

许多设计师认为，把游戏的界面设计得五颜六色、色彩斑斓就是最好的设计，就可以吸引更多的玩家，但事实往往恰恰相反。过于复杂的色彩就等于失去了基本的色调，无法合并和简化游戏中的诸多信息，例如，文字、导航、图表等，更别提突出重点信息了，反而会造成玩家更多视觉和思维上的负担。

2. 色彩搭配失调

游戏界面设计时出现的色彩搭配失调也会给玩家带来严重的视觉疲劳感，主要来自两个方面：一是游戏的背景图和文字颜色等界面元素形成了强烈的色彩对比，使两者之间不能融合、自然相通，反而好像是故意分开的感觉；二是界面背景和界面文字等对象的色彩多为相近颜色或较暗颜色，给玩家带来了视觉模糊和难以辨别信息的困难。

5.3.2 手机游戏界面设计中的色彩设计方法

色彩设计的科学性和美学性是色彩的重要作用，也是游戏界面设计的关键因素。设计师要具有良好的科学文化素养和较高的审美文化水平，在色彩上能够创造性地设计不断改变风格的手机游戏界面，使玩家能够更好地感受与操作，以最快的速度适应和喜欢游戏界面的配色风格。

1. 色彩搭配在巧不在多

色彩并不是越多越好，设计师要懂得和色彩沟通，信息化需要简洁大方的视觉艺术设计。一般来说，选色应该遵循少即是多的原则。因为用色过多或者是太花哨，反而会使得界面凌乱琐碎，令人眼花缭乱，玩家会因无法辨认信息而产生视觉疲劳。因此，对于色彩的选择和使用要恰到好外，在巧不在多，限制一定的色彩数量，可以使画面达到某种和谐的效果，对比鲜明且重点突出。如图5-96所示为合理的手机游戏色彩搭配。

图 5-96

2. 以玩家的心理为主导

用色的针对性强对游戏界面的设计具有至关重要的作用，游戏的内容不同导致了界面在用色时也有较大的区别，设计师在使用色彩时，需要考虑到诸多因素。例如，要最大限度地发挥色彩语言的特殊性，在让玩家感受到游戏意境的同时还能让他们目炫神迷。因为不同生活环境和社会背景的人，所受的教育不同，以至于他们对色彩的感受也不一样。所以，设计师要听取来自四面八方的意见和建议，为满足多方面的需求，游戏的主色调是掌握整个游戏界面的重要一环。

综上所述，面向青少年和女性的游戏可以采用暖色调的界面配色，面向男性的游戏可以采用冷色调的界面配色等，对色调的不同需求体现了不同群体的社会性。最后，针对不同的色彩喜好这一重要表现，在制作游戏时便可以进一步地优化配置，提供配置色彩的方案便可以使游戏更加完善，吸引更多的玩家，取得更大的效益。如图5-97所示为不同色调的手机游戏色彩搭配。

图 5-97

【自测3】设计休闲类手机游戏界面

视频：光盘\视频\第5章\休闲类手机游戏界面.swf　源文件：光盘\源文件\第5章\休闲类手机游戏界面.psd

● 案例分析

案例特点：本案例设计的是一款Android系统平台手机游戏，将特效文字与光影素材相结合，营造出游戏炫目的视觉效果，并搭配多彩色的按钮图标，增添了欢乐的游戏氛围。

制作思路与要点：在该游戏界面的设计过程中，首先通过添加图层样式制作出游戏LOGO文字的立体感和层次感，再为LOGO文字添加相应的纹理和光影效果，使得游戏的LOGO文字表现更加突出；接着绘制游戏界面中的按钮图标，在按钮图标的绘制过程中，主要是通过图层样式和高光图形的绘制来表现按钮图标的层次感和质感的。

● 色彩分析

本案例的游戏界面使用蓝色作为主色调，搭配高纯度的紫色和绿色，使界面的色彩表现更丰富，为玩家营造出一个轻松、欢乐的游戏氛围。

蓝色　紫色　绿色

● 制作步骤

步骤01 执行"文件>打开"命令，打开素材图像"光盘\源文件\第5章\素材\301.jpg"，如图5-98所示。新建名称为"LOGO文字"的图层组，使用"横排文字工具"，在"字符"面板中对相关选项进行设置，在画布中单击并输入文字，效果如图5-99所示。

图 5-98

图 5-99

步骤02 为该文字图层添加“斜面和浮雕”图层样式，对相关选项进行设置，如图5-100所示。继续添加“内阴影”图层样式，对相关选项进行设置，如图5-101所示。

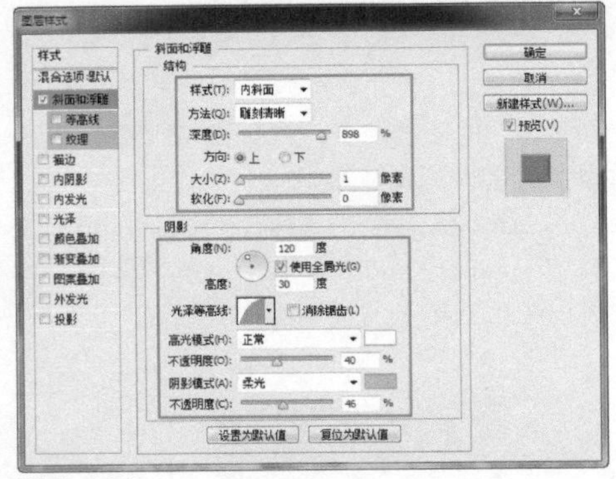

图 5-100

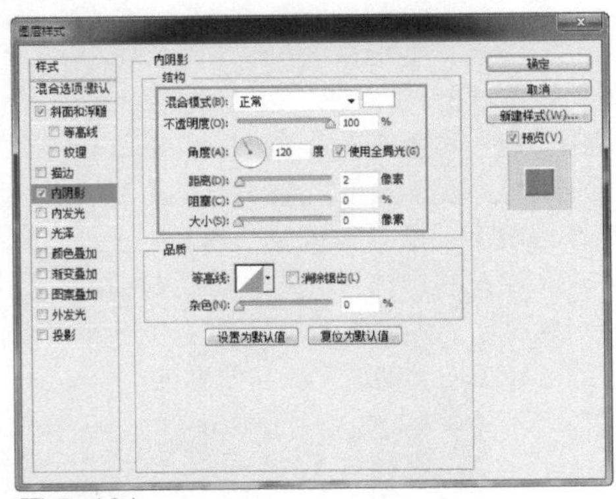

图 5-101

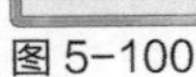 继续添加“渐变叠加”图层样式，对相关选项进行设置，如图5-102所示。单击“确定”按钮，完成“图层样式”对话框中各选项的设置，效果如图5-103所示。

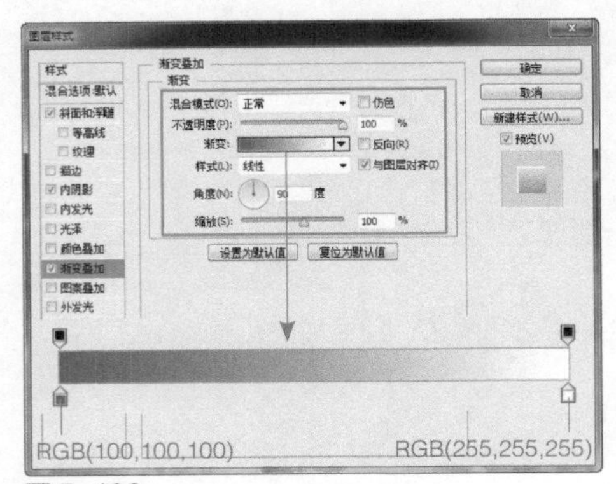

图 5-102

图 5-103

步骤04 按住Ctrl键单击文字图层缩览图，载入文字选区，如图5-104所示。执行“选择>修改>扩展”命令，弹出“扩展选区”对话框，设置“扩展量”为1像素，共执行6次“扩展选区”命令，每次扩展1像素，即可得到需要的选区，如图5-105所示。

图 5-104

图 5-105

提示

可以直接对选区一次性扩展6像素，但是这样扩展出来的选区边角会变成圆角，而在此处我们需要选区的边角保持直角的状态，这时就可以一次只扩展1像素，扩展6次即可得到需要的选区效果。

步骤 05 新建图层，为选区填充黑色，取消选区，将该图层调整至文字图层下方，效果如图5-106所示。为“图层1”添加“斜面和浮雕”图层样式，对相关选项进行设置，如图5-107所示。

图 5-106

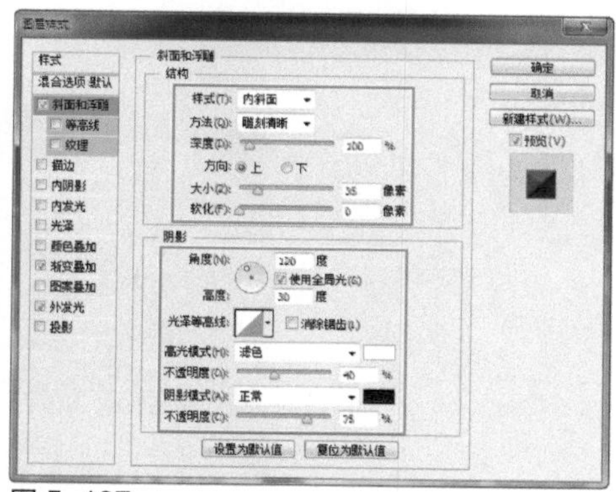
图 5-107

步骤 06 继续添加“渐变叠加”图层样式，对相关选项进行设置，如图5-108所示。继续添加“外发光”图层样式，对相关选项进行设置，如图5-109所示。

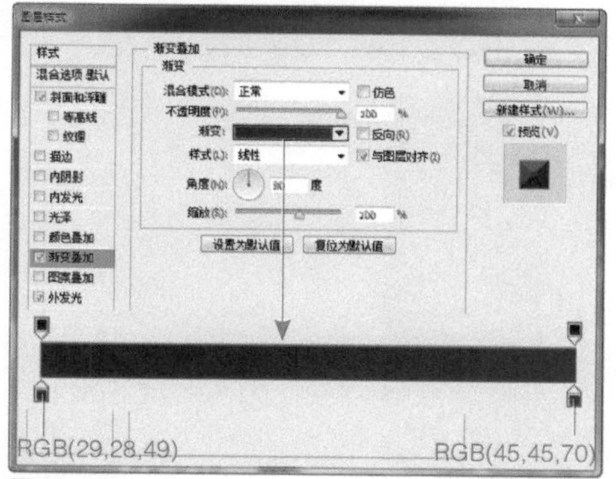

图 5-108

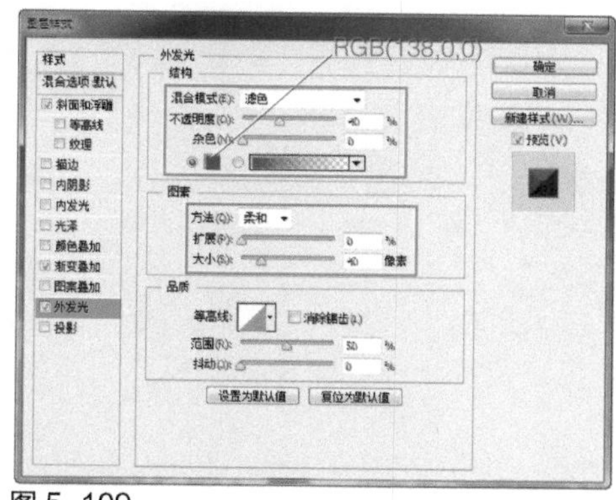

图 5-109

步骤 07 单击“确定”按钮，完成“图层样式”对话框中各选项的设置，效果如图5-110所示。打开并拖入素材图像“光盘\源文件\第5章\素材\302.jpg”，设置该图层的“混合模式”为“正片叠底”、“不透明度”值为70%，效果如图5-111所示。

图 5-110

图 5-111

步骤 08 载入文字图层选区，为“图层2”添加图层蒙版，效果如图5-112所示。使用相同的制作方法，可以拖入其他素材图像并进行相应的设置，效果如图5-113所示。

图 5-112

图 5-113

提示

此处通过拖入素材图像，并设置素材图像的“混合模式”，实现为文字添加纹理的效果，这是一种比较简单的文字纹理表现方式。

步骤 09 新建“图层4”，为该图层填充黑色，执行“滤镜>渲染>镜头光晕”命令，弹出“镜头光晕”对话框，具体设置如图5-114所示。单击“确定”按钮，应用“镜头光晕”滤镜，效果如图5-115所示。

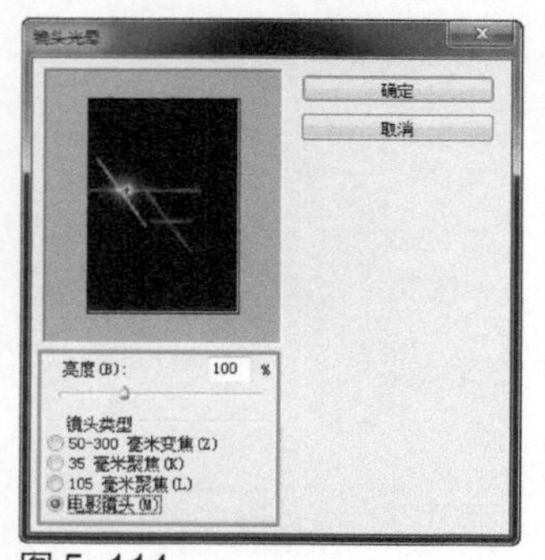

图 5-114

图 5-115

步骤 10 设置该图层的“混合模式”为“滤色”、“不透明度”值为80%，并调整到合适的位置，效果如图5-116所示。打开并拖入素材图像“光盘\源文件\第5章\素材\304.jpg”，按快捷键Ctrl+T，调整图像到合适的大小和位置，效果如图5-117所示。

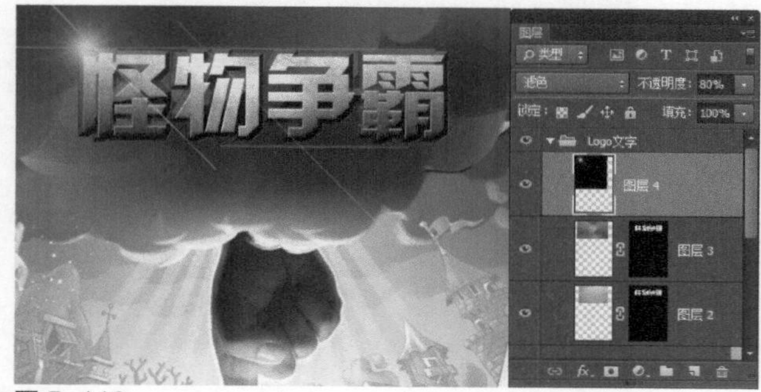
图 5-116

图 5-117

步骤 11 设置该图层的“混合模式”为“滤色”，效果如图5-118所示。新建名称为“按钮1”的图层组，使用“圆角矩形工具”，在选项栏上设置“填充”为RGB（46,92,141）、“半径”为30像素，在画布中绘制圆角矩形，如图5-119所示。

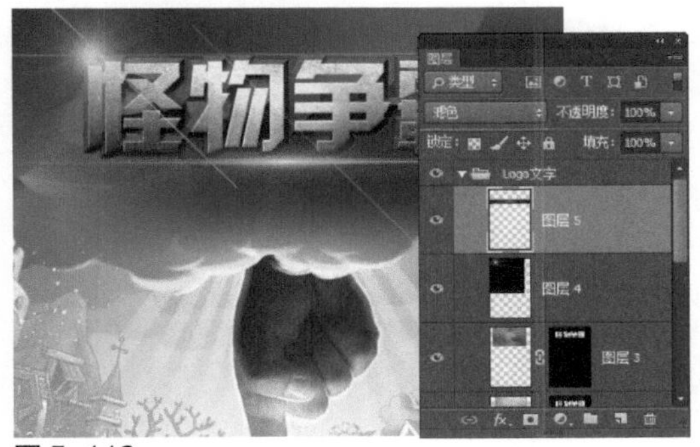

图 5-118

图 5-119

步骤 12 为该图层添加“内阴影”图层样式，对相关选项进行设置，如图5-120所示。继续添加“投影”图层样式，对相关选项进行设置，如图5-121所示。

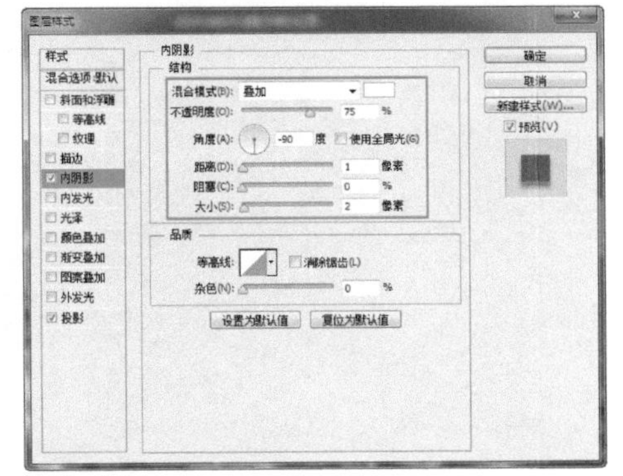

图 5-120

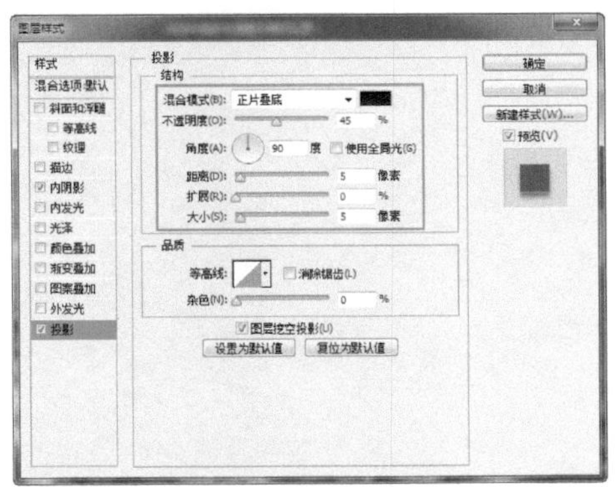

图 5-121

步骤 13 单击“确定”按钮，完成“图层样式”对话框中各选项的设置，效果如图5-122所示。复制“圆角矩形1”图层，得到“圆角矩形1拷贝”图层，清除该图层的图层样式，将复制得到图形向上移动并调整位置，如图5-123所示。

图 5-122

图 5-123

步骤 14 为“圆角矩形1拷贝”图层添加“渐变叠加”图层样式，对相关选项进行设置，如图5-124所示。继续添加“投影”图层样式，对相关选项进行设置，如图5-125所示。

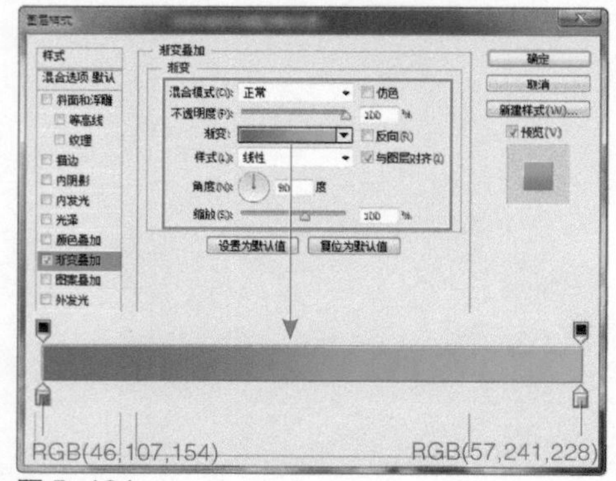

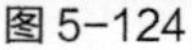
图 5-124

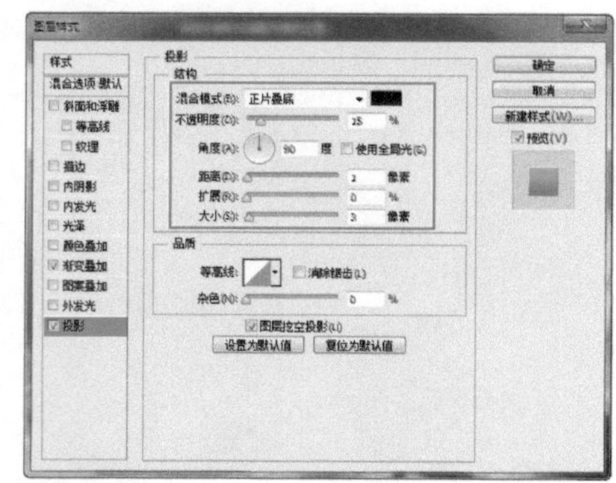
图 5-125

步骤 15 单击“确定”按钮，完成“图层样式”对话框中各选项的设置，效果如图5-126所示。使用“直线工具”，在选项栏上设置“填充”为白色、“粗细”为2像素，在画布中绘制一条直线，如图5-127所示。

图 5-126

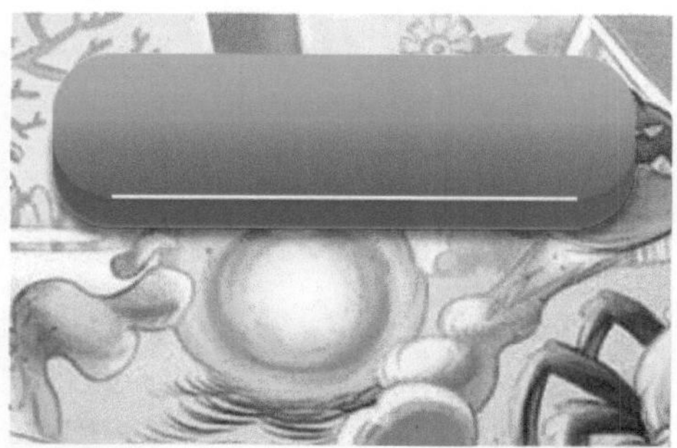
图 5-127

步骤 16 设置该图层的“混合模式”为“叠加”，为该图层添加图层蒙版，在图层蒙版中填充黑白线性渐变，效果如图5-128所示。使用相同的制作方法，可以绘制出相似的图形效果，如图5-129所示。

图 5-128

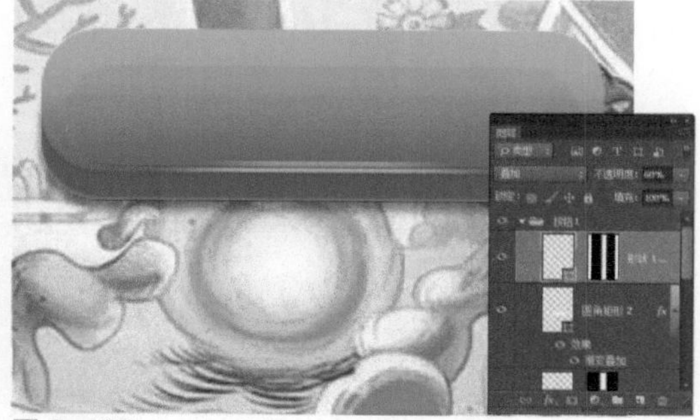
图 5-129

步骤 17 使用“直线工具”，在选项栏上设置“粗细”为4像素，在画布中绘制一条白色的直线，如图5-130所示。按快捷键Ctrl+T，对该直线进行旋转操作，并调整到合适的位置，如图5-131所示。

图 5-130

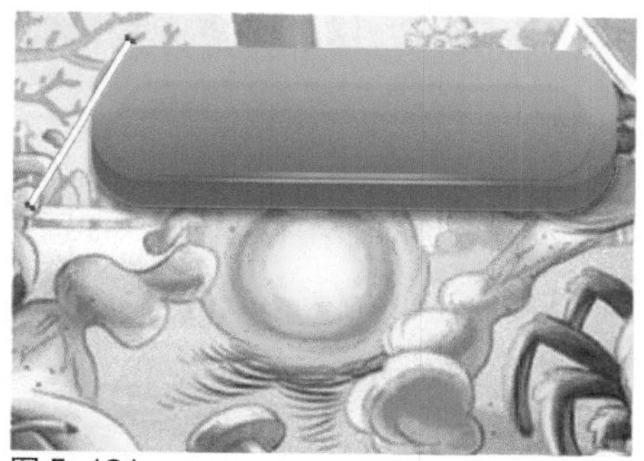
图 5-131

步骤 18 将该直线复制多次并进行对齐处理，得到需要的图形，如图5-132所示。载入“圆角矩形1拷贝”图层选区，为该图层添加图层蒙版，设置该图层的“混合模式”为“叠加”、“不透明度”为25%，效果如图5-133所示。

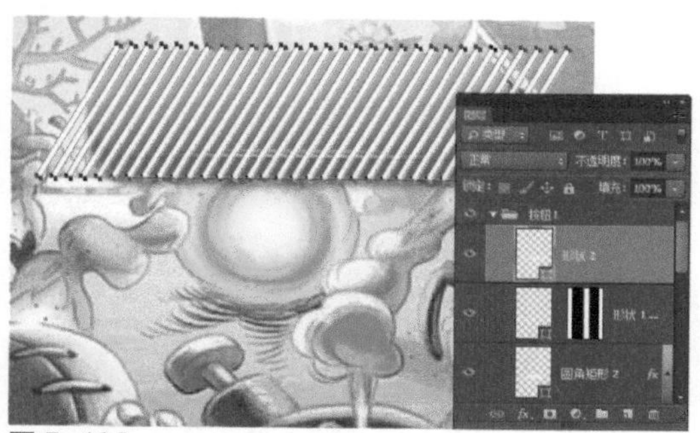
图 5-132

图 5-133

提示

使用“路径选项工具”同时选中多个需要进行对齐操作的形状图形，单击选项栏上的“路径对齐方式”按钮，在弹出的菜单中包含了多个对所选中的路径图形进行对齐与分布操作的选项，选择相应的选项，即可对所选中的路径图形进行对齐和分布操作。

步骤 19 复制“圆角矩形1拷贝”图层，得到“圆角矩形1拷贝2”图层，清除该图层的图层样式，将该图层调整至所有图层上方，修改复制得到的图形的填充颜色为白色，效果如图5-134所示。使用“钢笔工具”，设置“路径操作”为“减去顶层形状”，在该圆角矩形上减去相应的图形，得到需要的图形，效果如图5-135所示。

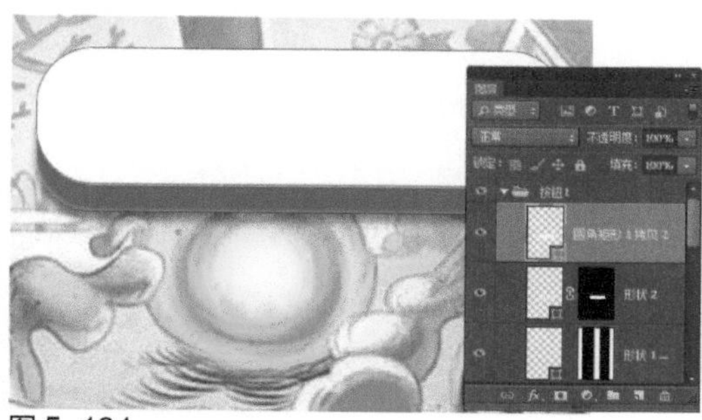
图 5-134

图 5-135

步骤20 为该图层添加图层蒙版，使用“渐变工具”，在蒙版中填充黑白线性渐变，并设置该图层的“不透明度”值为30%，效果如图5-136所示。使用相同的制作方法，可以完成相似图形效果的制作，如图5-137所示。

图 5-136

图 5-137

提示

此处在按钮左上角的位置绘制一个椭圆形并对该椭圆形进行旋转操作，为该椭圆形添加“外发光”图层样式，从而制作出按钮的高光效果。

步骤21 使用“横排文字工具”，在“字符”面板中对相关选项进行设置，在画布中输入文字，并为文字添加“渐变叠加”图层样式，效果如图5-138所示。使用相同的制作方法，可以完成其他两个按钮图形的绘制，效果如图5-139所示。

图 5-138

图 5-139

提示

在该游戏界面中的按钮设计中，通过多个图形相叠加，使按钮图形产生一定的层次感，并通过图层样式的添加，使按钮图形的色彩产生层次感。最后在按钮上输入文字，可以根据游戏的整体风格选择字体，也可以适当地为文字添加相应的图层样式，从而使按钮的效果更加突出。

步骤22 完成该游戏界面的设计制作，最终效果如图5-140所示。

图 5-140

5.4 传统游戏与手机游戏UI设计的异同

智能手机由于屏幕尺寸较小，并且手机操作系统较多，所以传统游戏UI设计的相关规范并不是完全适用于手机游戏的UI设计，在对手机游戏UI进行设计时，设计师必须了解该款游戏所适用的手机类型、操作系统、屏幕尺寸等，下面向大家介绍传统游戏与手机游戏UI设计的相同点和不同点。

5.4.1 传统游戏与手机游戏UI设计的相同点

从整体上来讲，传统游戏与手机游戏都属于UI设计的范畴，都是为了使玩家能够更好地体验游戏而存在的。从设计方法上来讲，它们所遵循的方法也是一致的，它们都需要考虑UI设计是否有利于玩家目标的完成，是否有利于高效、易用地操作。视觉上，需要有与游戏整体效果相统一的视觉元素。交互上，都需要一个清晰、简捷、便于记忆、易于操作的逻辑。

5.4.2 传统游戏与手机游戏UI设计的不同点

1. 操作系统

计算机基本上是Windows操作系统、Mac操作系统和Linux操作系统，大多数用户使用的是Windows操作系统。智能手机的操作系统较多，目前市面上比较流行的有iOS系统、Android系统、Windows Phone系统、Symbian系统和Blackberry OS系统。

2. 硬件

手机屏幕尺寸对游戏感受影响较大。目前市场上各种类型的智能手机品种非常多，不同的分辨率、尺寸，各种各样的硬件配置都制约着手机游戏的开发。

3. 使用环境

在操作习惯上，计算机游戏是键盘加鼠标的操作方式，操作的精度更高，自由度也更好。而手机受尺寸的影响，操作的精确度较低。比如我们的大拇指在480px × 640分辨率上热感应区域是44px × 44px，食指感应区是24px × 24px，这就要求我们在设计相关功能按钮的时候考虑是否有足够的空间。一般玩计算机游戏的时候玩家基本上拥有大段可以自由支配的时间，坐在一个固定的位置上，而手机游戏玩家大多数都是利用碎片的、零散的时间，游戏的间断性也比较高。因此，在设计手机游戏UI的时候，设计师需要为玩家考虑的东西更多、更贴切。例如，用户通常的游戏环境（等公交、上厕所、排队等）、使用习惯（需要双手操作还是单手操作）、信息识别性（图形不宜过于复杂和隐喻，因为玩家本身游戏时间可能并不长，如果还要让玩家花很长时间去思考、去找相应的命令菜单等信息，这本身就是不合理的设计）。

【自测4】设计钓鱼手机游戏界面

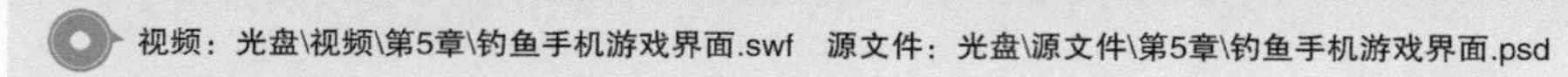

视频：光盘\视频\第5章\钓鱼手机游戏界面.swf　源文件：光盘\源文件\第5章\钓鱼手机游戏界面.psd

- 案例分析

案例特点：本案例设计的是一款钓鱼手机游戏，使用了扁平化的设计风格展现该游戏界面。在游戏界面中运用各种素材图像并绘制基本图形来构成该游戏界面，使玩家感觉轻松自在。

制作思路与要点：在本案例游戏界面的设计中，通过绘制基本图形与素材图像构成卡通游戏界面；通过对图形和文字的透视操作，制作出游戏界面中的主菜单；使游戏界面产生较强的纵深感，通过其他图形和素材的辅助，表现出丰富的游戏界面效果。

- 色彩分析

在该游戏界面中，蓝色的天空、深蓝色的湖水、绿色的山峰，给人一种身处自然的感受，虽然是卡通界面，但也采用了自然界中常规的色彩进行搭配，给人一种自然、放松的感受。在界面中搭配咖啡色的木板状图形来表现游戏主菜单，同样可以很好地融入游戏的整体背景，自然、和谐。

天蓝色　湖水蓝　咖啡色

- **制作步骤**

步骤01 执行“文件>新建”命令，弹出“新建”对话框，新建一个空白文档，如图5-141所示。新建名称为“背景”的图层组，使用“矩形工具”，在选项栏上设置“填充”为RGB（0,234,255），在画布中绘制矩形，如图5-142所示。

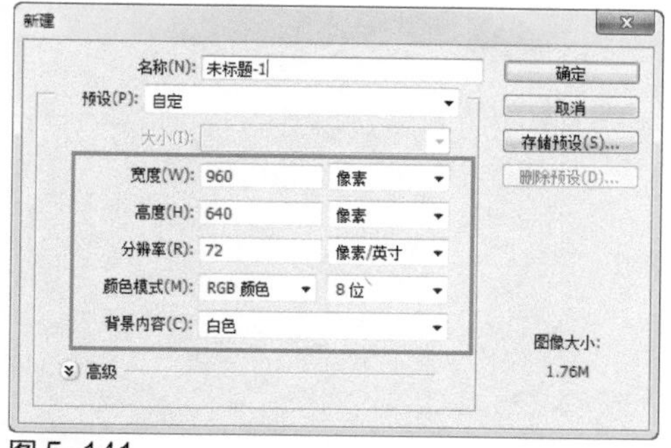

图 5-141

图 5-142

步骤02 复制“矩形1”图层，得到“矩形1拷贝”图层，为该图层添加“渐变叠加”图层样式，对相关选项进行设置，如图5-143所示。单击“确定”按钮，完成“图层样式”的对话框中各选项的设置，调整该矩形到合适的大小，效果如图5-144所示。

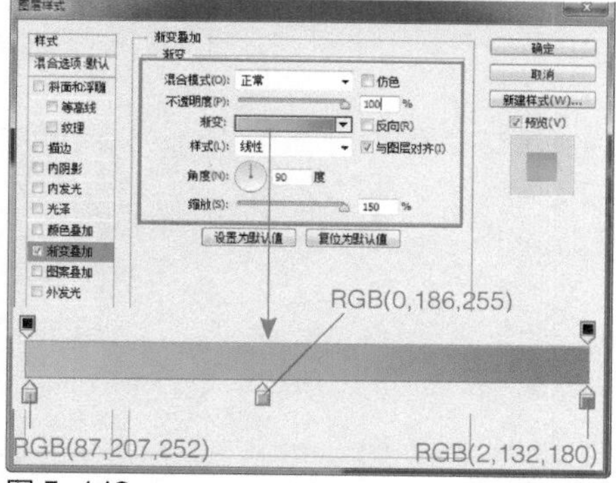

图 5-143

图 5-144

步骤03 打开并拖入素材图像“光盘\源文件\第5章\素材\401.png”，将其调整到合适的位置，如图5-145所示。复制“图层1”图层，得到“图层1拷贝”图层，执行“编辑>变换>垂直翻转”命令，将图像垂直翻转并向下移至合适的位置，设置该图层的“不透明度”值为7%，效果如图5-146所示。

图 5-145

图 5-146

步骤04 新建“图层2”，使用“铅笔工具”，设置不同颜色的“前景色”，选择合适的笔触与大小，在画布中绘制线条，设置该图层的“不透明度”为75%，效果如图5-147所示。新建名称为“菜单选项”的图层组，使用“矩形工具”，设置“填充”为RGB（193,84,39），在画布中绘制矩形，如图5-148所示。

图 5-147

图 5-148

提示

使用“铅笔工具”可以绘制出具有硬边的前景色线条，此处在绘制时，可以选择不同的颜色，在山峰与湖面连接的位置徒手进行绘制。

步骤05 执行“编辑>变换>透视”命令，对矩形进行透视变换操作，如图5-149所示。调整该矩形到合适的大小和位置，效果如图5-150所示。

图 5-149

图 5-150

提示

执行“编辑>变换>透视”命令，在图形上显示变换框，将光标移至变换框的4个角点中的任意一个角点上，在水平方向拖动鼠标，可以对图形在水平方向进行透视调整；在垂直方向上拖动鼠标，可以对图形在垂直方向上进行透视调整。

步骤06 复制“矩形2”图层，得到“矩形2拷贝”图层，将刚复制得到的图形调整到合适的位置与大小，如图5-151所示。使用相同的制作方法，完成相似图形的制作，如图5-152所示。

图 5-151

图 5-152

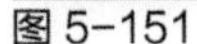同时选中“矩形2”图层至“矩形2拷贝3”图层，合并选中图层，为该图层添加“描边”图层样式，对相关选项进行设置，如图5-153所示。单击“确定”按钮，完成“图层样式”对话框中各选项的设置，效果如图5-154所示。

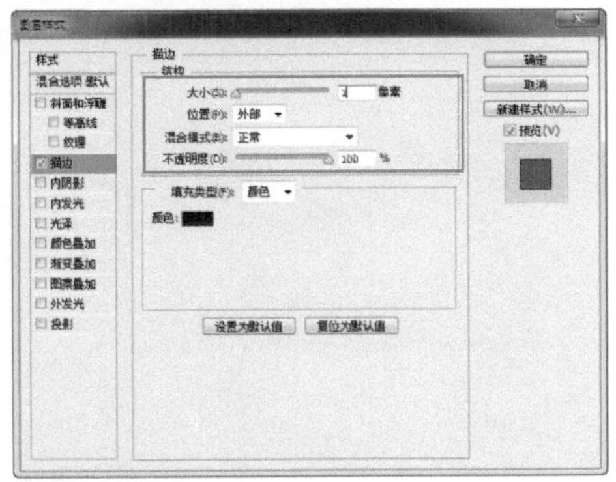

图 5-153

图 5-154

步骤08 使用“矩形工具”，在画布中绘制矩形，效果如图5-155所示。使用相同的制作方法，完成相似图形的制作，如图5-156所示。

图 5-155

图 5-156

步骤09 使用“铅笔工具”，设置不同颜色的“前景色”，选择合适的笔触与大小，在画布中绘制多条线条，设置该图层的“不透明度”值为75%，效果如图5-157所示。使用“横排文字工具”，在“字符”面板中设置相关选项，在画布中输入文字，如图5-158所示。

图 5-157

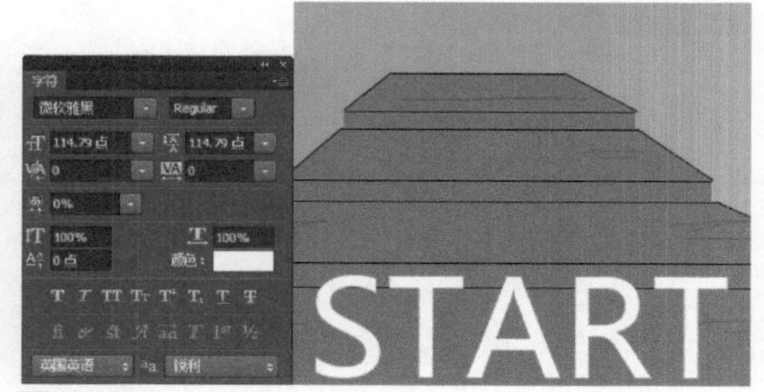

图 5-158

步骤 10 将文字图层栅格化，执行“编辑>变换>透视”命令，对文字进行透视变换操作，效果如图5-159所示。为该图层添加“投影”图层样式，对相关选项进行设置，如图5-160所示。

图 5-159

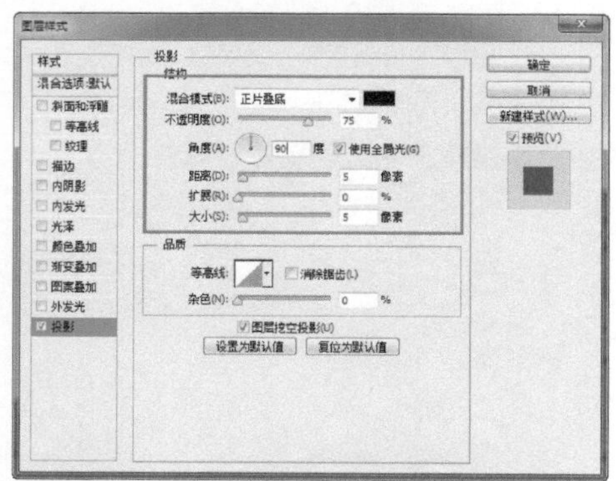

图 5-160

步骤 11 单击“确定”按钮，完成“图层样式”对话框中各选项的设置，设置该图层的“不透明度”值为80%，效果如图5-161所示。使用相同的制作方法，完成相似文字效果的制作，如图5-162所示。

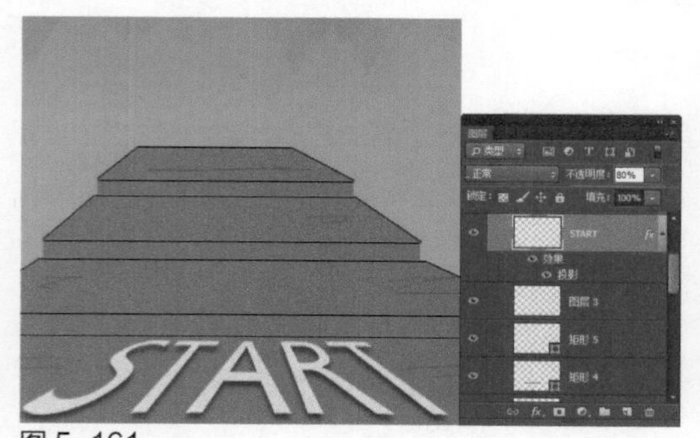

图 5-161

图 5-162

步骤 12 新建名称为“船只”的图层组，使用“椭圆选框工具”，在画布中绘制椭圆选区，为选区填充黑色，并设置该图层的“不透明度”值为47%，效果如图5-163所示。打开并拖入素材图像“光盘\源文件\第5章\素材\402.png”，将其调整到合适的位置，如图5-164所示。

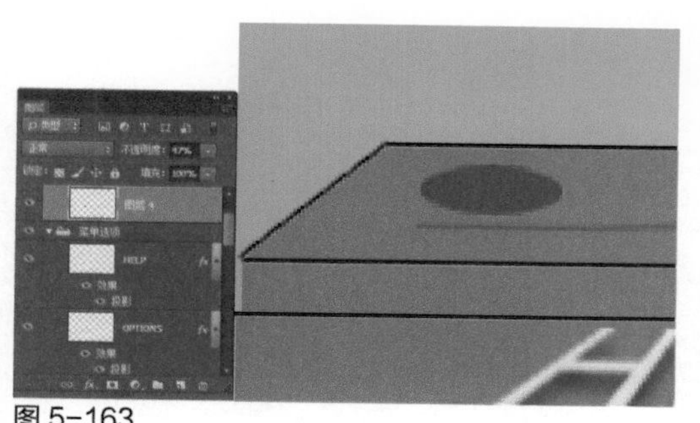

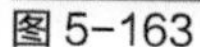
图 5-163

图 5-164

步骤 13 使用“矩形工具”，在选项栏上设置“填充”为RGB（5,109,152），在画布中绘制矩形，如图5-165所示。使用“横排文字工具”，在“字符”面板中设置相关选项，在画布中输入文字，对文字进行旋转操作，效果如图5-166所示。

图 5-165

图 5-166

步骤 14 使用相同的制作方法，完成相似图形和文字的制作，效果如图5-167所示。打开并拖入素材图像“光盘\源文件\第5章\素材\405.png”，将其调整到合适的位置，效果如图5-168所示。

图 5-167

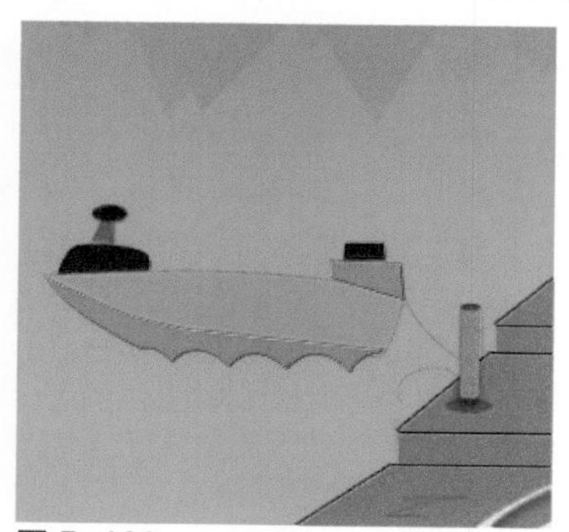
图 5-168

步骤 15 为该图层添加“投影”图层样式，对相关选项进行设置，如图5-169所示。单击“确定”按钮，完成“图层样式”对话框中各选项的设置，效果如图5-170所示。

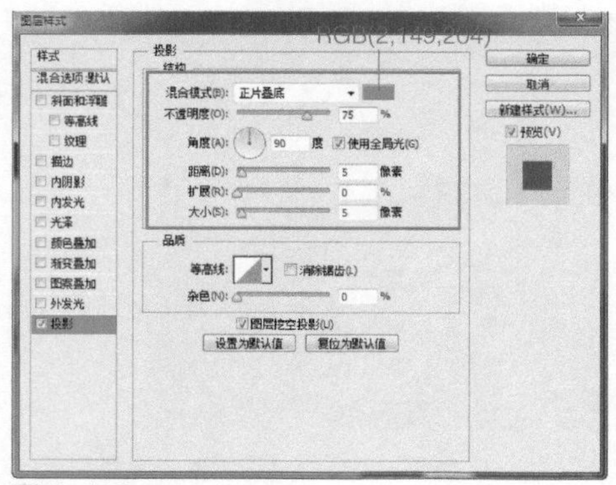

图 5-169

图 5-170

步骤 16 复制"图层8"图层，得到"图层8拷贝"图层，清除该图层的图层样式，执行"编辑>变换>垂直翻转"命令，将图形垂直翻转并向下移至合适的位置，设置该图层的"不透明度"为5%，效果如图5-171所示。使用相同的制作方法，完成相似图形效果的制作，如图5-172所示。

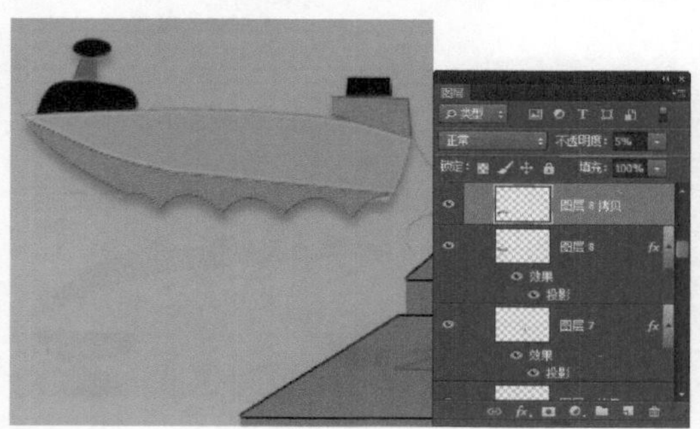

图 5-171

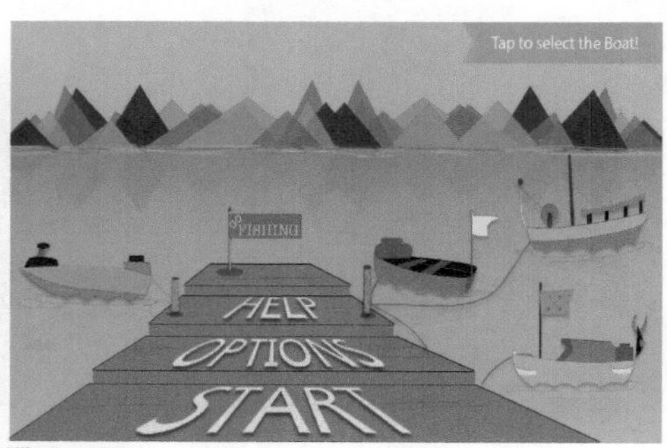

图 5-172

提示

通过制作山峰、船只的镜面投影效果，可以模拟出真实的湖面倒影，使得游戏界面场景更加具有真实感。

步骤 17 新建名称为"菜单"的图层组，使用"椭圆工具"，在选项栏上设置"填充"为RGB（6,140,193），在画布中绘制正圆形，载入"矩形1拷贝"选区，为"椭圆1"图层添加图层蒙版，效果如图5-173所示。为该图层添加"外发光"图层样式，对相关选项进行设置，如图5-174所示。

图 5-173

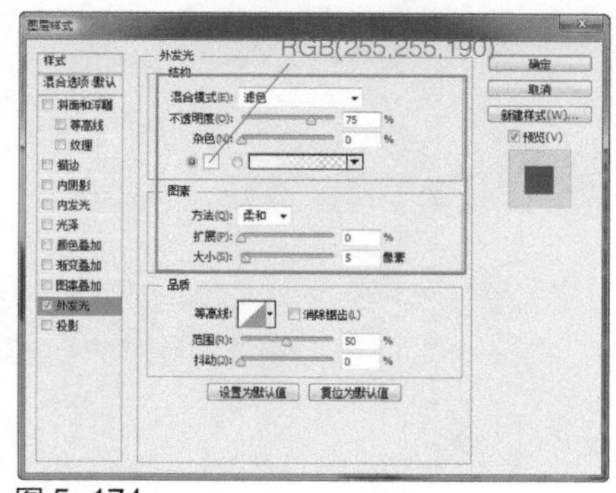

图 5-174

步骤 18 继续添加“投影”图层样式，对相关选项进行设置，如图5-175所示。单击“确定”按钮，完成“图层样式”对话框中各选项的设置，设置该图层的“不透明度”值为73%，效果如图5-176所示。

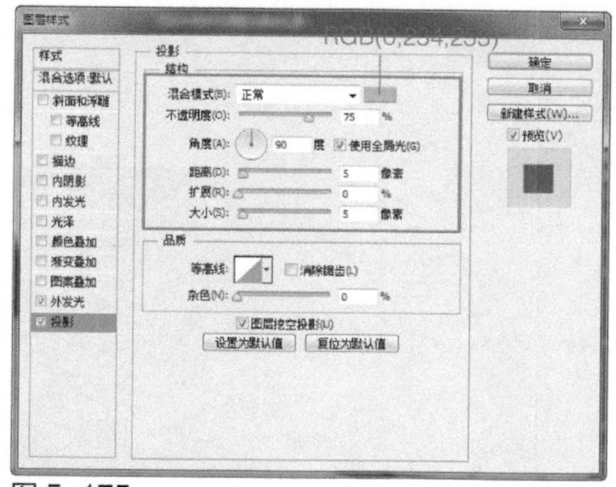

图 5-175

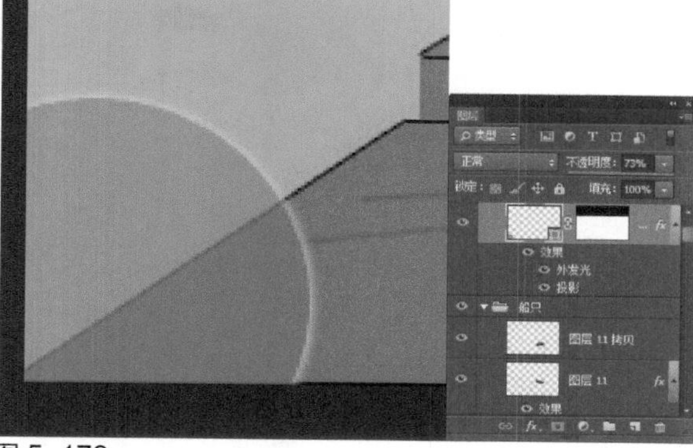

图 5-176

步骤 19 使用“自定形状工具”，在选项栏上设置“填充”为RGB（213,230,62），在“形状”下拉面板中选择合适的形状，在画布中绘制形状图形，如图5-177所示。完成钓鱼游戏开始界面的设计制作，效果如图5-178所示。

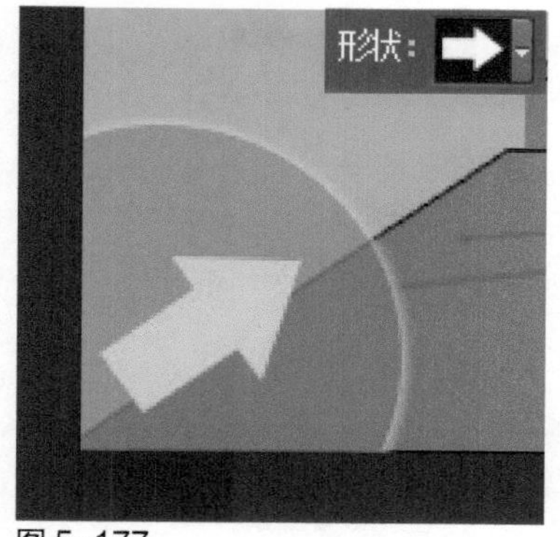

图 5-177

图 5-178

步骤 20 执行“文件>新建”命令，弹出“新建”对话框，新建一个空白文档，如图5-179所示。使用相同的制作方法，可以完成该游戏界面背景效果的制作，如图5-180所示。

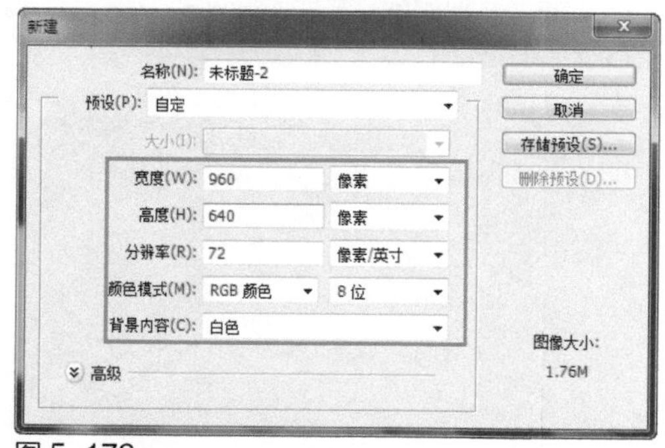

图 5-179

图 5-180

步骤21 新建名称为“菜单栏”的图层组，打开并拖入素材图像“光盘\源文件\第5章\素材\409.png”，将其调整到合适的位置，如图5-181所示。复制该素材图像，将复制得到的图像调整到合适的位置，设置该图层的“混合模式”为“明度”，效果如图5-182所示。

图 5-181

图 5-182

提示

设置图层的“混合模式”为“明度”，则将使用基色的色相、饱和度及混合色的明度创建结果色，该混合模式的效果与“颜色”混合模式的效果相反。

步骤22 使用相同的制作方法，可以完成相似图形效果的制作，如图5-183所示。使用“矩形工具”，设置“填充”为RGB（102,75,77），在画布中绘制矩形，如图5-184所示。

图 5-183

图 5-184

步骤23 使用“添加锚点工具”，在刚绘制的矩形路径上添加锚点，如图5-185所示。使用“直接选择工具”，调整刚添加的锚点位置，设置该图层的“混合模式”为“差值”，效果如图5-186所示。

图 5-185

图 5-186

提示

设置图层的“混合模式”为“差值”，查看每个通道中的颜色信息，并从基色中减去混合色，或从混合色中减去基色，具体取决于哪一个颜色的亮度值更大。与白色混合将反转基色值，与黑色混合则不产生变化。

步骤24 使用“圆角矩形工具”，在选项栏上设置“填充”为RGB（0,144,217）、“半径”为5像素，在画布中绘制圆角矩形，如图5-187所示。使用“矩形工具”，在选项栏上设置“路径操作”为“减去顶层形状”，在刚绘制的圆角矩形上减去相应的矩形，得到需要的图形，如图5-188所示。

图 5-187

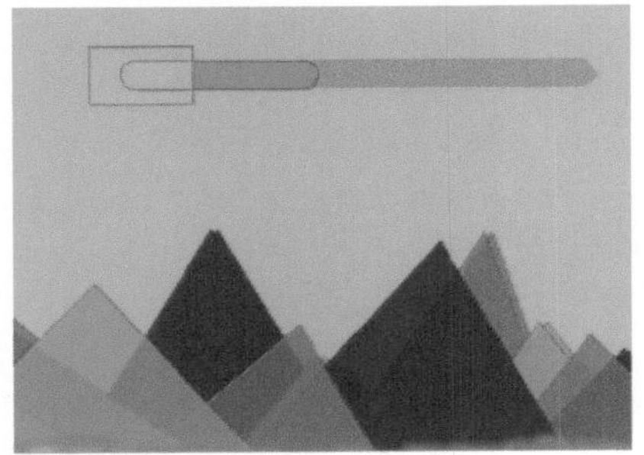

图 5-188

步骤25 使用相同的制作方法，可以完成该钓鱼游戏界面的设计制作，最终效果如图5-189所示。

图 5-189

5.5 手机游戏UI设计常见问题

在精致小巧的智能手机屏幕上进行游戏UI设计，要求UI设计师比网页界面设计师更加注重细节，因为玩家很容易看到屏幕内的所有内容。尤其是在游戏界面设计比较简洁的时候，细节能决定一款游戏能否被玩家所接受。

5.5.1 同类元素外观类型不一致

在一款游戏UI的按钮设计中，每个游戏界面中实现同一功能的按钮应该保持一样的外观或者风格。如果在一款游戏中，将每个界面中实现类似功能的按钮都设计为不同的风格或外观，这样会带给游戏玩家非常糟糕的用户体验，对于一个游戏玩家来说，自然的反应就是这些界面并不属于同一款游戏。

在同一款游戏UI设计中，并不是统一了美术风格之后就意味着所设计的游戏界面感觉很棒。作为一款高质量的智能手机游戏，设计师必须有统一的界面表现方式，当同一个控件不同界面中的表现方式不同时，会让玩家对控件的功能产生怀疑，而且会让人产生整体游戏界面缺乏统筹性、各个界面风格迥异的感觉。如图5-190所示为手机游戏界面中统一的元素设置。

图 5-190

5.5.2 使用过多的字体类型

字体是界面设计中不可分割的一部分，在游戏界面的设计过程中，单纯地使用图形在很多情况下并不能把功能描述清楚，这时候就需要使用图标和文字相结合的方式进行表现。在游戏界面的设计过程中，常出现的一种错误就是在界面中使用了多种不同类型的字体。字体类型过于繁多不仅会影响游戏UI的整体风格，带给人凌乱不堪的视觉感受，而且会降低游戏的运行性能，直接影响到该款游戏的用户体验。如图5-191所示为手机游戏界面中字体效果的表现。

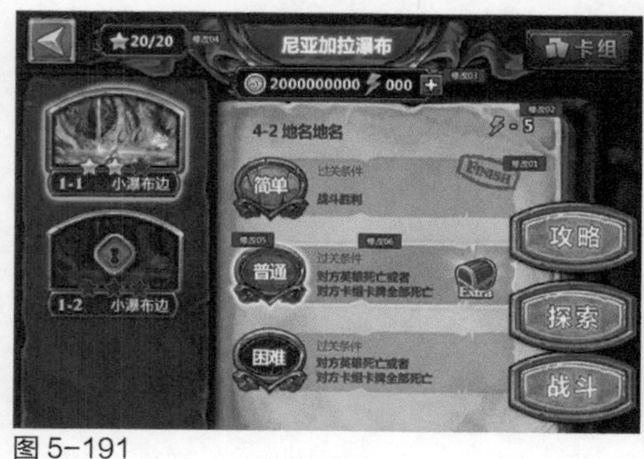

图 5-191

5.5.3 游戏界面之间的切换处理不当

智能手机游戏的UI设计不同于网页游戏的UI设计，在智能手机上游戏界面的切换细节很容易被玩家注意到。在手机游戏界面切换的过程中，如果时间太久，会让人感觉游戏枯燥乏味，但是过于花哨，又会让有感觉的游戏设计的重心走偏，占用较多的系统资源。所以在手机游戏界面的切换处理上，应该尽可能设计得简洁、流畅，给玩家一种整体感。

【自测5】设计Q版手机游戏界面

视频：光盘\视频\第5章\Q版手机游戏界面.swf　　源文件：光盘\源文件\第5章\Q版手机游戏界面.psd

- **案例分析**

案例特点：本案例设计一款Q版手机游戏界面，将不规则的形状图形与卡通的文字相结合，在图形和文字上运用高光、阴影等效果，体现出界面的活泼、可爱。

制作思路与要点：想要设计可爱的Q版游戏界面，文字与图形要表现出可爱的感觉。本款手机游戏界面，首先通过为文字添加图层样式，使文字具有立体感；其次对文字变形，从而制作出可爱的效果，通过绘制简单的图形，添加纹理素材，使图标更有质感，使界面更加生动形象，具有强烈的真实感。

- **色彩分析**

本案例的Q版手机游戏界面色彩非常丰富，通过多种明度和纯度较高的颜色相搭配，表现出游戏活泼、可爱的特性，在界面中搭配白色的文字与图标，清晰、醒目。

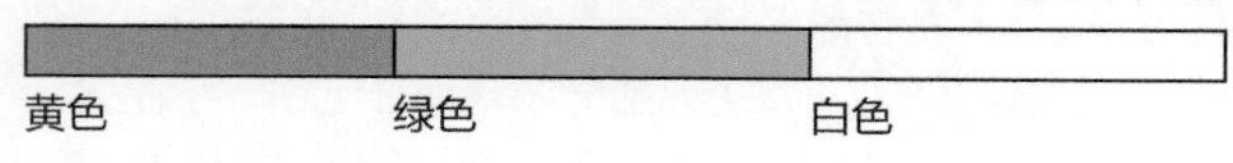

- **制作步骤**

步骤01 执行“文件>打开”命令，打开素材图像“光盘\源文件\第5章\素材\501.png”，如图5-192所示。新建名称为LOGO的图层组，使用“横排文字工具”，在“字符”面板中对相关选项进行设置，在画布中输入文字，如图5-193所示。

图 5-192

图 5-193

步骤02 为文字图层添加“斜面和浮雕”图层样式，对相关选项进行设置，如图5-194所示。继续添加“描边”图层样式，对相关选项进行设置，如图5-195所示。

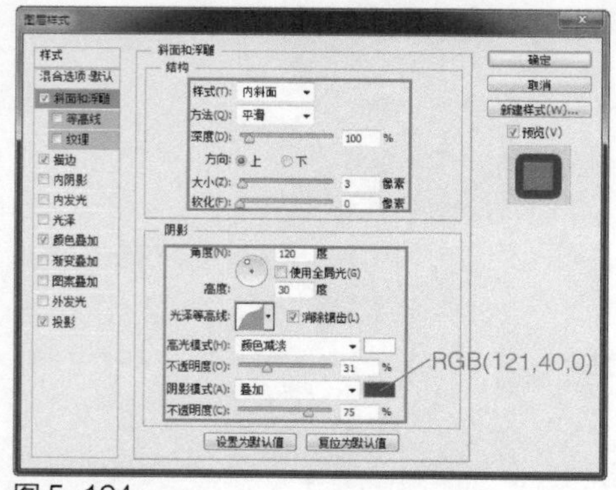

图 5-194

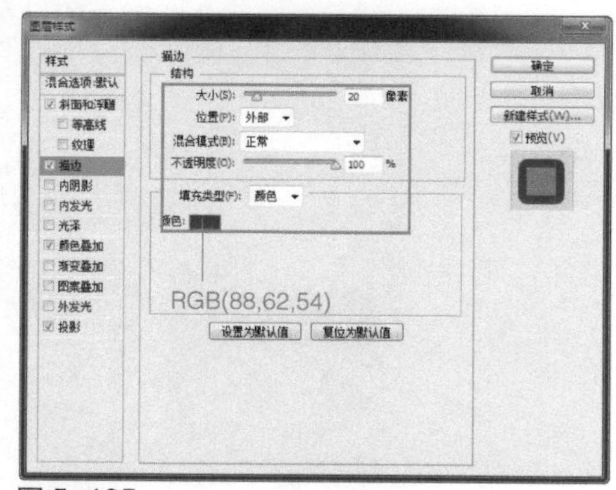

图 5-195

步骤03 继续添加“颜色叠加”图层样式，对相关选项进行设置，如图5-196所示。继续添加“投影”图层样式，对相关选项进行设置，如图5-197所示。

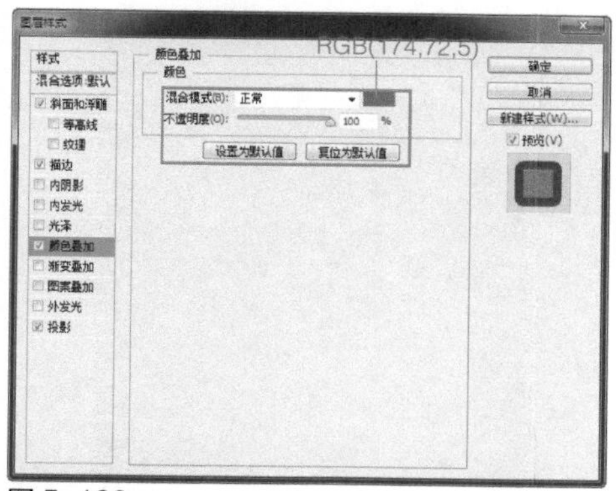

图 5-196

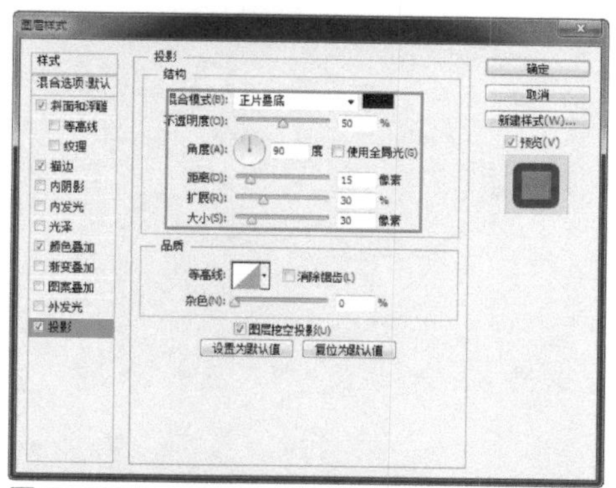

图 5-197

步骤 04 单击“确定”按钮，完成“图层样式”对话框中各选项的设置，效果如图5-198所示。选中文字图层，执行“类型>文字变形”命令，弹出“变形文字”对话框，对相关选项进行设置，单击“确定”按钮，效果如图5-199所示。

图 5-198

图 5-199

步骤 05 复制文字图层，清除复制得到的图层的图层样式，将复制得到的文字向右移动一些，为该图层添加“描边”图层样式，对相关选项进行设置，如图5-200所示。继续添加“光泽”图层样式，对相关选项进行设置，如图5-201所示。

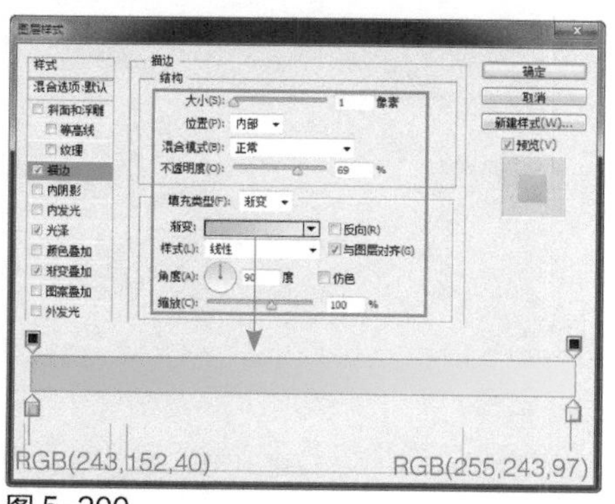

图 5-200

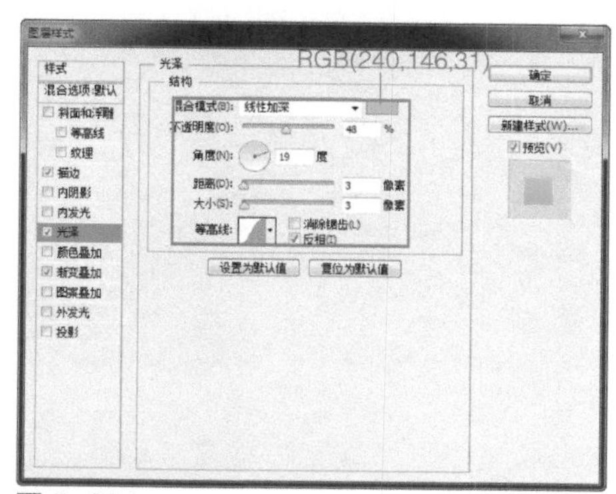

图 5-201

步骤 06 继续添加“渐变叠加”图层样式，对相关选项进行设置，如图5-202所示。单击“确定”按钮，完成“图层样式”对话框中各选项的设置，效果如图5-203所示。

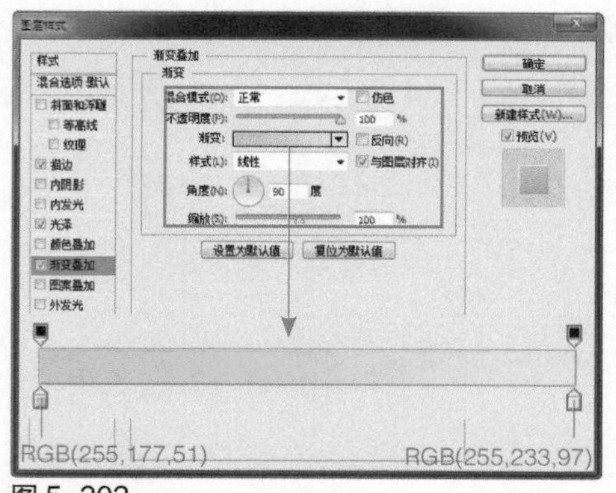

图 5-202

图 5-203

步骤07 打开并拖入素材图像“光盘\源文件\第5章\素材\5033.png”，调整到合适的大小和位置，如图5-204所示。设置该图层的“混合模式”为“叠加”、“不透明度”为75%，效果如图5-205所示。

图 5-204

图 5-205

步骤08 按住Ctrl键，单击文字图层缩览图，载入文字图层选区，为“图层1”添加图层蒙版，效果如图5-206所示。使用相同的制作方法，完成相似图形效果的制作，如图5-207所示。

图 5-206

图 5-207

步骤09 新建“图层2”，使用“画笔工具”，设置“前景色”为白色，在文字上合适的位置绘制高光图形，设置该图层的“不透明度”值为70%，效果如图5-208所示。新建名称为“图标背景”的图层组，使用“自定形状工具”，在选项栏上设置“填充”为RGB（202,76,48），在“形状”下拉面板中选择合适的形状，在画布中绘制形状图形，效果如图5-209所示。

图 5-208

图 5-209

提示

使用“画笔工具”可以绘制出比较柔和的前景色线条，类似于使用真实画笔绘制的线条。通过在选项栏中对“画笔工具”的相关选项进行设置，使用“画笔工具”绘制出的图形可以和真实画笔绘制的图像效果相媲美。

步骤 10 为该图层添加“描边”图层样式，对相关选项进行设置，如图5-210所示。继续添加“内阴影”图层样式，对相关选项进行设置，如图5-211所示。

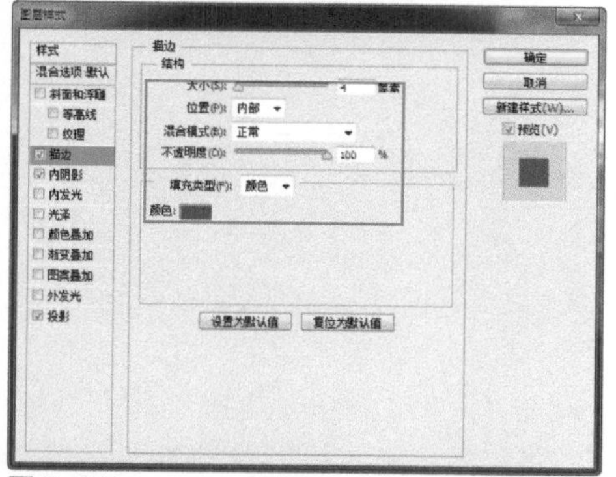

图 5-210

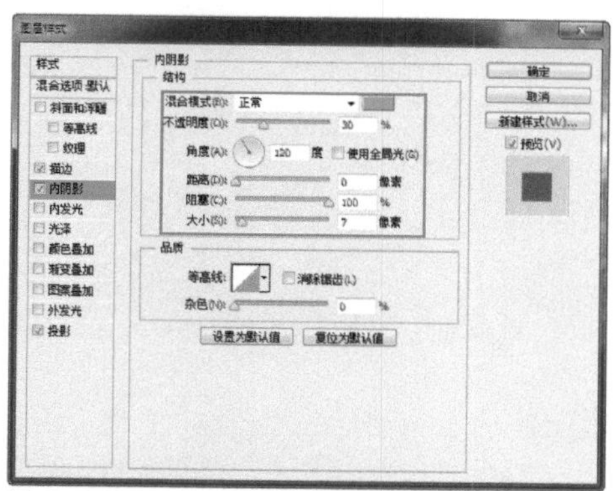

图 5-211

步骤 11 继续添加“投影”图层样式，对相关选项进行设置，如图5-212所示。单击“确定”按钮，完成“图层样式”对话框中各选项的设置，效果如图5-213所示。

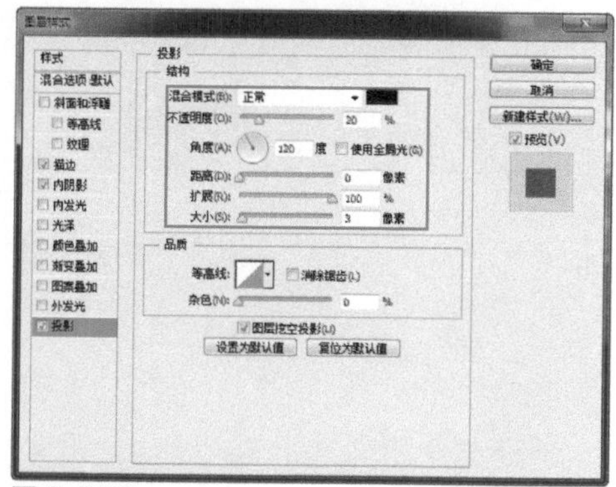

图 5-212

图 5-213

步骤12 使用“钢笔工具”，设置“填充”为RGB（220,91,52），在画布中绘制形状图形，效果如图5-214所示。执行“图层>创建剪贴蒙版”命令，为该图层创建剪贴蒙版，效果如图5-215所示。

图 5-214

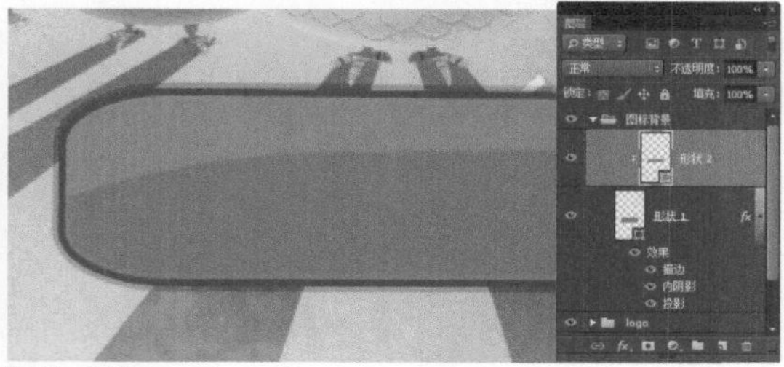

图 5-215

提示

在使用“钢笔工具”绘制路径时，如果按住Ctrl键，可以将正在使用的“钢笔工具”临时转换为“直接选择工具”；如果按住Alt键，可以将正在使用“钢笔工具”临时转换为“转换点工具”。

步骤13 新建“图层3”，使用“画笔工具”，设置“前景色”为RGB（253,156,73），在画布中的相应位置进行涂抹，效果如图5-216所示。执行“图层>创建剪贴蒙版”命令，为该图层创建剪贴蒙版，效果如图5-217所示。

图 5-216

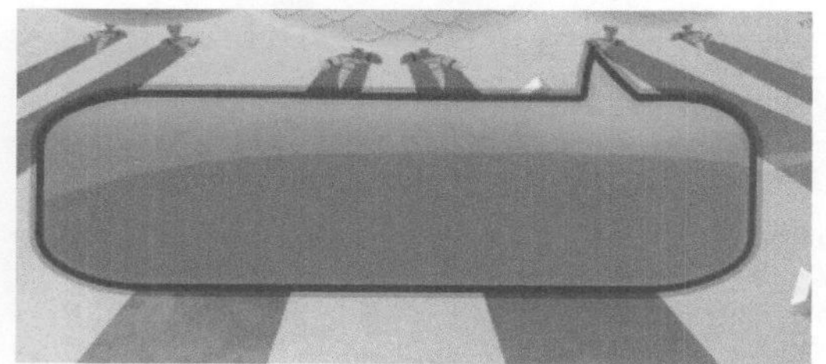

图 5-217

步骤14 使用相同的制作方法，完成相似图形效果的绘制，如图5-218所示。使用“椭圆工具”，设置“填充”为RGB（176,63,52），在画布中相应的位置绘制3个椭圆形，效果如图5-219所示。

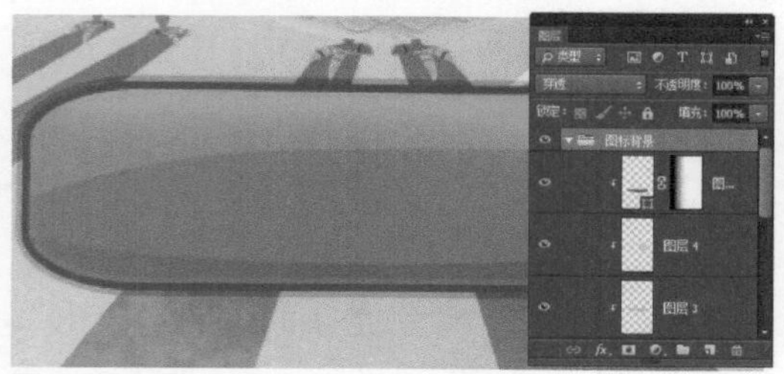

图 5-218

图 5-219

步骤15 打开并拖入素材图像“光盘\源文件\第5章\素材\502.png”，如图5-220所示。执行“图层>创建剪贴蒙版”命令，为该图层创建剪贴蒙版，设置该图层的“混合模式”为“颜色加深”，效果如图5-221所示。

步骤16 使用相同的制作方法，完成相似图形效果的制作，如图5-222所示。使用“钢笔工具”，设置“填充”为RGB（248,204,150），在画布中绘制形状图形，效果如图5-223所示。

图 5-220

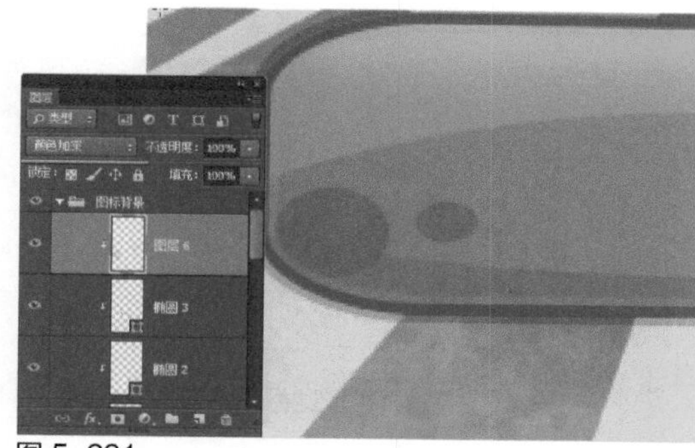
图 5-221

图 5-222

图 5-223

步骤 17 为该图层添加图层蒙版，使用“渐变工具”，在蒙版中填充黑白线性渐变，效果如图5-224所示。使用相同的制作方法，可以完成按钮上高光图形效果的制作，效果如图5-225所示。

图 5-224

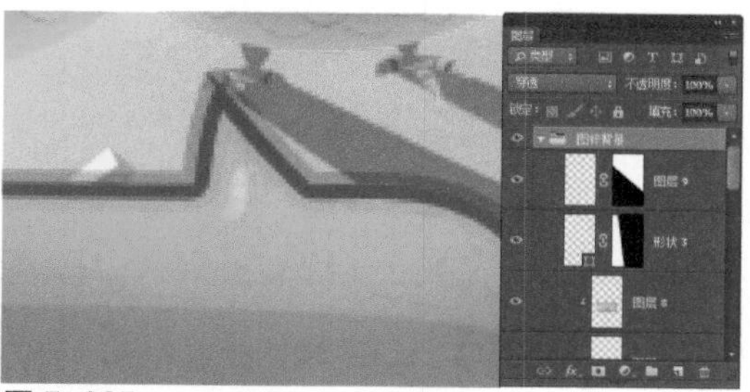
图 5-225

步骤 18 多次复制“图标背景”图层组，并分别将复制得到的图像调整到合适的大小和位置，效果如图5-226所示。新建名称为“网”的图层组，使用“椭圆工具”，设置“填充”为RGB（90,181,228），在画布中绘制正圆形，如图5-227所示。

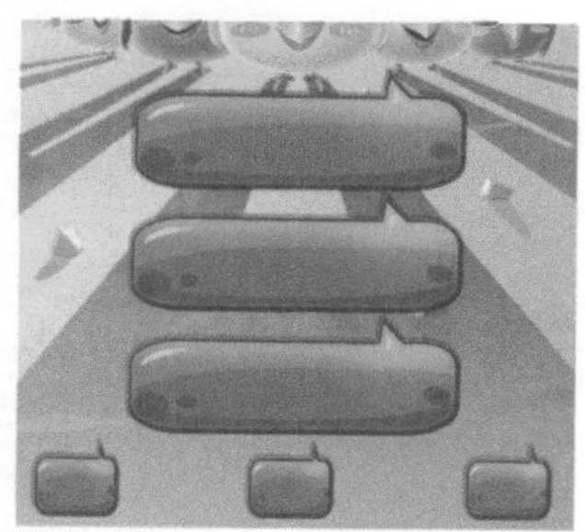
图 5-226

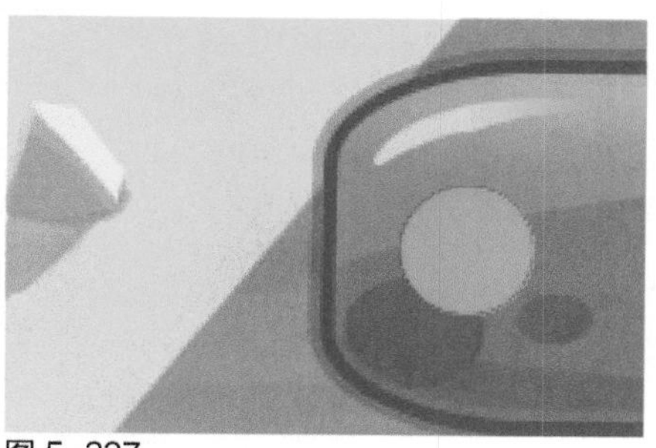
图 5-227

步骤19 使用“椭圆工具”，设置“路径操作”为“减去顶层形状”，在刚绘制的正圆形上减去正圆形，得到需要的图形，效果如图5-228所示。使用相同的制作方法，完成相似图形的绘制，效果如图5-229所示。

图 5-228

图 5-229

步骤20 为“网”图层组添加“投影”图层样式，对相关选项进行设置，如图5-230所示。单击“确定”按钮，完成“图层样式”对话框中各选项的设置，效果如图5-231所示。

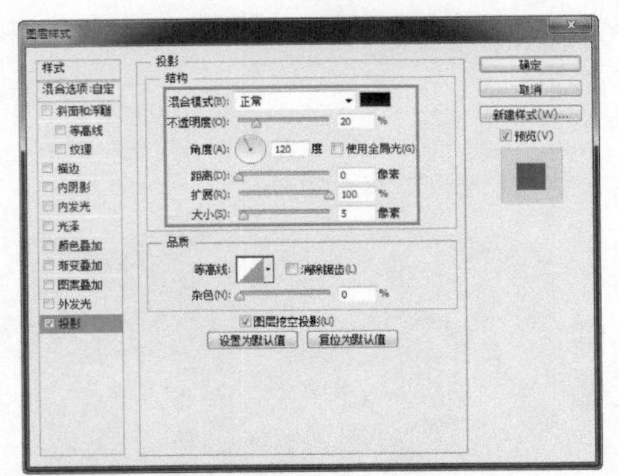

图 5-230

图 5-231

步骤21 复制该图层组，将复制得到的图形调整到合适的位置，效果如图5-232所示。使用相同的制作方法，完成相似图形的绘制，效果如图5-233所示。

图 5-232

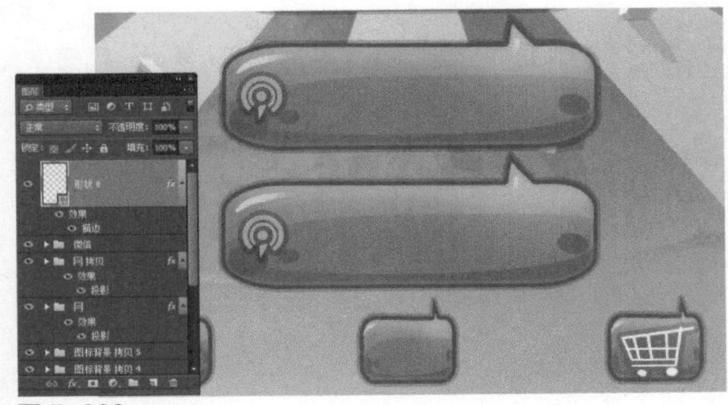
图 5-233

步骤 22 打开并拖入素材图像“光盘\源文件\第5章\素材\504.png”，效果如图5-234所示。使用“横排文字工具”，在“字符”面板中设置相关选项，在画布中输入文字，如图5-235所示。

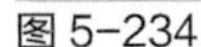

图 5-234

图 5-235

步骤 23 为该图层添加“描边”图层样式，对相关选项进行设置，如图5-236所示。单击“确定”按钮，完成“图层样式”对话框中各选项的设置，效果如图5-237所示。

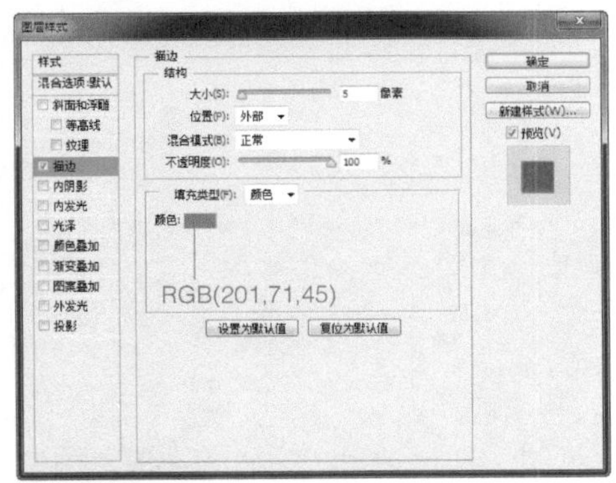

图 5-236

图 5-237

步骤 24 使用相同的制作方法，完成其他文字的制作，完成该游戏开始界面的制作，效果如图5-238所示。执行“文件>打开”命令，打开素材图像“光盘\源文件\第5章\素材\510.png”，效果如图5-239所示。

图 5-238

图 5-239

步骤 25 使用“横排文字工具”，在“字符”面板中设置相关选项，在画布中输入文字，如图5-240所示。为该图层添加“描边”图层样式，对相关选项进行设置，如图5-241所示。

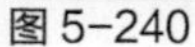

图 5-240

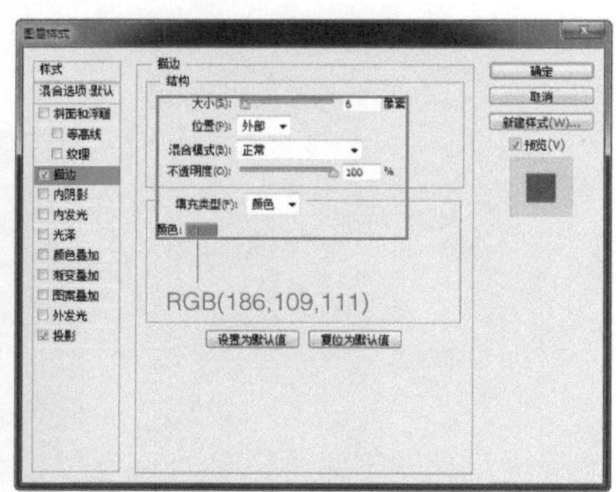

图 5-241

步骤 26 继续添加“投影”图层样式，对相关选项进行设置，如图5-242所示。单击“确定”按钮，完成“图层样式”对话框中各选项的设置，效果如图5-243所示。

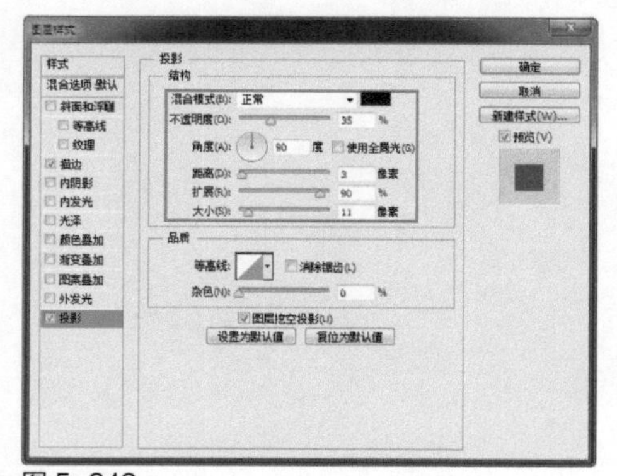

图 5-242

图 5-243

步骤 27 使用相同的制作方法，完成相似图形的绘制，效果如图5-244所示。使用“自定形状工具”，设置“填充”为RGB（255,243,184），在“形状”下拉面板中选择合适的形状，在画布中绘制形状图形，如图5-245所示。

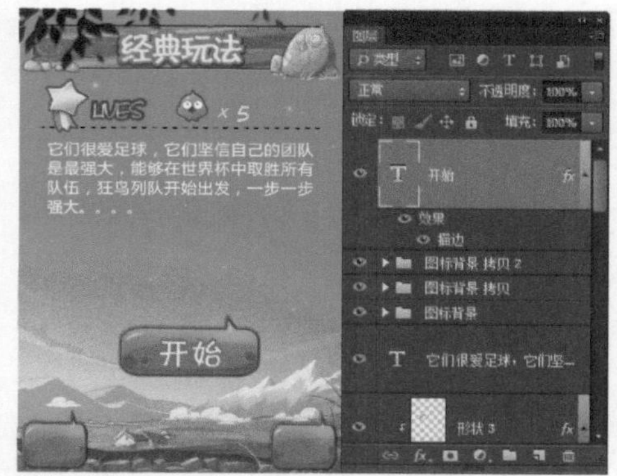

图 5-244

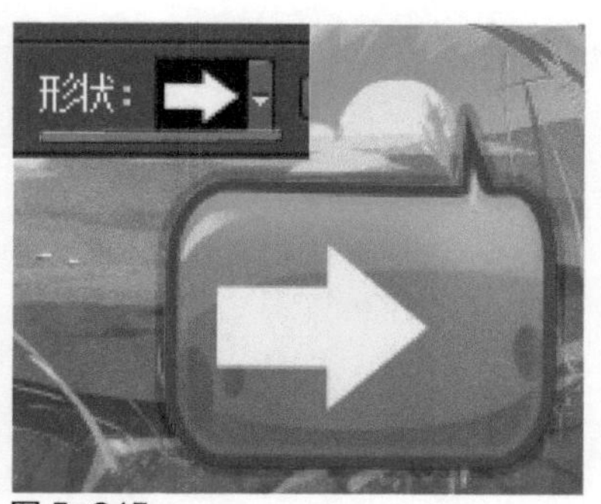

图 5-245

步骤 28 使用“椭圆工具”，设置“路径操作”为“合并形状”，在画布中绘制正圆形，效果如图5-246所示。为该图层添加“描边”图层样式，对相关选项进行设置，如图5-247所示。

图 5-246

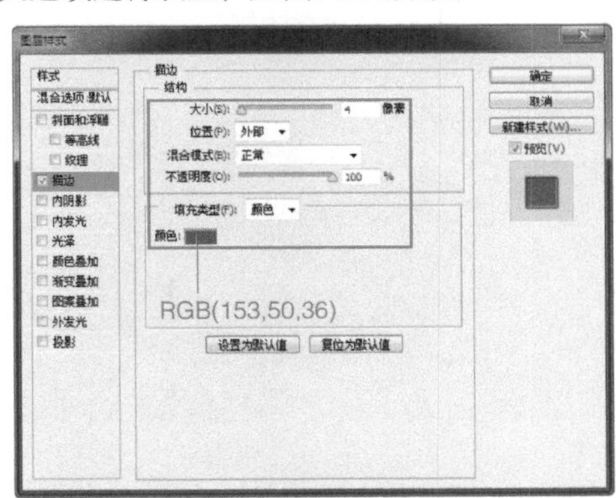

图 5-247

步骤 29 单击“确定”按钮，完成“图层样式”对话框中各选项的设置，效果如图5-248所示。使用相同的制作方法，完成相似图形的绘制，效果如图5-249所示。

图 5-248

图 5-249

步骤 30 执行“文件>打开”命令，打开素材图像“光盘\源文件\第5章\素材\505.png”，效果如图5-250所示。新建名称为“得分”的图层组，使用“圆角矩形工具”，设置“半径”为5像素，在画布中绘制一个黑色圆角矩形，如图5-251所示。

图 5-250

图 5-251

步骤 31 执行“编辑>变换>透视”命令，对圆角矩形进行透视操作，设置该图层的“填充”为35%，效果如图5-252所示。使用相同的制作方法，完成相似图形的绘制，效果如图5-253所示。

图 5-252

图 5-253

步骤 32 使用“横排文字工具”，在“字符”面板中设置相关选项，在画布中输入文字，如图5-254所示。为该图层添加“描边”图层样式，对相关选项进行设置，如图5-255所示。

图 5-254

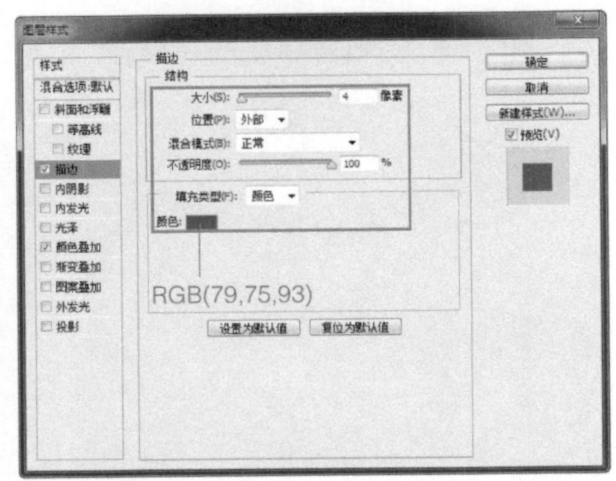

图 5-255

步骤 33 单击“确定”按钮，完成“图层样式”对话框中各选项的设置，效果如图5-256所示。使用相同的制作方法，完成该游戏界面中其他图形和文字的制作，效果如图5-257所示。

图 5-256

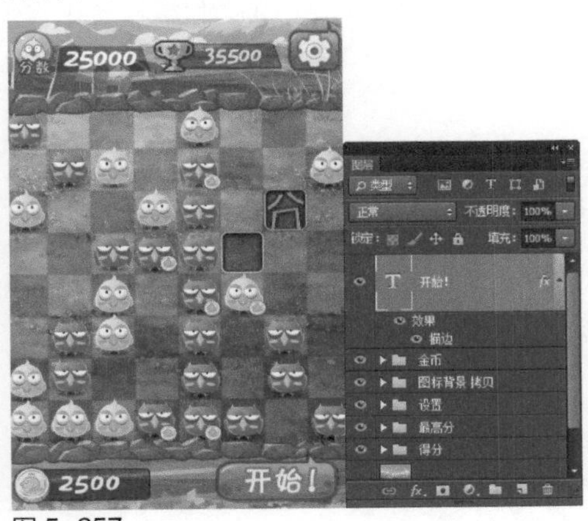

图 5-257

步骤 34 完成该Q版手机游戏界面的设计制作，最终效果如图5-258所示。

图 5-258

▶▶ 5.6 专家支招

手机游戏的题材种类很多，大多源于计算机游戏，也有基于智能手机本身特点开发的新游戏。手机游戏的画面比较精致，运行速度也比较快，并且还可以接入网络与朋友进行互动，获得更好的游戏体验。

1. 手机游戏与手机中的其他应用有哪些不同?

答：用户的使用预期不同，手机应用程序的使用预期是快速、高效、便捷地完成某一操作，获取自己想要的信息，所以使用手机应用程序的路径是直线形的，人们不希望中间出现额外的信息，多余的干扰会妨碍他们的操作。人们在玩游戏的时候往往是在一种轻松、休闲、无聊的情况下，使用的动机并不是直接通关，而是想打发一些时间或者是想让自己身心得到愉悦，所以手机游戏的路径是曲线形的。

在手机游戏UI设计过程中应该考虑到用户的使用环境、惯用操作、玩家使用的预期等，千万不要完全照搬开发手机应用程序的经验去做游戏，那样设计出来的游戏也不会得到玩家的喜爱。

2. 设计手机游戏UI时需要注意什么?

答：设计手机游戏UI时，从一开就应该充分考虑多点触摸，并且充分利用各种输入方式及控制系统，使用户感受到绝佳的操作体验。尽管手机上有物理按键，但其中只有返回键在游戏中有用，而且应该只用于特定的操作，如暂停或者退出游戏。

设计师需要考虑什么样的操控机制适用于多点触摸，不要一味地模仿传统的操控方式，例如拇指操作的方向杆，因为它们占据了宝贵的界面空间。手机中以手势来作为输入方式，例如单击、拉伸、缩放和翻转等。还应该允许用户在屏幕上直接滑动来操控物体的移动，或者通过两指拉框选取群组。此外，还应该允许用户滑动屏幕上的地图在游戏中导航，或者两指旋转屏幕视角。

通过触控，我们可以在游戏里实现很多操作，一旦实现了操作目的，用户会觉得很自然、很有成就感。拥有轻松上手的控制风格，能够使你的手机游戏更受欢迎。

5.7 本章小结

手机游戏是目前智能手机应用中非常重要的一方面，各种类型的手机游戏层出不穷，而一款手机游戏是否成功，其UI设计起着至关重要的作用。出色的手机游戏UI设计，不仅仅需要有漂亮、美观的界面，还需要能够带给玩家很强的带入感和沉浸感。在本章中主要向读者介绍了有关Android系统和手机游戏UI设计的相关知识，使读者能够对手机游戏UI设计有更深入的认识，并通过手机游戏UI设计案例向读者讲解了手机游戏UI设计的方法，读者需要能够在理解不同操作系统规范的基础上，设计出精美实用的手机游戏UI。

CHAPTER 6

网络游戏UI设计

本章要点：

网络游戏是一种十分强调人机交互的软件，它不仅要通过具有自身特点的画面将游戏的信息传达给玩家，同时也需要接收玩家输入的信息，使玩家与游戏能够真正地互动起来。而游戏UI系统作为游戏的一种重要的人机交互媒介，是每款网络游戏都必须努力完善的部分。本章将向读者介绍有关网络游戏UI设计的相关知识，并通过案例的制作练习，使读者掌握网络游戏UI设计的方法。

知识点：

- 理解游戏类别与UI设计的关系
- 理解并掌握网络游戏UI设计的要求
- 掌握各种不同类型网络游戏UI的设计和表现方法

▶▶ 6.1 游戏类别与UI设计的关系

清楚地了解游戏的类别对UI设计师来说是非常有必要的。虽然游戏设计也属于应用设计的范畴，适用UI设计的一般性原则作为指导，但是游戏毕竟有着自身不同的地方。例如用户对体验游戏和商务应用的使用预期不同，导致了交互逻辑、视觉等差异。因此，在设计一款游戏之前，设计师需要做到胸有成竹：明确地知道它属于哪一个游戏类别；这个类别有哪些玩家喜爱的游戏；常用的视觉元素和交互逻辑是什么样子的。然后按着这个思路去分析该游戏UI设计的特点、用户的特点才能创造出好游戏。反之，对需要做的游戏没有清晰的认识，完全照搬应用软件、网站等UI设计的理论，只会适得其反。

6.1.1 按游戏种类划分

1. 休闲网络游戏

登录游戏厂商提供的游戏平台进行个人或多人的游戏，例如QQ游戏平台、联众游戏大厅等。如图6-1所示为QQ游戏大厅界面。

2. 传统棋牌类

斗地主、象棋、五子棋等，腾讯、人人、开心旗下都有此类游戏。如图6-2所示为斗地主游戏界面。

图 6-1

图 6-2

3. 网络对战类游戏

通过网络服务器或局域网，进行人机对战或玩家相互对战，例如《CS》、《穿越火线》、《DOTA》等。此类游戏一般都会有一个在线平台（如：浩方游戏平台），玩家可以登录游戏平台组队进行PK。如图6-3所示为《穿越火线》游戏界面。

4. 角色扮演类游戏

此类游戏一般都有较大的客户端，对计算机、手机的硬件配置有一定的要求。玩家在游戏中扮演一个角色进行任务，完成一定的目标，获得荣誉，例如《九阴真经》、《裂隙》等。如图6-4所示为《九阴真经》游戏界面。

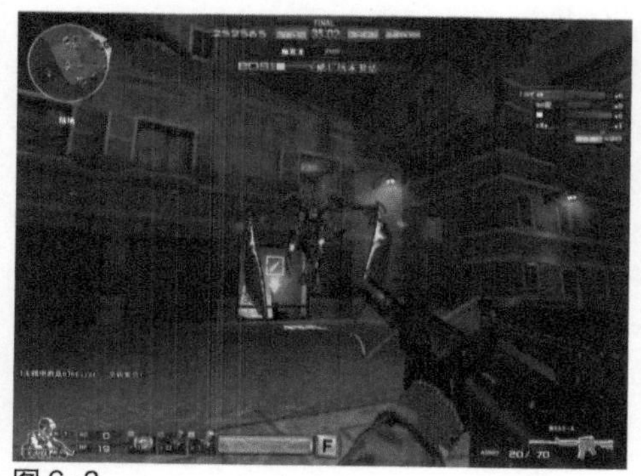
图 6-3

图 6-4

6.1.2　按游戏模式划分

1. 角色扮演

角色扮演游戏是由玩家扮演一个或多个游戏中的角色，有一套完整丰富的故事背景。伴随着游戏剧情的发展，玩家需要利用角色自身的特点、技能，结合自己的操作和策略战胜敌人，完成某一既定目标。例如《无尽之剑》、《魔兽世界》等。如图6-5所示为《魔兽世界》游戏界面。

2. 动作游戏

动作游戏是指玩家控制游戏中的角色，利用自身的技能和武器想尽办法摧毁对手。这类游戏更强调战斗的爽快感，以打斗、过关斩将为主，操作相对简单、容易上手，游戏节奏相对紧凑，对于故事背景和剧情的要求相对不高，例如《超级马里奥》、《合金弹头》、《波斯王子》、《三国无双》等。如图6-6所示为《超级马里奥》游戏界面。

图 6-5

图 6-6

3. 冒险游戏

冒险游戏是由玩家操作游戏角色进行虚拟的冒险。该类游戏的任务剧情往往是单线程的。游戏过程强调的是根据某一线索进行游戏，因此与传统的角色扮演游戏还是有一定区别的，例如《生化危机》、《古墓丽影》等。如图6-7所示为《古墓丽影》游戏界面。

4. 策略类游戏

策略类游戏由玩家控制一个或多个角色与NPC（非玩家控制角色）或者其他玩家进行较量。策略类游戏分为两种：一种是回合制的游戏，《三国志》系列游戏有很广泛的玩家基础，玩家与NPC势力进行各种较量，最后统一全国。另一种是即时策略战略类游戏，即时性较强，例如《帝国文明》、《DOTA》等。如图6-8所示为《DOTA》游戏界面。

图 6-7

图 6-8

5. 格斗游戏

格斗游戏是操作一个角色和玩家或计算机进行PK。此类游戏，基本没有故事剧情，战斗的场景也相对简单，一般有血、魔法、怒气、体力槽，有固定的出招方式和操作，讲究角色的实力平衡性，例如《侍魂》、《街头霸王》等。如图6-9所示为《侍魂》游戏界面。

6. 射击游戏

玩射击游戏时注意不要和《CS》、《穿越火线》之类的游戏弄混淆，这里所说的是玩家控制飞行物或坦克等进行的游戏，一般以第一视角和第三视角居多，例如《突击》、《枪神纪》等。如图6-10所示为《枪神纪》游戏界面。

图 6-9

图 6-10

7. 益智类游戏

益智类游戏需要玩家开动脑子，通过自己的策略达到目的。有助于大脑健康、儿童智力的开发，例如《植物大战僵尸》、《机械迷城》等。如图6-11所示为《植物大战僵尸》游戏界面。

8. 竞速游戏

竞速游戏是指在虚拟世界中操作各类赛车，与玩家进行比赛。游戏紧张刺激，且需要一定的操作技术，深受玩家的热捧，例如《极品飞车》、《QQ飞车》等。如图6-12所示为《极品飞车》游戏界面。

图 6-11

图 6-12

9. 体育游戏

当前的体育游戏类型很广泛，足球、篮球最受玩家欢迎，特别是3D引擎技术的运用使游戏富有真实感，例如《FIFA》、《NBA》等。如图6-13所示为《FIFA》游戏界面。

10. 音乐游戏

音乐游戏可以培养玩家的节奏感和对音乐的感知，伴随着美妙的音乐，有的需要玩家跳舞，有的需要熟练的指法操作，音乐游戏一直以来都是乐迷们的最爱，例如《吉他英雄》、《劲舞团》等，如图6-14所示为《劲舞团》游戏界面。

图6-13

图6-14

6.2 网络游戏界面设计要求

界面是游戏中所有交互的门户，不论是使用简单的游戏操作杆，还是运用具有多种输入设备的全窗口化的界面，界面都是联系游戏要素和游戏玩家的纽带。如何才能够设计出良好的网络游戏界面呢？这就需要设计师在设计网络游戏界面时遵守网络游戏界面的设计要求。

1. 降低计算机的影响

降低计算机的影响是交互性中一个比较抽象的概念。在设计一款游戏特别是设计游戏界面时，应该尽量让游戏玩家忘记他们正在使用计算机，这样会让他们感觉更好一些。尽量使游戏开始得又快又容易。游戏玩家进入一个游戏的时间越长，越会意识到这是一个游戏。好的游戏会尽量避免这种情况的发生，做到让玩家有一种身临其境的感觉，让他们认为游戏中的角色就是自己。如图6-15所示的《雷神之锤4》的游戏界面简洁、明快，很容易给玩家一种代入感。

图6-15

如图6-16所示的《星际争霸II》的游戏界面同样做到了让玩家轻松上手，其中简单易懂的图标设计起到了很好的作用。

图 6–16

2. 在游戏中加入帮助

尽量把用户手册结合到游戏当中，避免使游戏玩家打开屏幕让他们去看书面的文字，这方面通过优秀的界面设计是可以解决的，如果需要的话，可以将游戏帮助文本内容结合到游戏中。

例如，如果有一幅让游戏玩家使用的地图，就不要让它成为文档的一部分，应该把它设计成屏幕上的图形。如图6-17所示的《暗黑破坏神3》游戏界面中地图清晰地显示在玩家面前，明确标出玩家所处的位置。

图 6–17

3. 避免运用标准的界面

对于大部分在Windows玩境下设计的游戏都不要运用常规的Windows界面。如果这么做的话，就又在提醒玩家们正在使用计算机。应该运用其他的对象作为按钮并重新定制对话框，尽量避免菜单等可能提醒玩家正在运用计算机的对象。如图6-18所示的《3D台球》游戏界面让玩家很容易有一种在台球厅里的感觉，而不像一个普通的Windows程序。

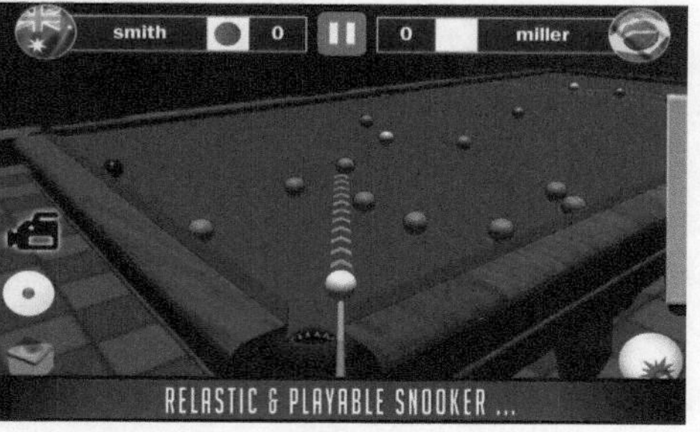

图 6–18

4. 综合集成界面

界面上关键的信息要简化。因为对许多产品来说，界面绝对是产品特征的门户。对于游戏来说，目标就是要让界面越来越深入到游戏本身的结构中去。对于大量的游戏玩家来说，其中只有少部分人具有计算机使用经验，因此，游戏界面就显得更加重要。如图6-19所示的游戏界面中将许多信息集成到了游戏界面中。

图 1-19

5. 界面定义游戏的可玩性

在一款游戏产品中，伴随着玩家从开始游戏到最终一直都是这个游戏的界面。从某种意义上来说，界面的存在规定了游戏的操作方式、对玩家的行为限制，以及玩家在游戏中所要达到的目的。把这些因素加起来，其实就定义了这款游戏的可玩性。

6.3 棋牌游戏UI设计

棋牌游戏一种常见的网络游戏类型，具有广泛的群众基础和各层次的玩家群体，目前各种类型的游戏设备上都有相应的棋牌游戏，接下来将带领读者完成一款棋牌游戏UI的设计制作。

【自测1】棋牌游戏UI设计

视频：光盘\视频\第6章\棋牌游戏界面.swf　　源文件：光盘\源文件\第6章\棋牌游戏界面.psd

- 案例分析

案例特点：本案例设计一款棋牌游戏界面，将棋牌游戏融入到具有中国传统风格的Q版游戏场景中，体现出该款棋牌游戏的特色与不同。

制作思路与要点：在该游戏界面的设计中将桌面设计为具有透视角度的平面，与游戏场景搭配，给人一种很强的纵深感和立体感；搭配简洁的图标按钮设计，使得整个游戏界面整洁、清晰、在游戏界面中通过为图形添加各种图层样式和纹理，表现出图形的质感和纹理效果，体现出图形的层次感，使得该游戏界面更加真实、有趣。

- **色彩分析**

本案例的棋牌游戏界面以橙色为主色调，搭配同色系不同纯度的橙色和木纹纹理，可以更好地体现界面的质感，与同色系的色彩相搭配，视觉效果上和谐、统一，并且能够给玩家带来温馨和愉悦感。

橙色　深红色　黄色

- **制作步骤**

步骤 01 执行“文件>打开”命令，打开素材图像“光盘\源文件\第6章\素材\101.jpg”，如图6-20所示。新建名称为“桌面”的图层组，使用“圆角矩形工具”，设置“填充”为RGB（119,49,21）、“半径”为10像素，在画布中绘制一个圆角矩形，如图6-21所示。

图 6-20

图 6-21

步骤 02 执行“图像>变形>透视”命令，对该圆角矩形进行透视变形操作，效果如图6-22所示。使用“矩形工具”，设置“填充”为RGB（201,120,48），在画布中绘制一个矩形，并使用相同的方法，对该矩形进行透视处理，效果如图6-23所示。

图 6-22

图 6-23

步骤 03 为该图层添加“图案叠加”图层样式，对相关选项进行设置，如图6-24所示。单击“确定”按钮，完成“图层样式”对话框中各选项的设置，效果如图6-25所示。

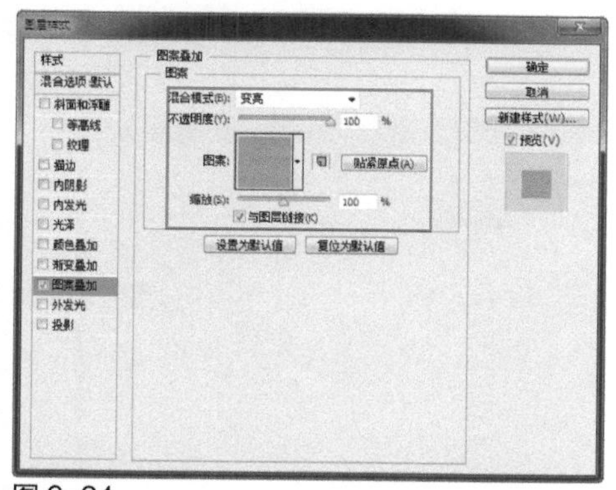

图 6-24

图 6-25

提示

此处所选择的木纹纹理是Photoshop中自带的图案，可以打开图案选取器，在面板菜单中选择“图案”选项，载入“图案”纹理，即可选择该木纹纹理图案。

步骤 04 使用“矩形工具”，设置“填充”为RGB（164,87,37），在画布中绘制一个矩形，效果如图6-26所示。复制刚绘制的矩形，并对复制得到的矩形进行相应的调整，效果如图6-27所示。

图 6-26

图 6-27

步骤 05 新建“图层1”，使用“画笔工具”，设置“前景色”为白色，选择合适的笔触，在画布中的相应位置绘制，设置该图层的“不透明度”为30%，效果如图6-28所示。使用“钢笔工具”，设置“填充”为RGB（119,49,21），在画布中绘制形状图形，如图6-29所示。

图 6-28

图 6-29

提示

在使用“钢笔工具”绘制形状图形时，如果在选项栏上选中“自动添加/删除”复选框，当光标在路径上变为 形状时单击，可在路径上添加锚点，当光标在锚点上变为 形状时，单击可删除该锚点。

步骤06 为该图层添加“斜面和浮雕”图层样式，对相关选项进行设置，如图6-30所示。继续添加“内发光”图层样式，对相关选项进行设置，如图6-31所示。

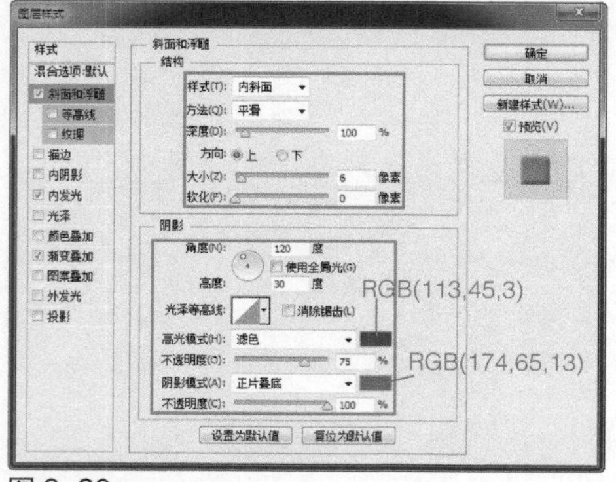

图 6-30

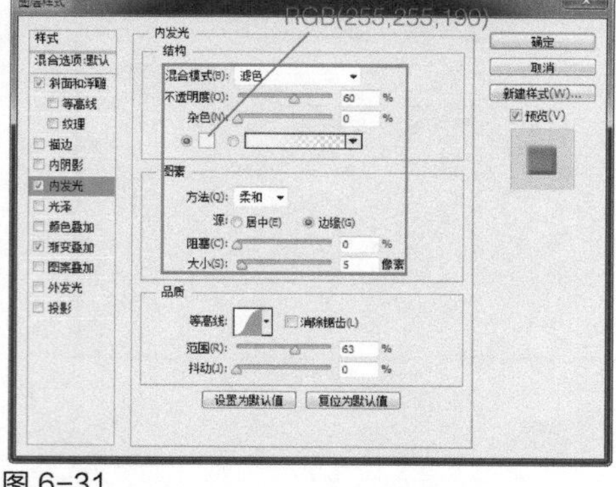

图 6-31

步骤07 继续添加“渐变叠加”图层样式，对相关选项进行设置，如图6-32所示。单击“确定”按钮，完成“图层样式”对话框中各选项的设置，效果如图6-33所示。

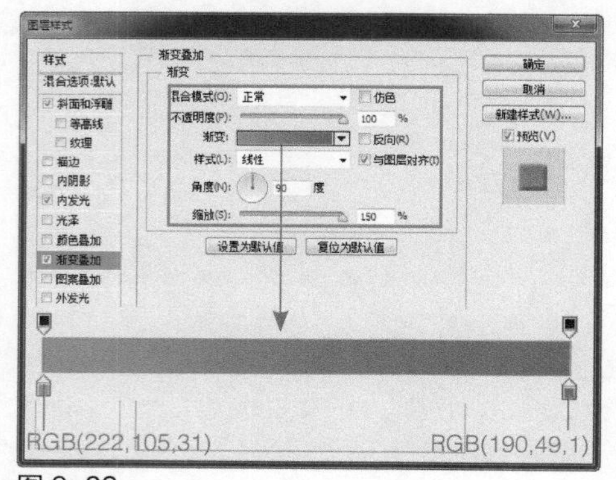

图 6-32

图 6-33

步骤08 使用相同的制作方法，完成相似图形的绘制，效果如图6-34所示。新建名称为“按钮”的图层组，使用“圆角矩形工具”，设置“半径”为50像素，在画布中绘制白色圆角矩形，如图6-35所示。

图 6-34

图 6-35

步骤09 为该图层添加“内阴影”图层样式，对相关选项进行设置，如图6-36所示。继续添加“渐变叠加”图层样式，对相关选项进行设置，如图6-37所示。

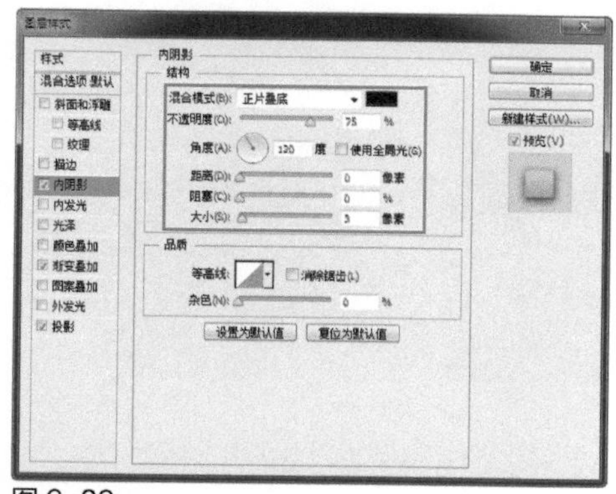

图 6-36

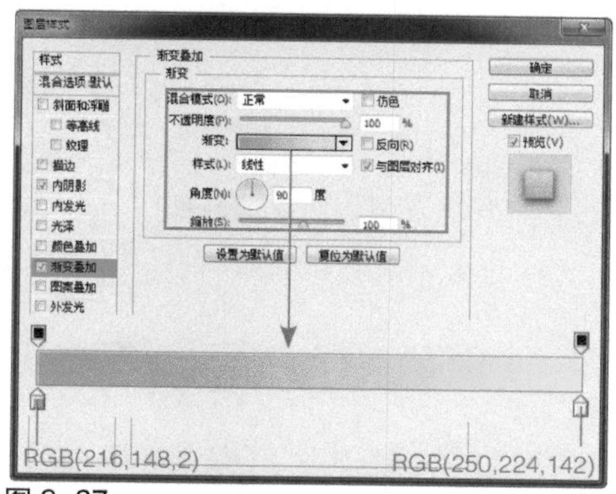

图 6-37

步骤 10 继续添加“投影”图层样式，对相关选项进行设置，如图6-38所示。单击“确定”按钮，完成“图层样式”对话框中各选项的设置，效果如图6-39所示。

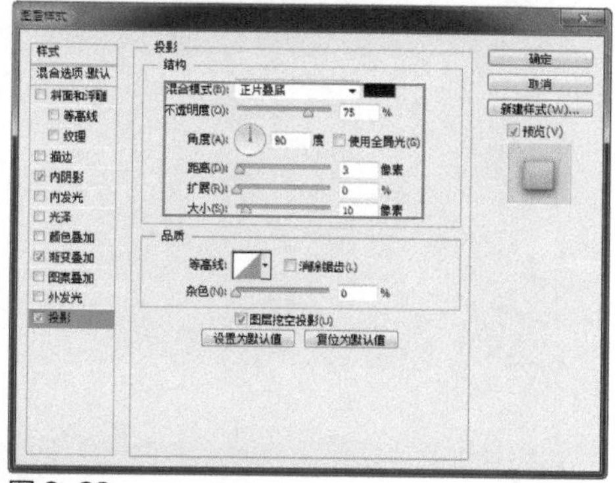

图 6-38

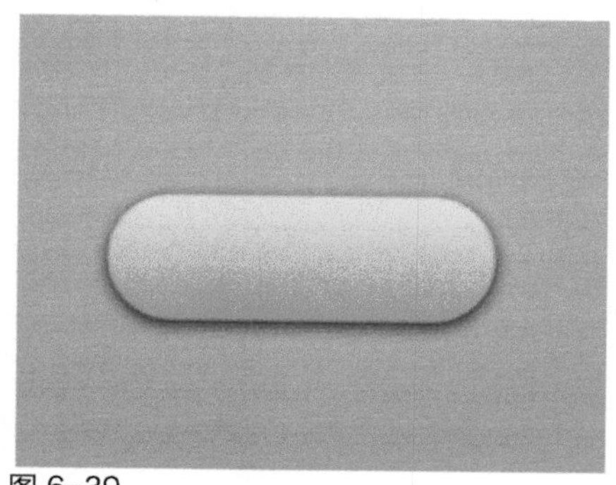

图 6-39

步骤 11 使用相同的制作方法，完成相似图形的绘制，如图6-40所示。复制“圆角矩形3”图层，得到“圆角矩形3拷贝”图层，清除该图层的图层样式，使用“钢笔工具”，设置“路径操作”为“减去顶层形状”，在该圆角矩形上减去相应的图形，效果如图6-41所示。

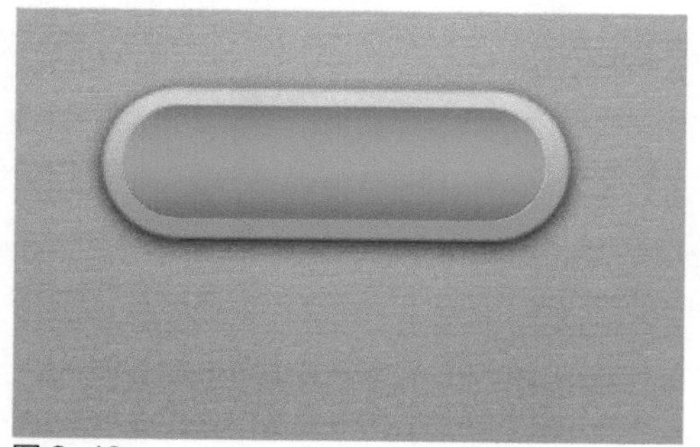

图 6-40

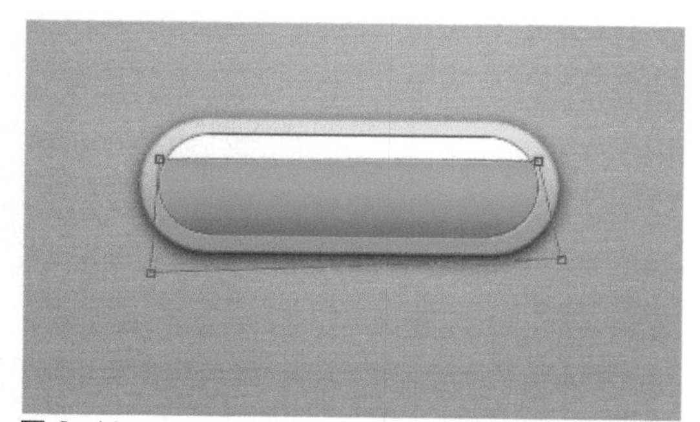

图 6-41

步骤 12 为该图层添加图层蒙版，使用“渐变工具”，在蒙版中填充黑白线性渐变，效果如图6-42所示。使用“横排文字工具”，在“字符”面板中设置相关选项，在画布中输入文字，如图6-43所示。

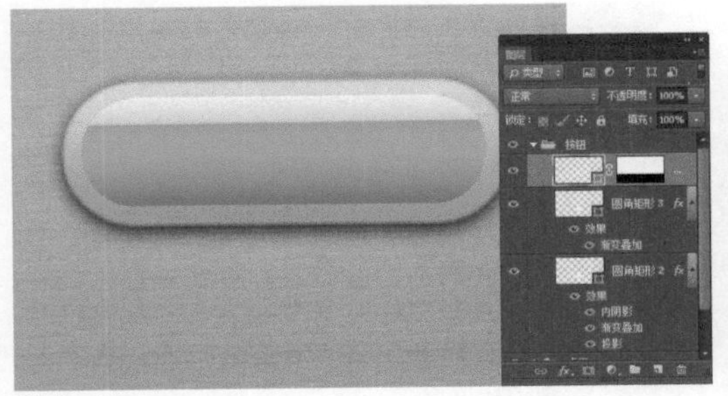

图 6-42

图 6-43

步骤 13 为该文字图层添加“外发光”图层样式，对相关选项进行设置，如图6-44所示。单击“确定”按钮，完成“图层样式”对话框中各选项的设置，效果如图6-45所示。

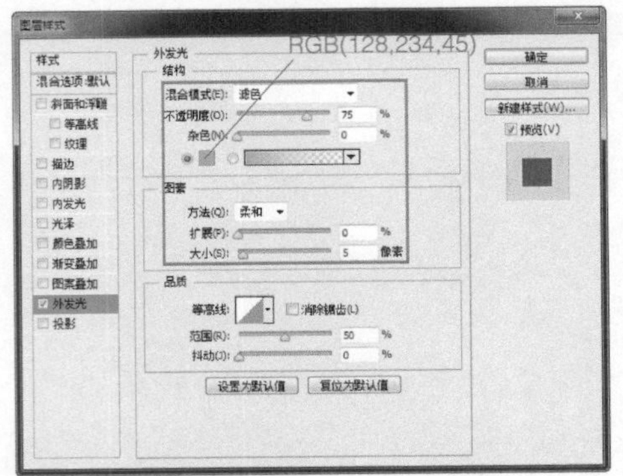

图 6-44

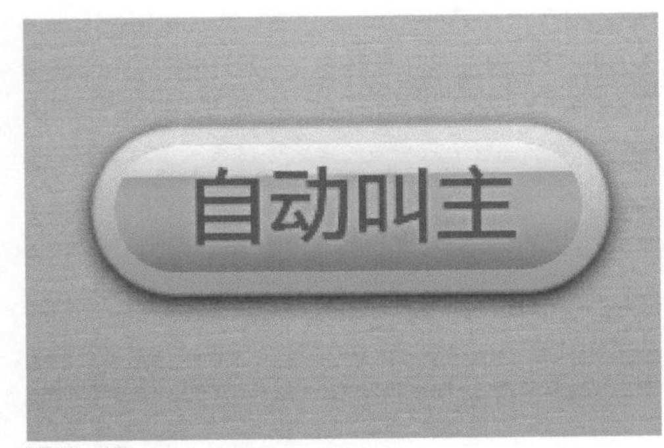

图 6-45

步骤 14 使用相同的制作方法，完成相似文字效果的制作，如图6-46所示。新建名称为“人物”的图层组，使用“圆角矩形工具”，设置“半径”为10像素，在画布中绘制白色圆角矩形，如图6-47所示。

图 6-46

图 6-47

提示

此处所制作的文字效果，主要是为文字添加了“外发光”图层样式，并且对文字进行了透视变换操作。需要注意的是，文字图层需要栅格化为普通图层才能够对其进行透视变换操作。

步骤 15 为该图层添加“内阴影”图层样式，对相关选项进行设置，如图6-48所示。继续添加“渐变叠加”图层样式，对相关选项进行设置，如图6-49所示。

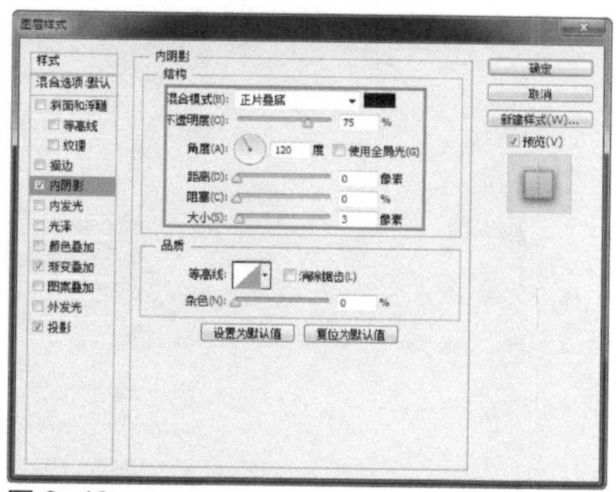

图 6-48

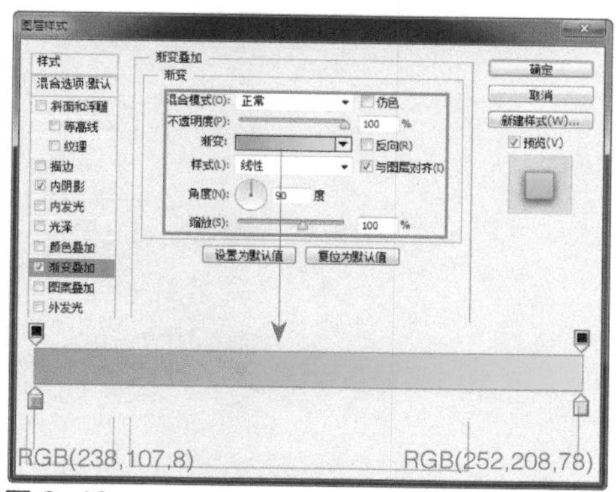

图 6-49

步骤 16 继续添加“投影”图层样式，对相关选项进行设置，如图6-50所示。单击“确定”按钮，完成“图层样式”对话框中各选项的设置，效果如图6-51所示。

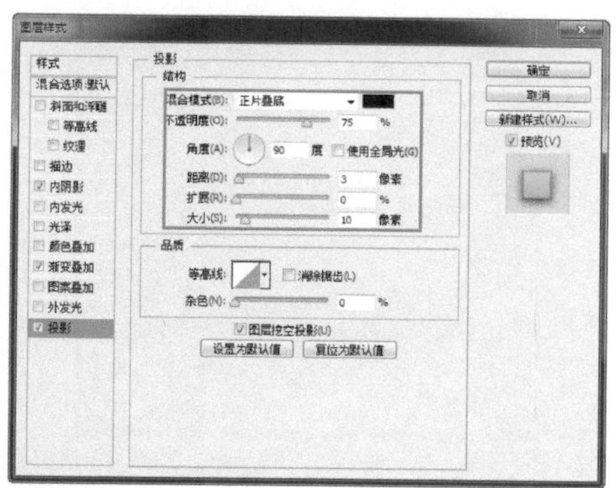

图 6-50

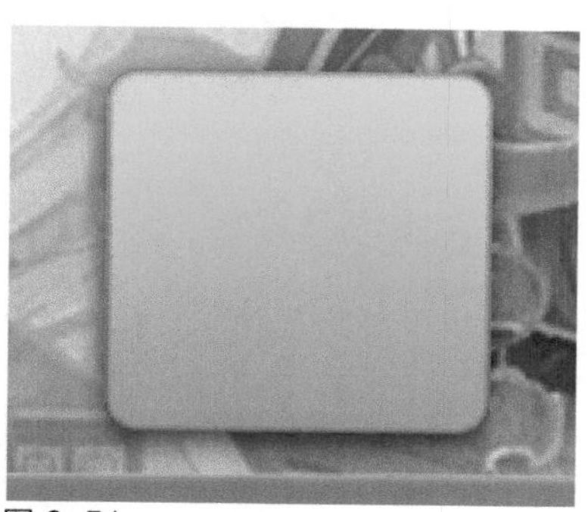

图 6-51

步骤 17 复制该图层，清除复制得到的图层的图层样式，将复制得到的圆角矩形等比例缩小，如图6-52所示。打开并拖入素材图像“光盘\源文件\第6章\素材\102.png”，调整到合适的大小和位置，如图6-53所示。

图 6-52

图 6-53

步骤 18 执行“图层>创建剪贴蒙版”命令，为该图层创建剪贴蒙版，效果如图6-54所示。使用相同的制作方法，完成相似图形的绘制，效果如图6-55所示。

图 6-54

图 6-55

步骤 19 使用“横排文字工具”，在“字符”面板中设置相关选项，在画布中输入文字，如图6-56所示。为该图层添加“渐变叠加”图层样式，对相关选项进行设置，如图6-57所示。

图 6-56

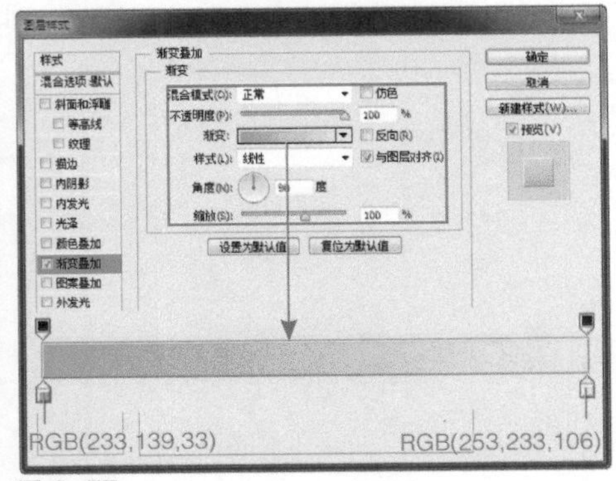

图 6-57

步骤 20 单击“确定”按钮，完成“图层样式”对话框中各选项的设置，效果如图6-58所示。使用相同的制作方法，可以制作出其他相似的图像效果，如图6-59所示。

图 6-58

图 6-59

步骤 21 使用相同的制作方法，完成其他文字效果的制作，如图6-60所示。新建名称为“顶层”的图层组，使用“钢笔工具”，设置“填充”为RGB（174,24,24），在画布中绘制形状图形，如图6-61所示。

提示

此处所绘制的形状图形，还可以通过先绘制一个矩形，使用“添加锚点工具”在矩形的右侧路径中心位置添加锚点，使用“直接选择工具”选中刚添加的锚点，将锚点向右移动，来制作出该图形。

图 6-60

图 6-61

步骤22 使用“矩形工具”，设置“填充”为RGB（118,13,13），在画布中绘制一个矩形，如图6-62所示。多次复制该矩形，并分别将复制得到的矩形调整到合适的位置，效果如图6-63所示。

图 6-62

图 6-63

提示

此处所绘制的虚线效果，还可以通过画笔描边路径的方法来制作。首先绘制一条直线路径，使用“画笔工具”，设置前景颜色，选择一种硬边笔触，在“画笔”面板中对画笔的“大小”和“间距”选项进行设置，在“路径”面板中单击“画笔描边路径”按钮。

步骤23 使用“自定形状工具”，设置“填充”为RGB（118,13,13），在“形状”下拉面板中选择合适的形状，在画布中绘制形状图形，如图6-64所示。为该图层添加“内阴影”图层样式，对相关选项进行设置，如图6-65所示。

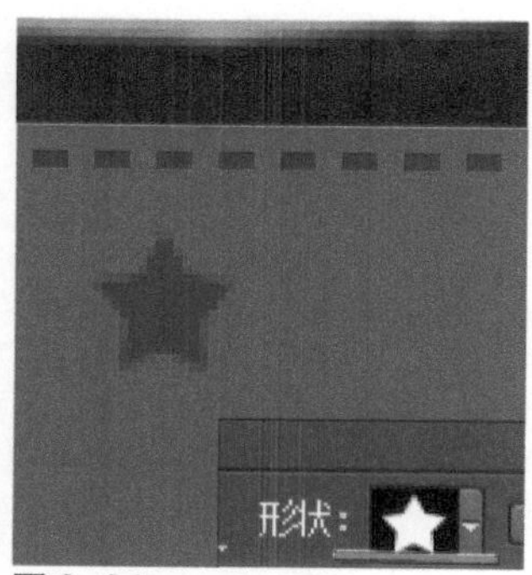

图 6-64

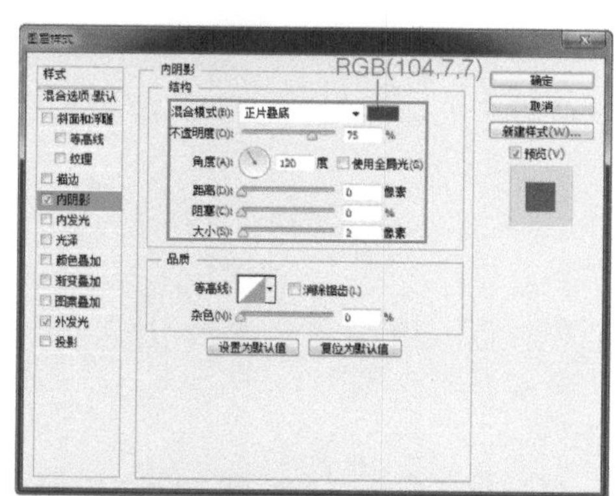

图 6-65

步骤 24 继续添加“外发光”图层样式，对相关选项进行设置，如图6-66所示。单击“确定”按钮，完成“图层样式”对话框中各选项的设置，效果如图6-67所示。

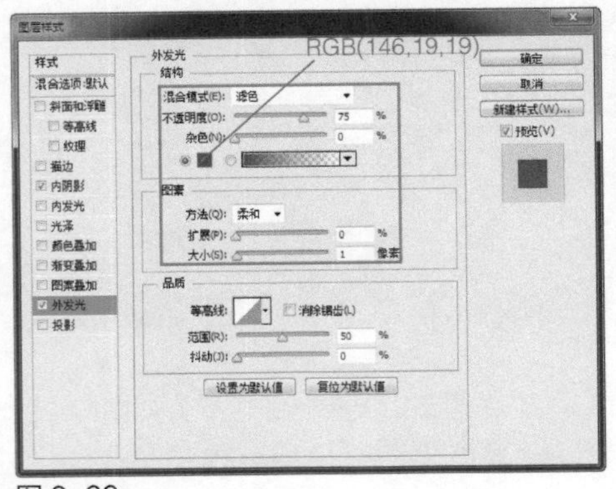

图 6-66

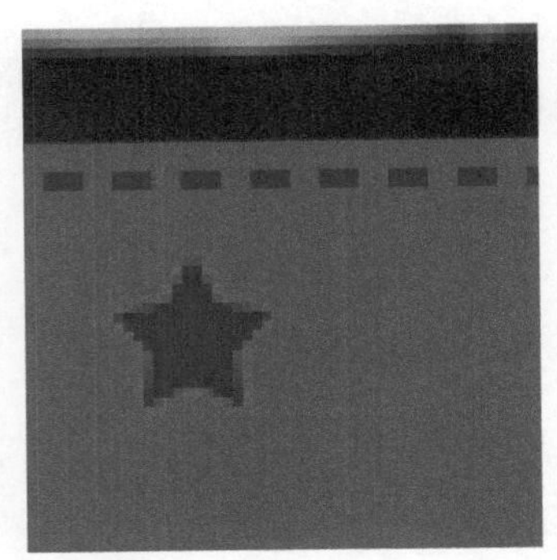

图 6-67

步骤 25 复制该图层，并将复制得到的图像调整到合适的位置，如图6-68所示。使用相同的制作方法，完成相似图形效果的制作，如图6-69所示。

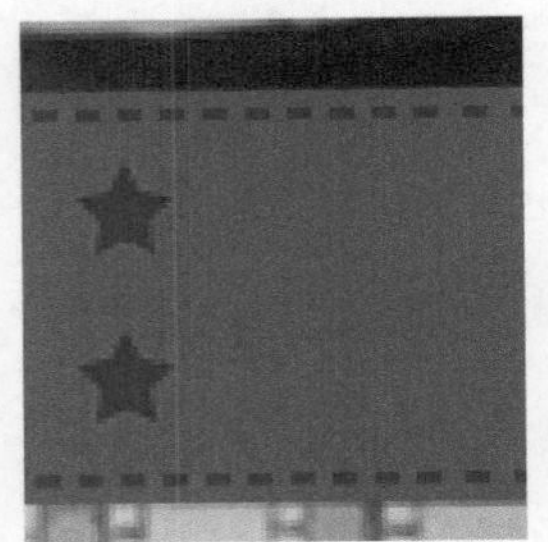

图 6-68

图 6-69

步骤 26 新建名称为“底部”的图层组，使用“圆角矩形工具”，设置“半径”为30像素，在画布中绘制一个白色圆角矩形，如图6-70所示。为该图层添加“描边”图层样式，对相关选项进行设置，如图6-71所示。

图 6-70

图 6-71

步骤 27 继续添加“渐变叠加”图层样式，对相关选项进行设置，如图6-72所示。单击“确定”按钮，完成“图层样式”对话框中各选项的设置，效果如图6-73所示。

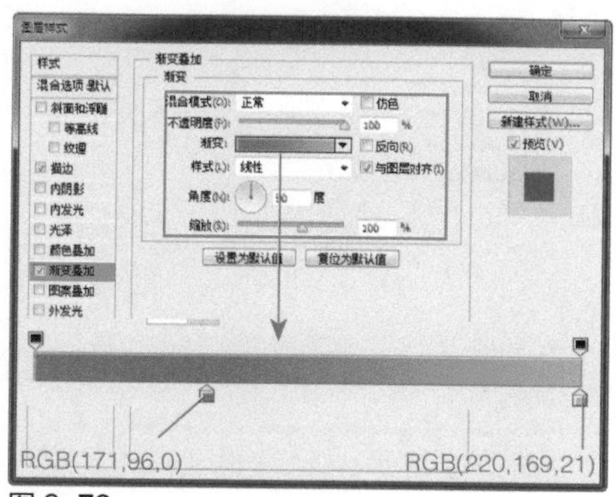

图 6-72

图 6-73

步骤 28 使用相同的制作方法，完成相似图形的绘制，效果如图6-74所示。接下来制作游戏进行界面，执行“文件>打开”命令，打开素材图像“光盘\源文件\第6章\素材\101.jpg”，如图6-75所示。

图 6-74

图 6-75

步骤 29 使用相同的制作方法，完成相似图形的绘制，效果如图6-76所示。新建名称为“扑克牌”的图层组，使用“圆角矩形工具”，设置“半径”为10像素，在画布中绘制一个白色圆角矩形，如图6-77所示。

图 6-76

图 6-77

步骤 30 为该图层添加“内发光”图层样式，对相关选项进行设置，如图6-78所示。继续添加“渐变叠加”图层样式，对相关选项进行设置，如图6-79所示。

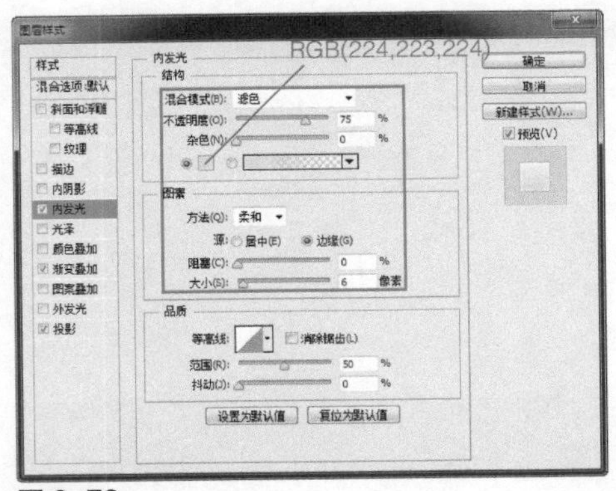

图 6-78

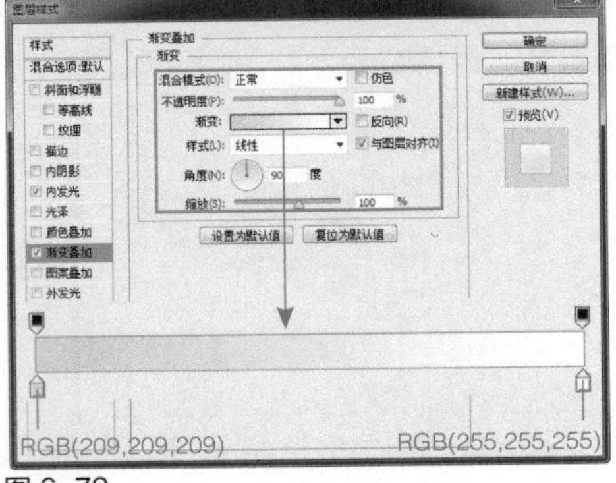

图 6-79

步骤 31 继续添加“投影”图层样式，对相关选项进行设置，如图6-80所示。单击“确定”按钮，完成“图层样式”对话框中各选项的设置，效果如图6-81所示。

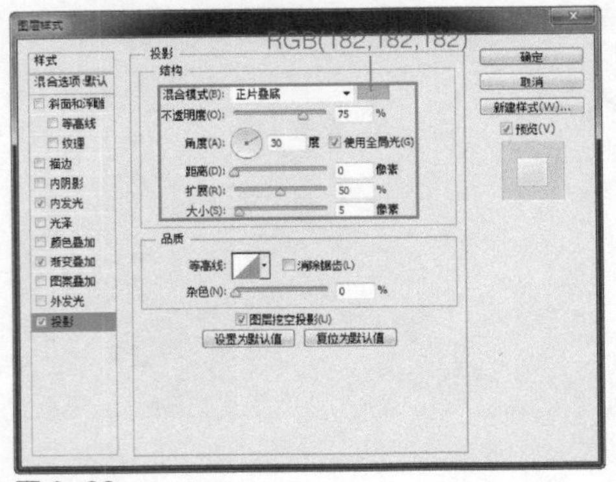

图 6-80

图 6-81

步骤 32 多次复制该图层，并分别将复制得到图形调整到合适的位置，效果如图6-82所示。使用“自定形状工具”，设置“填充”为RGB（249,34,31），在“形状”下拉面板中选择相应的形状，在画布中绘制形状图形，如图6-83所示。

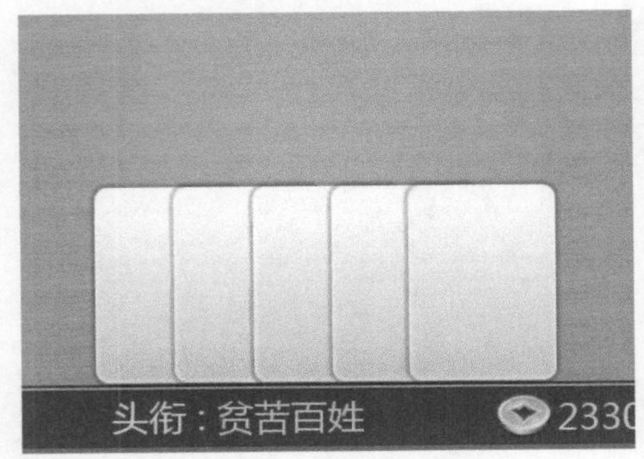

图 6-82

图 6-83

步骤 33 使用相同的制作方法，完成相似图形的绘制，效果如图6-84所示。使用“横排文字工具”，在“字符”面板中设置相关选项，在画布中输入文字，效果如图6-85所示。

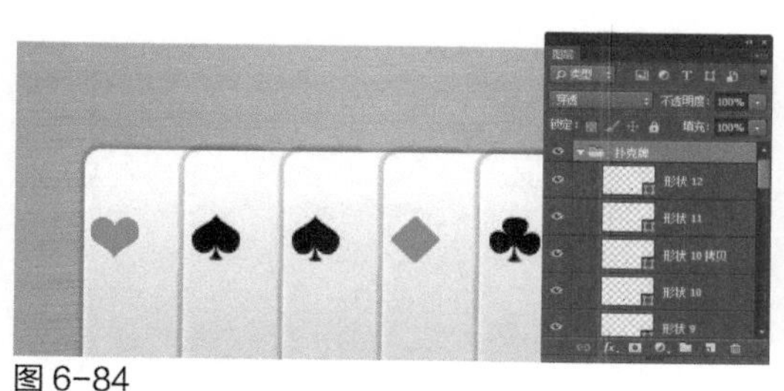
图 6-84

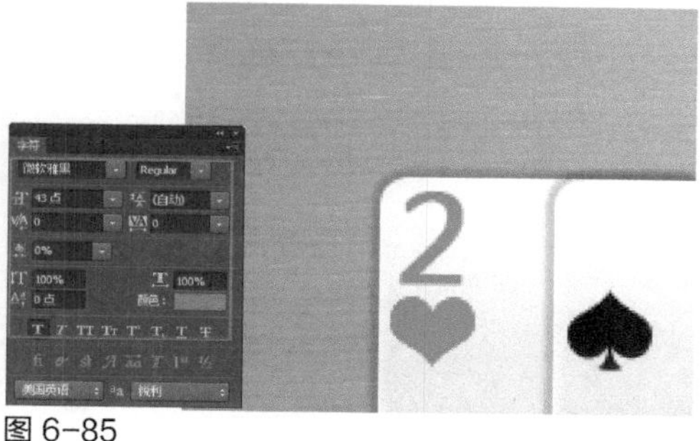

图 6-85

步骤34 使用相同的制作方法，完成其他文字的输入，效要如图6-86所示。新建名称为“选项”的图层组，使用“圆角矩形工具”，设置“半径”为20像素，在画布中绘制白色圆角矩形，如图6-87所示。

图 6-86

图 6-87

步骤35 使用“钢笔工具”，设置“路径操作”为“合并形状”，在刚绘制的圆角矩形上添加图形，得到需要的图形，效果如图6-88所示。为该图层添加“斜面和浮雕”图层样式，对相关选项进行设置，如图6-89所示。

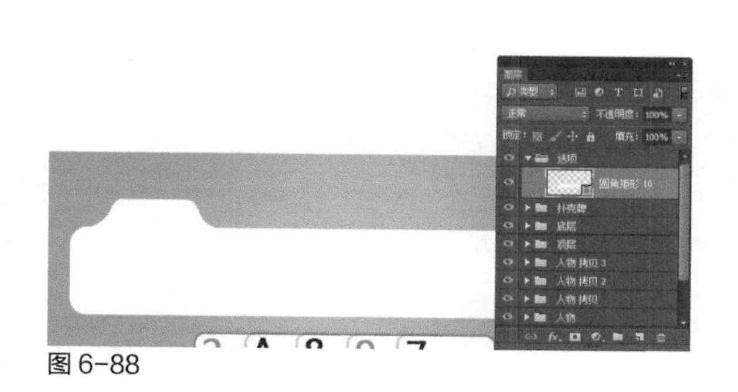
图 6-88

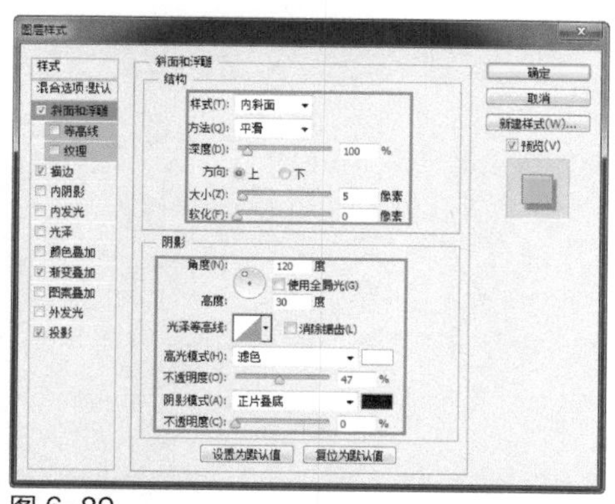
图 6-89

步骤36 继续添加“描边”图层样式，对相关选项进行设置，如图6-90所示。继续添加“渐变叠加”图层样式，对相关选项进行设置，如图6-91所示。

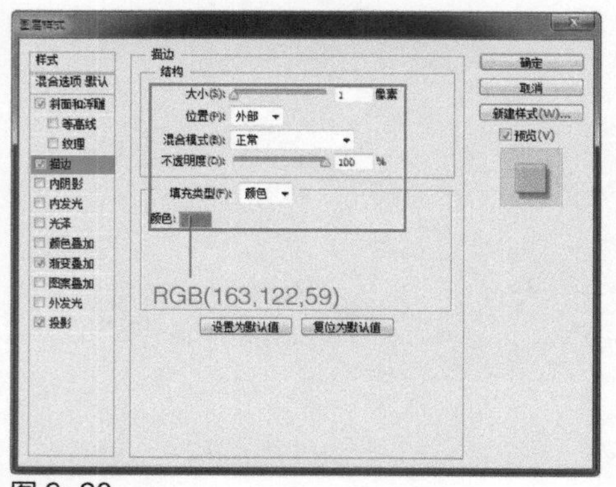

图 6-90

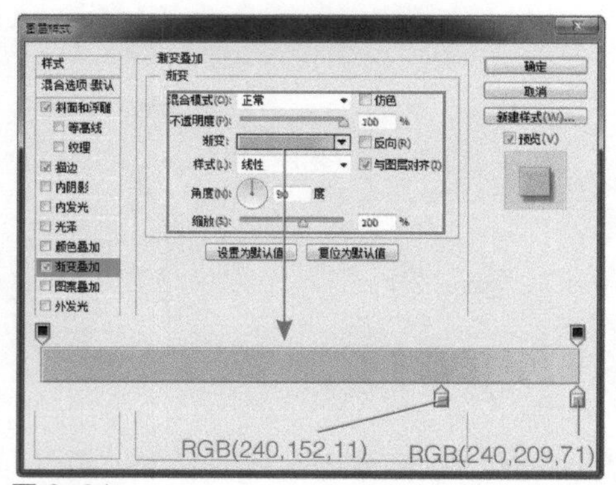

图 6-91

步骤 37 继续添加“投影”图层样式，对相关选项进行设置，如图6-92所示。单击“确定”按钮，完成“图层样式”对话框中各选项的设置，效果如图6-93所示。

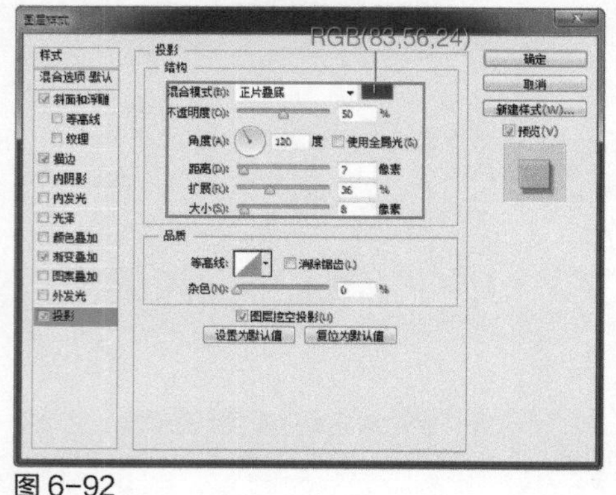

图 6-92

图 6-93

步骤 38 使用“圆角矩形工具”，设置“半径”为20像素，在画布中绘制黑色圆角矩形，如图6-94所示。为该图层添加“描边”图层样式，对相关选项进行设置，如图6-95所示。

图 6-94

RGB(47,28,3)

图 6-95

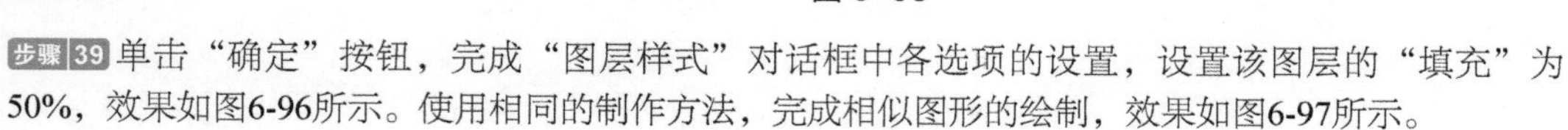

步骤 39 单击“确定”按钮，完成“图层样式”对话框中各选项的设置，设置该图层的“填充”为50%，效果如图6-96所示。使用相同的制作方法，完成相似图形的绘制，效果如图6-97所示。

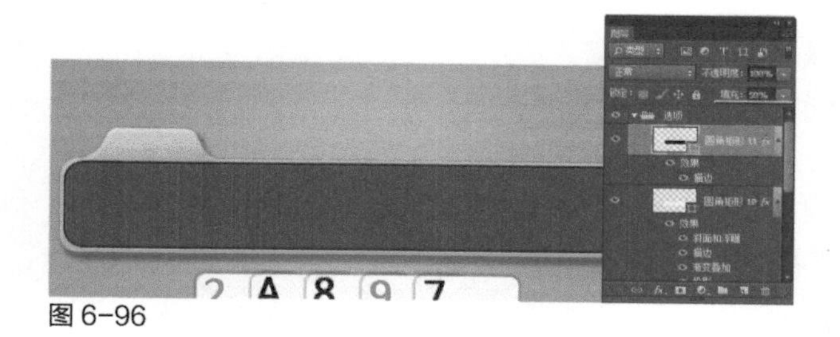
图 6-96

图 6-97

步骤40 新建图层，使用“钢笔工具”，在选项栏上打开“填充”对话框，设置渐变颜色，在画布中绘制形状图形，效果如图6-98所示。使用相同的制作方法，可以绘制出相似的图形效果，如图6-99所示。

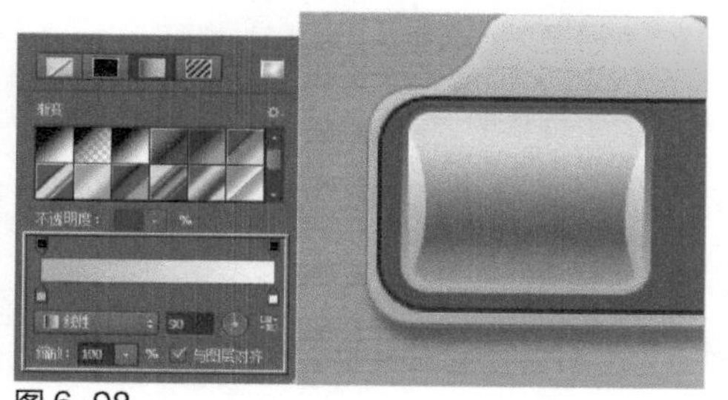
图 6-98

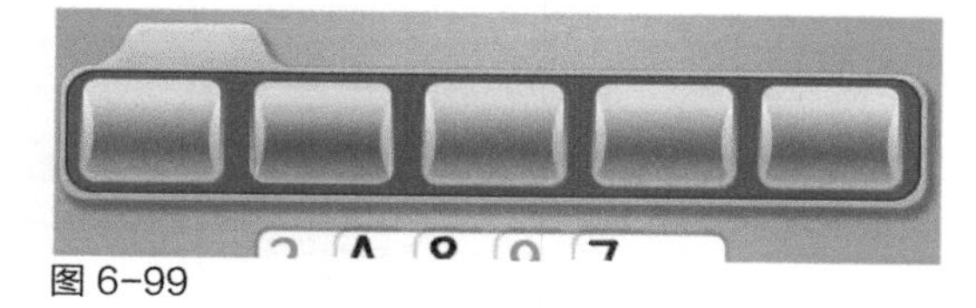
图 6-99

步骤41 使用相同的制作方法，完成相似图形的绘制，如图6-100所示。新建名称为“闹钟”的图层组，新建图层，使用“椭圆选框工具”，在画布中绘制椭圆选区，如图6-101所示。

图 6-100

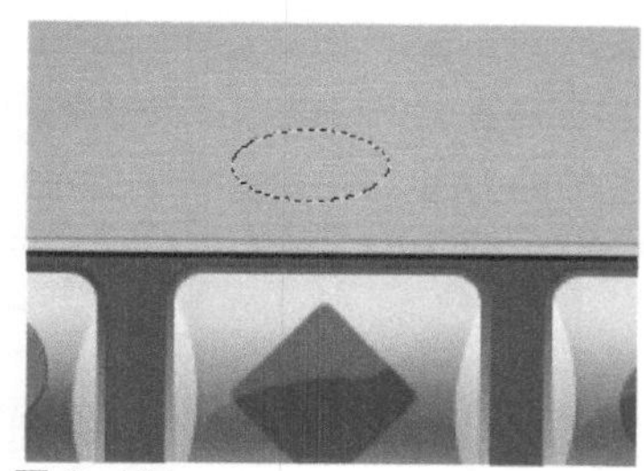
图 6-101

步骤42 执行“选择>修改>羽化”命令，在弹出的对话框中设置“羽化半径”为10像素，单击“确定”按钮，为选区填充黑色，取消选区，效果如图6-102所示。使用相同的制作方法，完成闹钟图形的绘制，效果如图6-103所示。

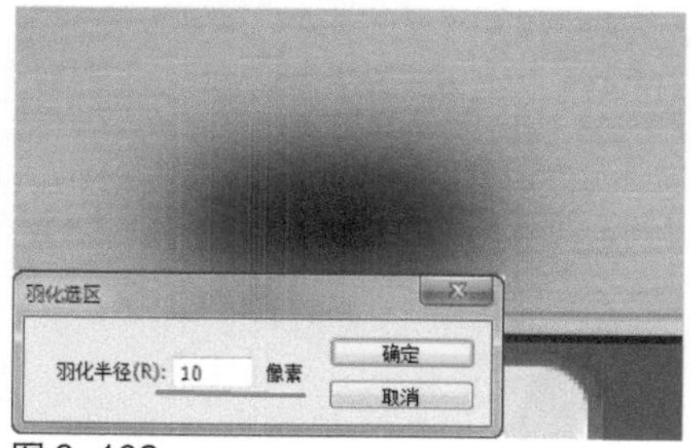

图 6-102

图 6-103

提示

此处的闹钟图形主要是通过绘制正圆形，并为正圆形添加相应的图层样式，表现出图层的质感和层次感的，再通过绘制椭圆形和圆角矩形并分别进行设置和调整。重点在于图层样式的设置，使闹钟图形表现出层次感。

步骤 43 完成该棋牌游戏界面的设计制作，最终效果如图6-104所示。

图6-104

- **制作输出**

步骤 01 隐藏其他相关图层，只显示游戏界面背景，如图6-105所示。执行“文件>存储为Web所用格式”命令，弹出“存储为Web所用格式”对话框，具体设置如图6-106所示。

图 6-105

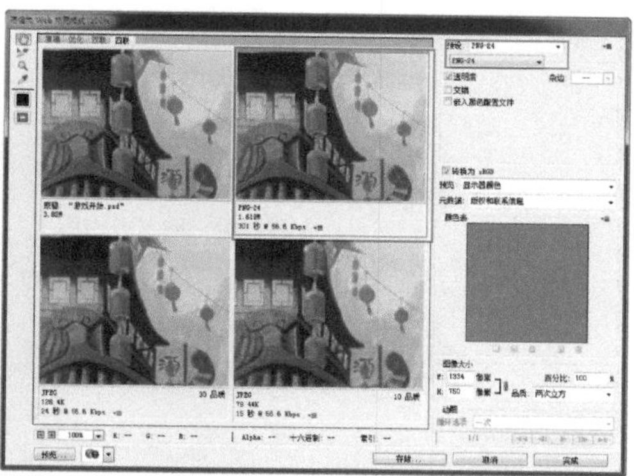

图 6-106

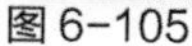完成“存储为Web所用格式”对话框中各选项的设置，单击“存储”按钮，对图像进行存储，如图6-107所示。按快捷键Crtl+Alt+Z，恢复操作，隐藏相关图层，如图6-108所示。

图 6-107

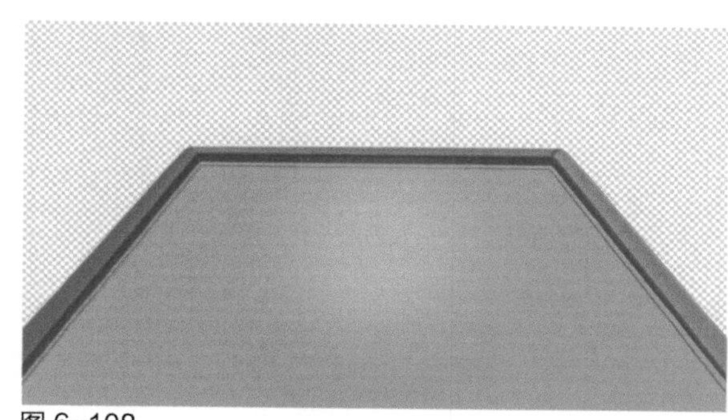

图 6-108

步骤03 执行“图像>裁切”命令，弹出“裁切”对话框，具体设置如图6-109所示。单击“确定”按钮，裁掉图像周围的透明像素，如图6-110所示。

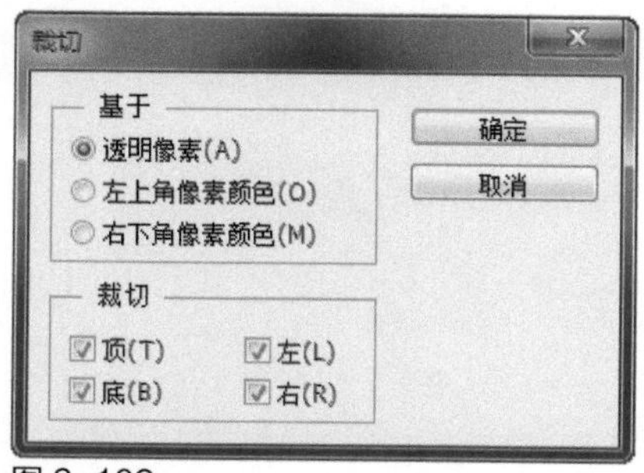

图 6-109

图 6-110

步骤04 执行“文件>存储为Web所用格式”命令，弹出“存储为Web所用格式”对话框，具体设置如图6-111所示。完成“存储为Web所用格式”对话框中各选项的设置，单击“存储”按钮，对图像进行存储，如图6-112所示。

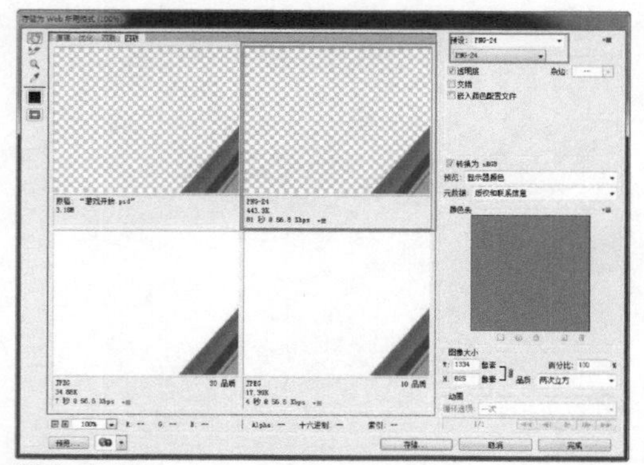
图 6-111

图 6-112

步骤 05 按快捷键Crtl+Alt+Z恢复操作，隐藏相关图层，如图6-113所示。执行“图像>裁切”命令，弹出“裁切”对话框，具体设置如图6-114所示。

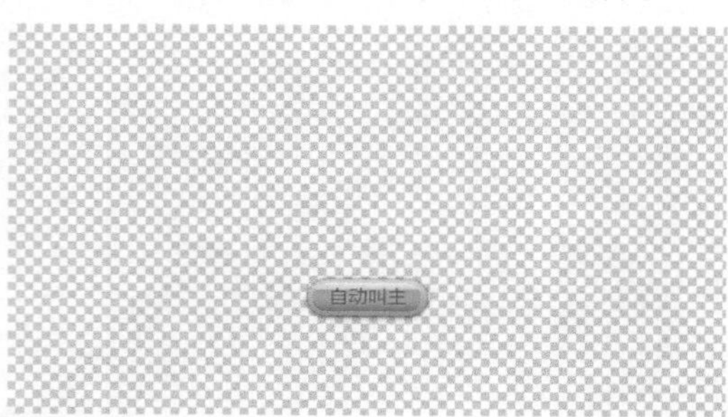

图 6-113

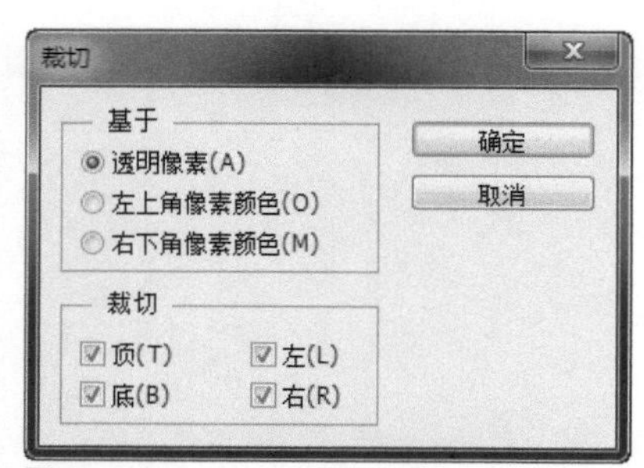

图 6-114

步骤 06 单击“确定”按钮，裁掉图像周围的透明像素，如图6-115所示。执行“文件>存储为Web所用格式”命令，弹出“存储为Web所用格式”对话框，具体设置如图6-116所示。

图 6-115

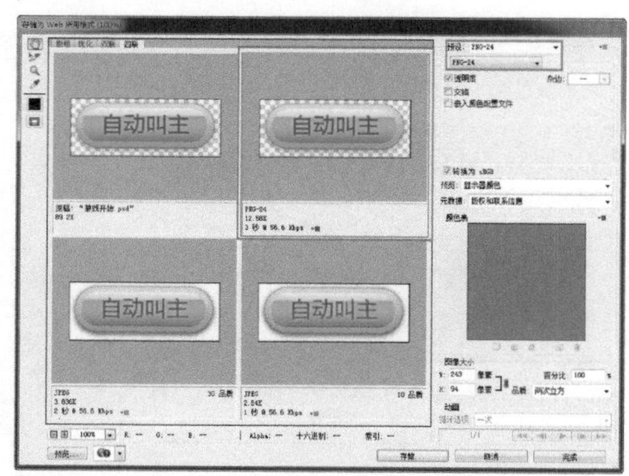

图 6-116

步骤 07 完成“存储为Web所用格式”对话框中各选项的设置，单击“存储”按钮，对图像进行存储，如图6-117所示。使用相同的制作方法，对界面中的其他元素进行切片存储，如图6-118所示。

图 6-117

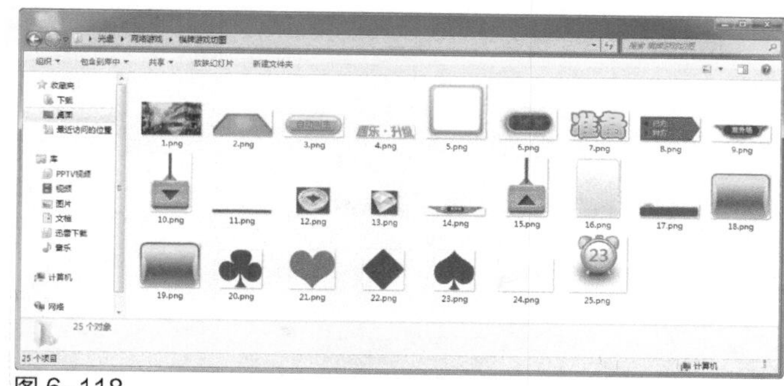
图 6-118

▶▶6.4 《赛马》游戏UI设计

本实例设计一款模拟养成类网络卡通游戏的界面，在该游戏中玩家可以培养和训练自己的马匹，对马匹进行喂食、打扫等，并且还可以与其他马匹进行比赛，从而赢取奖金。在该游戏的UI界面设计中使用卡通风格进行表现，使得整个游戏界面显得非常可爱、有趣。

【自测2】《赛马》游戏UI设计

视频：光盘\视频\第6章\赛马游戏界面.swf　　源文件：光盘\源文件\第6章\赛马游戏界面.psd

- 案例分析

案例特点：本案例设计一款赛马游戏界面，游戏界面中的元素较多，合理地布局各种游戏元素是该游戏界面设计的重点。采用卡通的设计风格，表现出游戏的可爱和有趣。

制作思路与要点：网络游戏都是比较大型的游戏，内容较为丰富，所以设计这款游戏界面相对较为复杂。首先通过设置不透明度，使界面具有强烈的层次感，通过矢量绘图工具，绘制出简单的图形，然后通过对其路径进行操作，从而得到不规则的图形效果；再通过图层样式和绘制高光、阴影图形的方式，体现出游戏界面的真实感。在该游戏界面的设计过程中，注意界面中各元素的风格需要与游戏原画本身的风格相吻合，这样才使够使所设计的游戏界面与游戏和谐统一。

- **色彩分析**

本案例所设计的赛马游戏界面，色彩运用比较丰富，模拟现实生活中的场景色彩。在界面中主要运用了不同纯度的木纹色与绿色的草地和蓝色天空等进行搭配，显得自然、和谐。其他元素的设计则采用了对比配色的原则，使界面中各部分元素清晰、易读。

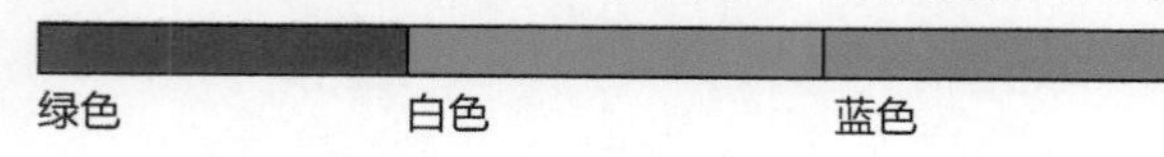

绿色　白色　蓝色

- **制作步骤**

步骤 01 首先制作该游戏中的“马会”界面，执行“文件>打开”命令，打开素材图像“光盘\源文件\第6章\素材\201.png”，效果如图6-119所示。使用“圆角矩形工具”，在选项栏上设置“工具模式”为“形状”、“半径”为2像素，在画布中绘制一个白色圆角矩形，如图6-120所示。

图 6-119

图 6-120

步骤02 打开并拖入素材图像“光盘\源文件\第6章\素材\219.jpg”，将其调整到合适的大小和位置，如图6-121所示。执行“图层>创建剪贴蒙版”命令，为该图层创建剪贴蒙版，效果如图6-122所示。

图 6-121

图 6-122

步骤03 使用“矩形工具”，在画布中绘制一个黑色矩形，设置该图层的“填充”为60%，效果如图6-123所示。打开并拖入素材图像“光盘\源文件\第6章\素材\202.png”，将其调整到合适的位置，效果如图6-124所示。

图 6-123

图 6-124

步骤04 使用“椭圆工具”，设置“填充”为RGB（45,45,45），在画布中绘制一个椭圆形，效果如图6-125所示。使用“椭圆工具”，在选项栏上设置“路径操作”为“减去顶层形状”，在刚绘制的椭圆形上减去一个椭圆形，得到需要的图形，效果如图6-126所示。

图 6-125

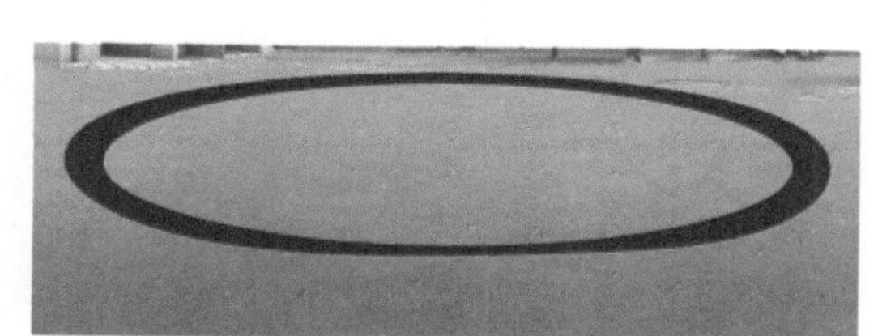

图 6-126

步骤 05 为该图层添加“描边”图层样式，对相关选项进行设置，如图6-127所示。单击“确定”按钮，完成“图层样式”对话框中各选项的设置，效果如图6-128所示。

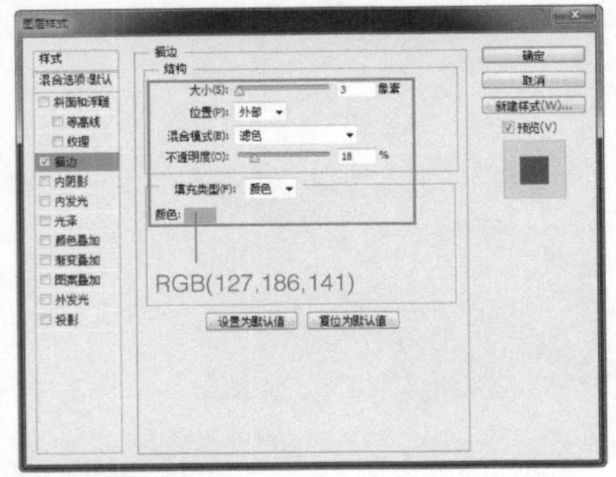

图 6-127

图 6-128

步骤 06 使用相同的制作方法，拖入其他素材图像，并分别调整到合适的位置，效果如图6-129所示。使用“横排文字工具”，在“字符”面板中设置相关选项，在画布中输入文字，如图6-130所示。

图 6-129

图 6-130

步骤 07 为该图层添加“描边”图层样式，对相关选项进行设置，如图6-131所示。单击“确定”按钮，完成“图层样式”对话框中各选项的设置，效果如图6-132所示。

图 6-131

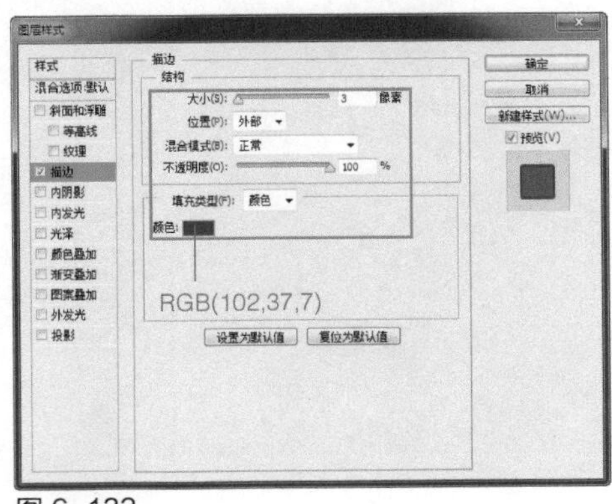

图 6-132

步骤 08 新建名称为“信息”的图层组，使用“圆角矩形工具”，设置“半径”为10像素，在画布中绘制一个白色圆角矩形，如图6-133所示。为该图层添加“外发光”图层样式，对相关选项进行设置，如图6-134所示。

图 6-133

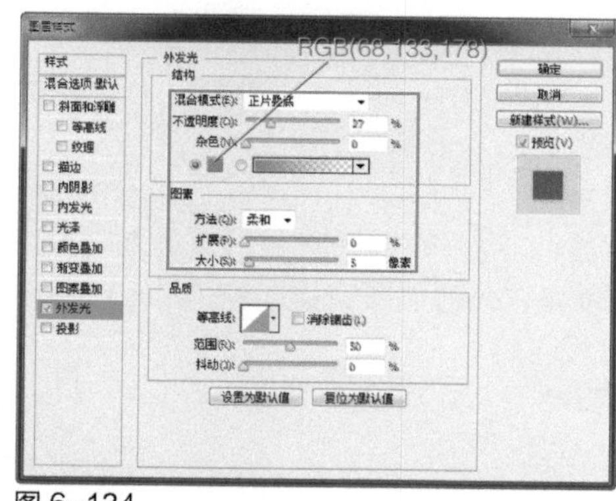

图 6-134

步骤 09 单击“确定”按钮，完成“图层样式”对话框中各选项的设置，设置该图层的“填充”为30%，效果如图6-135所示。多次复制该图层，分别将复制得到的图形调整到合适的位置，效果如图6-136所示。

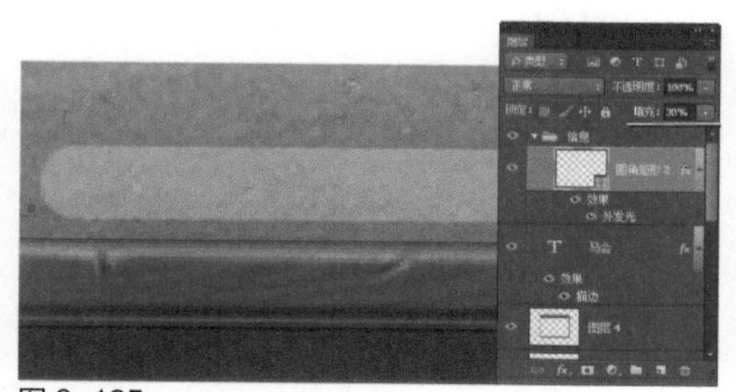
图 6-135

图 6-136

步骤 10 新建名称为“心”的图层组，使用“自定形状工具”，设置“填充”为RGB（215,59,44），在“形状”下拉面板中选择相应的形状，在画布中绘制形状图形，如图6-137所示。多次复制该图层，分别将复制得到的图形调整到合适的位置和填充，效果如图6-138所示。

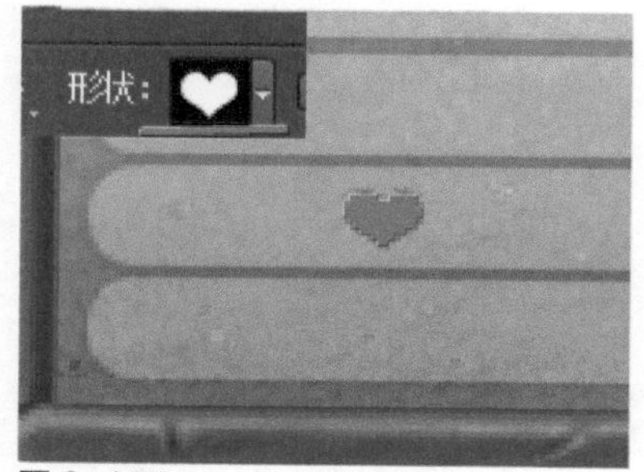

图 6-137

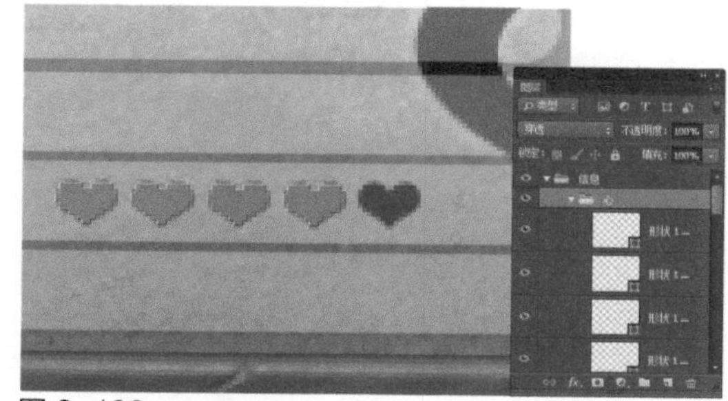
图 6-138

步骤 11 使用“圆角矩形工具”，设置“半径”为3像素，在画布中绘制一个黑色的圆角矩形，如图6-139所示。为该图层添加“斜面和浮雕”图层样式，对相关选项进行设置，如图6-140所示。

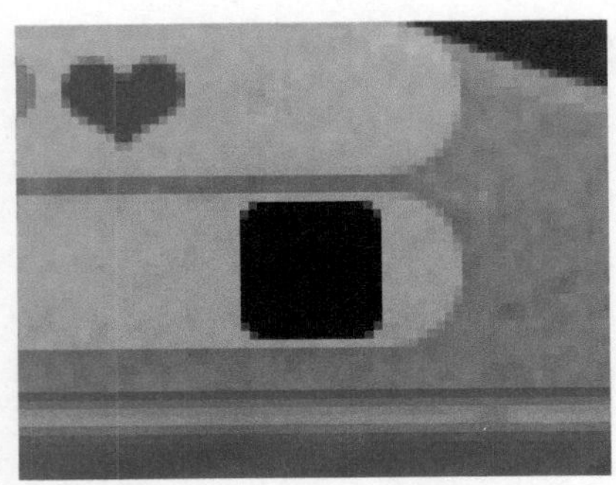

图 6-139

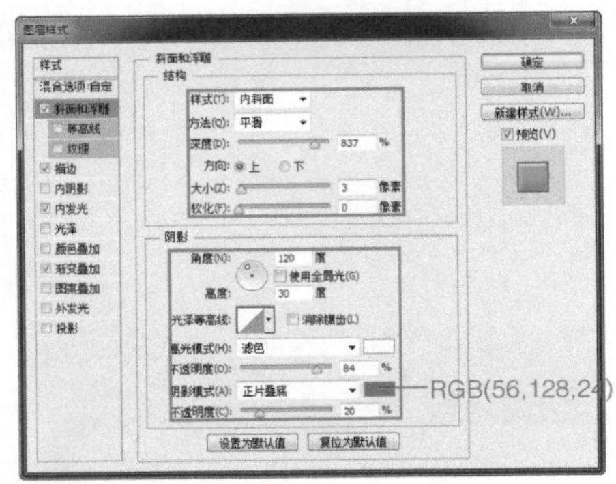

图 6-140

提示

在“斜面和浮雕”图层样式对话框中，“高光模式”选项主要用于设置应用“斜面和浮雕”图层样式的图像高光部分的颜色显示、混合模式及颜色不透明度；“阴影模式”选项主要用于设置应用“斜面和浮雕”图层样式的图像阴影部分的颜色显示、混合模式及颜色不透明度。

步骤 12 继续添加“描边”图层样式，对相关选项进行设置，如图6-141所示。继续添加“内发光”图层样式，对相关选项进行设置，如图6-142所示。

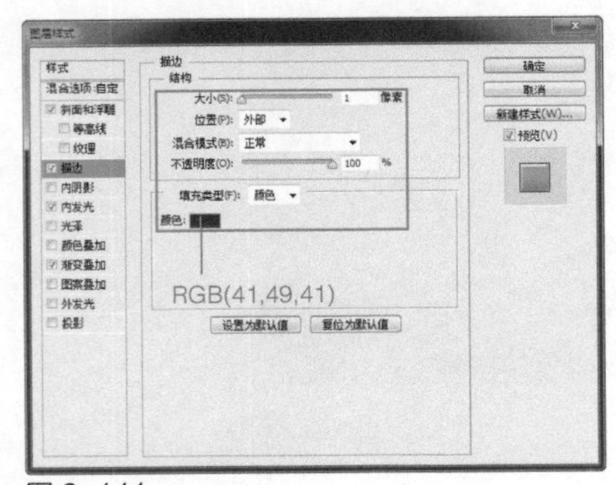

图 6-141

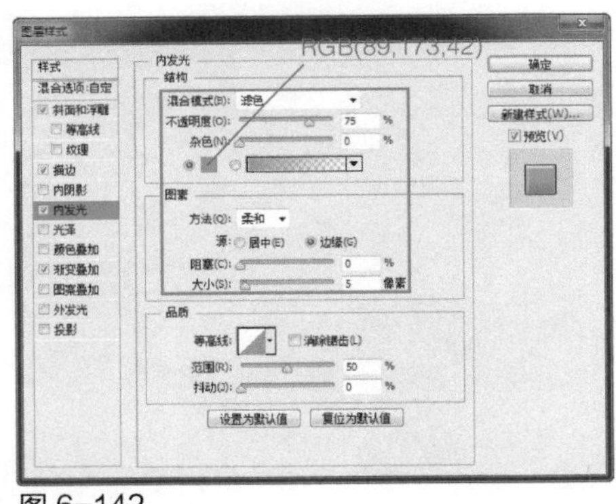

图 6-142

步骤 13 继续添加“渐变叠加”图层样式，对相关选项进行设置，如图6-143所示。单击“确定”按钮，完成“图层样式”对话框中各选项的设置，效果如图6-144所示。

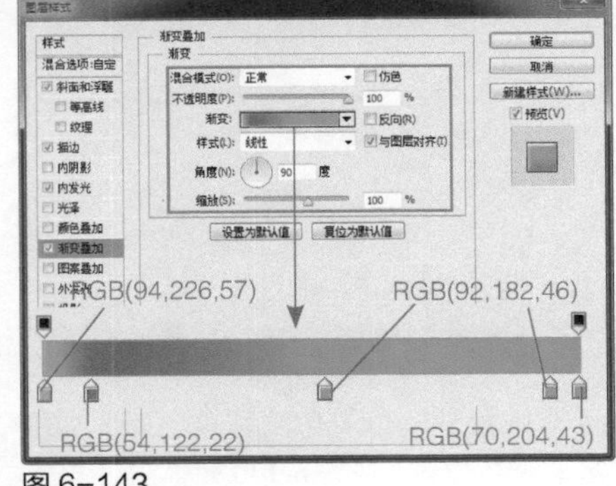

图 6-143

图 6-144

步骤 14 使用“横排文字工具”，在“字符”面板中设置相关选项，在画布中输入文字，如图6-145所示。为该图层添加“描边”图层样式，对相关选项进行设置，如图6-146所示。

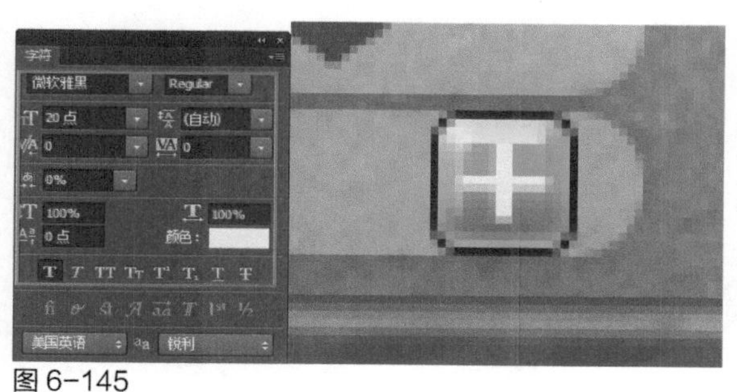

图 6-145

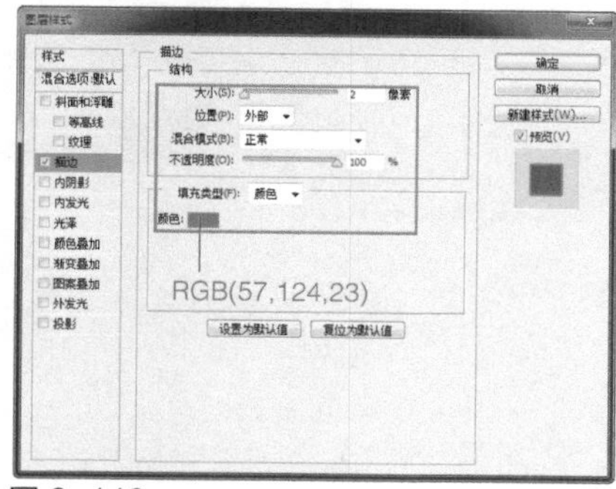

图 6-146

步骤 15 单击“确定”按钮，完成“图层样式”对话框中各选项的设置，效果如图6-147所示。使用相同的制作方法，完成相似图形的绘制，如图6-148所示。

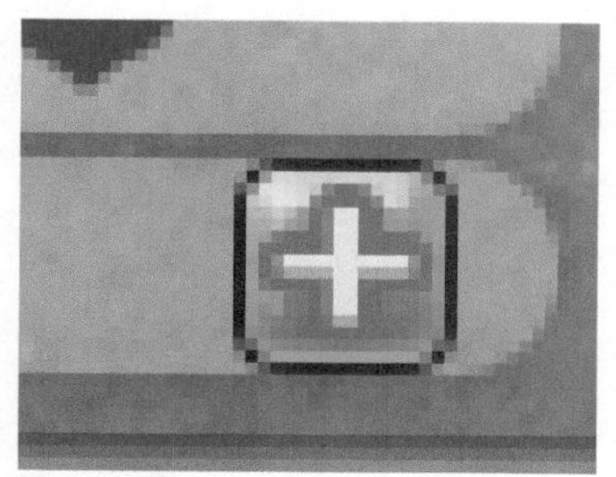

图 6-147

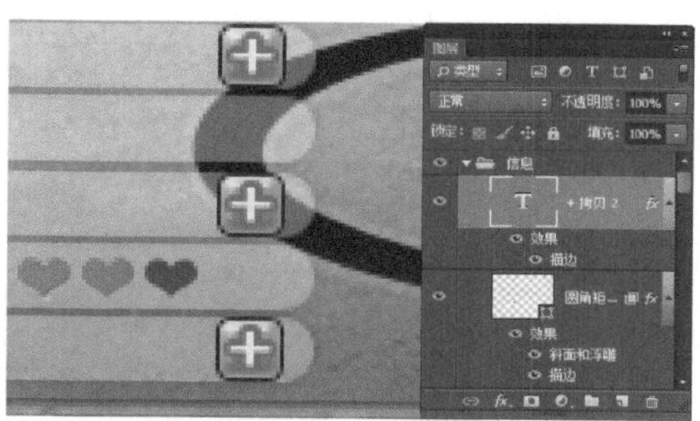

图 6-148

步骤 16 使用“横排文字工具”，在“字符”面板中设置相关选项，在画布中输入文字，效果如图6-149所示。新建名称为“速度”的图层组，使用“圆角矩形工具”，设置“填充”为RGB（92,63,43）、“半径”为10像素，在画布中绘制一个圆角矩形，如图6-150所示。

图 6-149

图 6-150

步骤 17 使用“圆角矩形工具”，设置“填充”为RGB（92,63,43）、“路径操作”为“合并形状”、“半径”为10像素，在刚绘制的圆角矩形上添加相应的图形，得到需要的图形，效果如图6-151所示。为该图层添加“描边”图层样式，对相关选项进行设置，如图6-152所示。

图 6-151

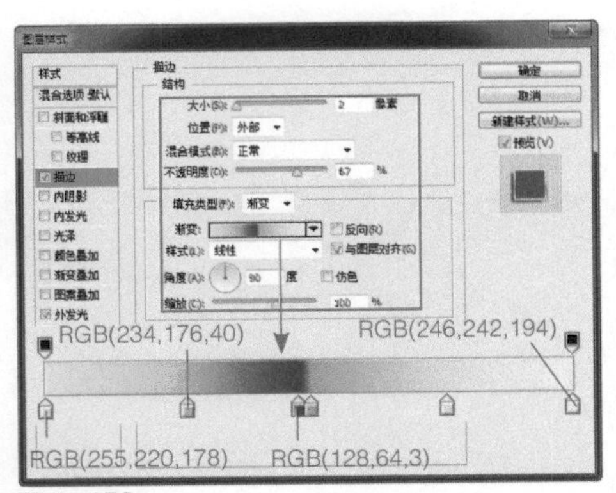

图 6-152

步骤 18 继续添加“外发光”图层样式，对相关选项进行设置，如图6-153所示。继续添加“投影”图层样式，对相关选项进行设置，如图6-154所示。

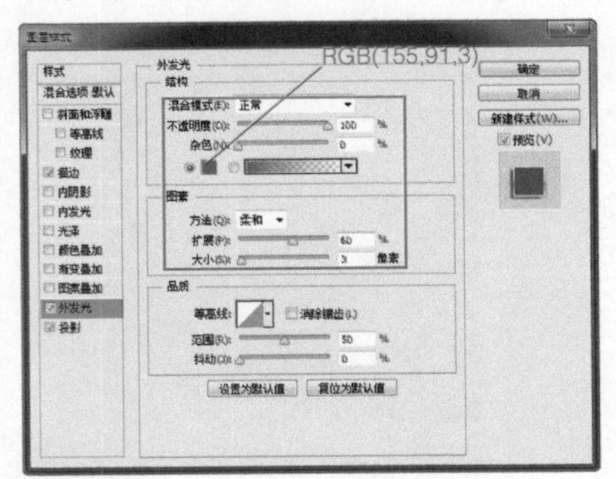

图 6-153

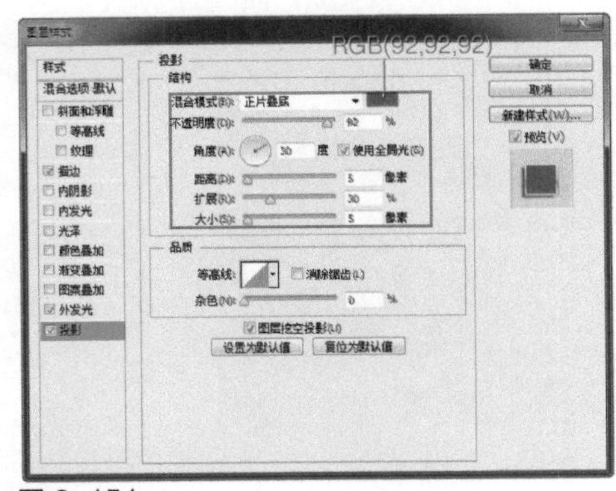

图 6-154

步骤 19 单击“确定”按钮，完成“图层样式”对话框中各选项的设置，效果如图6-155所示。打开并拖入素材图像“光盘\源文件\第6章\素材\205.png”，效果如图6-156所示。

图 6-155

图 6-156

步骤 20 执行“图层>创建剪贴蒙版”命令，为该图层创建剪贴蒙版，设置该图层的“不透明度”为65%，效果如图6-157所示。使用相同的制作方法，拖入相应的素材并创建剪贴蒙版，设置该图层的“混合模式”和“不透明度”，效果如图6-158所示。

图 6-157

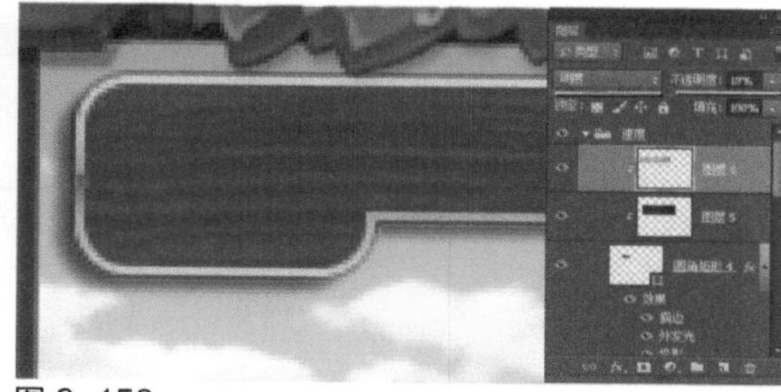

图 6-158

提示

剪贴蒙版可以应用于多个图层，但是这些图层必须是相邻的。

步骤21 使用“圆角矩形工具”，设置“填充”为RGB（93,64,50）、“半径”为10像素，在画布中绘制一个圆角矩形，效果如图6-159所示。为该图层添加“描边”图层样式，对相关选项进行设置，如图6-160所示。

图 6-159

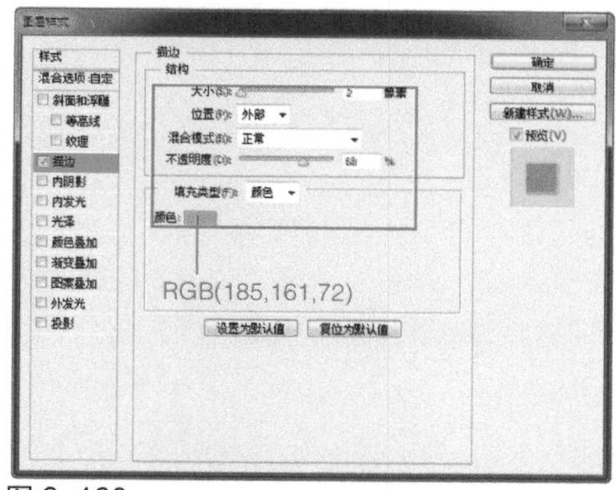

图 6-160

步骤22 单击“确定”按钮，完成“图层样式”对话框中各选项的设置，设置该图层的“填充”为60%，效果如图6-161所示。使用相同的制作方法，完成相似图形的绘制，效果如图6-162所示。

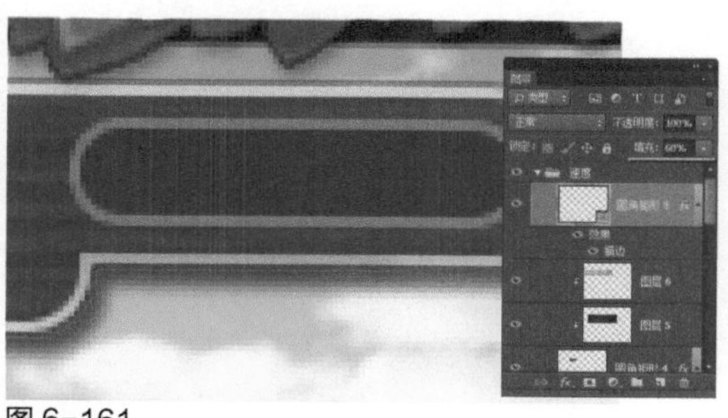

图 6-161

图 6-162

步骤23 打开并拖入素材图像“光盘\源文件\第6章\素材\207.png”，并将其拖入设计界面中，如图6-163所示。使用“横排文字工具”，在“字符”面板中设置相关选项，在画布中输入文字，如图6-164所示。

图 6-163

图 6-164

步骤24 使用相同的制作方法，完成相似图形的绘制，如图6-165所示。新建名称为“箭头”的图层组，使用矢量绘制工具，绘制出相应的图形，效果如图6-166所示。

图 6-165

图 6-166

步骤25 为该图层添加“描边”图层样式，对相关选项进行设置，如图6-167所示。继续添加“渐变叠加”图层样式，对相关选项进行设置，如图6-168所示。

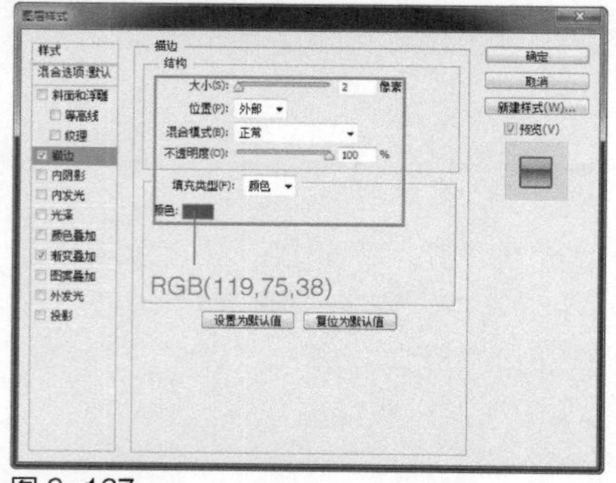

图 6-167

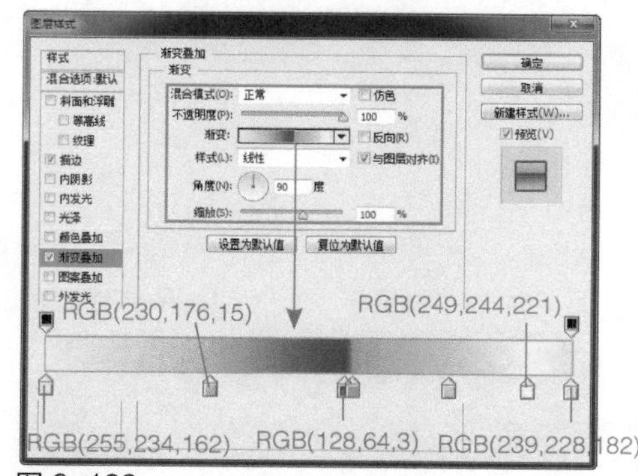

图 6-168

步骤26 单击“确定”按钮，完成“图层样式”对话框中各选项的设置，效果如图6-169所示。使用相同的制作方法，完成相似图形的绘制，如图6-170所示。

图 6-169

图 6-170

步骤27 新建名称为“刷毛”的图层组，使用“椭圆工具”，在画布中绘制一个正圆形，如图6-171所示。为该图层添加“描边”图层样式，对相关选项进行设置，如图6-172所示。

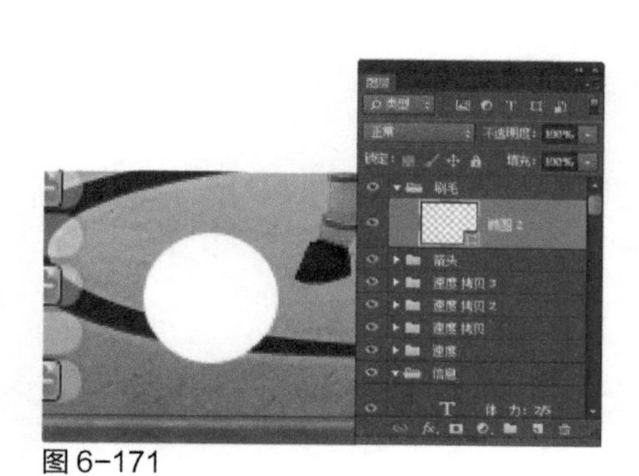
图 6-171

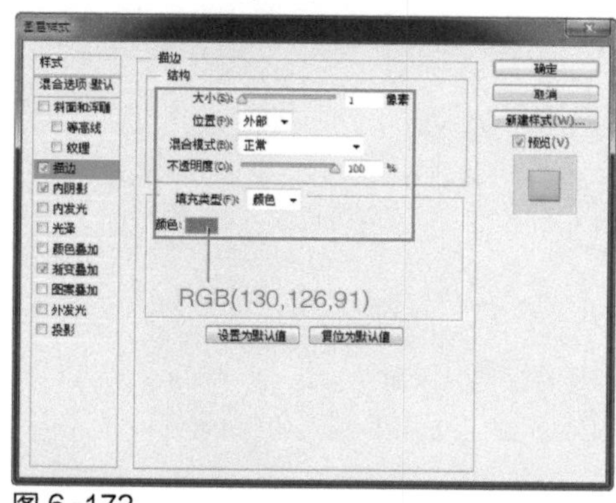

图 6-172

步骤28 继续添加“内阴影”图层样式，对相关选项进行设置，如图6-173所示。继续添加“渐变叠加”图层样式，对相关选项进行设置，如图6-174所示。

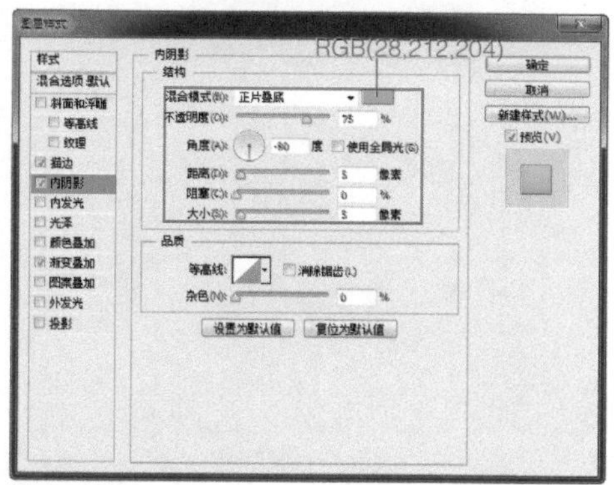

图 6-173

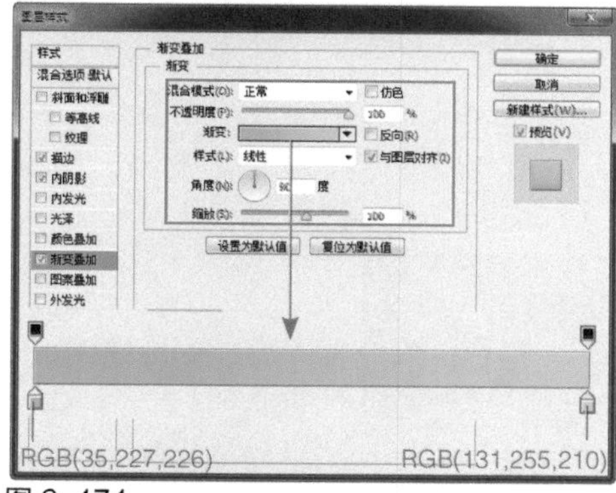

图 6-174

步骤29 单击“确定”按钮，完成“图层样式”对话框中各选项的设置，效果如图6-175所示。使用相同的制作方法，完成相似图形的绘制，如图6-176所示。

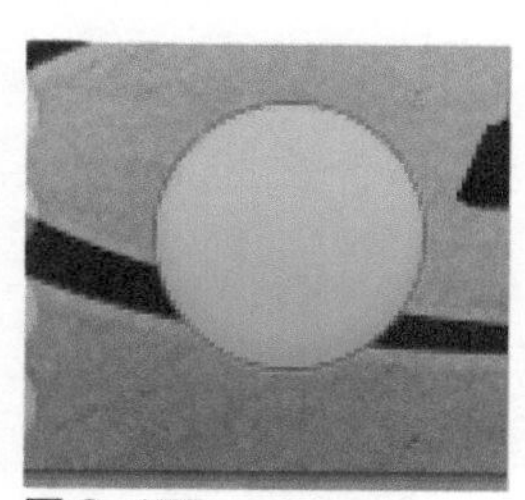
图 6-175

图 6-176

步骤30 使用“横排文字工具”，在“字符”面板中设置相关选项，在画布中输入文字，如图6-177所示。为该图层添加“描边”图层样式，对相关选项进行设置，如图6-178所示。

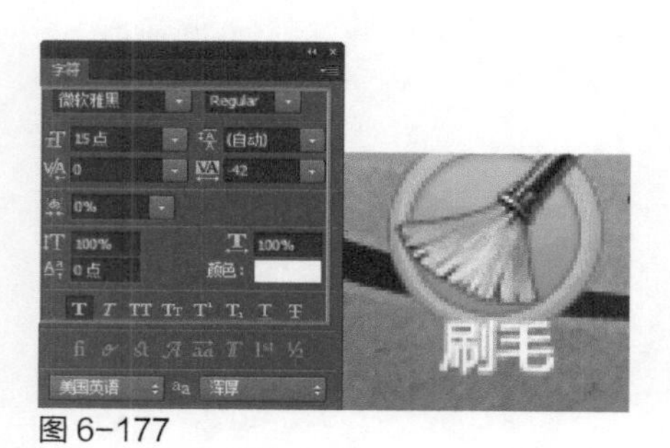

图 6-177

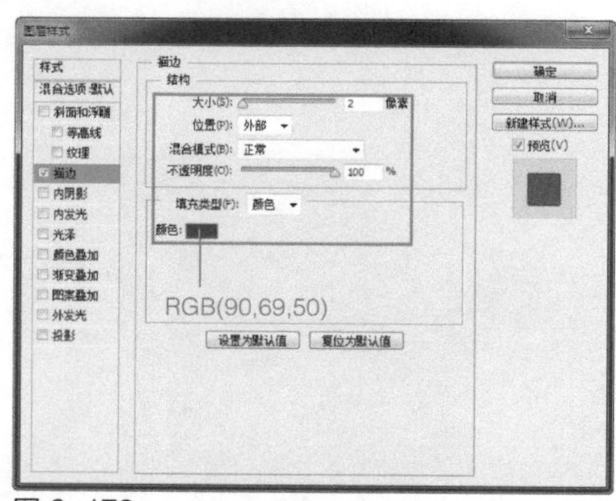

图 6-178

步骤31 单击“确定”按钮，完成“图层样式”对话框中各选项的设置，效果如图6-179所示。使用相同的制作方法，完成游戏中“马会”界面的设计制作，效果如图6-180所示。

图 6-179

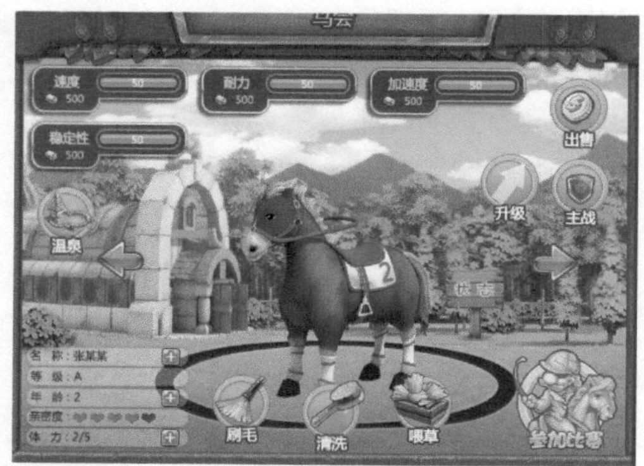

图 6-180

步骤32 接着制作该游戏中的“对战”界面，执行“文件>打开”命令，打开素材图像“光盘\源文件\第6章\素材\201.png”，效果如图6-181所示。使用相同的制作方法，完成相似图形的绘制，如图6-182所示。

图 6-181

图 6-182

步骤33 使用“矩形工具”，设置“填充”为RGB（14,158,183），在画布中绘制一个矩形，如图6-183所示。执行“滤镜>杂色>添加杂色”命令，弹出“添加杂色”对话框，具体设置如图6-184所示。

图 6-183

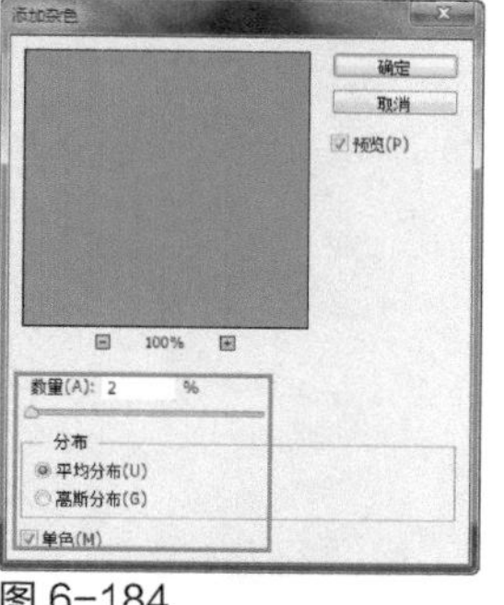

图 6-184

步骤34 单击“确定”按钮，完成“添加杂色”对话框中各选项的设置，效果如图6-185所示。为该图层添加“内发光”图层样式，对相关选项进行设置，如图6-186所示。

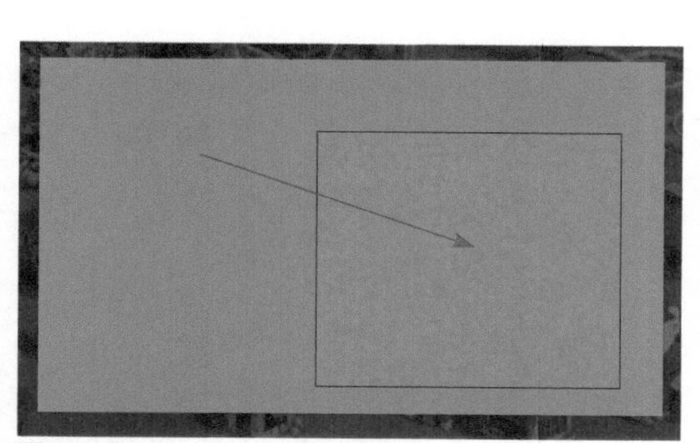
图 6-185

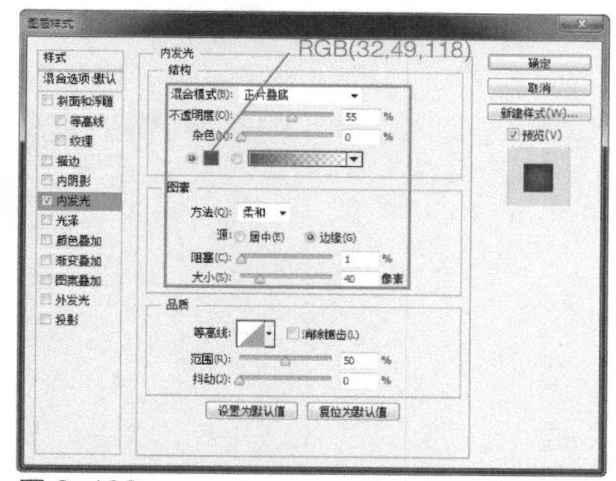

图 6-186

步骤35 单击“确定”按钮，完成“图层样式”对话框中各选项的设置，效果如图6-187所示。使用“钢笔工具”，在画布中绘制一个白色的形状图形，效果如图6-188所示。

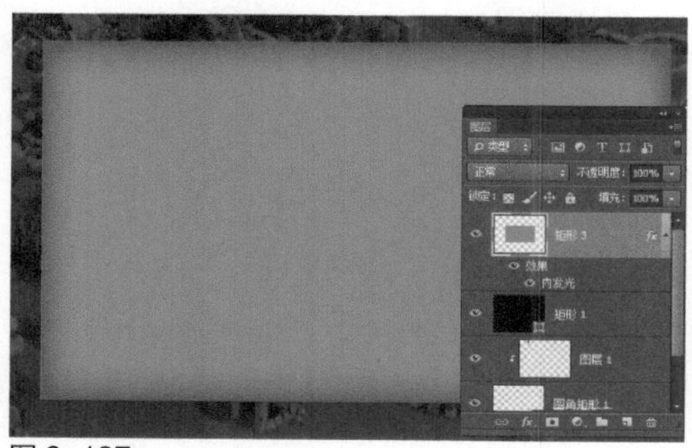
图 6-187

图 6-188

提示

当光标在画布中显示为形状时，单击可创建一个角点；单击并拖动鼠标可以创建一个平滑点。在画布上绘制路径的过程中，将光标移至路径起始的锚点上，光标会变为形状，此时单击可闭合路径。

步骤36 多次复制该图层，并分别对复制得到图形进行旋转操作，使用“椭圆工具”，在画布中绘制一个正圆形，选中“椭圆1”图层至“形状1”图层，按快捷键Ctrl+E，合并图层，效果如图6-189所示。执行“图层>创建剪贴蒙版”命令，为该图层创建剪贴蒙版，效果如图6-190所示。

图 6-189

图 6-190

步骤37 为该图层添加图层蒙版，使用“渐变工具”，在蒙版中填充黑白径向渐变，效果如图6-191所示。设置该图层的“不透明度”为30%，效果如图6-192所示。

图 6-191

图 6-192

步骤38 使用相同的制作方法，完成相似图形的绘制，如图6-193所示。使用“椭圆工具”，设置“填充”为RGB（66,93,51），在画布中绘制一个椭圆形，并将该图层栅格化，效果如图6-194所示。

图 6-193

图 6-194

步骤39 执行“滤镜>模糊>高斯模糊”命令，弹出“高斯模糊”对话框，具体设置如图6-195所示。单击“确定”按钮，完成“高斯模糊”对话框中相关选项的设置，复制该图层，调整复制得到的图形到合适的位置，效果如图6-196所示。

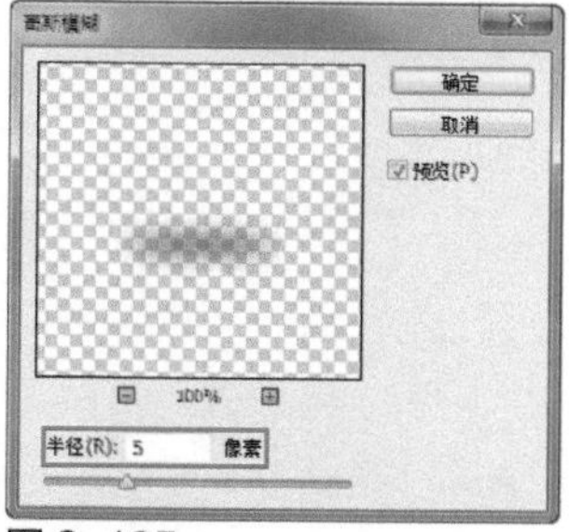

图 6-195

图 6-196

步骤 40 使用相同的制作方法，完成相似图形的绘制，如图6-197所示。新建名称为“挑战按钮”的图层组，使用“圆角矩形工具”，设置“半径”为10像素，在画布中绘制一个圆角矩形，如图6-198所示。

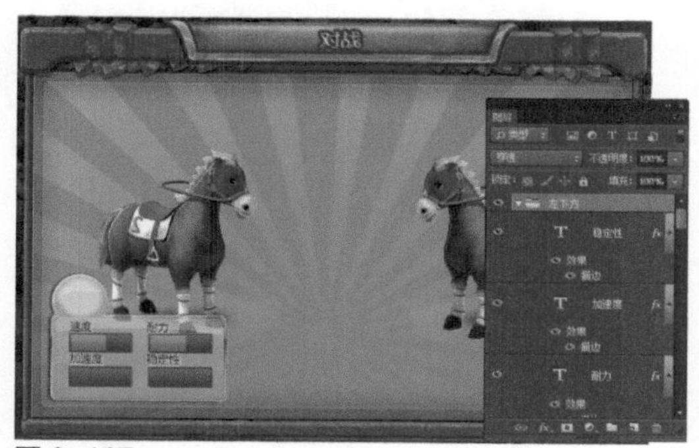

图 6-197

图 6-198

步骤 41 为该图层添加“斜面和浮雕”图层样式，对相关选项进行设置，如图6-199所示。继续添加“描边”图层样式，对相关选项进行设置，如图6-200所示。

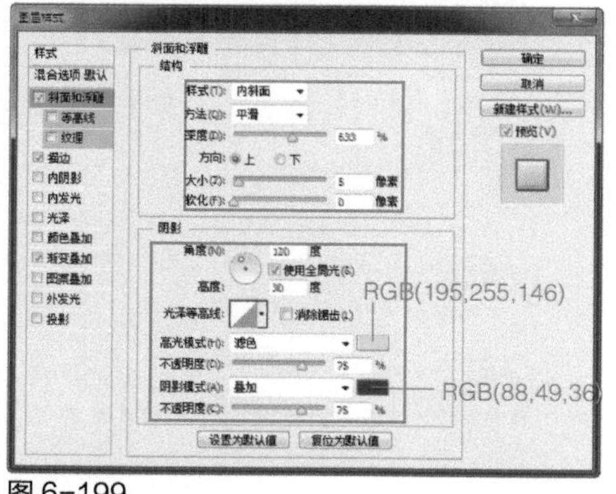

图 6-199

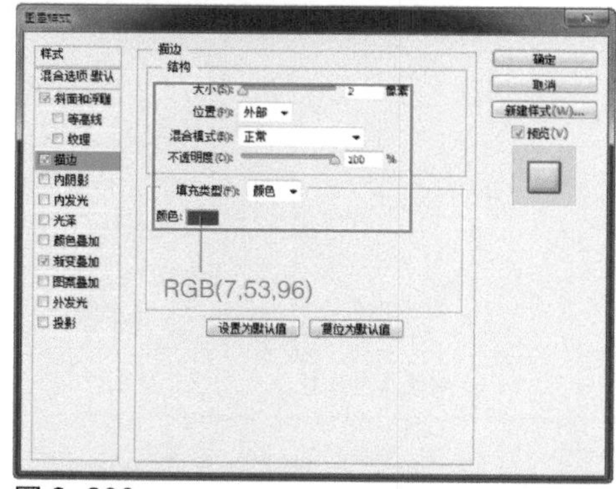

图 6-200

步骤 42 继续添加“渐变叠加”图层样式，对相关选项进行设置，如图6-201所示。单击“确定”按钮，完成“图层样式”对话框中各选项的设置，效果如图6-202所示。

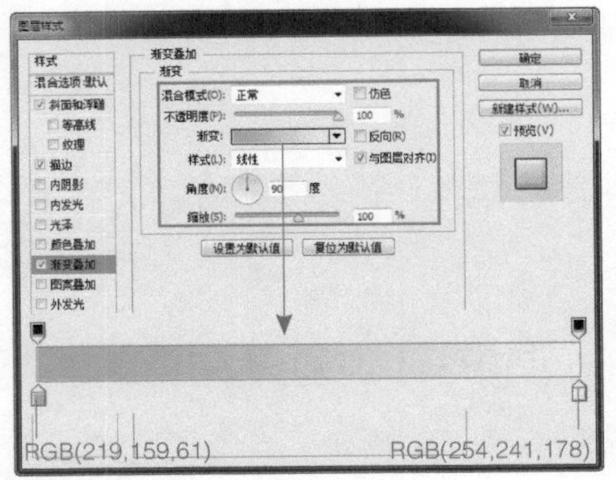

图 6-201

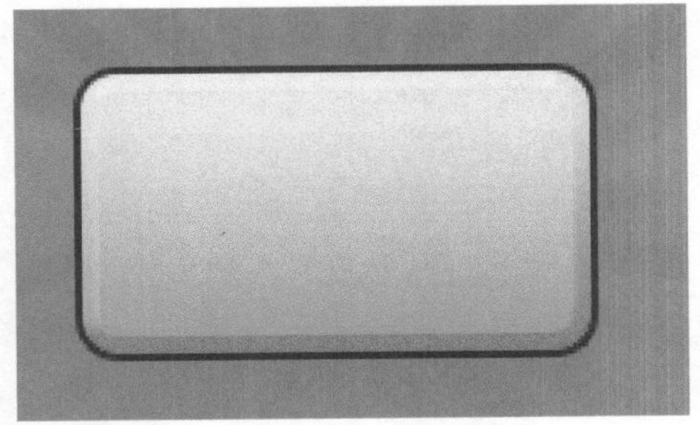
图 6-202

步骤 43 使用相同的制作方法，完成相似图形的绘制，效果如图6-203所示。使用“横排文字工具”，在“字符”面板中设置相关选项，在画布中输入文字，如图6-204所示。

图 6-203

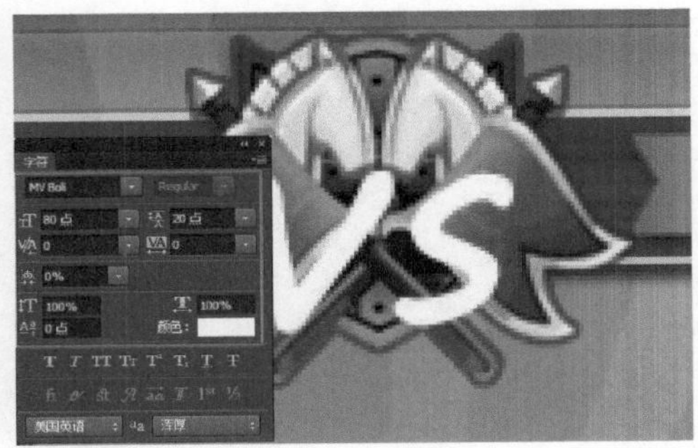
图 6-204

步骤 44 为该图层添加“斜面和浮雕”图层样式，对相关选项进行设置，如图6-205所示。继续添加“描边”图层样式，对相关选项进行设置，如图6-206所示。

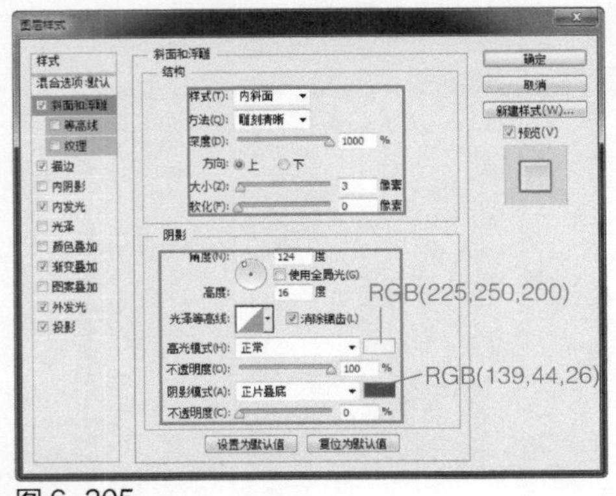

图 6-205

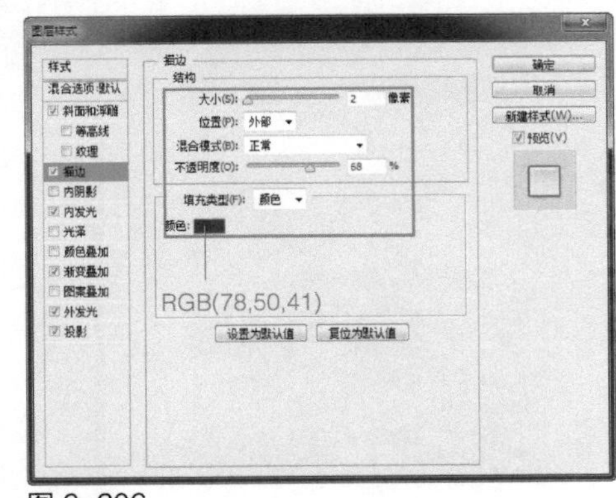

图 6-206

步骤 45 继续添加“内发光”图层样式，对相关选项进行设置，如图6-207所示。继续添加“渐变叠加”图层样式，对相关选项进行设置，如图6-208所示。

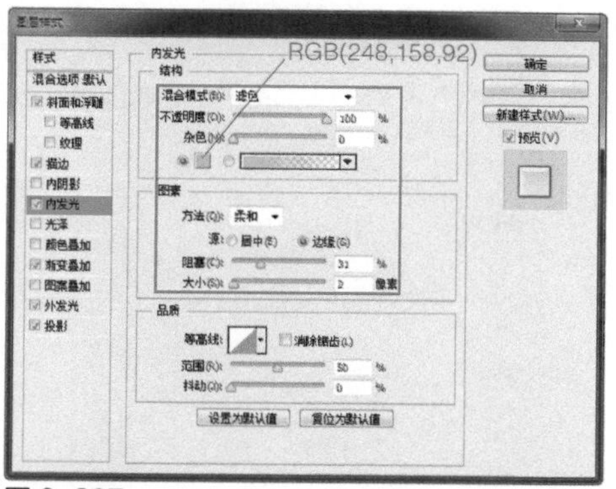

图 6-207

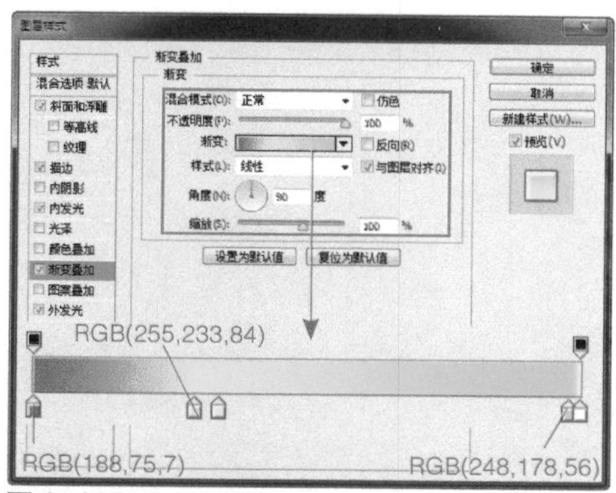

图 6-208

步骤 46 继续添加“外发光”图层样式，对相关选项进行设置，如图6-209所示。继续添加“投影”图层样式，对相关选项进行设置，如图6-210所示。

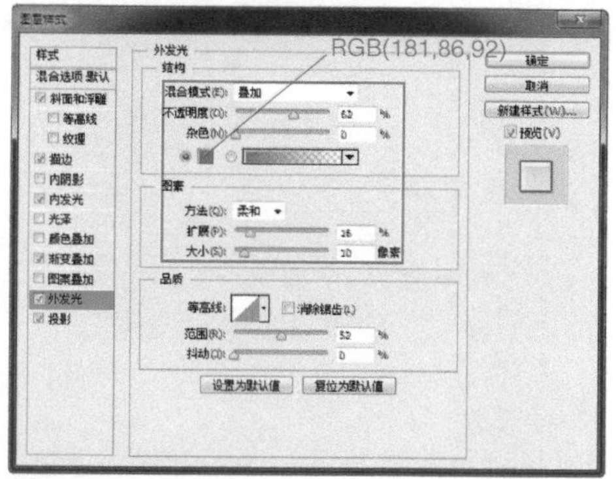

图 6-209

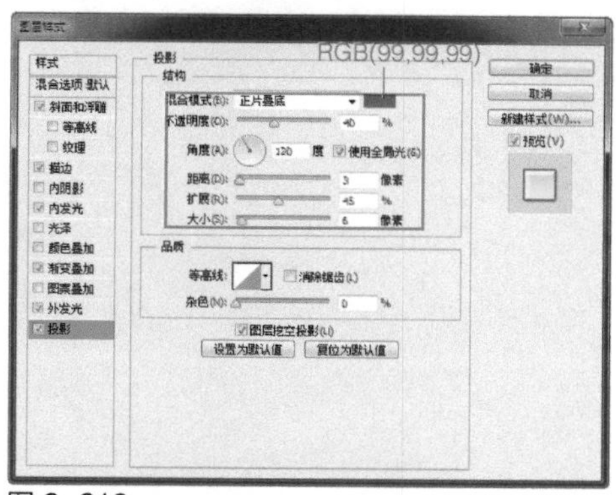

图 6-210

步骤 47 单击“确定”按钮，完成“图层样式”对话框中各选项的设置，效果如图6-211所示。完成该游戏对战界面的设计制作，效果如图6-212所示。

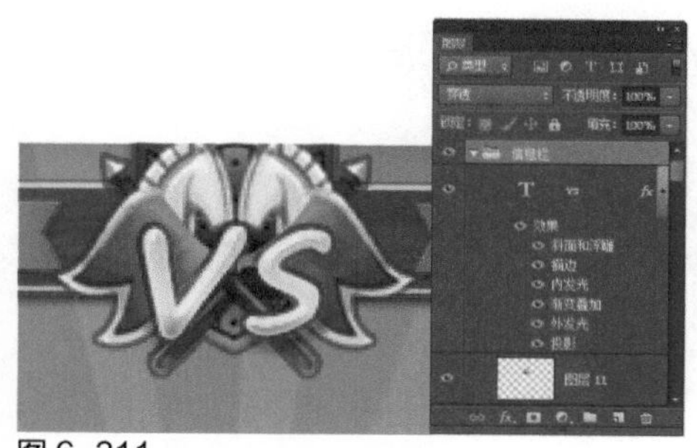

图 6-211

图 6-212

步骤 48 使用相同的制作方法，可以完成该游戏中其他界面的设计制作，最终效果如图6-213所示。

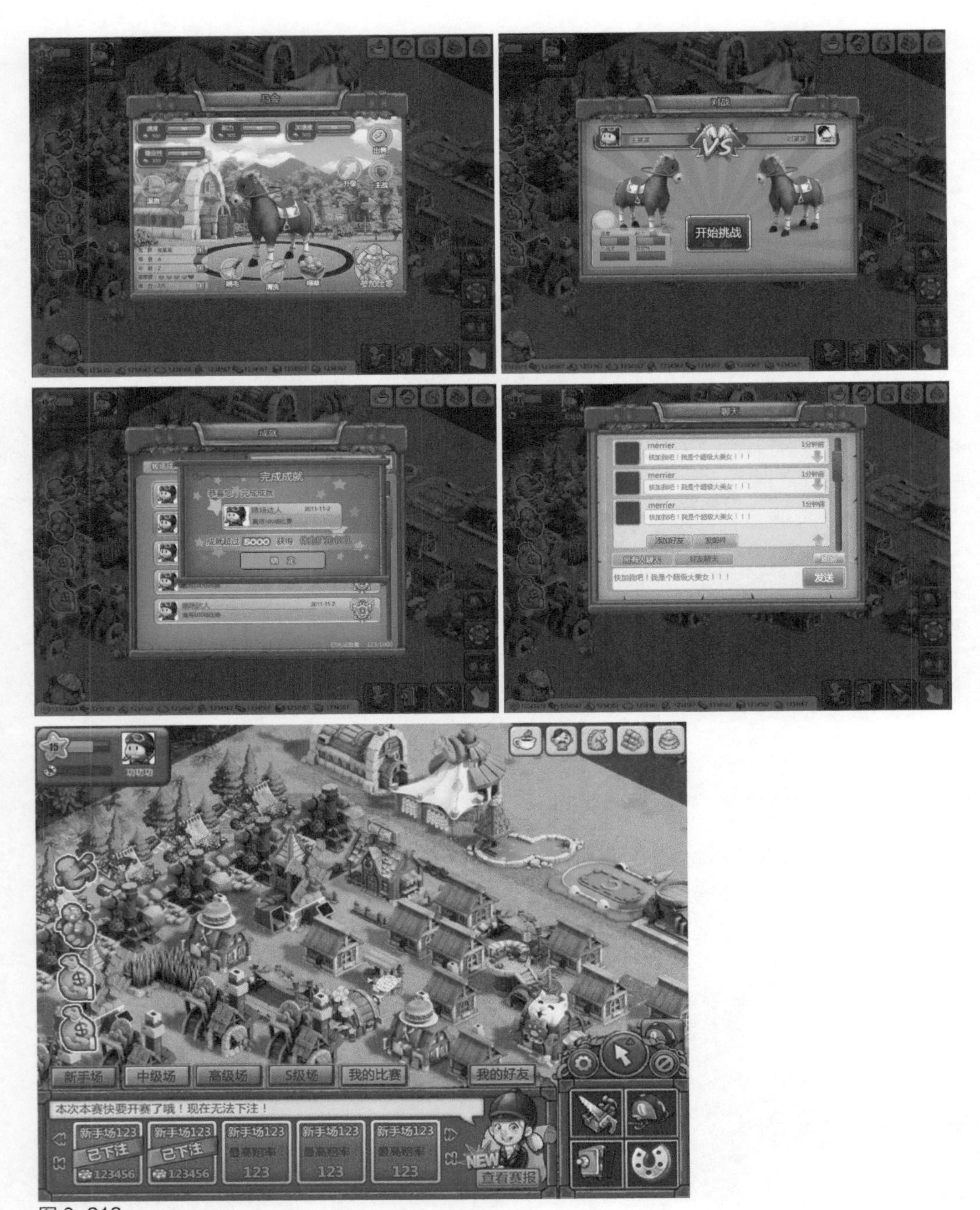

图 6-213

- 制作输出

步骤 01 隐藏其他相关图层，如图6-214所示。执行“文件>存储为Web所用格式”命令，在弹出的“存储为Web所用格式”对话框中对相关选项进行设置，如图6-215所示。

图 6-214

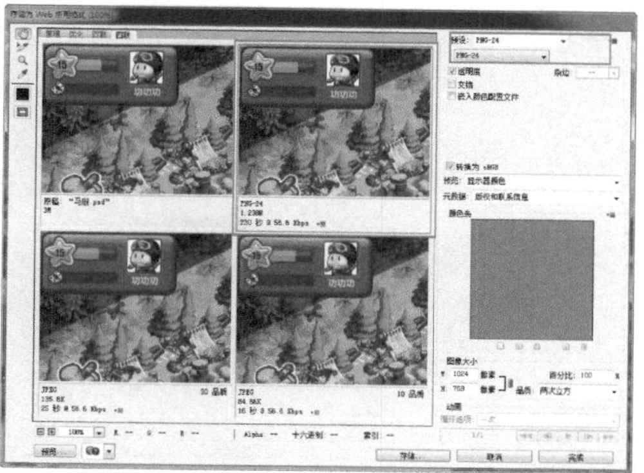

图 6-215

步骤 02 完成“存储为Web所用格式”对话框中各选项的设置后，单击“存储”按钮，对图像进行存储，弹出如图6-216所示的对话框。按快捷键Crtl+Alt+Z，恢复操作，隐藏相关图层，如图6-217所示。

图 6-216

图 6-217

步骤 03 执行“图像>裁切”命令，弹出“裁切”对话框，具体设置如图6-218所示。单击“确定”按钮，裁掉图像周围的透明像素，如图6-219所示。

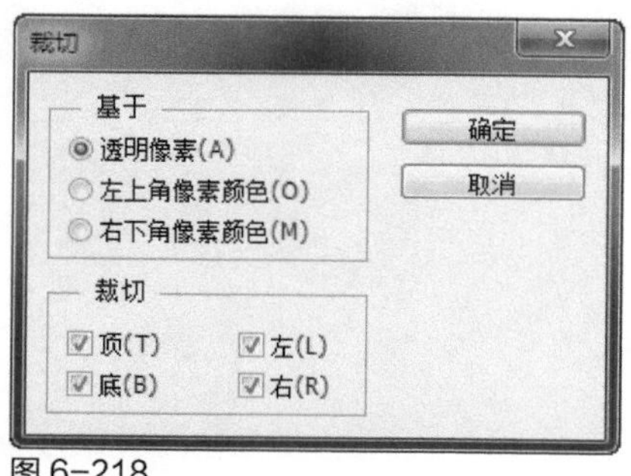

图 6-218

图 6-219

步骤 04 执行“文件>存储为Web所用格式”命令，弹出“存储为Web所用格式”对话框，具设置如图6-220所示。完成“存储为Web所用格式”对话框中各选项的设置，单击“存储”按钮，对图像进行存储，弹出如图6-221所示的对话框。

图 6-220

图 6-221

步骤 05 按快捷键Crtl+Alt+Z，恢复操作，隐藏相关图层，如图6-222所示。执行“图像>裁切”命令，弹出“裁切”对话框，具体设置如图6-223所示。

图 6-222

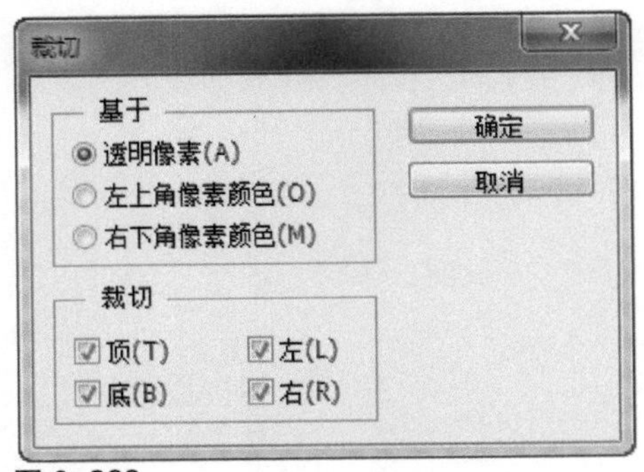

图 6-223

步骤 06 单击“确定”按钮，裁掉图像周围的透明像素，如图6-224所示。执行“文件>存储为Web所用格式”命令，弹出“存储为Web所用格式”对话框，具体设置如图6-225所示。

图 6-224

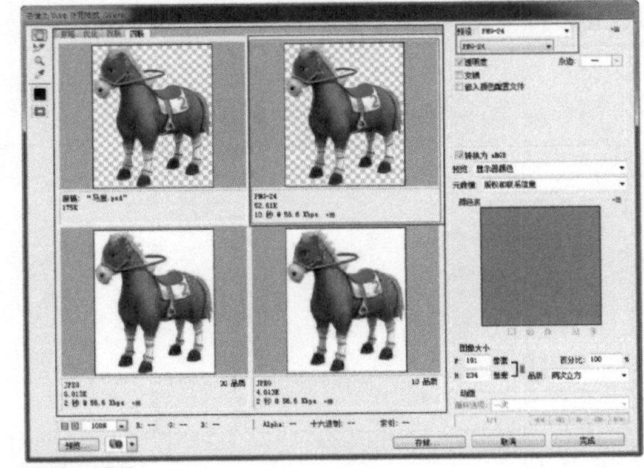
图 6-225

步骤 07 完成“存储为Web所用格式”对话框中各选项的设置，单击“存储”按钮，对图像进行存储，如图6-226所示。使用相同的制作方法，对界面中的其他元素进行切片存储，如图6-227所示。

图 6-226

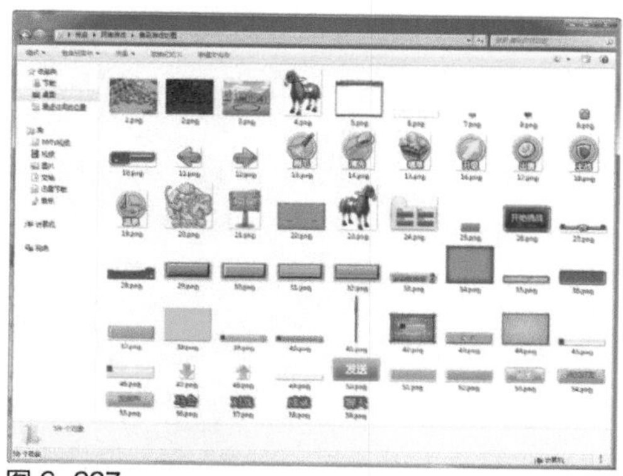

图 6-227

6.5 《剑侠》游戏UI设计

该网络游戏是一款角色扮演游戏，角色扮演游戏通常都会有相应的游戏背景和故事情节，这类游戏界面的设计需要注意的是UI元素的设计需要与游戏场景原画的风格相统一，体现出游戏的特色。

【自测3】《剑侠》游戏UI设计

视频：光盘\视频\第6章\剑侠游戏界面.swf　　源文件：光盘\源文件\第6章\剑侠游戏界面.psd

- 设计分析

案例特点：本案例设计一款角色扮演网络游戏界面。华丽而又操作简单的界面是玩者的追求之一，本案例通过简洁的界面元素构成与游戏场景相搭配，与游戏原画的风格保持统一，方便玩家的操作。

制作思路与要点：游戏设计相对比较复杂，通常都由游戏原画设计师设计出游戏原画，确定游戏的整体风格，然后UI设计师再根据游戏原画的风格设计游戏UI界面元素。在本案例游戏界面的设计过程中，重点在于合理地在游戏界面中布局各种UI元素，通过简洁的设计体现相关信息，并且与游戏的整体风格保持统一。

- **色彩分析**

在该案例的游戏界面中主要通过不同明度和纯度的蓝色进行搭配，蓝色属于冷色调，可以使人联想到黑夜、寒冷等，同种颜色不同深浅度的搭配会产生不一样的效果，更能体现出层次感和区域感，搭配白色的文字可以使界面简约又有质感，整体又给人一种立体感。

深蓝 白色 蓝色

- **制作步骤**

步骤 01 首先制作该游戏中的家园界面，执行“文件>打开”命令，打开素材图像“光盘\源文件\第6章\素材\501.jpg”，如图6-228所示。使用“横排文字工具”，在“字符”面板上进行相关设置，并在画布中输入文字，如图6-229所示。

图 6-228

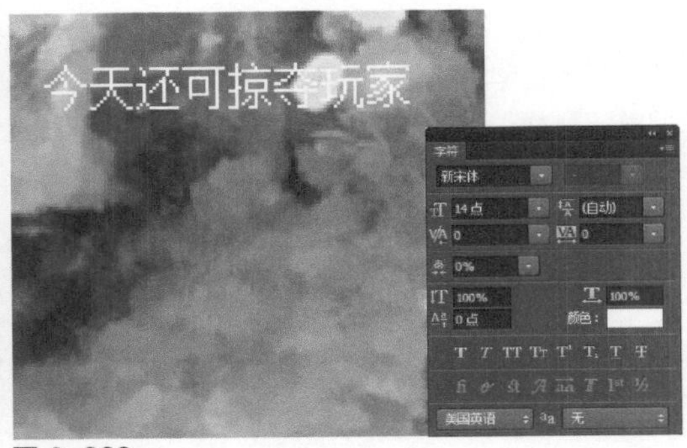

图 6-229

步骤 02 为该图层添加“描边”图层样式，对相关选项进行设置，如图6-230所示。单击“确定”按钮，完成“图层样式”对话框中各选项的设置，效果如图6-231所示。

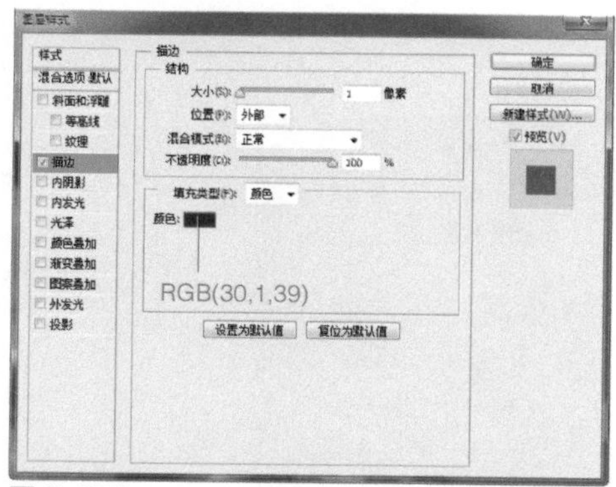

图 6-230

图 6-231

步骤 03 使用相同的制作方法，完成相似文字的制作，如图6-232所示。打开并拖入素材图像“光盘\源文件\第6章\素材\502.png”，调整到合适的位置，如图6-233所示。

图 6-232

图 6-233

步骤 04 使用相同的制作方法，完成相似图形和文字的制作，效果如图6-234所示。新建名称为“公告”的图层组，使用“圆角矩形工具”，在选项栏上设置“填充”为RGB（18,41,50）、“描边颜色”为RGB（72,102,114）、“描边宽度”为1点、“半径”为2像素，在画布中绘制圆角矩形，如图6-235所示。

图 6-234

图 6-235

步骤 05 使用“矩形工具”，设置“路径操作”为“合并形状”，在刚绘制的圆角矩形上绘制一个矩形，设置该图层的“不透明度”为60%，效果如图6-236所示。使用“矩形工具”，在画布中绘制矩形，为该图层添加图层蒙版，使用“画笔工具”，设置“前景色”为黑色，在图层蒙版中进行涂抹，效果如图6-237所示。

图 6-236

图 6-237

步骤 06 使用相同的制作方法，完成相似图形和文字的制作，如图6-238所示。使用“自定形状工具”，在选项栏上的“形状”下拉面板中选择合适的形状，设置“填充”为RGB（164,148,12），在画布中绘制形状图形，如图6-239所示。

图 6-238

图 6-239

步骤 07 为该图层添加“描边”图层样式，对相关选项进行设置，如图6-240所示。继续添加“外发光”图层样式，对相关选项进行设置，如图6-241所示。

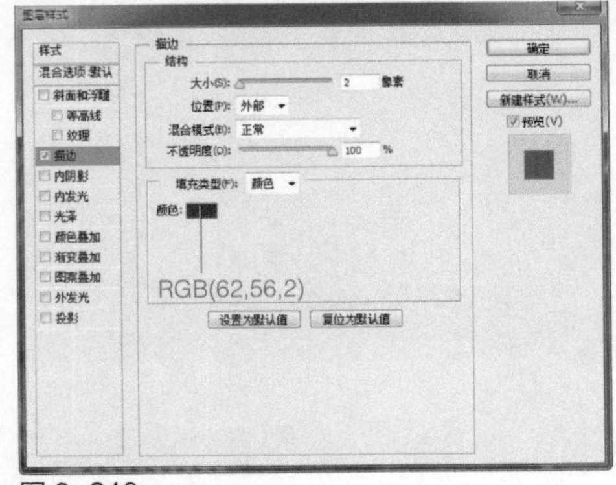

图 6-240

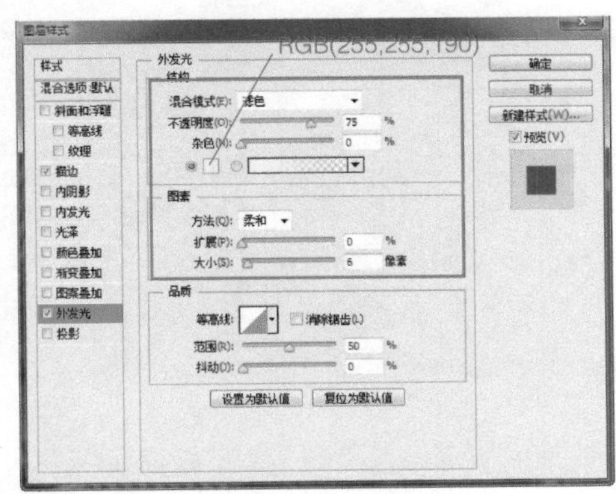

图 6-241

提示

在对“外发光”图层样式进行设置时，在“方法”下拉列表中包括“柔和”和“精确”两种发光方法，用于控制发光的准确程度。如果选择“柔和”选项，则发光轮廓会应用经过修改的模糊操作，以保证发光效果与背景之间可以柔和过渡；如果选择“精确”选项，可以得到精确的发光边缘，但会比较生硬。

步骤 08 单击“确定”按钮，完成“图层样式”对话框中各选项的设置，效果如图6-242所示。使用相同的制作方法，完成相似图形和文字的制作，如图6-243所示。

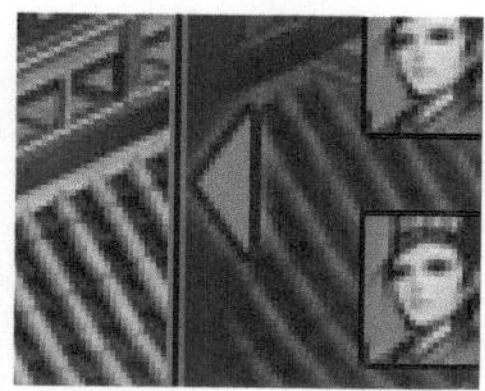

图 6-242

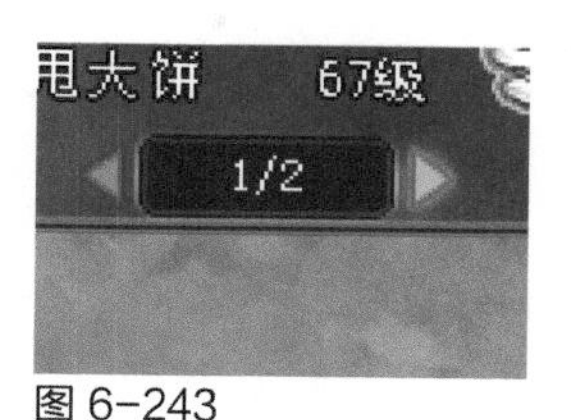

图 6-243

步骤 09 使用“圆角矩形工具”，设置“半径”为5像素，在画布中绘制任意颜色的圆角矩形，使用“矩形工具”，设置“路径操作”为“减去顶层形状”，在刚绘制的圆角矩形上减去相应的图形，得到需要的图形，如图6-244所示。为该图层添加“描边”图层样式，对相关选项进行设置，如图6-245所示。

图 6-244

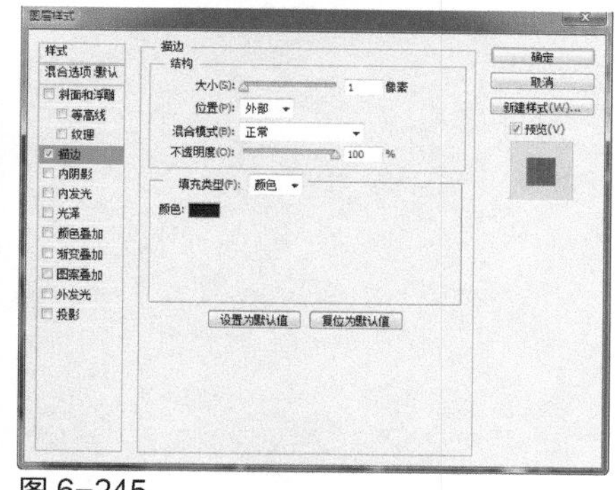

图 6-245

步骤 10 继续添加“渐变叠加”图层样式，对相关选项进行设置，如图6-246所示。单击“确定”按钮，完成“图层样式”对话框中各选项的设置，效果如图6-247所示。

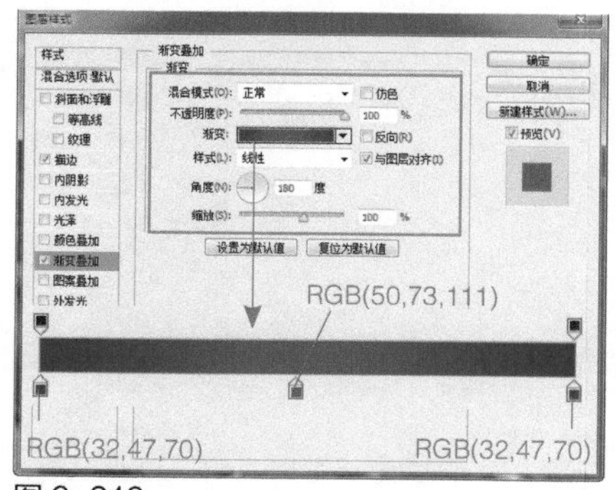

图 6-246

图 6-247

步骤 11 使用“直线工具”，在画布中绘制直线，为该图层添加“渐变叠加”图层样式，对相关选项进行设置，如图6-248所示。单击“确定”按钮，完成“图层样式”对话框中各选项的设置，效果如图6-249所示。

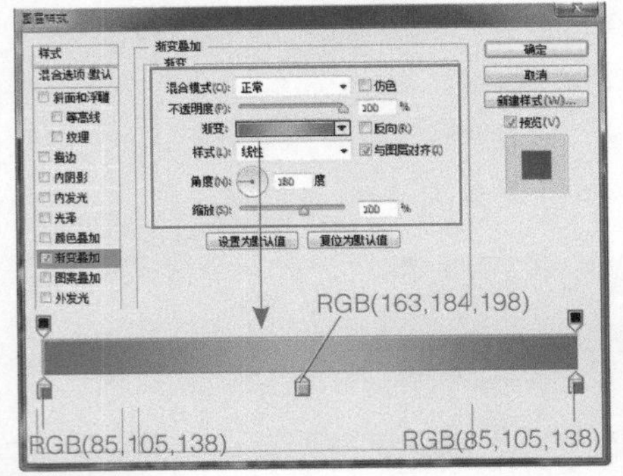

图 6-248

图 6-249

步骤 12 使用“圆角矩形工具”，设置“填充”为RGB（38,91,125）、“半径”为5像素，在画布中绘制圆角矩形，使用“矩形工具”，设置“路径操作”为“减去顶层形状”，在刚绘制的圆角矩形上减去相应的矩形，效果如图6-250所示。使用“圆角矩形工具”，设置“路径操作”为“减去顶层形状”，在该图形上减去圆角矩形，效果如图6-251所示。

图 6-250

图 6-251

步骤 13 为该图层添加“描边”图层样式，对相关选项进行设置，如图6-252所示。单击“确定”按钮，完成“图层样式”对话框中选项的设置，效果如图6-253所示。

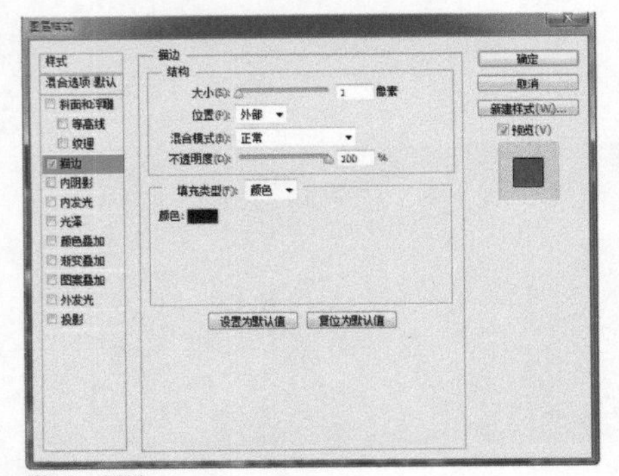
图 6-252

图 6-253

步骤 14 使用相同的制作方法，完成相似图形的绘制，效果如图6-254所示。使用“矩形工具”，在选项栏上设置“填充”为RGB（2,24,38），在画布中绘制矩形，如图6-255所示。

图 6-254

图 6-255

步骤 15 为该图层添加“描边”图层样式，对相关选项进行设置，如图6-256所示。单击“确定”按钮，完成“图层样式”对话框中各选项的设置，效果如图6-257所示。

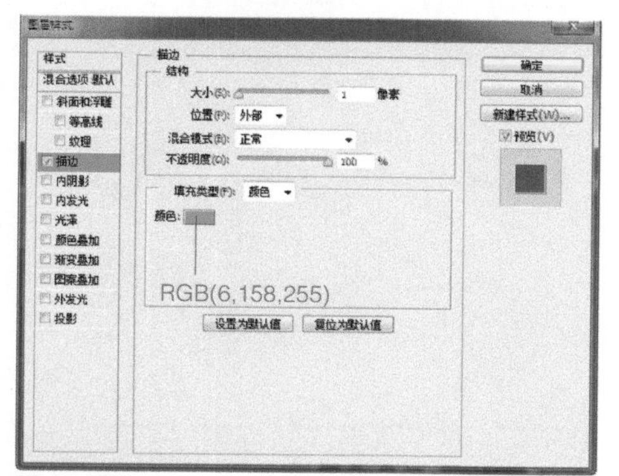

图 6-256

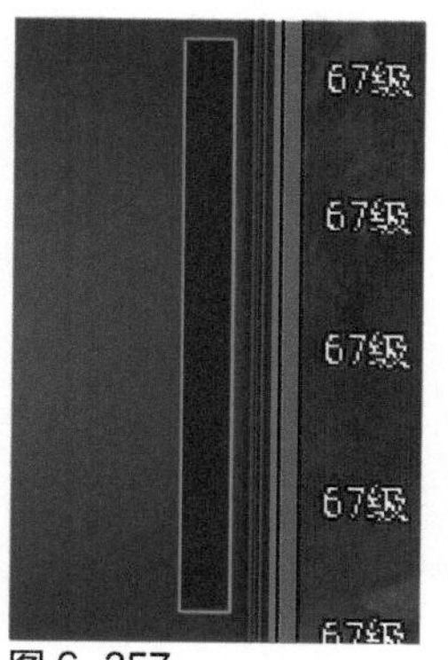

图 6-257

步骤 16 使用相同的制作方法，完成相似图形的绘制，如图6-258所示。使用“矩形工具”，在画布中绘制矩形，为该图层添加“渐变叠加”图层样式，对相关选项进行设置，如图6-259所示。

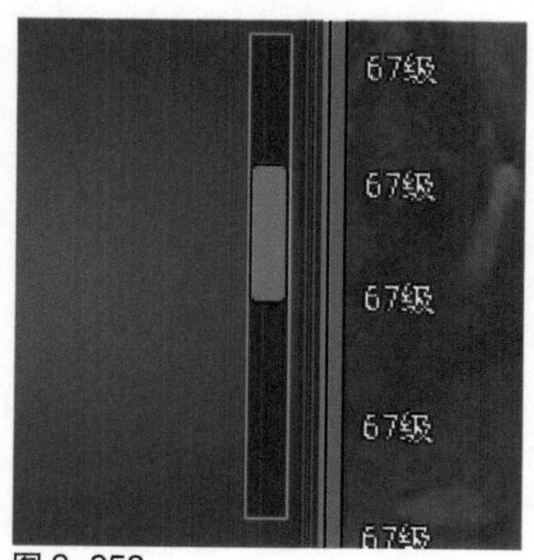

图 6-258

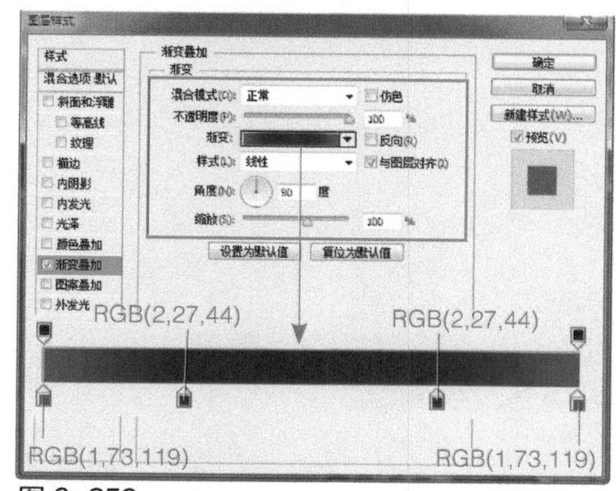

图 6-259

步骤 17 单击“确定”按钮，完成“图层样式”对话框中各选项的设置，效果如图6-260所示。使用相同的制作方法，完成相似图形的绘制，效果如图6-261所示。

图 6-260

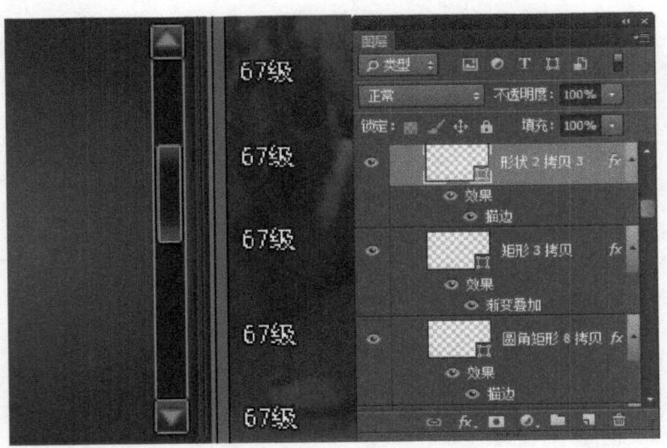

图 6-261

步骤 18 使用“横排文字工具”，在“字符”面板上进行相关设置，并在画布中输入文字，如图6-262所示。为该图层添加“描边”图层样式，对相关选项进行设置，如图6-263所示。

图 6-262

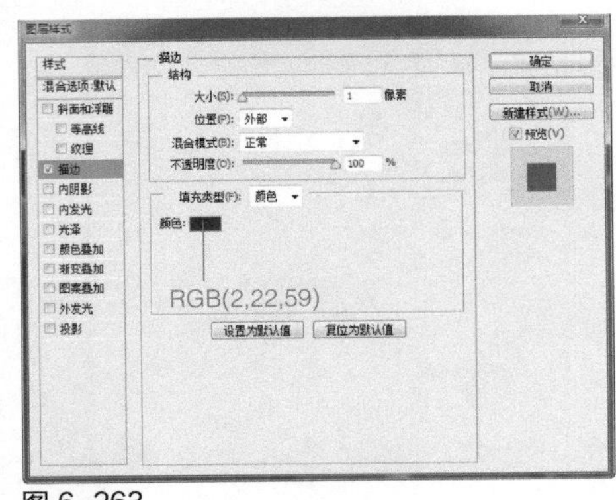

图 6-263

步骤 19 单击“确定”按钮，完成“图层样式”对话框中各选项的设置，效果如图6-264所示。使用相同的制作方法，完成相似图形和文字的制作，如图6-265所示。

图 6-264

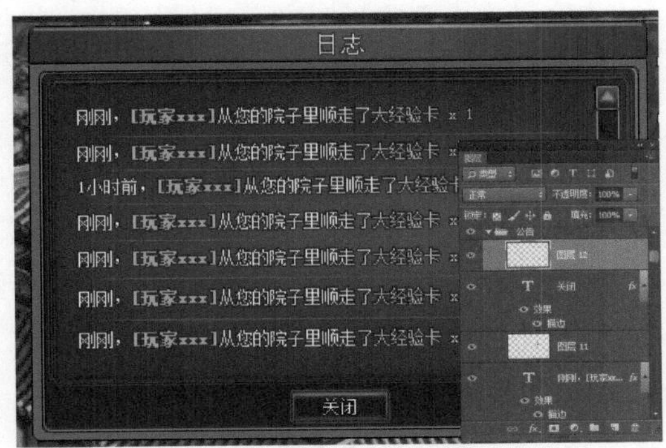

图 6-265

步骤 20 使用相同的制作方法，可以完成该游戏界面的制作，效果如图6-266所示。接着制作任务界面，打开素材图像“光盘\源文件\第6章\素材\506.jpg”，效果如图6-267所示。

图 6-266

图 6-267

步骤21 使用“矩形工具”，设置“填充”为RGB（9,92,155），在画布中绘制矩形，如图6-268所示。为该图层添加“斜面和浮雕”图层样式，对相关选项进行设置，如图6-269所示。

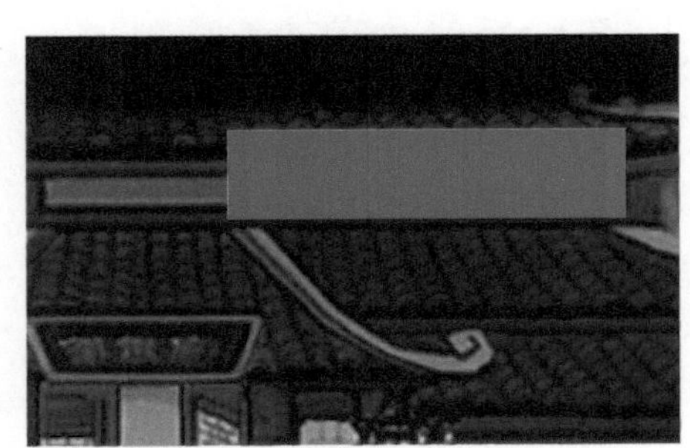
图 6-268

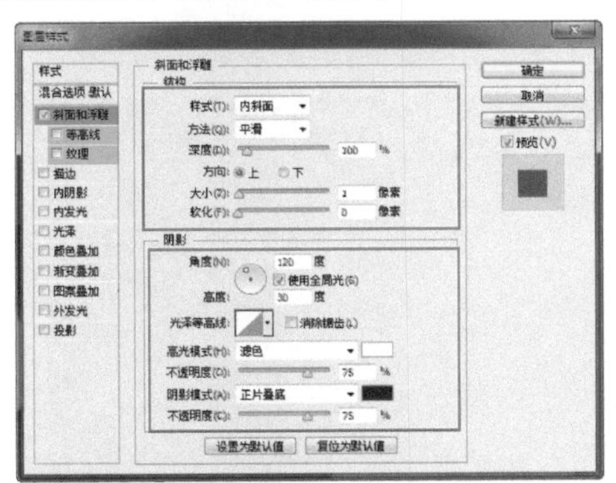
图 6-269

步骤22 继续添加“描边”图层样式，对相关选项进行设置，如图6-270所示。单击“确定”按钮，完成“图层样式”对话框中各选项的设置，效果如图6-271所示。

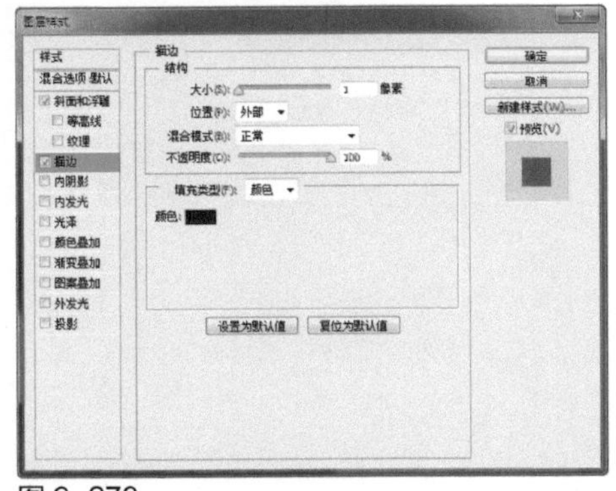
图 6-270

图 6-271

步骤23 使用“圆角矩形工具”，设置“填充”为RGB（0,43,80）、“半径”为2像素，在画布中绘制圆角矩形，如图6-272所示。为该图层添加“描边”图层样式，对相关选项进行设置，如图6-273所示。

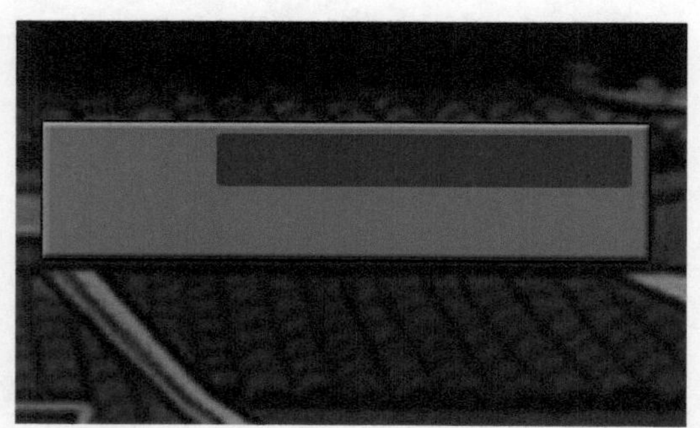

图 6-272

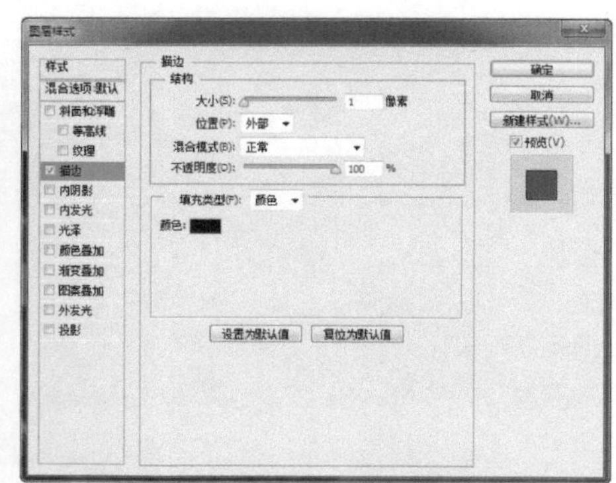

图 6-273

步骤24 单击“确定”按钮，完成“图层样式”对话框中各选项的设置，效果如图6-274所示。使用相同的制作方法，完成相似图形的绘制，如图6-275所示。

图 6-274

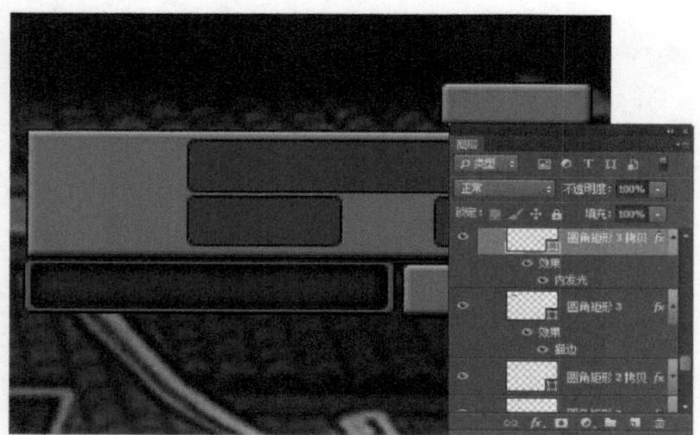

图 6-275

步骤25 使用“矩形工具”，在画布中绘制任意颜色的矩形，如图6-276所示。为该图层添加“描边”图层样式，对相关选项进行设置，如图6-277所示。

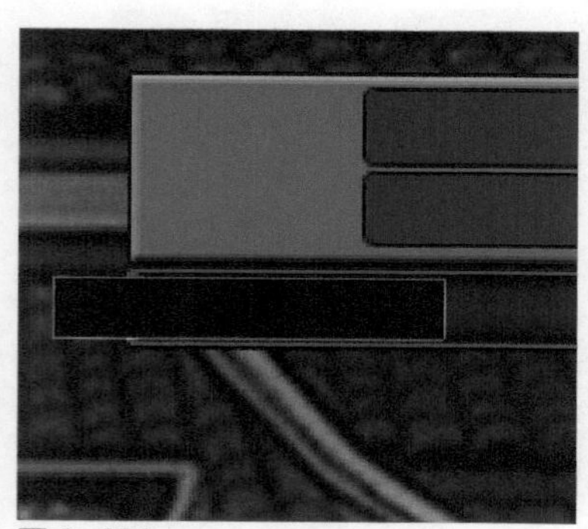

图 6-276

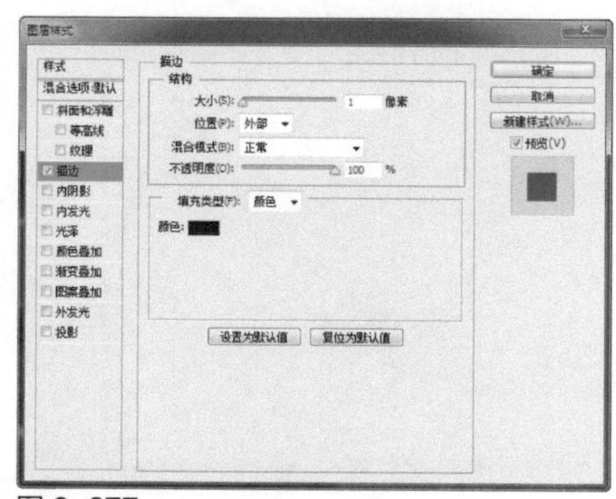

图 6-277

步骤26 继续添加“渐变叠加”图层样式，对相关选项进行设置，如图6-278所示。单击“确定”按钮，完成“图层样式”对话框中各选项的设置，效果如图6-279所示。

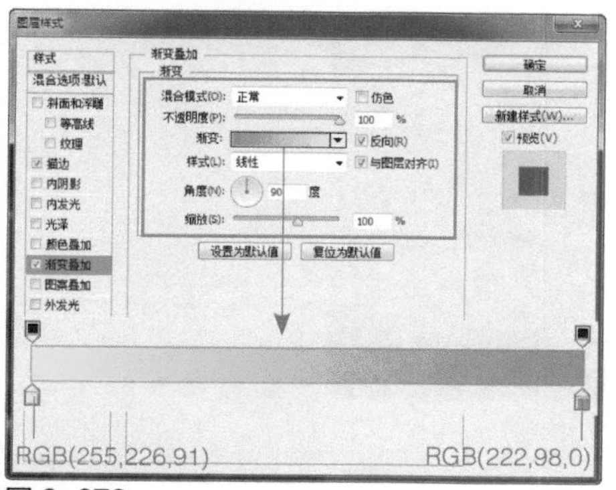

图 6-278

图 6-279

步骤 27 使用“椭圆工具”，设置“填充”为RGB（128,168,174），在画布中绘制正圆形，如图6-280所示。为该图层添加“描边”图层样式，对相关选项进行设置，如图6-281所示。

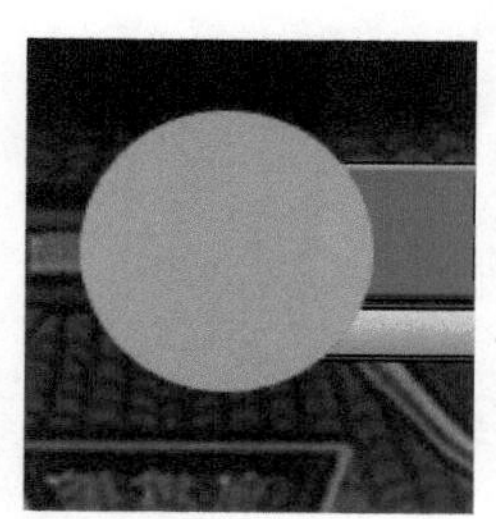

图 6-280

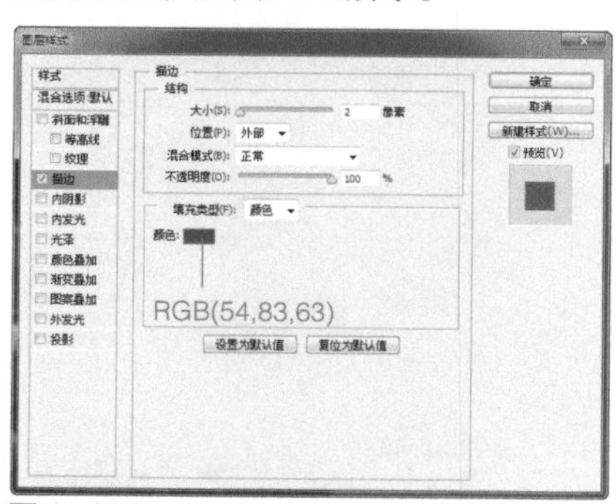

图 6-281

步骤 28 继续添加“外发光”图层样式，对相关选项进行设置，如图6-282所示。继续添加“投影”图层样式，对相关选项进行设置，如图6-283所示。

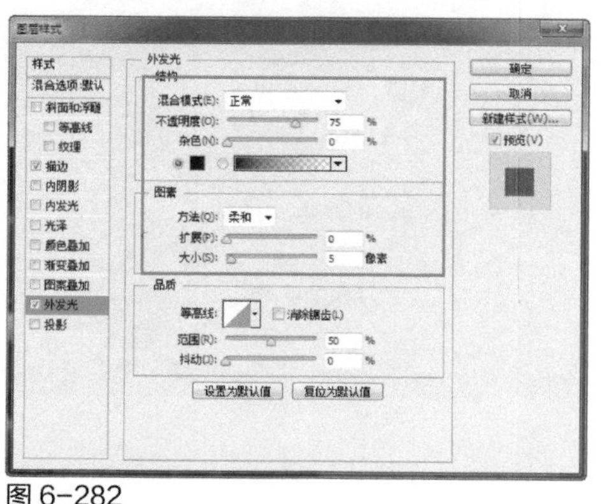

图 6-282

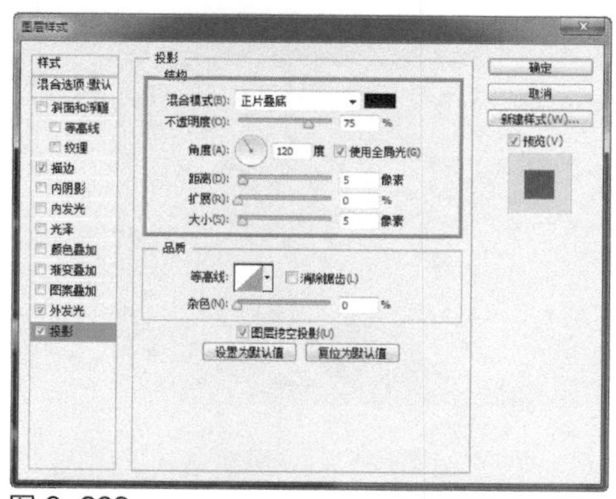

图 6-283

步骤 29 单击“确定”按钮，完成“图层样式”对话框中各选项的设置，效果如图6-284所示。使用相同的制作方法，完成相似图形的绘制，如图6-285所示。

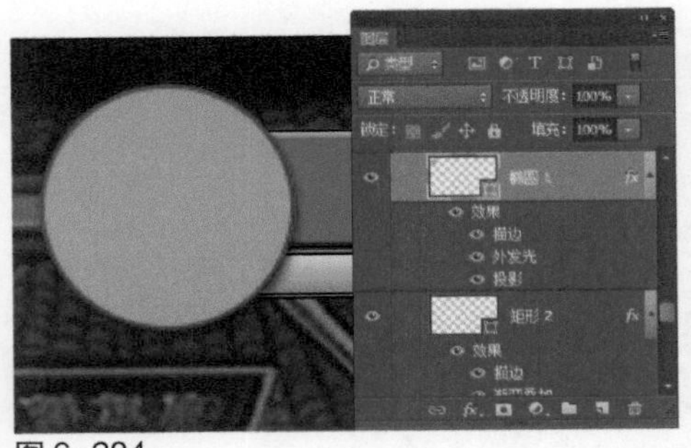

图 6-284

图 6-285

步骤 30 打开并拖入素材图像“光盘\源文件\第6章\素材\507.png”，效果如图6-286所示。使用“横排文字工具”，在画布中输入相应的文字，并为相应的文字添加“描边”图层样式，效果如图6-287所示。

图 6-286

图 6-287

步骤 31 使用相同的制作方法，完成相似图形和文字的制作，如图6-288所示。使用相同的制作方法，可以完成该游戏界面的制作，效果如图6-289所示。

图 6-288

图 6-289

步骤 32 使用相同的制作方法，还可以完成该游戏其他界面的设计制作，最终效果如图6-290所示。

图 6-290

- **制作输出**

步骤01 隐藏其他相关图层，只显示游戏界面背景，如图6-291所示。执行“文件>存储为Web所用格式”命令，弹出“存储为Web所用格式”对话框，具体设置如图6-292所示。

图 6-291

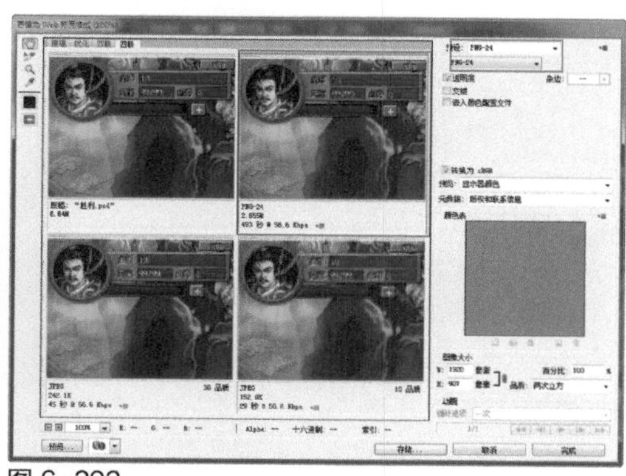
图 6-292

步骤02 完成“存储为Web所用格式”对话框中的设置，单击“存储”按钮，对图像进行存储，弹出如图6-293所示的对话框。按快捷键Crtl+Alt+Z，恢复操作，隐藏相关图层，如图6-294所示。

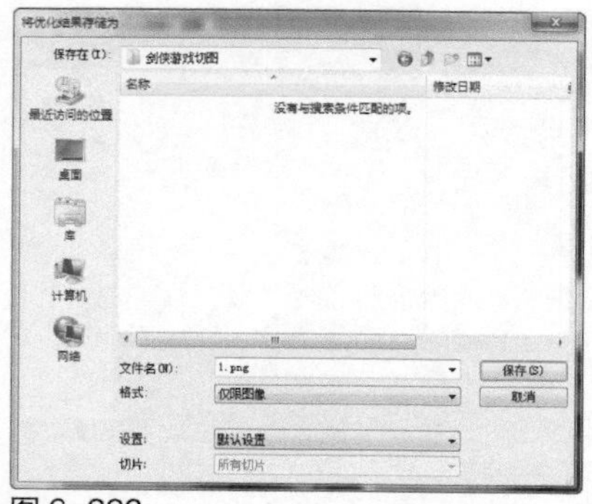

图 6-293

图 6-294

步骤 03 执行“图像>裁切”命令，弹出“裁切”对话框，具体设置如图6-295所示。单击“确定”按钮，裁掉图像周围的透明像素，如图6-296所示。

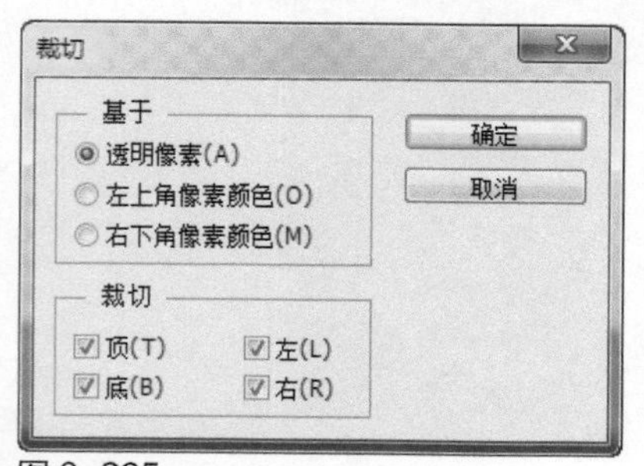

图 6-295

图 6-296

步骤 04 执行“文件>存储为Web所用格式”命令，弹出“存储为Web所用格式”对话框，具体设置如图6-297所示。完成“存储为Web所用格式”对话框中各选项的设置，单击“存储”按钮，对图像进行存储，如图6-298所示。

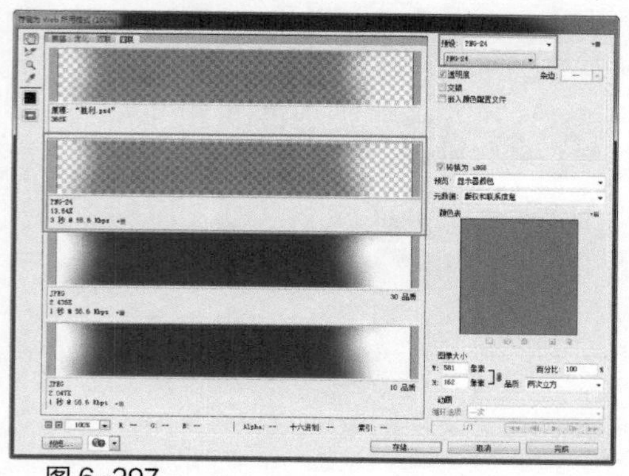

图 6-297

图 6-298

步骤 05 按快捷键Crtl+Alt+Z恢复操作，隐藏相关图层，如图6-299所示。执行“图像>裁切”命令，弹出“裁切”对话框，具体设置如图6-300所示。

步骤 06 单击“确定”按钮，裁掉图像周围的透明像素，如图6-301所示。执行“文件>存储为Web所用格式”命令，弹出“存储为Web所用格式”对话框，具体设置如图6-302所示。

图 6-299

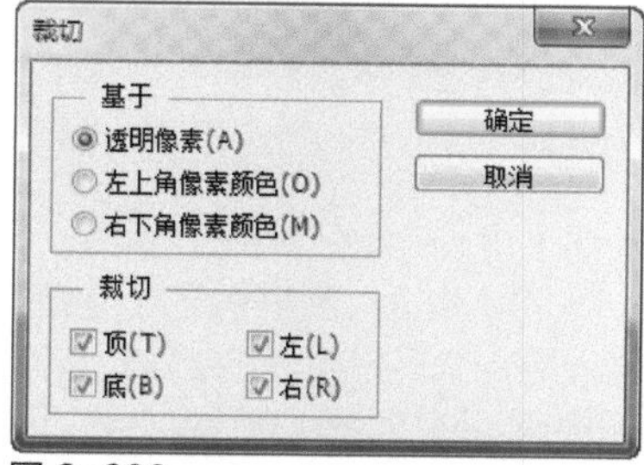

图 6-300

图 6-301

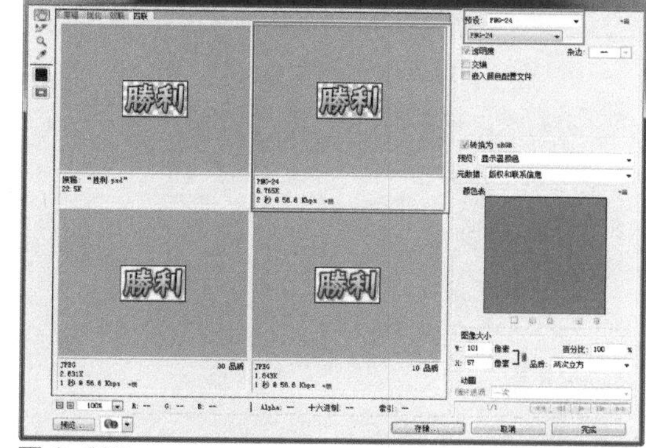

图 6-302

步骤 07 完成“存储为Web所用格式”对话框中各选项的设置，单击“存储”按钮，对图像进行存储，如图6-303所示。使用相同的制作方法，对界面中的其他元素进行切片存储，如图6-304所示。

图 6-303

图 6-304

▶▶ 6.6 《古神志》游戏UI设计

游戏的界面跟产品的外观和功能一样，要能吸引玩家并且易用。本节将带领读者完成一款大型网络游戏界面的设计，该款游戏是一款角色扮演类网络游戏，在游戏UI设计过程中需要注意UI设计的风格需要与游戏的风格保持一致。

【自测4】《古神志》游戏UI设计

视频：光盘\视频\第6章\古神志游戏界面.swf　　源文件：光盘\源文件\第6章\古神志游戏界面.psd

- 设计分析

案例特点：本案例设计一款网格游戏UI界面，根据游戏原画的风格，在界面UI的设计过程中，多处运用传统的花纹元素进行处理，使界面的风格与游戏的风格更加统一和突出。

制作思路与要点：网络游戏正逐渐向大众化和多元化的方向发展，看似很复杂的网络游戏界面，在设计的过程中只需要把握好游戏的风格和特点，并且在UI元素的设计过程中能够突出游戏的风格即可。在本案例的游戏界面设计过程中，绘制基本图形，并为图形添加相应的图层样式和纹理，表现出古朴的风格；在游戏界面中合理地安排各种UI元素，使游戏界面整洁、美观，更好地体现出游戏的特点，并且便于玩家操作。

- 色彩分析

深灰色能够给人高档感，本案例的游戏界面中以灰色作为主色调，几乎只是在灰色的明度上稍有不同。通过灰色明度的变化，表现出界面的层次感和立体感，与游戏场景昏暗的视觉风格相搭配，体现出神秘、古朴的感觉；同时在界面中搭配白色的文字，显得非常醒目。

深灰　白色　灰色

- 制作步骤

步骤01 执行“文件>新建”命令，弹出“新建”对话框，新建一个空白文档，如图6-305所示。打开素材图像“光盘\源文件\第6章\素材\401.jpg”，将其拖入到新建文档中，如图6-306所示。

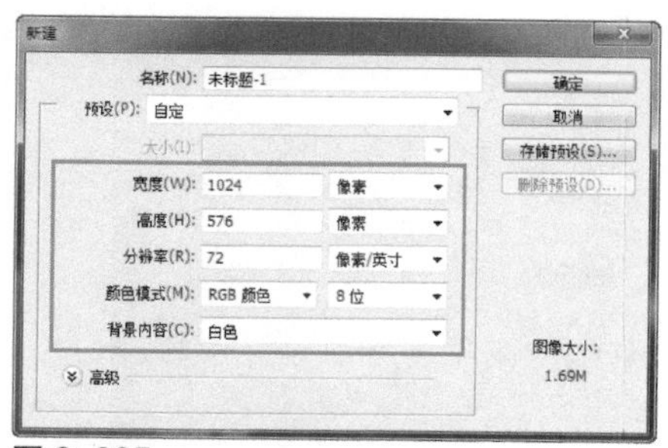

图 6-305

图 6-306

步骤 02 新建名称为“登录框”的图层组，使用“圆角矩形工具”，设置“填充”为RGB（105,123,125）、“半径”为5像素，在画布中绘制圆角矩形，如图6-307所示。使用“矩形工具”，设置“路径操作”为“合并形状”，在刚绘制的圆角矩形上绘制矩形，得到需要的图形，如图6-308所示。

图 6-307

图 6-308

步骤 03 为该图层添加“斜面和浮雕”图层样式，对相关选项进行设置，如图6-309所示。单击“确定”按钮，完成“图层样式”对话框中各选项的设置，设置该图层的“填充”为68%，效果如图6-310所示。

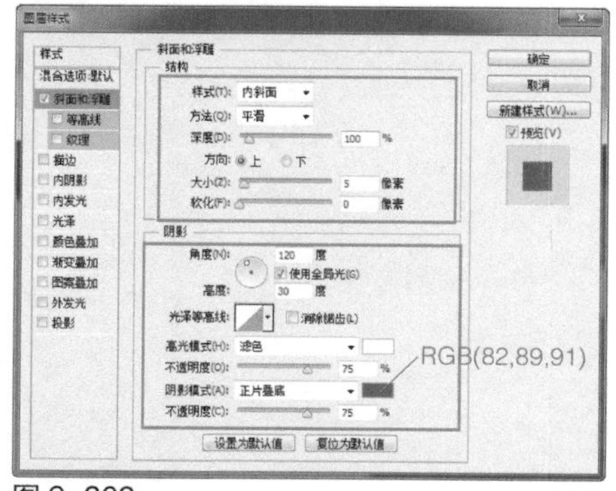

图 6-309

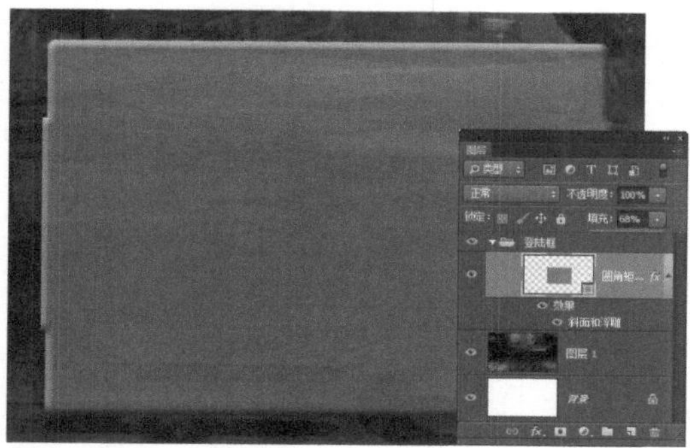

图 6-310

步骤 04 打开并拖入素材图像“光盘\源文件\第6章\素材\402.png”，设置该图层的“混合模式”为“叠加”、“填充”为60%，效果如图6-311所示。使用“矩形工具”，设置“填充”为RGB（42,42,42），在画布中绘制矩形，如图6-312所示。

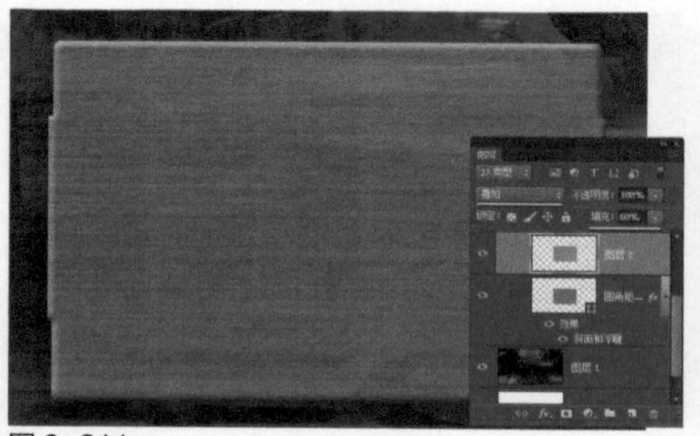

图 6-311

图 6-312

步骤 05 为该图层添加“斜面和浮雕”图层样式，对相关选项进行设置，如图6-313所示。继续添加“描边”图层样式，对相关选项进行设置，如图6-314所示。

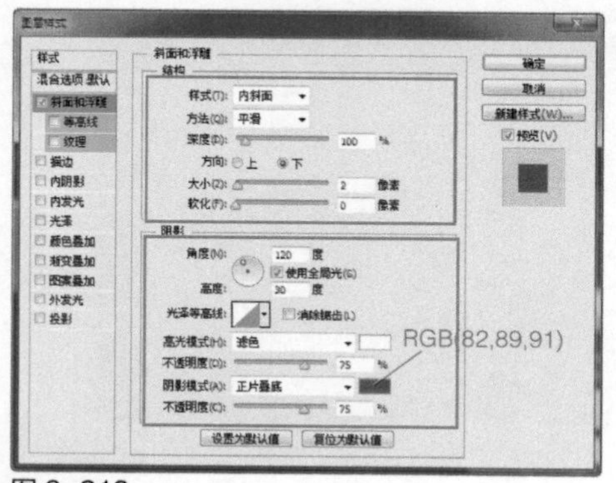

图 6-313

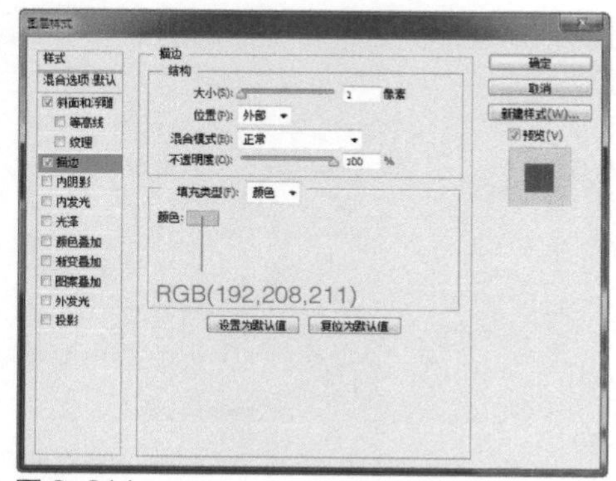

图 6-314

步骤 06 单击“确定”按钮，完成“图层样式”对话框中各选项的设置，设置该图层的“填充”为76%，效果如图6-315所示。载入“圆角矩形1”图层选区，新建“图层3”，执行“编辑>描边”命令，弹出“描边”对话框，具体设置如图6-316所示。

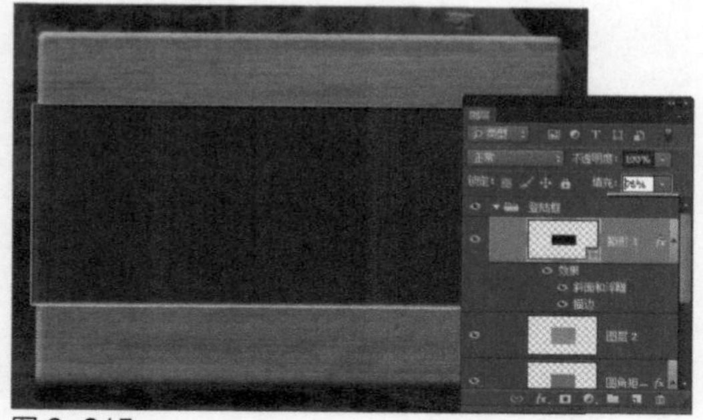

图 6-315

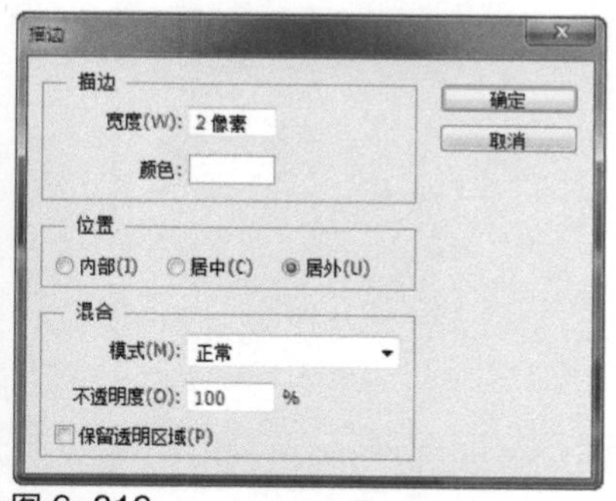

图 6-316

步骤 07 单击“确定”按钮，完成“描边”对话框中各选项的设置，效果如图6-317所示。取消选区，为该图层添加“斜面和浮雕”图层样式，对相关选项进行设置，如图6-318所示。

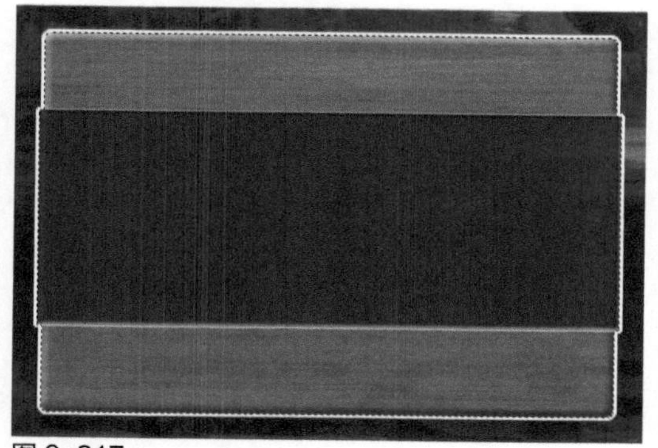

图 6-317

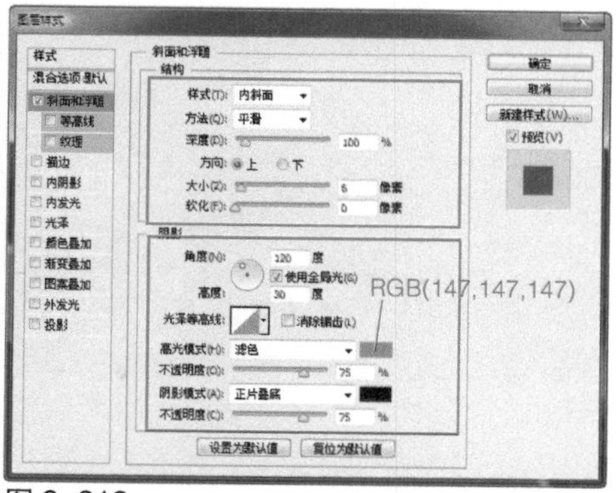

图 6-318

步骤 08 继续添加“描边”图层样式，对相关选项进行设置，如图6-319所示。继续添加“渐变叠加”图层样式，对相关选项进行设置，如图6-320所示。

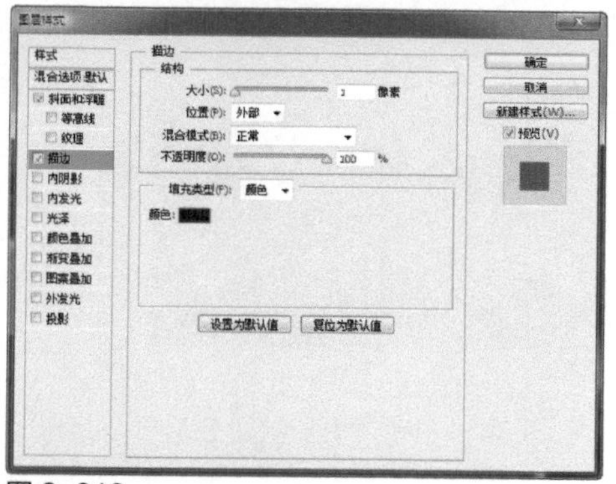

图 6-319

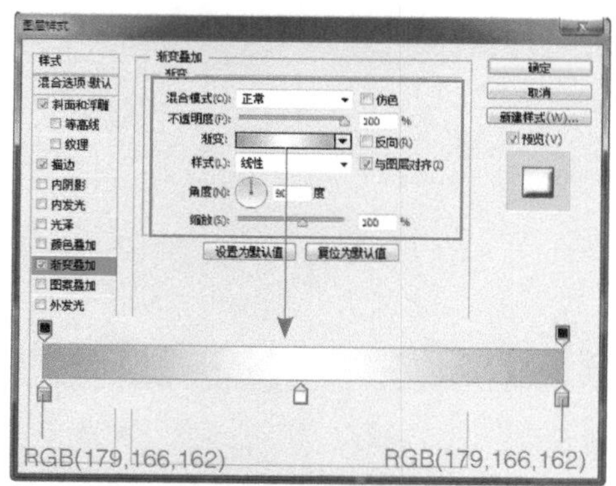

图 6-320

步骤 09 单击“确定”按钮，完成“图层样式”对话框中各选项的设置，效果如图6-321所示。使用相同的制作方法，完成相似图形的绘制，效果如图6-322所示。

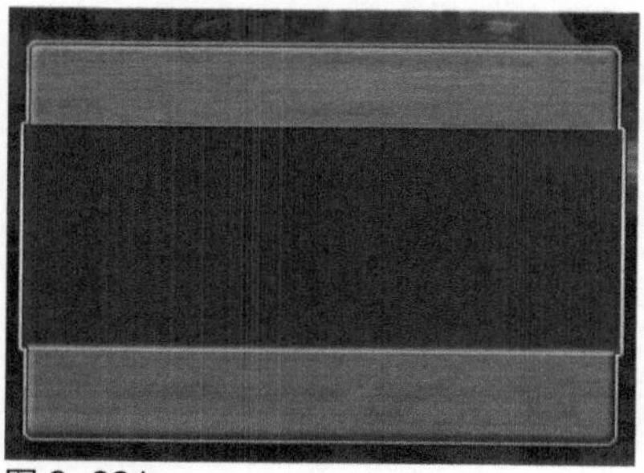

图 6-321

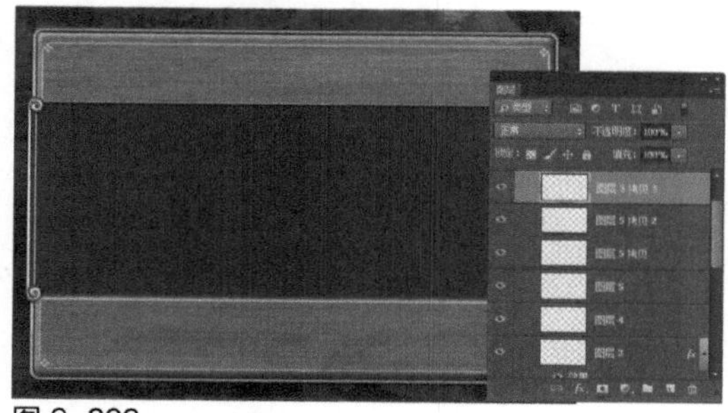

图 6-322

步骤 10 打开并拖入素材图像“光盘\源文件\第6章\素材\403.png”，设置该图层的“混合模式”为“正片叠底”、“填充”为24%，效果如图6-323所示。新建名称为“注册账号”的图层组，使用“横排文字工具”，在画布中输入相应的文字，如图6-324所示。

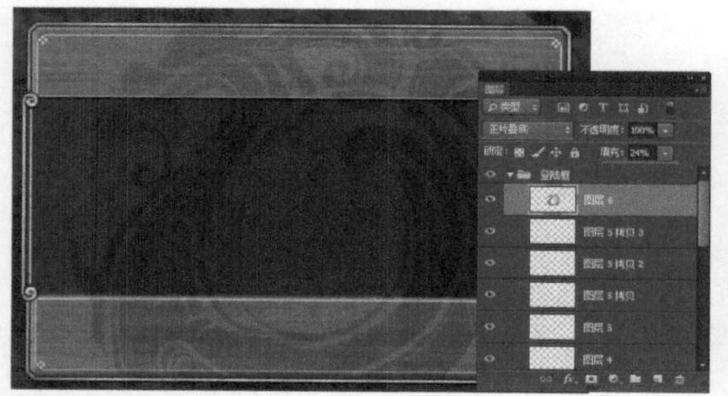
图 6-323

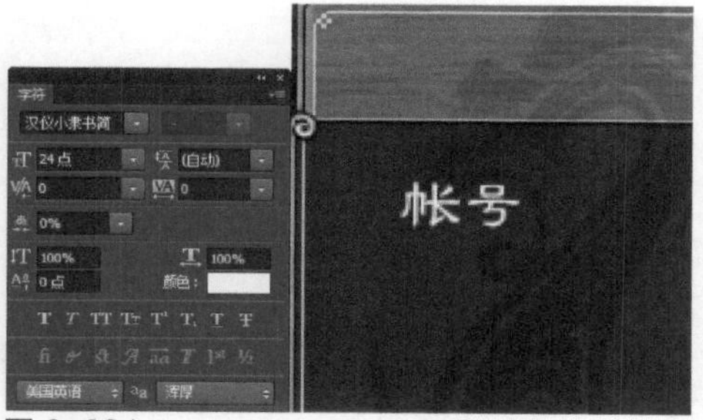

图 6-324

步骤 11 为该图层添加“描边”图层样式，对相关选项进行设置，如图6-325所示。单击“确定”按钮，完成“图层样式”对话框中各选项的设置，效果如图6-326所示。

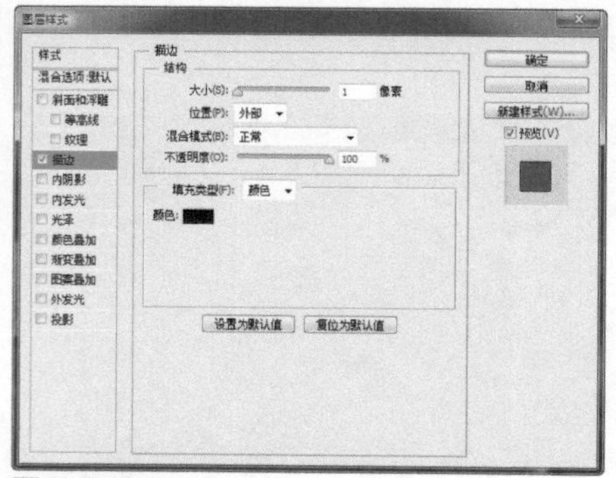
图 6-325

图 6-326

步骤 12 使用“圆角矩形工具”，在选项栏上设置“半径”为2像素，在画布中绘制黑色的圆角矩形，如图6-327所示。为该图层添加“斜面和浮雕”图层样式，对相关选项进行设置，如图6-328所示。

图 6-327

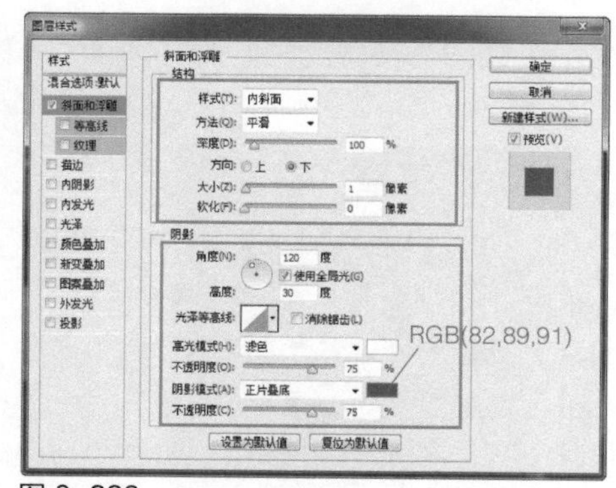

图 6-328

步骤 13 继续添加“描边”图层样式，对相关选项进行设置，如图6-329所示。单击“确定”按钮，完成“图层样式”对话框中各选项的设置，设置该图层的“填充”为61%，效果如图6-330所示。

步骤 14 使用“圆角矩形工具”，在选项栏上设置“半径”为5像素，在画布中绘制任意颜色的圆角矩形，如图6-331所示。为该图层添加“渐变叠加”图层样式，对相关选项进行设置，如图6-332所示。

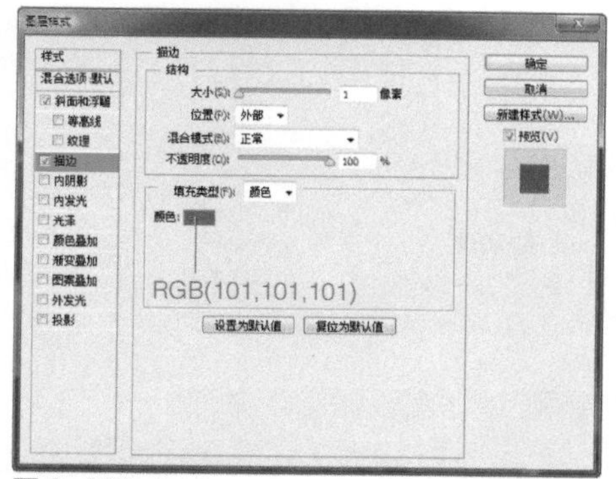

图 6-329

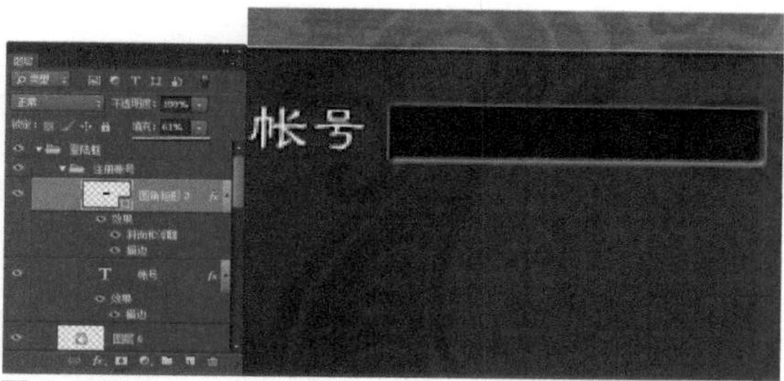

图 6-330

图 6-331

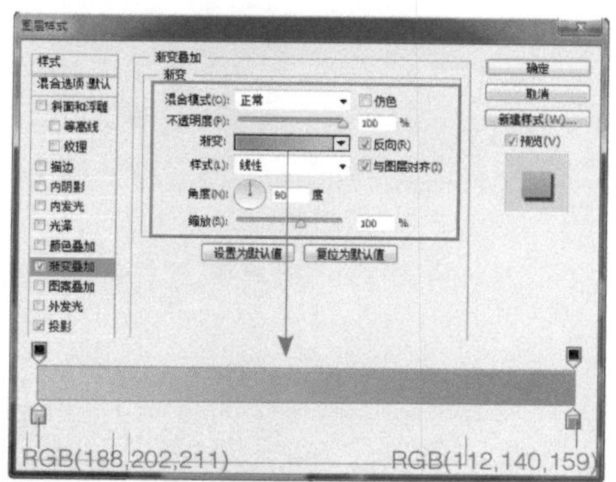

图 6-332

步骤 15 继续添加“投影”图层样式，对相关选项进行设置，如图6-333所示。单击“确定”按钮，完成“图层样式”对话框中各选项设置，效果如图6-334所示。

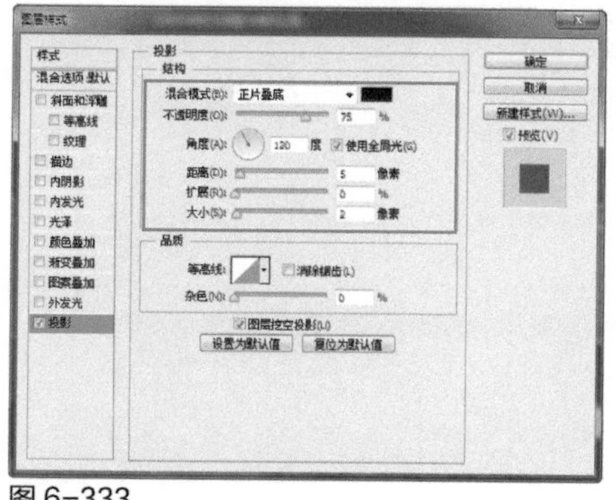
图 6-333

图 6-334

步骤 16 打开并拖入素材图像“光盘\源文件\第6章\素材\404.png”，设置该图层的“混合模式”为“叠加”，效果如图6-335所示。使用相同的制作方法，完成相似图形和文字的制作，效果如图6-336所示。

步骤 17 使用相同的制作方法，完成该游戏登录界面的设计制作，最终效果如图6-337所示。接下来制作模式选择界面，执行“文件>新建”命令，弹出“新建”对话框，新建一个空白文档，如图6-338所示。

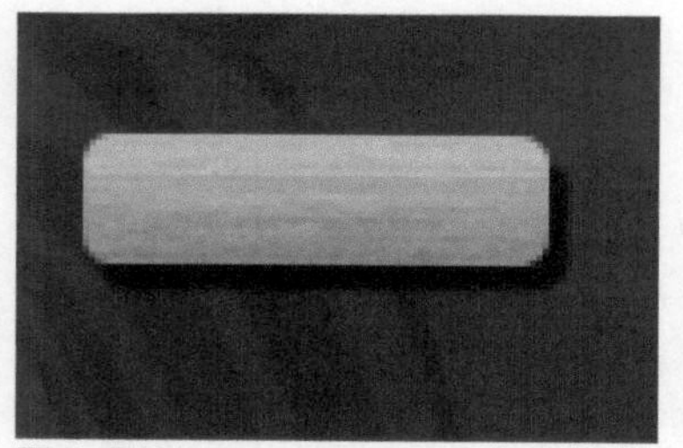

图 6-335

图 6-336

图 6-337

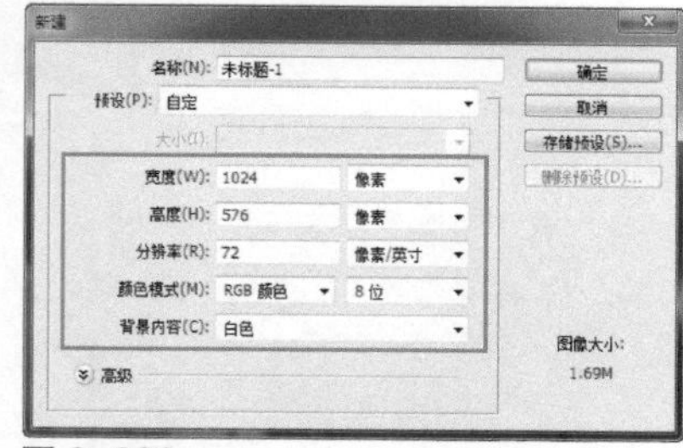

图 6-338

步骤 18 使用相同的制作方法，可以完成模式选择界面背景部分的制作，效果如图6-339所示。新建图层，使用“矩形选框工具”，在画布中绘制矩形选区，为选区填充颜色为RGB（140,18,13），如图6-340所示。

图 6-339

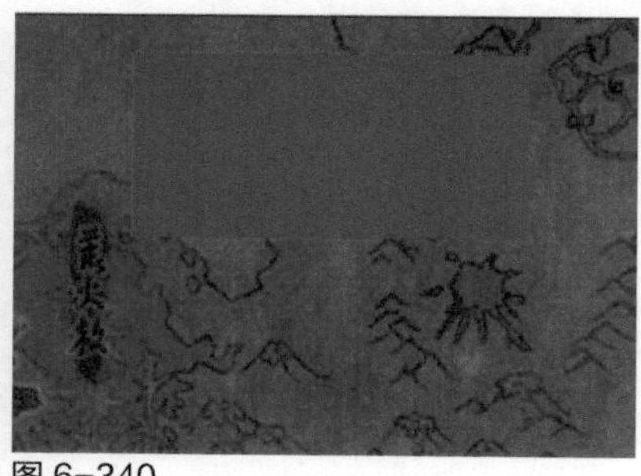

图 6-340

步骤 19 为该图层添加“描边”图层样式，对相关选项进行设置，如图6-341所示。继续添加“外发光”图层样式，对相关选项进行设置，如图6-342所示。

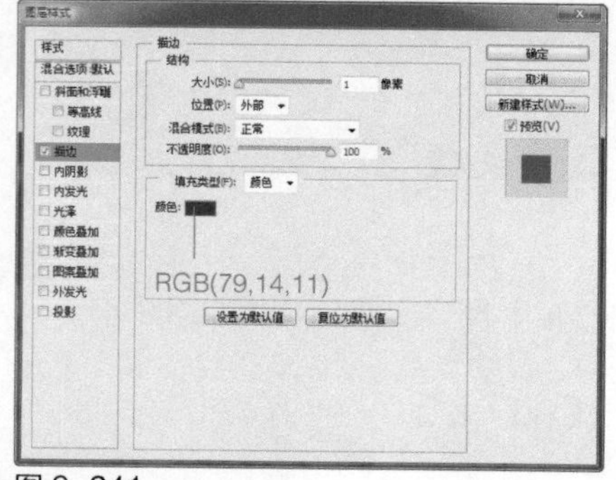

图 6-341

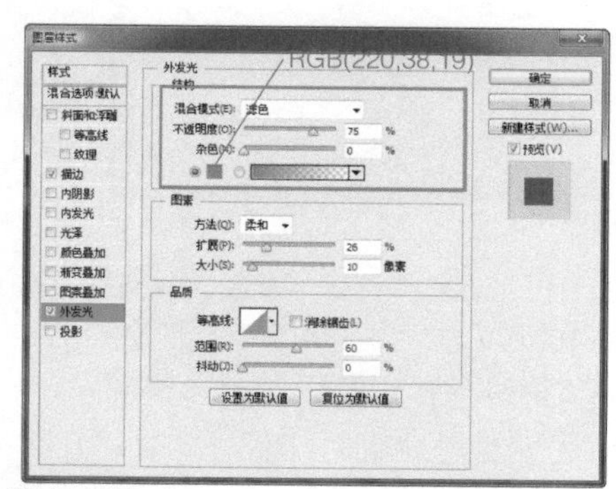

图 6-342

步骤20 单击“确定”按钮，完成“图层样式”对话框中各选项的设置，设置该图层的“填充”为80%，效果如图6-343所示。使用“钢笔工具”，在选项栏上设置“填充”为RGB（29,29,31），在画布中绘制形状图形，如图6-344所示。

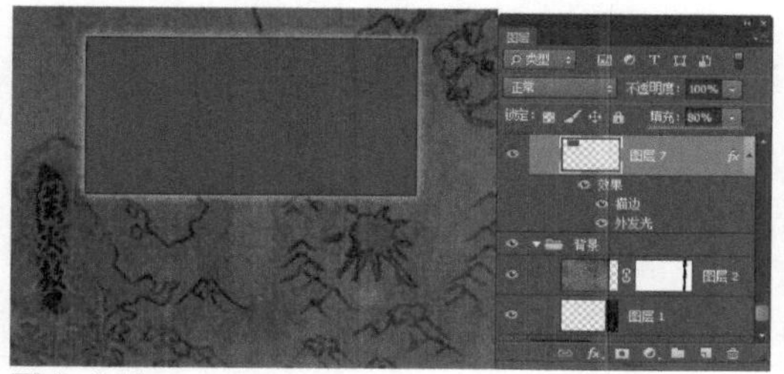

图 6-343

图 6-344

步骤21 打开并拖入素材图像“光盘\源文件\第6章\素材\412.png”，如图6-345所示。为该图层添加“内发光”图层样式，对相关选项进行设置，如图6-346所示。

图 6-345

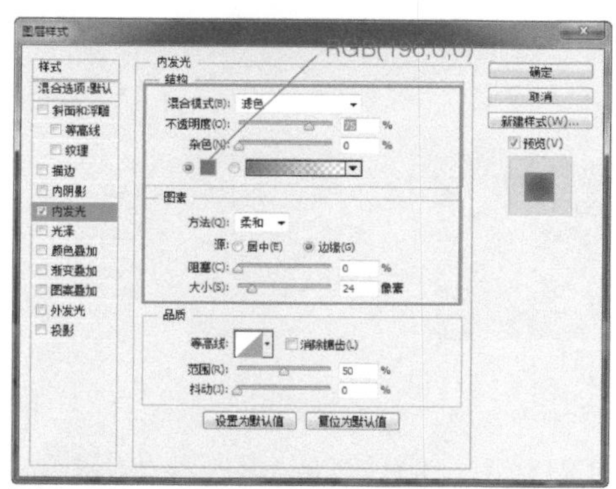

图 6-346

步骤22 单击“确定”按钮，完成“图层样式”对话框中各选项的设置，效果如图6-347所示。使用相同的制作方法，完成相似图形和文字的制作，如图6-348所示。

图 6-347

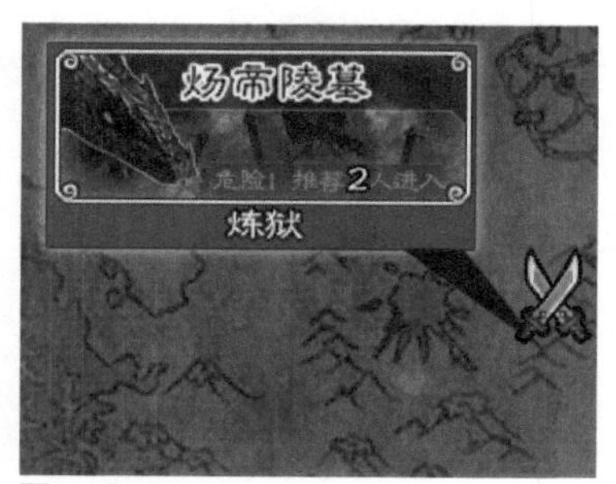

图 6-348

步骤23 使用“自定形状工具”，在选项栏上的“形状”下拉面板中选择合适的形状图形，在画布中绘制形状图形，如图6-349所示。使用“圆角矩形工具”，设置“填充”为RGB（30,30,30）、“描边颜色”为RGB（206,206,206）、“描边宽度”为1点、“半径”为2像素，在画布中绘制圆角矩形，如图6-350所示。

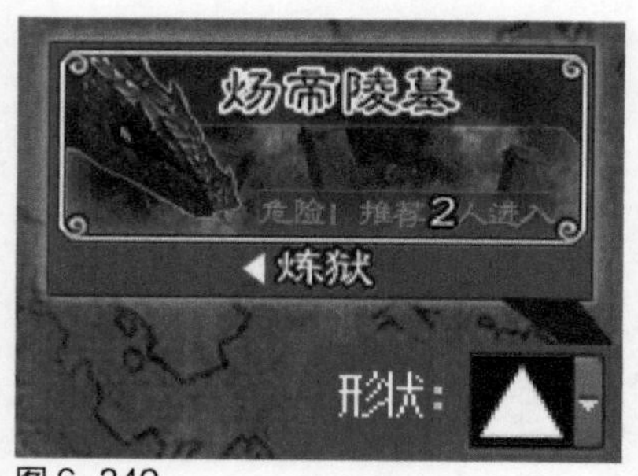

图 6-349

图 6-350

步骤24 打开并拖入素材图像“光盘\源文件\第6章\素材\415.png”，效果如图6-351所示。使用相同的制作方法，完成相似图形效果的制作，如图6-352所示。

图 6-351

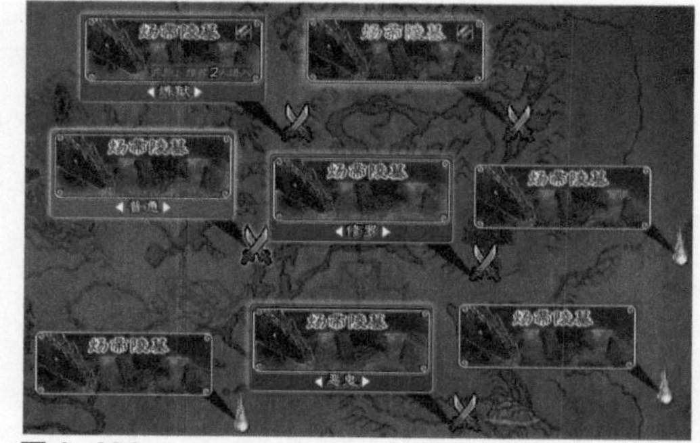
图 6-352

步骤25 新建图层，使用“椭圆选框工具”，在画布中绘制正圆形选区，为选区填充颜色为RGB（10,13,180），效果如图6-353所示。为该图层添加“斜面和浮雕”图层样式，对相关选项进行设置，如图6-354所示。

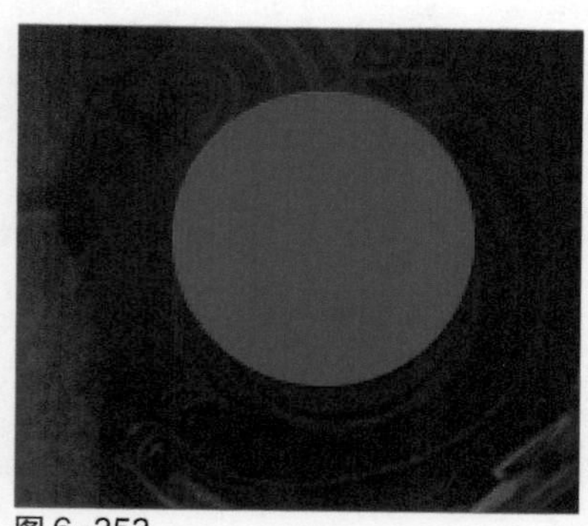
图 6-353

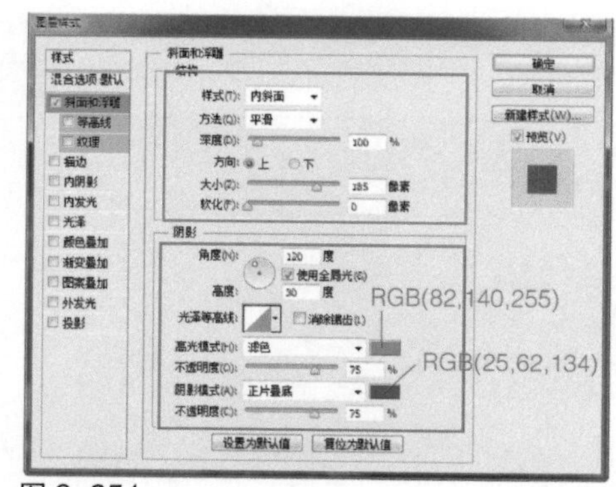

图 6-354

步骤26 继续添加“描边”图层样式，对相关选项进行设置，如图6-355所示。继续添加“内发光”图层样式，对相关选项进行设置，如图6-356所示。

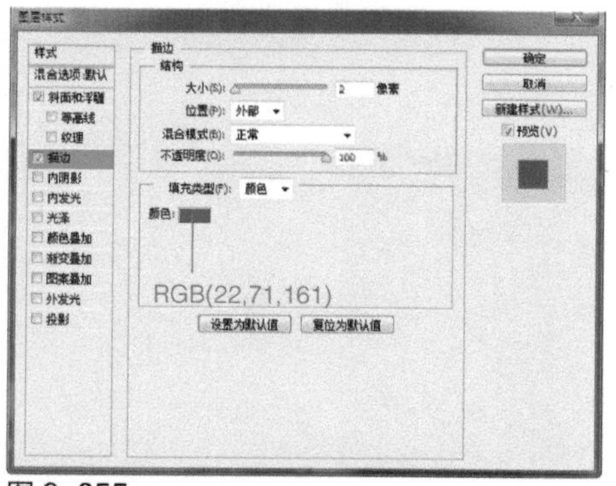

图 6-355

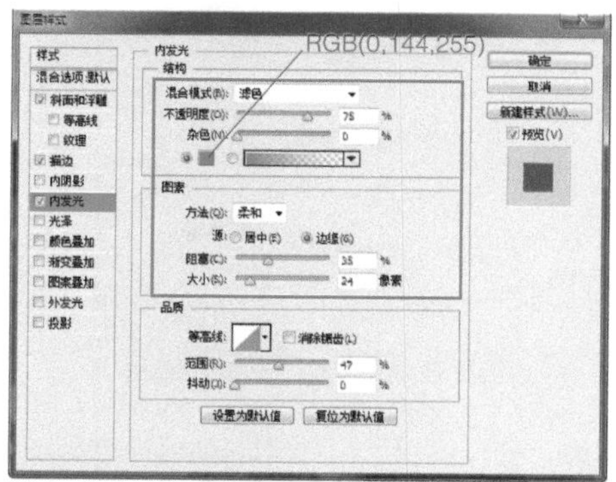

图 6-356

步骤 27 继续添加“外发光”图层样式，对相关选项进行设置，如图6-357所示。单击“确定”按钮，完成“图层样式”对话框中各选项的设置，效果如图6-358所示。

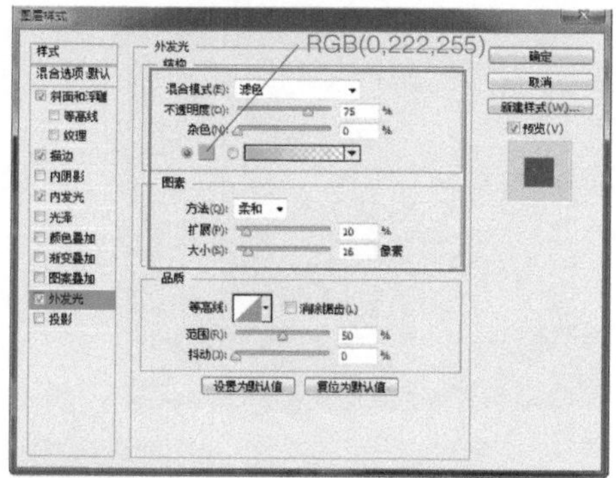

图 6-357

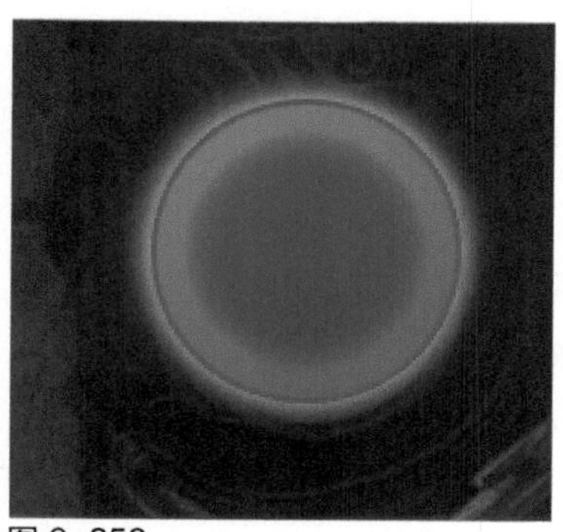

图 6-358

步骤 28 使用相同的制作方法，完成相似图形的绘制，如图6-359所示。使用“钢笔工具”，在选项栏上设置“填充”为RGB（0,79,174），在画布中绘制图形，如图6-360所示。

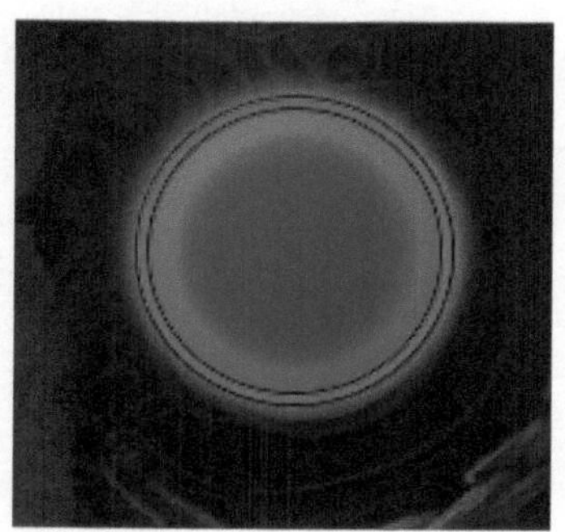

图 6-359

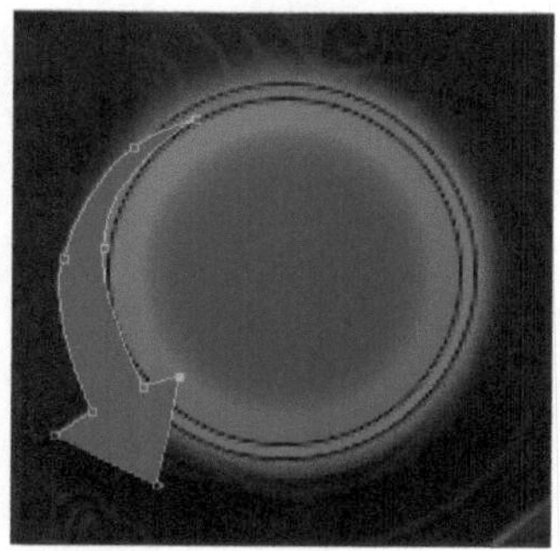

图 6-360

步骤 29 为该图层添加“渐变叠加”图层样式，对相关选项进行设置，如图6-361所示。单击“确定”按钮，完成“图层样式”对话框中各选项的设置，效果如图6-362所示。

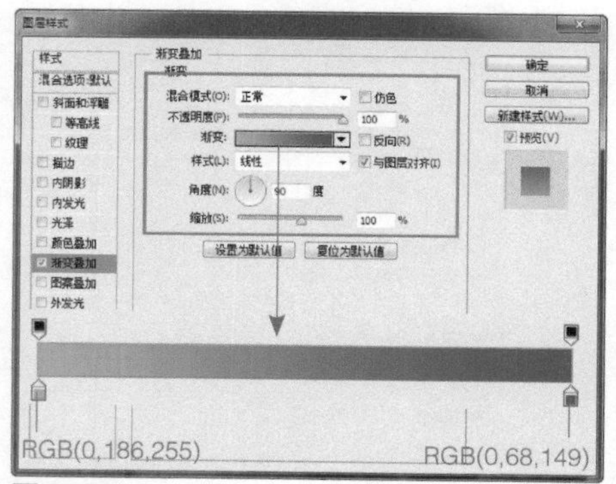

图 6-361

图 6-362

步骤 30 复制该图层，将复制得到的图形水平翻转并调整到合适的位置，效果如图6-363所示。新建图层，使用“画笔工具”，设置“前景色”为RGB（124,179,209），选择合适的笔触与大小，在画布中绘制光点，并为该图层添加“外发光”图层样式，如图6-364所示。

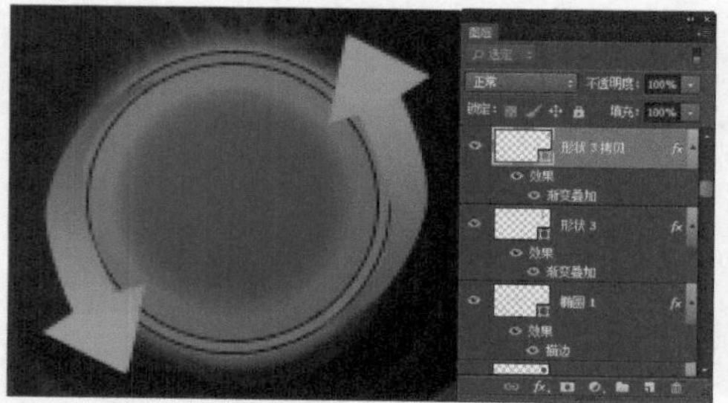
图 6-363

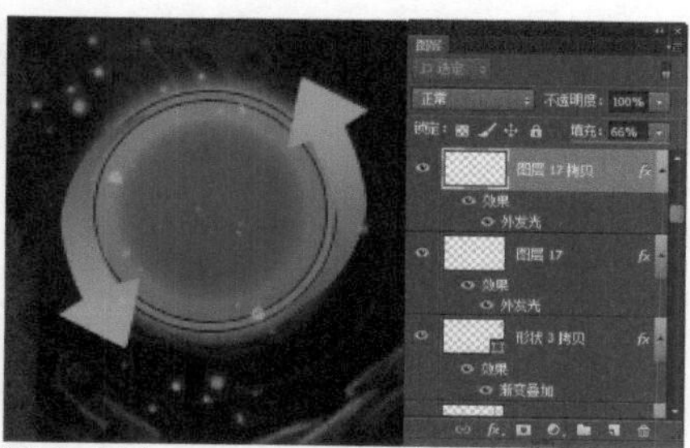
图 6-364

步骤 31 使用相同的制作方法，输入相应的文字并拖入相应的素材图像，效果如图6-365所示。使用相同的制作方法，完成选择模式界面的设计制作，最终效果如图6-366所示。

图 6-365

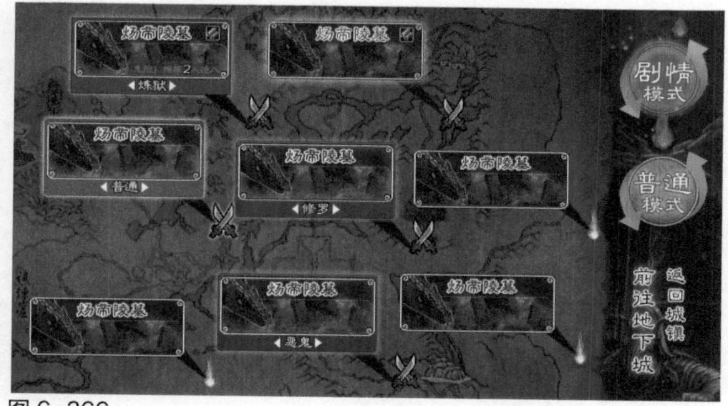

图 6-366

步骤 32 使用相同的制作方法，可以完成该游戏中其他界面的设计制作，效果如图6-367所示。

图 6-367

- **制作输出**

步骤01 隐藏其他相关图层，只显示游戏界面背景，如图6-368所示。执行“文件>存储为Web所用格式”命令，弹出“存储为Web所用格式”对话框，具体设置如图6-369所示。

图 6-368

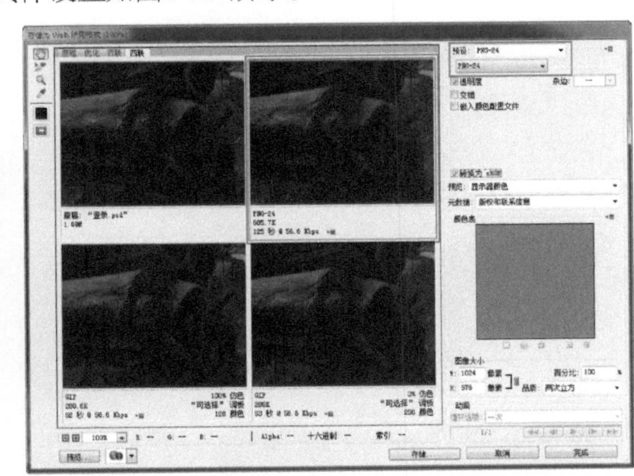

图 6-369

步骤02 完成“存储为Web所用格式”对话框中各选项的设置，单击“存储”按钮，对图像进行存储，如图6-370所示。按快捷键Crtl+Alt+Z，恢复操作，隐藏相关图层，如图6-371所示。

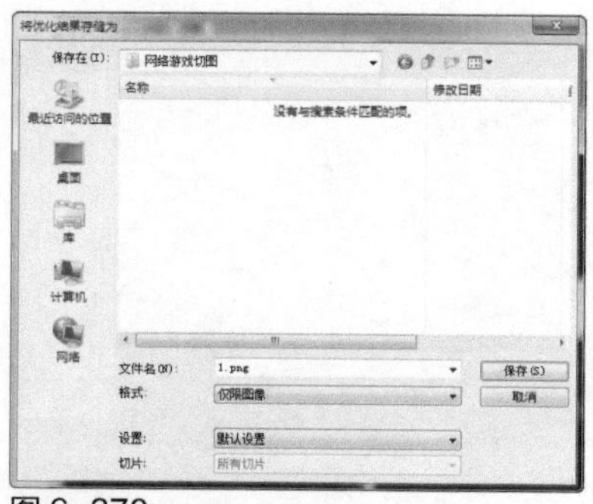

图 6-370

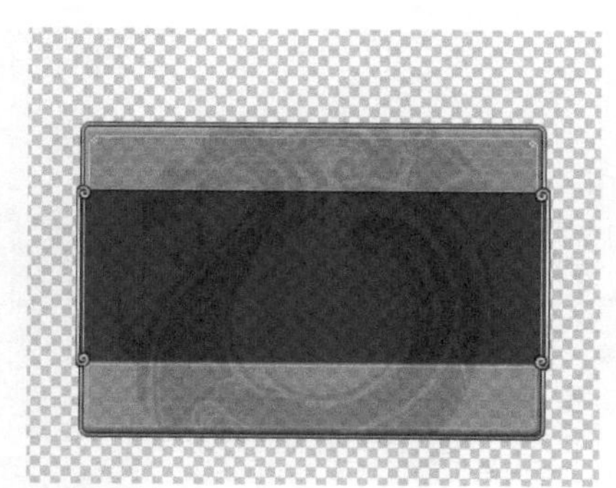
图 6-371

步骤03 执行“图像>裁切”命令，弹出“裁切”对话框，具体设置如图6-372所示。单击“确定”按钮，裁掉图像周围的透明像素，如图6-373所示。

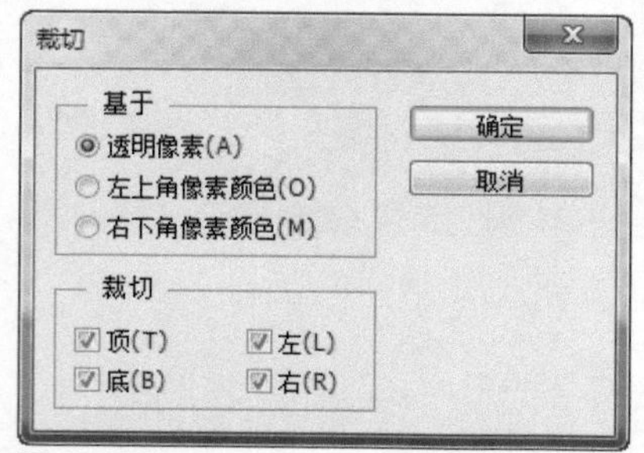

图 6-372

图 6-373

步骤04 执行“文件>存储为Web所用格式”命令，弹出“存储为Web所用格式”对话框，具体设置如图6-374所示。完成“存储为Web所用格式”对话框中各选项的设置，单击“存储”按钮，对图像进行存储，如图6-375所示。

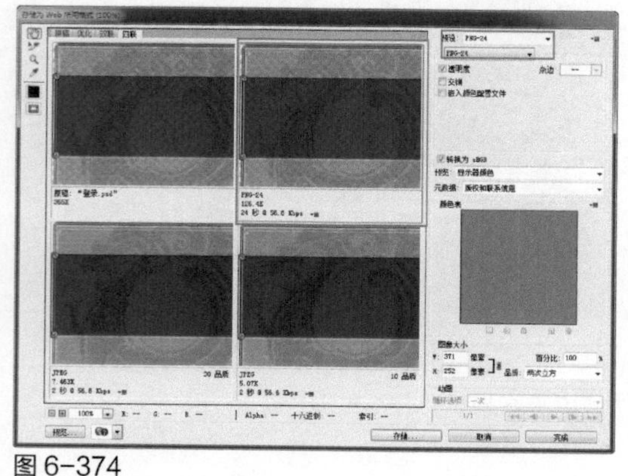
图 6-374

图 6-375

步骤05 按快捷键Crtl+Alt+Z，恢复操作，隐藏相关图层，如图6-376所示。执行“图像>裁切”命令，弹出“裁切”对话框，具体设置如图6-377所示。

图 6-376

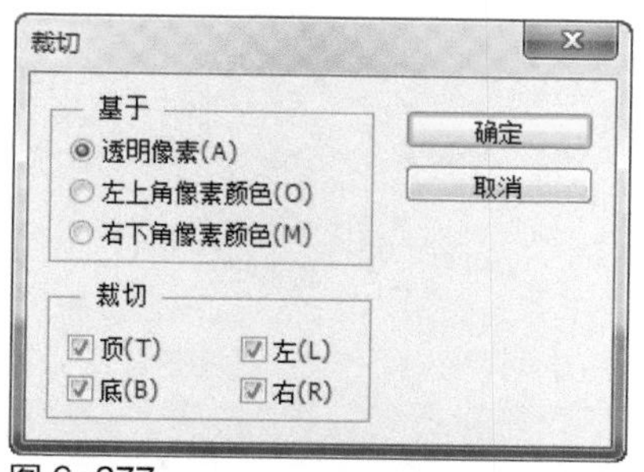

图 6-377

步骤 06 单击“确定”按钮，裁掉图像周围的透明像素，如图6-378所示。执行“文件>存储为Web所用格式”命令，弹出“存储为Web所用格式”对话框，具体设置如图6-379所示。

图 6-378

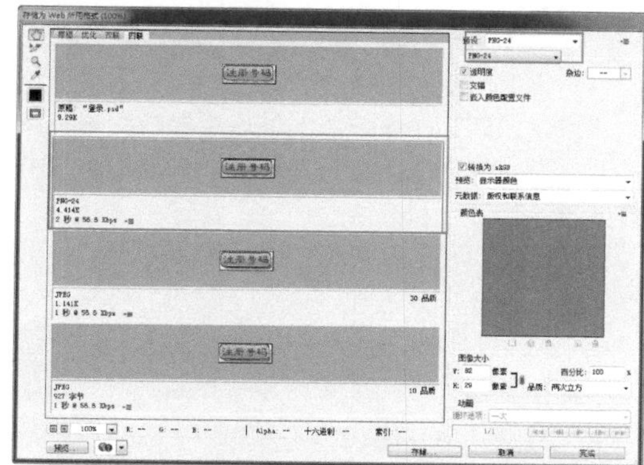

图 6-379

步骤 07 完成“存储为Web所用格式”对话框中各选项的设置，单击“存储”按钮，对图像进行存储，如图6-380所示。使用相同的制作方法，对界面中的其他元素进行切片存储，如图6-381所示。

图 6-380

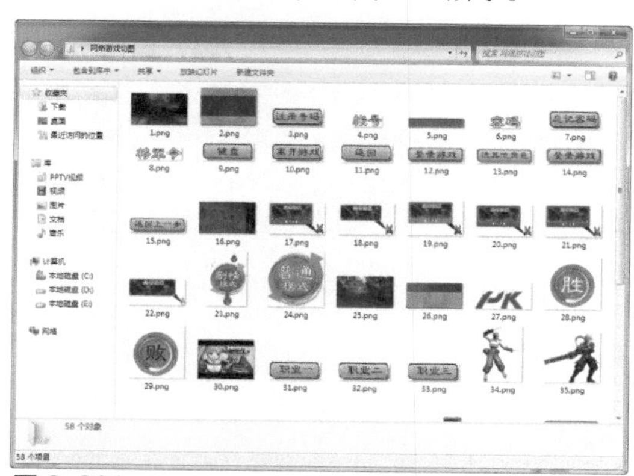

图 6-381

▶▶6.7 专家支招

由于计算机游戏在国内是非常流行的行业，创造了巨大的经济效益，所以很多公司对游戏的设计非常重视，尤其是对游戏界面这一最直接接触玩家的平台更加重视。游戏对于玩家来说，第一印象就是界面所给予的，界面设计包括的范围很广，片头、片尾及过场动画都可以算界面设计的一部分。

1. 网络游戏与传统单机游戏相比有哪些特点?

答：在电子游戏发展的早期，尤其是在2D游戏中，整个游戏场景画面都可以称为游戏界面，特别是文字类游戏，完全是以界面构建起来的游戏。随着3D技术的发展，游戏界面系统逐渐被独立出来，它特指游戏中显示游戏信息的2D静态框体，例如人物的血槽、角色对话框及获得的分数显示等。在形式上，它在整个游戏过程中保持不变，游戏的客户端显示就相当于游戏场景加上游戏静态界面，这与Windows操作系统中的图形界面并不完全一样。

对于家用游戏机平台，游戏的卖点主要是其可玩性，所以对界面的要求不高，它只要能输出显示信息就可以了，输入信息的处理主要是针对游戏中的人物。但是网络游戏的主要乐趣就在其虚拟社区的交互性，所以相比传统单机游戏，网络游戏的界面需要处理更多的键盘、鼠标输入的信息，界面系统的复杂程度也就高很多。

2. 游戏界面的设计内容主要有哪些?

答：游戏界面设计主要包括游戏主界面、二级界面、弹出界面等很多种类，游戏界面的合理化设计就是探讨人与机器进行交互的操作方式，营造出美观、操作简单并且具有引导功能的人机环境。游戏界面所要设计的元素主要包括标题、开始和结束画面、菜单、面板、图标、对话框、鼠标等。游戏界面的合理化设计就是使之美观简洁、秩序感强，并能很好地为游戏的宗旨、内容服务，游戏界面的设计应该遵循合理化原则，符合特定界面空间的视觉规律。

▶▶6.8 本章小结

网络游戏UI的设计力求简单朴素，过分修饰、过于烦琐的游戏界面会干扰玩家的注意力，使玩家不能集中精力于游戏世界。在本章中向读者介绍了有关网络游戏UI设计的相关知识和几款网络游戏UI设计的方法。通过本章内容的学习，希望读者能够理解网络游戏UI设计的相关知识并掌握网络游戏UI设计的方法，希望读者通过大量的游戏UI设计制作练习，早日成为出色的游戏UI设计师。